高等量子力学导论

井孝功　张井波　编著

哈爾濱工業大學出版社

内容简介

本书是在现有高等量子力学教学大纲界定的范围之内编写的,以解决教学之急需。内容包括:量子力学纲要,量子力学的形式理论,近似方法中的递推与迭代,多体理论,对称性和守恒定律,量子散射理论,相对论量子力学和量子信息学基础等。在引入新的概念与理论之前,本书尽量对已学过的量子力学知识进行回顾和复习,做到由浅入深,循序渐进。为保证内容的先进性,增加了诸如量子信息学等当今热点内容。

与本书配套使用的《高等量子力学习题解答》已经出版发行。

本书是高等学校物理系各专业研究生学位课教材,也是相关专业科技人员的参考书。

图书在版编目(CIP)数据

高等量子力学导论/井孝功,张井波编著.—哈尔滨:哈尔滨工业大学出版社,2005.6

ISBN 7-5603-2003-1

Ⅰ.高…　Ⅱ.井…　Ⅲ.量子力学-高等学校-教材
Ⅳ.O413.1

中国版本图书馆 CIP 数据核字(2005)第 010198 号

责任编辑　张秀华
封面设计　卞秉利
出版发行　哈尔滨工业大学出版社
社　　址　哈尔滨市南岗区复华四道街 10 号　邮编 150006
传　　真　0451-86414749
网　　址　http://hitpress.hit.edu.cn
印　　刷　肇东粮食印刷厂
开　　本　787mm×960mm　1/16　印张 18　字数 330 千字
版　　次　2006 年 5 月第 2 版　2006 年 5 月第 2 次印刷
定　　价　23.00 元

前　言

自1978年国内恢复研究生招生制度以来，高等量子力学就被列为高等学校物理系各专业研究生必修的学位课程之一，同时高等量子力学也是报考博士研究生的考试科目之一。

高等量子力学受到重视的原因是，量子理论是处理介观与微观问题的基础理论，它已经成为解决物理学乃至相关学科（生命、信息和材料）理论问题的关键，高等量子力学的教学效果将直接影响到学生科研能力与论文的水平。因此，国内外重点大学都十分重视高等量子力学的教学工作，纷纷选派有经验的教师任教，组织人力编写适用的教材。

目前，从哈尔滨工业大学物理系硕士研究生的实际情况来看，有些学生在本科期间所学量子力学课程只有36学时，仅相当正常学时的一半。而现有的高等量子力学教材的起点都比较高，使学生接受起来十分困难，因此，急需编写一本比较适合学生实际需要的教材。

鉴于上述原因，在现有的高等量子力学教学大纲界定的范围之内，我们编写这本高等量子力学导论，以解一些学生的燃眉之急。

首先，书中注意到学生的量子力学基础知识参差不齐的实际情况，在第1章中，对量子力学的基本内容进行了总结与复习，在后面的章节中，在引入新的概念与理论之前，尽量对已经学过的量子力学知识进行回顾和复习，做到由浅入深和循序渐进。其次，高等量子力学是物理系各专业（例如，粒子物理与原子核物理、凝聚态物理和光学）的共同学位课，必须同时顾及各专业的需求。最后，为保证教学内容的先进性，增加了诸如量子信息学等当今热点内容。

本书正式出版之前，曾在两届硕士研究生中试用过，不少学生指出了其中的一些错误，提出了一些有益的建议，作者在此表示感谢。另外，哈尔滨工业大学物理系的领导和张卫宁教授对本书的出版给予了积极的鼓励和支持，谨在此表示谢意。

量子理论是一门博大精深的学问，涉及的知识面实在是太广泛了，而且随着理论与实验的进步和发展，不断有新的内容出现。虽然我们长期从事量子理论领域的教学和科研工作，但是所涉猎的内容毕竟还是有限，所以本书只能对读者学习高等量子力学起到入门的作用，这也是将其称为高等量子力学导论的缘故。由于我们的水平有限，加之时间仓促，一定有诸多不当之处，恳请读者批评指正。

井孝功　张井波

于哈尔滨工业大学

2004 年元月

目　录

第1章　量子力学纲要

1.1　量子力学概述

1.1.1　量子力学的诞生

1.两个理论

相对论与量子论是20世纪的两个最重大的科学发现。

光速 c 和普朗克(Planck) 常数 h 分别是其标志性常数。

当 $v \ll c$ 时,相对论退化为牛顿(Newton) 力学。

当 $lp \gg h$ 时,量子论退化为牛顿力学。

式中,v 为粒子的运动速率,l 与 p 分别为粒子运动的范围与动量。

2.三个实验

(1) 黑体辐射

维恩(Wien) 公式

$$\rho_\nu \mathrm{d}\nu = c_1 \exp\left(-c_2 \frac{\nu}{T}\right)\nu^3 \mathrm{d}\nu$$

瑞利(Rayleigh) - 金斯(Jeans) 公式

$$\rho_\nu \mathrm{d}\nu = \frac{8\pi kT}{c^3}\nu^2 \mathrm{d}\nu$$

普朗克公式

$$\rho_\nu \mathrm{d}\nu = \frac{8\pi h}{c^3}\frac{\nu^3}{\exp\left(\frac{h\nu}{kT}\right)-1}\mathrm{d}\nu$$

普朗克的能量子假说　$\varepsilon = h\nu$

式中,ν 为振子频率,ρ_ν 为能量密度,k 为玻尔兹曼(Boltzmann) 常数,T 为温度,ε 为振子能量,c_1 与 c_2 为常数。

(2) 光电效应

爱因斯坦(Einstein) 的光量子假说　$\varepsilon = h\nu$

由 $\frac{1}{2}mv^2 = h\nu - W_0$ 可知,只有当光子的频率 ν 不小于阈值 $\nu_0 = \frac{W_0}{h}$ 时,才

有光电子的发射。式中，m 与 v 分别为电子的质量和运动速率，W_0 为脱出功，ε 为光子能量。

(3) 原子光谱

玻尔(Bohr)的旧量子论　原子在能量分别为 E_n 和 $E_m(E_n > E_m)$ 的两个定态之间跃迁时，发射或吸收的电磁辐射的频率 ν 满足如下的关系式

$$h\nu = E_n - E_m$$

光谱项为

$$T(n) = -\frac{E_n}{h}$$

3. 三个飞跃

(1) 普朗克量子假说

$$\varepsilon = h\nu, E_n = n\varepsilon \quad (n = 0,1,2,\cdots)$$

(2) 德布罗意(de Broglie)物质波假设

$$E = \hbar\omega; \quad \boldsymbol{p} = \hbar\boldsymbol{k}$$

式中，$\hbar = \dfrac{h}{2\pi}$，$\omega = 2\pi\nu$ 为角频率，$\boldsymbol{k}$ 为波矢量，E 为能量，$\boldsymbol{p}$ 为动量。

(3) 薛定谔(Schrödinger)方程与玻恩(Born)概率波解释

$$\mathrm{i}\hbar\frac{\partial}{\partial t}\psi(\boldsymbol{r},t) = \hat{H}\psi(\boldsymbol{r},t)$$

式中 $\psi(\boldsymbol{r},t)$ 为描述体系状态的波函数，$|\psi(\boldsymbol{r},t)|^2$ 表示 t 时刻在 $\boldsymbol{r}$ 附近单位体积元内发现粒子的概率，$\hat{H}$ 为哈密顿(Hamilton)算符。

4. 五个基本原理

(1) 波函数的概率波解释　体系的状态用波函数 $\psi(\boldsymbol{r},t)$ 来描述，$|\psi(\boldsymbol{r},t)|^2$ 表示 t 时刻在 $\boldsymbol{r}$ 附近单位体积元内发现粒子的概率。

(2) 状态叠加原理　若体系具有一系列可能的状态 $\psi_1,\psi_2,\psi_3,\cdots,\psi_n$，则这些可能状态的任意线性组合

$$\psi = c_1\psi_1 + c_2\psi_2 + c_3\psi_3 + \cdots + c_n\psi_n = \sum_{m=1}^{n} c_m\psi_m$$

也一定是该体系的一个可能的状态，其中，$c_1,c_2,c_3,\cdots,c_n$ 为任意复常数。

(3) 薛定谔方程　状态随时间的变化遵循薛定谔方程

$$\mathrm{i}\hbar\frac{\partial}{\partial t}\psi(\boldsymbol{r},t) = \hat{H}\psi(\boldsymbol{r},t)$$

(4) 算符化规则　经典物理学中的力学量用线性厄米(Hermite)算符来代替，并且上述的替代关系是一一对应的。

(5) 全同性原理　在全同粒子体系中，交换任意两个粒子的坐标不改变体系的状态。

1.1.2　在物理学中的位置

1. 按照研究方法分类

理论物理；实验物理；计算物理。

2. 按照研究对象的尺度分类

宏观物理；微观物理；介观物理。

量子力学属于理论物理范畴，主要应用于微观物理和介观物理领域。

1.1.3　基本内容、特色及应用前景

1. 基本内容

包括波函数、算符和薛定谔方程三个要素。

2. 特色

在力学量取值量子化、势垒隧穿及不确定关系等内容上与经典力学有本质的差别。

3. 应用前景

在 21 世纪，生命、材料与信息等重要领域的发展都离不开量子理论。

1.2　波函数

1.2.1　波函数的物理内涵

1. 波函数 $\psi(\boldsymbol{r},t)$ 是描述体系状态的复函数，满足薛定谔方程

$$
\mathrm{i}\hbar\frac{\partial}{\partial t}\psi(\boldsymbol{r},t)=\hat{H}\psi(\boldsymbol{r},t)
$$

2. 波函数的表示

波函数可以在任意表象中写出来，例如，$\psi(\boldsymbol{r},t)$、$\Phi(\boldsymbol{p},t)$、$\{C_n(t)\}$ 分别表示坐标、动量和任意力学量 F 表象中的波函数，也可以用狄拉克（Dirac）符号表示为 $|\psi(t)\rangle$。

3. 波函数的模方表示其自变量的取值概率（密度）

例如，$|C_n(t)|^2$、$|\psi(\boldsymbol{r},t)|^2$、$|\Phi(\boldsymbol{p},t)|^2$ 分别表示力学量 F、$\boldsymbol{r}$、$\boldsymbol{p}$ 的取值概率（密度）。

1.2.2　波函数应满足的条件

1. 波函数应该是平方可积的函数

$$
\int_{-\infty}^{\infty}|\psi(\boldsymbol{r},t)|^2\mathrm{d}\tau=\text{有限}
$$

2. 自然条件

波函数还应该是单值、有限和连续的函数。

3. 边界条件

(1) 在位势的间断点 a 处，波函数及其一阶导数连续

$$\psi_1(a) = \psi_2(a); \qquad \frac{\psi_1'(x)|_a}{m_1^*} = \frac{\psi_2'(x)|_a}{m_2^*}$$

式中，m_1^*、m_2^* 分别为粒子在第一和第二个区域中的有效质量。

当一个区域中的位势为无穷大时，只要求波函数连续。

(2)δ 位势 $V(x) = \pm V_0 a\delta(x)$ 要求波函数连续，而波函数的一阶导数应满足

$$\psi'(0^+) - \psi'(0^-) = \pm \frac{2m}{\hbar^2} V_0 a\psi(0)$$

其中，a 具有长度量纲，V_0 具有能量量纲。

1.2.3　具有特殊性质的波函数

1. 本征态

定义　满足本征方程 $\hat{F}|n\rangle = f_n|n\rangle$ 的状态 $|n\rangle$ 称为 $\hat{F}$ 的本征态。

正交归一化条件　　$\langle m|n\rangle = \delta_{mn}$

封闭关系　　$\sum_n |n\rangle\langle n| = 1$

测量　在 $\hat{F}$ 的本征态 $|n\rangle$ 上，测量力学量 F 得其本征值 f_n。

2. 定态

定义　定态是能量取确定值的状态。

性质　定态之下不显含时间力学量的取值概率与平均值不随时间改变。

条件　哈密顿算符不显含时间；初始时刻的波函数为定态。

3. 束缚态与非束缚态

束缚态　在无穷远处为零的状态为束缚态，束缚态相应的本征值是断续的。

非束缚态　在无穷远处不为零的状态为非束缚态，非束缚态相应的本征值是连续的。

4. 简并态与非简并态

简并态　一个本征值对应一个以上线性独立的本征态时，称该本征值简并，所对应本征态称为简并态，简并态的个数为简并度。

非简并态　一个本征值对应一个本征态时，称为非简并态，非简并态的简并度为1。

5.正宇称态与负宇称态

正宇称态　将波函数中坐标变量改变符号,若得到的新波函数与原来的波函数相同,则称该波函数描述的状态为正宇称态。

负宇称态　将波函数中坐标变量改变符号,若得到的新波函数与原来的波函数相差一个负号,则称该波函数描述的状态为负宇称态。

6.耦合波函数与非耦合波函数

以两个自旋为$\frac{\hbar}{2}$的粒子为例,$s_1 = s_2 = \frac{1}{2}$,总自旋量子数 $S = 0,1$

非耦合波函数为　$|++\rangle, |--\rangle, |+-\rangle, |-+\rangle$

耦合波函数为　$|00\rangle, |10\rangle, |11\rangle, |1-1\rangle$

耦合波函数与非耦合波函数的关系为

$$|11\rangle = |++\rangle$$

$$|1-1\rangle = |--\rangle$$

$$|10\rangle = \frac{1}{\sqrt{2}}[|+-\rangle + |-+\rangle]$$

$$|00\rangle = \frac{1}{\sqrt{2}}[|+-\rangle - |-+\rangle]$$

其中,$|\pm\pm\rangle = |\pm\rangle_1 |\pm\rangle_2$ 是两个粒子体系的非耦合波函数,$|\pm\rangle_k = |\frac{1}{2}, \pm\frac{1}{2}\rangle_k$ 为第 $k(=1,2)$ 个粒子在 s^2、s_z 表象下的本征态。

7.对称波函数与反对称波函数

反对称波函数　全同费米(Fermi)子体系的状态用反对称波函数描述,对二体问题而言,有

$$\psi_a = \frac{1}{\sqrt{2}}\begin{vmatrix} \varphi_1(x_1) & \varphi_1(x_2) \\ \varphi_2(x_1) & \varphi_2(x_2) \end{vmatrix} = \frac{1}{\sqrt{2}}[\varphi_1(x_1)\varphi_2(x_2) - \varphi_1(x_2)\varphi_2(x_1)]$$

对称波函数　全同玻色(Bose)子体系的状态用对称波函数描述,对二体问题而言,有

$$\psi_s = \frac{1}{\sqrt{2}}[\varphi_1(x_1)\varphi_2(x_2) + \varphi_1(x_2)\varphi_2(x_1)]$$

1.2.4　状态叠加原理与展开假设

1.状态叠加原理

若 $\psi_1, \psi_2, \cdots, \psi_n$ 为体系可能的状态,则 $\psi = c_1\psi_1 + c_2\psi_2 + \cdots + c_n\psi_n$ 也是体系可能的状态,其中,$c_1, c_2, c_3, \cdots, c_n$ 为任意复常数。

2.展开假设

若力学量算符 $\hat{F}$ 满足本征方程

$$\hat{F}\varphi_n = f_n\varphi_n$$

则任意的波函数 ψ 可以向 $\{\varphi_n\}$ 展开,即

$$\psi = \sum_n c_n\varphi_n$$

其中,$|c_n|^2$ 为力学量 F 在 ψ 状态上取 f_n 值的概率,因此可以把 $\{c_n\}$ 视为 F 表象下的波函数。

1.2.5 状态随时间变化

1. 薛定谔方程

状态随时间的变化满足薛定谔方程

$$\mathrm{i}\hbar\frac{\partial}{\partial t}\psi(\boldsymbol{r},t) = \hat{H}\psi(\boldsymbol{r},t)$$

2. 当 $\frac{\partial\hat{H}}{\partial t} = 0$ 时,薛定谔方程的解

$$\psi(\boldsymbol{r},t) = \sum_n c_n(0)\varphi_n(\boldsymbol{r})\exp\left(-\frac{\mathrm{i}}{\hbar}E_n t\right)$$

其中

$$\hat{H}\varphi_n(\boldsymbol{r}) = E_n\varphi_n(\boldsymbol{r})$$

$$c_n(0) = \int \mathrm{d}\tau\varphi_n^*(\boldsymbol{r})\psi(\boldsymbol{r},0)$$

1.3 算 符

1.3.1 算符化规则

1. 线性厄米算符

可观测的力学量 F 与一个线性厄米算符 $\hat{F}$ 相对应。

2. 常用算符

动量算符 $\hat{\boldsymbol{p}} = -\mathrm{i}\hbar\nabla = \hat{p}_x\boldsymbol{i} + \hat{p}_y\boldsymbol{j} + \hat{p}_z\boldsymbol{k}$

其中 $\hat{p}_x = -\mathrm{i}\hbar\frac{\partial}{\partial x};\quad \hat{p}_y = -\mathrm{i}\hbar\frac{\partial}{\partial y};\quad \hat{p}_z = -\mathrm{i}\hbar\frac{\partial}{\partial z}$

自旋$\left(\frac{\hbar}{2}\right)$算符 $\hat{\boldsymbol{s}} = \hat{s}_x\boldsymbol{i} + \hat{s}_y\boldsymbol{j} + \hat{s}_z\boldsymbol{k}$

$$\hat{s}_x = \frac{\hbar}{2}\begin{pmatrix}0 & 1\\ 1 & 0\end{pmatrix};\quad \hat{s}_y = \frac{\hbar}{2}\begin{pmatrix}0 & -\mathrm{i}\\ \mathrm{i} & 0\end{pmatrix};\quad \hat{s}_z = \frac{\hbar}{2}\begin{pmatrix}1 & 0\\ 0 & -1\end{pmatrix}$$

泡利(Pauli)算符

$$\hat{\boldsymbol{\sigma}} = \hat{\sigma}_x\boldsymbol{i} + \hat{\sigma}_y\boldsymbol{j} + \hat{\sigma}_z\boldsymbol{k}$$

其中 $\hat{\sigma}_x = \begin{pmatrix} 0 & 1 \\ 1 & 0 \end{pmatrix}$； $\hat{\sigma}_y = \begin{pmatrix} 0 & -\mathrm{i} \\ \mathrm{i} & 0 \end{pmatrix}$； $\hat{\sigma}_z = \begin{pmatrix} 1 & 0 \\ 0 & -1 \end{pmatrix}$

总自旋算符 $\hat{\boldsymbol{S}} = \hat{\boldsymbol{s}}_1 + \hat{\boldsymbol{s}}_2$， $S = s_1 + s_2, s_1 + s_2 - 1, \cdots, |s_1 - s_2|$

轨道角动量算符 $\hat{\boldsymbol{l}} = \boldsymbol{r} \times \hat{\boldsymbol{p}}$

其中 $\hat{l}_x = y\hat{p}_z - z\hat{p}_y$； $\hat{l}_y = z\hat{p}_x - x\hat{p}_z$； $\hat{l}_z = x\hat{p}_y - y\hat{p}_x$

总轨道角动量算符 $\hat{\boldsymbol{L}} = \hat{\boldsymbol{l}}_1 + \hat{\boldsymbol{l}}_2$， $L = l_1 + l_2, l_1 + l_2 - 1, \cdots, |l_1 - l_2|$

总角动量算符 $\hat{\boldsymbol{J}} = \hat{\boldsymbol{L}} + \hat{\boldsymbol{S}}$， $J = L + S, L + S - 1, \cdots, |L - S|$

$\hat{\boldsymbol{J}} = \hat{\boldsymbol{j}}_1 + \hat{\boldsymbol{j}}_2$， $\hat{\boldsymbol{j}}_1 = \hat{\boldsymbol{l}}_1 + \hat{\boldsymbol{s}}_1$， $\hat{\boldsymbol{j}}_2 = \hat{\boldsymbol{l}}_2 + \hat{\boldsymbol{s}}_2$

宇称算符 $\hat{\pi}\psi(\boldsymbol{r}) = \psi(-\boldsymbol{r})$

交换算符 $\hat{p}_{ij}\psi(\cdots, x_i, \cdots, x_j, \cdots) = \psi(\cdots, x_j, \cdots, x_i, \cdots)$

投影算符 $\hat{p}_n = |n\rangle\langle n|$， $\hat{P}_{mn} = |m\rangle\langle n|$

3.升降算符

定义

$$\hat{J}_{\pm} = \hat{J}_x \pm \mathrm{i}\hat{J}_y$$

$$\hat{J}_x = \frac{1}{2}(\hat{J}_+ + \hat{J}_-),\quad \hat{J}_y = \frac{1}{2\mathrm{i}}(\hat{J}_+ - \hat{J}_-)$$

作用 $\hat{J}_{\pm}|j,m\rangle = \hbar\sqrt{j(j+1) - m(m\pm 1)}\,|j, m\pm 1\rangle$

1.3.2　厄米算符

1.定义

$$\int \mathrm{d}x\varphi^*(x)\hat{F}\psi(x) = \int \mathrm{d}x\psi(x)\hat{F}^*\varphi^*(x)$$

或者

$$\hat{F}^+ = \hat{F}$$

2.性质　厄米算符的本征值是实数,本征矢是正交、归一和完备的。

1.3.3　对易关系

1.定义

对易关系 $[\hat{A}, \hat{B}] = \hat{A}\hat{B} - \hat{B}\hat{A}$

反对易关系 $[\hat{A}, \hat{B}]_+ = \{\hat{A}, \hat{B}\} = \hat{A}\hat{B} + \hat{B}\hat{A}$

2.对易子代数 $[\hat{A}, \hat{B}\hat{C}] = \hat{B}[\hat{A}, \hat{C}] + [\hat{A}, \hat{B}]\hat{C}$

$[\hat{A}\hat{B}, \hat{C}] = \hat{A}[\hat{B}, \hat{C}] + [\hat{A}, \hat{C}]\hat{B}$

3.常用对易关系 $[x, \hat{p}_x] = \mathrm{i}\hbar$； $[y, \hat{p}_y] = \mathrm{i}\hbar$； $[z, \hat{p}_z] = \mathrm{i}\hbar$

$[\hat{j}_x, \hat{j}_y] = \mathrm{i}\hbar\hat{j}_z$； $[\hat{j}_y, \hat{j}_z] = \mathrm{i}\hbar\hat{j}_x$； $[\hat{j}_z, \hat{j}_x] = \mathrm{i}\hbar\hat{j}_y$

1.3.4　守恒量

1. 定义　满足$\frac{\partial \hat{F}}{\partial t} = 0$和$[\hat{F},\hat{H}] = 0$的力学量 F 称为守恒量。

2. 性质　守恒量的取值概率与平均值不随时间改变。

1.3.5　对称性

若体系哈密顿算符具有某种对称性，则必有某个守恒量与之对应，同时也存在某个不可观测量。

1. 空间平移对称性　对应动量守恒，空间的绝对原点是不可观测的。

2. 时间平移对称性　对应能量守恒，时间的绝对原点是不可观测的。

3. 空间反演对称性　对应宇称守恒，空间的绝对左右是不可观测的。

4. 空间转动对称性　对应角动量守恒，空间的绝对方向是不可观测的。

1.3.6　两个力学量的取值

1. 同时取确定值　若$[\hat{A},\hat{B}] = 0$，则 $\hat{A}$ 与 $\hat{B}$ 有共同完备本征函数系，可同时取确定值。

2. 不确定关系　若$[\hat{A},\hat{B}] \neq 0$，则 A 与 B 的测量误差满足不确定关系

$$\overline{(\Delta A)^2} \cdot \overline{(\Delta B)^2} \geqslant \frac{1}{4}(\overline{\mathrm{i}[\hat{A},\hat{B}]})^2$$

特别是
$$\Delta x \cdot \Delta p \geqslant \frac{1}{2}\hbar, \quad \Delta t \cdot \Delta E \geqslant \frac{1}{2}\hbar$$

其中
$$\Delta A = \sqrt{\overline{(\Delta A)^2}} = \sqrt{\overline{A^2} - (\overline{A})^2}$$

3. 力学量完全集　如果有 N 个相互对易的力学量算符能惟一地确定体系的状态，称这 N 个力学量为力学量完全集。

1.3.7　算符随时间的变化

1. 定义

$$\frac{\mathrm{d}\hat{F}}{\mathrm{d}t} = \frac{\partial \hat{F}}{\partial t} + \frac{1}{\mathrm{i}\hbar}[\hat{F},\hat{H}]$$

2. 坐标

$$\frac{\mathrm{d}}{\mathrm{d}t}\bar{\boldsymbol{r}} = \frac{1}{m}\bar{\hat{\boldsymbol{p}}}$$

3. 动量　埃伦费斯特(Ehrenfest)定理

$$\frac{\mathrm{d}}{\mathrm{d}t}\bar{\hat{\boldsymbol{p}}} = -\overline{\nabla V(\boldsymbol{r})}$$

4. 动能　位力(Virial)定理

对于定态有

$$\overline{\hat{T}} = \frac{1}{2}\overline{\boldsymbol{r}\cdot\nabla V(\boldsymbol{r})}$$

特别是,当 $V = \alpha x^n + \beta y^n + \gamma z^n$ 时,有 $\overline{\hat{T}} = \frac{n}{2}\overline{V}$。

5. 哈密顿量　赫尔曼(Hellmann) - 费恩曼(Feynman)定理

对于束缚定态有

$$\overline{\frac{\partial \hat{H}}{\partial \lambda}} = \frac{\partial E_n}{\partial \lambda}$$

其中,λ 是 $\hat{H}$ 中的任意一个参数,E_n 为 $\hat{H}$ 的第 n 个本征值。

1.3.8　算符的矩阵表示

1. 算符的矩阵表示

在任意的基底$\{|n\rangle\}$之下,算符 $\hat{F}$ 的矩阵元为

$$F_{mn} = \langle m | \hat{F} | n\rangle$$

其矩阵形式为

$$\hat{F} = \begin{pmatrix} F_{11} & F_{12} & F_{13} & \cdots \\ F_{21} & F_{22} & F_{23} & \cdots \\ \vdots & \vdots & \vdots & \vdots \\ F_{n1} & F_{n2} & F_{n3} & \cdots \\ \vdots & \vdots & \vdots & \vdots \end{pmatrix}$$

2. 角动量

$$\hat{\boldsymbol{j}} = \hat{\boldsymbol{j}}_1 + \hat{\boldsymbol{j}}_2, \qquad \hat{\boldsymbol{j}}_1 \cdot \hat{\boldsymbol{j}}_2 = \frac{1}{2}(\hat{j}^2 - \hat{j}_1^2 - \hat{j}_2^2)$$

在 j^2 与 j_z 的基底$\{|jm\rangle\}$之下

$$\langle j'm' | \hat{\boldsymbol{j}}_1 \cdot \hat{\boldsymbol{j}}_2 | jm\rangle = \frac{\hbar^2}{2}[j(j+1) - j_1(j_1+1) - j_2(j_2+1)]\delta_{j'j}\delta_{m'm}$$

3. 坐标

在线谐振子基底$\{|n\rangle\}$之下

$$x_{mn} = \langle m | x | n\rangle = \frac{1}{\alpha}\left(\sqrt{\frac{n}{2}}\,\delta_{m,n-1} + \sqrt{\frac{n+1}{2}}\,\delta_{m,n+1}\right)$$

其中

$$\alpha = \sqrt{\frac{\mu\omega}{\hbar}}$$

4. 两个基底之间的变换

若已知算符 $\hat{F}$ 在任意的基底$\{|n\rangle\}$之下的矩阵元为 F_{mn}，则其在另一基底$\{|i\rangle\}$之下的矩阵元为

$$F'_{ij}=\langle i|\hat{F}|j\rangle=\sum_{m,n}\langle i|m\rangle\langle m|\hat{F}|n\rangle\langle n|j\rangle=\sum_{m,n}\langle i|m\rangle F_{mn}\langle n|j\rangle$$

1.4 定态薛定谔方程

1.4.1 精确求解

1. 解析解

(1) 阱宽为 a 的非对称无限深方势阱

$$E_n=\frac{\pi^2\hbar^2}{2\mu a^2}n^2;\quad \psi_n(x)=\sqrt{\frac{2}{a}}\sin\left(\frac{n\pi}{a}x\right)\quad(n=1,2,3,\cdots)$$

(2) 线谐振子

$$E_n=\left(n+\frac{1}{2}\right)\hbar\omega;\quad |n\rangle\quad(n=0,1,2,\cdots)$$

(3) 球谐振子

$$E_{nl}=\left(2n+l+\frac{3}{2}\right)\hbar\omega;\quad |nlm\rangle$$

$$(n=0,1,2,\cdots;l=0,1,2,\cdots;m=l,l-1,l-2,\cdots,-l)$$

(4) 氢原子

$$E_n=-\frac{\mu e^4}{2\hbar^2}\frac{1}{n^2};\quad |nlm\rangle$$

$$(n=1,2,3,\cdots;l=0,1,2,\cdots,n-1;l=l,l-1,l-2,\cdots,-l)$$

(5) 自由粒子

$$E_p=\frac{p^2}{2\mu};\quad \psi_p(\boldsymbol{r})=\frac{1}{(2\pi\hbar)^{3/2}}\exp\left(\frac{\mathrm{i}}{\hbar}\hat{\boldsymbol{p}}\boldsymbol{r}\right)\quad(-\infty<\boldsymbol{p}<\infty)$$

2. 直接判断法

(1) 当势能平移 $\pm V_0$ 时，即 $\hat{H}=\hat{H}_0\pm V_0$ 时，则 $\hat{H}$ 与 $\hat{H}_0$ 的本征函数是一样的，若 $\hat{H}_0$ 的本征值为 E_n^0，则 $\hat{H}$ 的本征值变成 $E_n^0\pm V_0$。

(2) 当坐标平移 $\pm a$ 时，即 $x_1=x\pm a$ 时，则 $\hat{H}$ 的本征值不变，而相应的本征函数的坐标变量由 x 变为 $x\pm a$。

3.坐标变换法

设 $\hat{H}_0$ 的本征值为 E_n^0,则如下前三种情况成立。

(1) 若 $\hat{H} = \frac{\hat{p}^2}{2\mu} + \frac{1}{2}\mu\omega^2 x^2 + \lambda x = \hat{H}_0 + \lambda x$,则

$$E_n = E_n^0 - \frac{\lambda^2}{2\mu\omega^2}$$

(2) 若 $\hat{H} = \frac{\hat{p}^2}{2\mu} + \frac{1}{2}\mu\omega^2 x^2 + \lambda x^2 = \hat{H}_0 + \lambda x^2$,则

$$E_n = E_n^0\sqrt{1 + \frac{2\lambda}{\mu\omega^2}}$$

(3) 若 $\hat{H} = \frac{\hat{p}^2}{2\mu} + V(x) + \lambda\hat{p} = \hat{H}_0 + \lambda\hat{p}$,则

$$E_n = E_n^0 - \frac{1}{2}\mu\lambda^2$$

(4) 若 $\hat{H} = \frac{1}{2I_1}(\hat{L}_x^2 + \hat{L}_y^2) + \frac{1}{2I_2}\hat{L}_z^2$,则

$$E_{lm} = \left[\frac{1}{2I_1}l(l+1) + \left(\frac{1}{2I_2} - \frac{1}{2I_1}\right)m^2\right]\hbar^2$$

4.分区均匀位势

(1) 束缚态问题

当 $E > V_0$ 时,取振荡解

$$\psi(x) = A\sin(kx + \delta)$$

其中

$$k = \frac{\sqrt{2\mu(E - V_0)}}{\hbar}$$

当 $E < V_0$ 时,取衰减解

$$\psi(x) = A\exp(\alpha x) + B\exp(-\alpha x)$$

其中

$$\alpha = \frac{\sqrt{2\mu(V_0 - E)}}{\hbar}$$

(2) 势垒隧穿问题

$$\psi(x) = A\exp(\mathrm{i}kx) + B\exp(-\mathrm{i}kx)$$

其中

$$k = \frac{\sqrt{2\mu(E - V_0)}}{\hbar}$$

反射系数 R 与透射系数 T 分别为

$$R = \frac{|B|^2}{|A|^2}; \quad T = 1 - R$$

1.4.2 近似方法

1.微扰论

$$\hat{H} = \hat{H}_0 + \hat{W}$$

$$\hat{H}_0 | ki\rangle^0 = E_k^0 | ki\rangle^0 \qquad (i = 1,2,3,\cdots,f_k)$$

(1) 无简并微扰论($f_k = 1$)

$$E_k \approx E_k^0 + W_{kk} + \sum_{n \neq k} \sum_{i=1}^{f_n} \frac{|W_{k,ni}|^2}{E_k^0 - E_n^0}$$

$$| k\rangle \approx | k\rangle^0 + \sum_{n \neq k} \sum_{i=1}^{f_n} \frac{W_{ni,k}}{E_k^0 - E_n^0} | ni\rangle^0$$

其中

$$W_{ni,k} = {}^0\langle ni | \hat{w} | k\rangle^0$$

(2) 简并微扰论($f_k > 1$)

在简并子空间中,求解能量一级修正 $E_{kl}^{(1)}$ 满足的本征方程

$$\sum_{i=1}^{f_k} [W_{kj,ki} - E_{kl}^{(1)}\delta_{ij}] B_{kj,kl}^{(0)} = 0$$

其中

$$B_{kj,kl}^{(0)} = {}^0\langle kj | kl\rangle$$

2.变分法

(1) 试探波函数

选择含有变分参数 a 的归一化的试探波函数 $| \psi(a)\rangle$。

(2) 能量平均值

在此状态之下计算哈密顿算符的平均值,即

$$\overline{H(a)} = \langle \psi(a) | \hat{H} | \psi(a)\rangle。$$

(3) 极值条件

再利用极值条件$\frac{\partial \overline{H(a)}}{\partial a} = 0$,定出变分参数 a_0。

(4) 基态近似值

将 a_0 代入试探波函数得到 $| \psi(a_0)\rangle$,此即体系基态波函数的近似结果,进而可以得到基态能量的近似值 $E_0 \approx \overline{H(a_0)}$。

习　题　1

习题 1.1　设有一个体重为 $m = 50\ \mathrm{kg}$ 的短跑运动员，以 $v = 10\ \mathrm{m \cdot s^{-1}}$ 的速度做直线运动，求其相应的德布罗意波长。

习题 1.2　求出能量为 100 eV 的自由电子的德布罗意波长。

习题 1.3　设有一个功率为 0.01 W 的光源，发出波长为 560 nm 的黄光，若一个人站在距光源 $R = 100\ \mathrm{m}$ 处，计算每秒钟进入此人一个瞳孔中的光子个数。假设瞳孔的半径 r 约为 2 mm。

习题 1.4　设一个角频率为 ω，等效质量为 $m^* = \dfrac{\hbar\omega}{c^2}$ 的光子在重力场中垂直向上飞行的距离为 z，求其由引力产生的频率的移动(引力红移)。

习题 1.5　求波包的群速度与相速度。

习题 1.6　讨论高斯波包的扩散。

习题 1.7　导出瑞利－金斯和普朗克的黑体辐射公式。

习题 1.8　在量子力学向经典力学过渡时，指出普朗克常数所起的作用。

习题 1.9　利用坐标变换或赫尔曼－费恩曼定理求解下列哈密顿算符

$$(1)\ \hat{H}_1 = \frac{\hat{p}^2}{2\mu} + \frac{1}{2}\mu\omega^2 x^2 + \lambda x = \hat{H}_0 + \lambda x$$

$$(2)\ \hat{H}_2 = \frac{\hat{p}^2}{2\mu} + \frac{1}{2}\mu\omega^2 x^2 + \lambda x^2 = \hat{H}_0 + \lambda x^2$$

$$(3)\ \hat{H}_3 = \frac{\hat{p}^2}{2\mu} + V(x) + \frac{\lambda}{\mu}\hat{p} = \hat{H}_0 + \frac{\lambda}{\mu}\hat{p}$$

的本征解。

习题 1.10　求哈密顿算符

$$\hat{H} = \frac{\hat{p}_x^2}{2\mu} + \frac{1}{2}\mu\omega^2 x^2 + ax + b\hat{p}_x$$

的本征值。其中，a, b 为实常数。

习题 1.11　不顾及自旋时，讨论均匀磁场中自由电子的能级(朗道能级)。取磁场为 z 方向，即矢势 $\boldsymbol{A} = (-By, 0, 0)$。

习题 1.12　设体系哈密顿算符 $\hat{H}$ 在任意状态 $|\psi\rangle$ 上的平均值 $\bar{E} = \langle\psi|\hat{H}|\psi\rangle$ 有下限而无上限，证明 $\hat{H}$ 的本征函数系 $\{|\varphi_n\rangle\}$ 是完备的。

习题 1.13　设厄米算符 $\hat{F}$ 的本征值谱是由断续谱和连续谱两部分构成的，称之为具有混合谱，即

$$\hat{F}\psi_n(x) = f_n\psi_n(x)$$

$$\hat{F}\psi_\lambda(x) = f_\lambda\psi_\lambda(x)$$

在任意归一化状态 $\Psi(x)$ 下，导出 $\Psi(x)$ 满足的归一化条件及力学量 F 的平均值公式。

习题 1.14 一个力学量的取值概率与平均值在什么情况下不随时间改变。

习题 1.15 设厄米算符 $\hat{F}$ 满足本征方程

$$\hat{F}\mid n\rangle = f_n\mid n\rangle$$

验证算符 $\hat{F}$ 可以写成谱分解的形式，即

$$\hat{F} = \sum_m f_m\mid m\rangle\langle m\mid$$

若定义厄米算符 $\hat{F}$ 的开方为

$$\hat{F}^{\frac{1}{2}} = \sum_m \sqrt{f_m}\mid m\rangle\langle m\mid$$

证明

$$\hat{F}^{\frac{1}{2}}\hat{F}^{\frac{1}{2}} = \hat{F}$$

进而导出 $(1+\hat{\sigma}_z)^{\frac{1}{2}}$，$(1+\hat{\sigma}_x)^{\frac{1}{2}}$ 与 $(1+\hat{\sigma}_y)^{\frac{1}{2}}$ 的表达式。式中，$\hat{\sigma}_x$，$\hat{\sigma}_y$，$\hat{\sigma}_z$ 为泡利算符的分量形式。

习题 1.16 已知实厄米算符 $\hat{A}$、$\hat{B}$、$\hat{C}$ 与 $\hat{D}$ 满足如下关系

$$\hat{C} = -\mathrm{i}[\hat{A},\hat{B}]$$
$$\hat{D} = \{\hat{A},\hat{B}\}$$

证明

$$\overline{\hat{A}^2}\cdot\overline{\hat{B}^2} \geqslant \frac{1}{4}[(\overline{C})^2 + (\overline{D})^2]$$

习题 1.17 证明泡利算符满足

$$\hat{\sigma}_i^2 = \hat{I}$$
$$\hat{\sigma}\hat{\rho}_j + \hat{\sigma}\hat{\rho}_i = 2\delta_{ij}\hat{I}$$

其中 $\hat{I}$ 为 2×2 的单位矩阵，$i,j = x,y,z$。

习题 1.18 设 $\hat{\boldsymbol{\sigma}}_1$ 与 $\hat{\boldsymbol{\sigma}}_2$ 分别为两个粒子的泡利算符，试将算符 $(\hat{\boldsymbol{\sigma}}_1\cdot\hat{\boldsymbol{\sigma}}_2)^n$ 用 $(\hat{\boldsymbol{\sigma}}_1\cdot\hat{\boldsymbol{\sigma}}_2)$ 线性地表示出来。

习题 1.19 设 $\hat{\boldsymbol{A}}$ 和 $\hat{\boldsymbol{B}}$ 是与泡利算符 $\hat{\boldsymbol{\sigma}}$ 对易的两个矢量算符，证明

$$(\hat{\boldsymbol{\sigma}}\cdot\hat{\boldsymbol{A}})(\hat{\boldsymbol{\sigma}}\cdot\hat{\boldsymbol{B}}) = \hat{\boldsymbol{A}}\cdot\hat{\boldsymbol{B}} + \mathrm{i}\hat{\boldsymbol{\sigma}}\cdot(\hat{\boldsymbol{A}}\times\hat{\boldsymbol{B}})$$

习题 1.20 证明角动量算符 $\hat{\boldsymbol{j}}$ 的各分量算符及其升降算符满足下列关系式

$$[\hat{j}_x,\hat{j}_\pm] = \mp\hbar\hat{j}_z$$
$$[\hat{j}_y,\hat{j}_\pm] = -\mathrm{i}\hbar\hat{j}_z$$
$$[\hat{j}_z,\hat{j}_\pm] = \pm\hbar\hat{j}_\pm$$
$$[\hat{j}^2,\hat{j}_\pm] = 0$$

习题 1.21 证明角动量算符 $\hat{\boldsymbol{j}}$ 的各分量算符及其升降算符满足下列关系式

$$\hat{j}_x^2 + \hat{j}_y^2 = \frac{1}{2}(\hat{j}_+ \hat{j}_- + \hat{j}_- \hat{j}_+)$$

$$\hat{j}^2 = \frac{1}{2}(\hat{j}_+ \hat{j}_- + \hat{j}_- \hat{j}_+) + \hat{j}_z^2$$

$$\hat{j}_- \hat{j}_+ = \hat{j}^2 - \hat{j}_z^2 - \hbar \hat{j}_z$$

$$\hat{j}_+ \hat{j}_- = \hat{j}^2 - \hat{j}_z^2 + \hbar \hat{j}_z$$

$$\hat{j}^2 = \hat{j}_+ \hat{j}_- + \hat{j}_z^2 - \hbar \hat{j}_z$$

$$\hat{j}^2 = \hat{j}_- \hat{j}_+ + \hat{j}_z^2 + \hbar \hat{j}_z$$

习题 1.22 在 j^2, j_z 的共同本征矢 $|jm\rangle$ 下,计算矩阵元 $\langle j'm' | \hat{j}_+ \hat{j}_- | jm\rangle$ 与 $\langle j'm' | \hat{j}_- \hat{j}_+ | jm\rangle$。

习题 1.23 证明封闭关系

$$\sum_n | n\rangle\langle n | = 1$$

与

$$\sum_n \psi_n^*(\boldsymbol{r}')\psi_n(\boldsymbol{r}) = \delta^3(\boldsymbol{r}' - \boldsymbol{r})$$

是等价的。

习题 1.24 粒子在宽度为 a 的非对称一维无限深方势阱中运动,设粒子分别处于状态

$$\Psi_1(x) = \begin{cases} Aa & (0 < x < a) \\ 0 & (x \leqslant 0, x \geqslant a) \end{cases}$$

$$\Psi_2(x) = \begin{cases} A(a - x) & (0 < x < a) \\ 0 & (x \leqslant 0, x \geqslant a) \end{cases}$$

式中 A 为归一化常数。证明如下无穷级数之求和公式

$$\sum_{n=1,3,5,\cdots}^{\infty} \frac{1}{n^2} = \frac{\pi^2}{8}; \qquad \sum_{n=1}^{\infty} \frac{1}{n^2} = \frac{\pi^2}{6}; \qquad \sum_{n=2,4,6,\cdots}^{\infty} \frac{1}{n^2} = \frac{\pi^2}{24}$$

习题 1.25 设粒子处于状态

$$\psi(x) = \begin{cases} Aa & (0 < x < a) \\ 0 & (x \leqslant 0, x \geqslant a) \end{cases}$$

利用平面波导出定积分公式

$$\int_{-\infty}^{\infty} \frac{1}{k^2}[1 - \cos(ka)]\mathrm{d}k = \pi a$$

习题 1.26 讨论 δ 函数势阱与方势阱的能量本征值之间的关系。

习题 1.27 讨论 δ 函数势垒与方势垒的透射系数之间的关系。

习题 1.28 导出曲线坐标系中动能算符的量子化表示。

习题 1.29 利用曲线坐标系中动能算符的量子化表示导出球坐标系下的动能算符。

第 2 章 量子力学的形式理论

在量子力学中,体系的状态是用波函数来描述的,最初引入的波函数是坐标与时间的复函数。

如果不顾及状态随时间的变化,波函数是以坐标的本征值为自变量的,实际上,波函数也可以是任意力学量 F 的本征值的函数,此即波函数的 F 表象。

在量子力学建立的过程中,曾经出现过三种理论,即薛定谔的波动力学、海森伯(Heisenberg)的矩阵力学与路径积分方法。狄拉克认为前两种方法只是所选用的表象不同而已,并证明了它们是等价的,进而引入了与表象无关的狄拉克符号。

如果从体系随时间变化考虑,可以有如下三种情况:状态随时间变化,力学量算符不显含时间;状态不随时间变化,力学量算符随时间变化;状态与力学量算符皆随时间变化,它们分别对应三种绘景。

波函数之所以可以描述体系的状态,是因为若知道了体系的波函数,则可以了解体系的全部物理性质,例如,任意力学量的取值概率与平均值等。实际上,可以求出体系的全部物理性质的并不只有波函数一种形式,本章中介绍的密度算符及第 4 章中将要介绍的格林(Green)函数等都可以实现上述要求。

总之,可以有多种方法来实现最终的目标,这些方法就是量子力学的不同形式的理论。

2.1 表象理论

2.1.1 状态的表象

在量子力学中,力学量用相应的线性厄米算符来表示,力学量的可能取值可由该算符满足的本征方程求出来。体系的状态用波函数来描述,波函数满足薛定谔方程及状态叠加原理。

1. 希尔伯特空间

状态叠加原理也可以用比较严格的数学语言来表述,那就是,用来描述体系状态的所有波函数 ψ_n 构成一个集合 $\{\psi_n\}$,该集合对于如下的线性运算

$$\psi = \sum_{n=1}^{m} c_n \psi_n \tag{2.1.1}$$

是封闭的,也就是说,由集合中的一些状态的线性叠加可以得到一个新的状态,而这个新的状态仍然是此集合中的一个状态。数学上把这样一个集合称之为线性空间。波函数必须满足平方可积的条件,即要求内积$\int \mathrm{d}\tau \psi^*(\boldsymbol{r})\psi(\boldsymbol{r})$是有限的,数学上把满足上述条件的线性空间称为**希尔伯特(Hilbert)空间**。每一个物理上允许的波函数都是希尔伯特空间中的一个**元素**。由此可知,状态叠加原理说的是,描述体系状态的全部波函数张开一个希尔伯特空间,量子力学的全部活动都是在这个空间中进行的。

在希尔伯特空间中,一个波函数类似于几何学中的一个矢量,所以,波函数有时也被称为**态矢量**,或者简称为**态矢**。

众所周知,在几何学中,矢量是一个具有大小(长度)和方向的量,矢量的长度称为矢量的模,矢量具有如下的基本性质。

(1) 若一个矢量的模为1,则称之为单位矢量。若一个矢量的模为零,则称之为零矢量;

(2) 若一个矢量在另一个矢量上的投影为零,则称它们是相互正交的;

(3) 对于两个等模矢量而言,若它们的方向也是相同的,则此两个矢量是相等的;

(4) 在三维空间中,若三个单位矢量是相互正交的,则其构成正交的坐标系。矢量的运算可以在不同的坐标系下进行,例如,既可以在直角坐标系下进行,也可以在球坐标系下完成,结果应该是相同的,只不过选择了合适的坐标系会使问题得到简化而已。

希尔伯特空间中的态矢具有完全类似几何学中矢量的性质,若把一组正交、归一和完备的态矢称为**基底**的话,则基底就相当于几何学中的坐标系,于是,态矢也可以在不同的基底之下表示出来。

为了能方便地引入波函数的概念,如果不顾及时间变量,开始给出的波函数都是坐标的函数,或者说,波函数是用坐标算符的本征值作为自变量的。自然要问,波函数能否用其他力学量(例如,动量、能量等)的本征值作为自变量呢?换句话说,波函数能否用其他力学量的本征函数作为基底呢?回答是肯定的,并且,在不同的基底之下得到的物理结果是相同的,但是,若选择了合适的基底的话,则可能使得问题的推导过程变得简单。

在量子力学中,把状态和力学量算符的具体表示方式称为**表象**。据此可知,前面提到的波函数都是在**坐标表象**下写出的,实际上,波函数与算符也可以在任意力学量(例如,动量、能量等)表象中表示出来。总之,量子力学中选择不同的表象类似于几何学中选择不同坐标系。

2. 任意力学量 F 表象

以一维问题为例，设 $\Psi(x,t)$ 是坐标表象中的任意一个归一化的波函数。首先，讨论波函数 $\Psi(x,t)$ 在坐标表象中的表示。

坐标算符 $\hat{x}$ 满足的本征方程为

$$\hat{x}\psi_{x'}(x) = x'\psi_{x'}(x) \tag{2.1.2}$$

根据 δ 函数的定义，容易求出坐标算符的本征值及相应的规格化本征波函数

$$\begin{gathered} x' \quad (-\infty < x' < \infty) \\ \psi_{x'}(x) = \delta(x - x') \end{gathered} \tag{2.1.3}$$

式中，$\delta(x-x')$ 为狄拉克 δ 函数。由展开假设可知，波函数 $\Psi(x,t)$ 可以向坐标的本征波函数展开

$$\Psi(x,t) = \int_{-\infty}^{\infty} \mathrm{d}x' c_{x'}(t)\delta(x - x') \tag{2.1.4}$$

其中展开系数

$$c_{x'}(t) = \int_{-\infty}^{\infty} \mathrm{d}x \delta^*(x - x')\Psi(x,t) = \Psi(x',t) \tag{2.1.5}$$

由波函数的统计诠释可知，$|\Psi(x',t)|^2$ 是 t 时刻在 x' 附近 $\mathrm{d}x'$ 长度元内发现粒子的概率密度，(2.1.5) 式说明展开系数 $c_{x'}(t) = \Psi(x',t)$，也就是说，$c_{x'}(t)$ 也是描述粒子同样状态的一个波函数。

其次，讨论波函数 $\Psi(x,t)$ 在动量表象中的表示。

在坐标表象中，动量算符 $\hat{p}$ 满足的本征方程为

$$-\mathrm{i}\hbar \frac{\mathrm{d}}{\mathrm{d}x}\psi_{p'}(x) = p'\psi_{p'}(x) \tag{2.1.6}$$

它的本征值及相应的规格化本征波函数为

$$\begin{gathered} p' \quad (-\infty < p' < \infty) \\ \psi_{p'}(x) = \frac{1}{\sqrt{2\pi\hbar}}\exp\left(\frac{\mathrm{i}}{\hbar}p'x\right) \end{gathered} \tag{2.1.7}$$

波函数 $\Psi(x,t)$ 可以展开为

$$\Psi(x,t) = \int_{-\infty}^{\infty} \mathrm{d}p' c_{p'}(t) \frac{1}{\sqrt{2\pi\hbar}}\exp\left(\frac{\mathrm{i}}{\hbar}p'x\right) \tag{2.1.8}$$

其中展开系数

$$c_{p'}(t) = \frac{1}{\sqrt{2\pi\hbar}}\int_{-\infty}^{\infty} \mathrm{d}x \exp\left(-\frac{\mathrm{i}}{\hbar}p'x\right)\Psi(x,t) \tag{2.1.9}$$

由展开假定知，$|c_{p'}(t)|^2$ 就是 t 时刻在状态 $\Psi(x,t)$ 上动量取 p' 值的概率密度。

在动量表象中,动量为自变量,类似坐标算符的情况,动量算符 $\hat{p}$ 满足的本征方程为

$$\hat{p}\varphi_{p'}(p) = p'\varphi_{p'}(p) \tag{2.1.10}$$

它的本征值及相应的规格化本征波函数为

$$p' \quad (-\infty < p' < \infty)$$

$$\varphi_{p'}(p) = \delta(p - p') \tag{2.1.11}$$

说明动量算符与坐标算符一样,在自身表象中本征波函数也是一个 δ 函数。

在动量表象中,若波函数 $\Psi(x,t)$ 可以表示为 $\Phi(p,t)$,则

$$\Phi(p,t) = \int_{-\infty}^{\infty} \mathrm{d}p' c_{p'}(t)\delta(p - p') \tag{2.1.12}$$

其中展开系数

$$c_{p'}(t) = \int_{-\infty}^{\infty} \mathrm{d}p\delta^*(p - p')\Phi(p,t) = \Phi(p',t) \tag{2.1.13}$$

比较(2.1.9)与(2.1.13)式,得到

$$\Phi(p',t) = \frac{1}{\sqrt{2\pi\hbar}}\int_{-\infty}^{\infty} \mathrm{d}x\exp\left(-\frac{\mathrm{i}}{\hbar}p'x\right)\Psi(x,t) \tag{2.1.14}$$

显然,$\Phi(p',t)$ 就是 $\Psi(x,t)$ 在动量表象中的表示,或者说,可以由坐标表象中的波函数求出它在动量表象中的表示,而波函数从坐标表象到动量表象的变换正是傅里叶(Fourier)变换。

最后,讨论任意力学量 F 的表象。

不失一般性地假设算符 $\hat{F}$ 具有断续谱,它满足的本征方程为

$$\hat{F}u_n(x) = f_n u_n(x) \tag{2.1.15}$$

如果本征值谱 $\{f_n\}$ 与本征函数系 $\{u_n(x)\}$ 已求出,对任意的一个波函数 $\Psi(x,t)$ 则有

$$\Psi(x,t) = \sum_n c_n(t)u_n(x) \tag{2.1.16}$$

其中

$$c_n(t) = \int_{-\infty}^{\infty} \mathrm{d}x\, u_n^*(x)\Psi(x,t) \tag{2.1.17}$$

因为 $c_n(t)$ 的物理涵义与 $\Psi(x,t)$ 是完全一样的,所以,称之为**在力学量 F 表象下的波函数**。称 $\{u_n(x)\}$ 为 **F 表象的基底**。

若波函数 $\Psi(x,t)$ 已经归一化,则

$$1 = \int_{-\infty}^{\infty} \mathrm{d}x\Psi^*(x,t)\Psi(x,t) = \int_{-\infty}^{\infty} \mathrm{d}x \sum_n c_n^*(t)u_n^*(x)\sum_m c_m(t)u_m(x) =$$

$$\sum_n c_n^*(t)c_n(t) = \sum_n |c_n(t)|^2 \tag{2.1.18}$$

上式表明，当 $\Psi(x,t)$ 是归一化的波函数时，$c_n(t)$ 也一定是归一化的波函数。

3. 波函数的矩阵表示

在希尔伯特空间中，波函数具有矢量的性质，为了运算的方便，有时也将波函数写成矢量的形式。以中心力场为例，在能量表象中，任意的一个波函数 $\Psi(\boldsymbol{r},t)$ 总可以向能量的本征函数系 $\{\psi_{nlm}(\boldsymbol{r})\}$ 展开

$$\Psi(\boldsymbol{r},t) = \sum_{nlm} c_{nlm}(t)\psi_{nlm}(\boldsymbol{r}) \tag{2.1.19}$$

它在能量表象中的矩阵形式为

$$\begin{pmatrix} c_{n_1l_1m_1}(t) \\ c_{n_2l_2m_2}(t) \\ \vdots \\ c_{n_il_im_i}(t) \\ \vdots \end{pmatrix} \tag{2.1.20}$$

例如，若

$$\Psi(r,\theta,\varphi,t) = \frac{1}{\sqrt{2}}R_{10}(r)\mathrm{Y}_{00}(\theta,\varphi)\exp\left(-\frac{\mathrm{i}}{\hbar}E_{10}t\right) + \frac{1}{\sqrt{2}}R_{21}(r)\mathrm{Y}_{11}(\theta,\varphi)\exp\left(-\frac{\mathrm{i}}{\hbar}E_{21}t\right) \tag{2.1.21}$$

则有

$$c_{nlm}(t) = \int \mathrm{d}\tau R_{nl}^*(r)\mathrm{Y}_{lm}^*(\theta,\varphi)\Psi(r,\theta,\varphi,t) = \frac{1}{\sqrt{2}}\delta_{nlm,100}\exp\left(-\frac{\mathrm{i}}{\hbar}E_{10}t\right) + \frac{1}{\sqrt{2}}\delta_{nlm,211}\exp\left(-\frac{\mathrm{i}}{\hbar}E_{21}t\right) \tag{2.1.22}$$

从而得到矩阵形式的波函数

$$\begin{pmatrix} c_{100}(t) \\ c_{200}(t) \\ c_{21-1}(t) \\ c_{210}(t) \\ c_{211}(t) \\ \vdots \end{pmatrix} = \begin{pmatrix} \frac{1}{\sqrt{2}}\exp\left(-\frac{\mathrm{i}}{\hbar}E_{10}t\right) \\ 0 \\ 0 \\ 0 \\ \frac{1}{\sqrt{2}}\exp\left(-\frac{\mathrm{i}}{\hbar}E_{21}t\right) \\ \vdots \end{pmatrix} \tag{2.1.23}$$

矩阵形式的波函数归一化条件为

$$(c_1^*(t), c_2^*(t), \cdots, c_i^*(t), \cdots)\begin{pmatrix} c_1(t) \\ c_2(t) \\ \vdots \\ c_i(t) \\ \vdots \end{pmatrix} = \sum_i |c_i(t)|^2 = 1 \qquad (2.1.24)$$

2.1.2　力学量算符的矩阵表示

1. 任意力学量算符 $\hat{F}$ 的矩阵表示

以一维问题为例，设任意一个力学量 G 的算符满足本征方程

$$\hat{G}\varphi_n(x) = g_n\varphi_n(x) \qquad (2.1.25)$$

若其本征值谱 $\{g_n\}$ 与本征函数系 $\{\varphi_n(x)\}$ 已经求出，则可以在 G 表象下研究任意力学量算符 $\hat{F}$ 的矩阵表示。

在坐标表象下，算符 $\hat{F}$ 作用到任意的波函数 $\Psi(x,t)$ 上，满足**算符方程**

$$\Phi(x,t) = \hat{F}\Psi(x,t) \qquad (2.1.26)$$

将上式两端的波函数分别向 G 的本征态展开，即

$$\Psi(x,t) = \sum_n a_n(t)\varphi_n(x) \qquad (2.1.27)$$

$$\Phi(x,t) = \sum_n b_n(t)\varphi_n(x) \qquad (2.1.28)$$

其中，展开系数 $a_n(t)$ 与 $b_n(t)$ 就分别是 $\Psi(x,t)$ 与 $\Phi(x,t)$ 在 G 表象中的表示，将上述两式代入(2.1.26) 式，得到

$$\sum_n b_n(t)\varphi_n(x) = \sum_n a_n(t)\hat{F}\varphi_n(x) \qquad (2.1.29)$$

再用 $\varphi_m^*(x)$ 作用上式两端并对 x 积分，利用 $\varphi_n(x)$ 的正交归一性，得到

$$b_m(t) = \sum_n F_{mn}a_n(t) \qquad (2.1.30)$$

其中

$$F_{mn} = \int_{-\infty}^{\infty} \mathrm{d}x\varphi_m^*(x)\hat{F}\varphi_n(x) \qquad (2.1.31)$$

称之为算符 $\hat{F}$ 在 G 表象中的**矩阵元**。由于量子数 m 和 n 的可能取值范围是一样的，所以算符 $\hat{F}$ 的矩阵形式为一个方阵

$$\hat{F} = \begin{pmatrix} F_{11} & F_{12} & \cdots & F_{1k} & \cdots \\ F_{21} & F_{22} & \cdots & F_{2k} & \cdots \\ \vdots & \vdots & & \vdots & \\ F_{k1} & F_{k2} & \cdots & F_{kk} & \cdots \\ \vdots & \vdots & & \vdots & \end{pmatrix} \qquad (2.1.32)$$

量子力学中用到的力学量算符应该是厄米的，故算符 $\hat{F}$ 必须满足厄米性

要求。在 G 表象中,若厄米算符 $\hat{F}$ 的矩阵元由(2.1.31)式定义,则其复共轭为

$$F_{mn}^* = \int_{-\infty}^{\infty} dx\varphi_m(x)[\hat{F}\varphi_n(x)]^* = \int_{-\infty}^{\infty} dx\varphi_n^*(x)\hat{F}\varphi_m(x) = F_{nm} \tag{2.1.33}$$

于是有

$$F_{mn}^+ = F_{nm}^* = F_{mn} \tag{2.1.34}$$

根据厄米矩阵的定义,可以确定 F_{mn} 构成一个厄米矩阵,厄米矩阵的本征值是实数。一般来说,实的对称矩阵是厄米矩阵。

再来考虑一种特殊的算符矩阵,即力学量算符在**自身表象**中的矩阵,根据定义可知

$$G_{mn} = \int_{-\infty}^{\infty} dx\varphi_m^*(x)\hat{G}\varphi_n(x) = g_n\delta_{mn} \tag{2.1.35}$$

写成矩阵形式为

$$\hat{G} = \begin{pmatrix} g_1 & 0 & \cdots & \cdots & \cdots & 0 \\ 0 & g_2 & 0 & \cdots & \cdots & 0 \\ \vdots & \vdots & \vdots & & & \vdots \\ 0 & \cdots & 0 & g_n & \cdots & 0 \\ \vdots & \vdots & \vdots & \vdots & & \vdots \end{pmatrix} \tag{2.1.36}$$

它是一个**对角矩阵**,并且本征值就是其对角元。

2. 量子力学公式的矩阵表示

(1) 算符方程

利用波函数和算符的矩阵表示,算符方程(2.1.26)可以写成矩阵形式

$$\begin{pmatrix} b_1(t) \\ b_2(t) \\ \vdots \\ b_k(t) \\ \vdots \end{pmatrix} = \begin{pmatrix} F_{11} & F_{12} & \cdots & F_{1k} & \cdots \\ F_{21} & F_{22} & \cdots & F_{2k} & \cdots \\ \vdots & \vdots & & \vdots & \\ F_{k1} & F_{k2} & \cdots & F_{kk} & \cdots \\ \vdots & \vdots & & \vdots & \end{pmatrix} \begin{pmatrix} a_1(t) \\ a_2(t) \\ \vdots \\ a_k(t) \\ \vdots \end{pmatrix} \tag{2.1.37}$$

(2) 本征方程

算符 $\hat{F}$ 的本征方程是算符方程的一个特例,用完全类似的方法可以写出算符本征方程的矩阵形式。在 G 表象之下,算符 $\hat{F}$ 本征方程的矩阵形式为

$$\begin{pmatrix} F_{11} & F_{12} & \cdots & F_{1k} & \cdots \\ F_{21} & F_{22} & \cdots & F_{2k} & \cdots \\ \vdots & \vdots & & \vdots & \\ F_{k1} & F_{k2} & \cdots & F_{kk} & \cdots \\ \vdots & \vdots & & \vdots & \end{pmatrix} \begin{pmatrix} a_{n1} \\ a_{n2} \\ \vdots \\ a_{nk} \\ \vdots \end{pmatrix} = f_n \begin{pmatrix} a_{n1} \\ a_{n2} \\ \vdots \\ a_{nk} \end{pmatrix} \tag{2.1.38}$$

因为任意力学量算符在自身表象中的矩阵都是对角的，所以，通常把求解本征方程的过程称为矩阵**对角化的过程**。

(3) 薛定谔方程

同样，薛定谔方程也可以写成矩阵形式

$$i\hbar \frac{d}{dt}\begin{pmatrix} c_1(t) \\ c_2(t) \\ \vdots \\ c_k(t) \\ \vdots \end{pmatrix} = \begin{pmatrix} H_{11} & H_{12} & \cdots & H_{1k} & \cdots \\ H_{21} & H_{22} & \cdots & H_{2k} & \cdots \\ \vdots & \vdots & & \vdots & \\ H_{k1} & H_{k2} & \cdots & H_{kk} & \cdots \\ \vdots & \vdots & & \vdots & \end{pmatrix}\begin{pmatrix} c_1(t) \\ c_2(t) \\ \vdots \\ c_k(t) \\ \vdots \end{pmatrix} \tag{2.1.39}$$

(4) 平均值公式

计算任意算符 $\hat{F}$ 在状态 $\Psi(x,t)$ 上的平均值公式为

$$\overline{F(t)} = \int_{-\infty}^{\infty} dx \Psi^*(x,t)\hat{F}\Psi(x,t) \tag{2.1.40}$$

在 G 表象中，有

$$\Psi(x,t) = \sum_n c_n(t)\varphi_n(x) \tag{2.1.41}$$

把上式代入(2.1.40)式，得到

$$\overline{F(t)} = \sum_{mn} c_m^*(t)c_n(t)\int_{-\infty}^{\infty} dx\varphi_m^*(x)\hat{F}\varphi_n(x) = \sum_{mn} c_m^*(t)F_{mn}c_n(t) \tag{2.1.42}$$

写成矩阵形式为

$$\overline{F(t)} = (c_1^*(t), c_2^*(t), \cdots, c_k^*(t), \cdots)\begin{pmatrix} F_{11} & F_{12} & \cdots & F_{1k} & \cdots \\ F_{21} & F_{22} & \cdots & F_{2k} & \cdots \\ \vdots & \vdots & & \vdots & \\ F_{k1} & F_{k2} & \cdots & F_{kk} & \cdots \\ \vdots & \vdots & & \vdots & \end{pmatrix}\begin{pmatrix} c_1(t) \\ c_2(t) \\ \vdots \\ c_k(t) \\ \vdots \end{pmatrix} \tag{2.1.43}$$

综上所述，同样一个物理问题可以在不同的表象下处理，尽管在不同的表象下，力学量及状态的矩阵元是不同的，而最后所得到的物理结果(力学量的可能取值、取值概率和平均值) 却都是一样的。我们关心的只是有物理意义的结果，这就允许对表象做选择。如果选取了一个合适的表象，将使问题的处理过程得到简化，这也就是表象理论的价值所在。通常将波函数与算符在坐标表象中的表示称之为**波动力学**表示，而把它们在一个取断续值的力学量表象中的表示称之为**矩阵力学**表示。

2.1.3　狄拉克符号

1. 左矢(bra)和右矢(ket)

在量子力学中,通常选用一种特殊的符号来表示波函数,那就是狄拉克符号。它之所以受到人们的青睐,并经常出现在科技文献中的原因有两个:一是书写方便、运算简捷;二是不必事先选定具体的表象。这里,我们只是介绍它的一些使用规则,而不刻意追求数学上的完美。

如前所述,量子体系所有可能的状态构成一个希尔伯特空间。该空间中的一个矢量(波函数)描述一个状态,用一个**右矢** $|\ \rangle$ 来表示它。如果要标志某个特殊的状态,则在右矢内写上相应的记号,例如 $|\psi\rangle$。还可以有另外一些表示方法,例如,用 $|nlm\rangle$ 表示能量、角动量平方和角动量 z 分量的共同本征态,用 $|x'\rangle$ 表示坐标算符的对应本征值 x' 的本征态。与右矢 $|\ \rangle$ 相对应的是**左矢** $\langle\ |$,它表示共轭空间中的一个态矢。左矢与右矢统称之为**狄拉克符号**。

根据定义可知,与归一化的右矢 $|\psi\rangle$ 和左矢 $\langle\psi|$ 对应的左矢和右矢分别为

$$\langle\psi| = [|\psi\rangle]^+;\quad |\psi\rangle = [\langle\psi|]^+ \tag{2.1.44}$$

而与归一化的右矢 $|\varphi\rangle = \hat{A}|\psi\rangle$ 对应的左矢为

$$\langle\psi| = [\hat{A}|\psi\rangle]^+ = \langle\psi|\hat{A}^+ \tag{2.1.45}$$

不论是哪一种写法,右矢和左矢都只是一个抽象的态矢,并不涉及任何具体的表象。当然,若要得到有物理意义的结果,最后还要在具体的表象中进行计算。尽管如此,右矢和左矢的引入将使理论推导的中间过程得到简化。

2. 标积

态矢 $|\psi\rangle$ 与 $|\varphi\rangle$ 的**标积**(内积)记为 $\langle\varphi|\psi\rangle$,它表示 $|\psi\rangle$ 在 $|\varphi\rangle$ 上的投影,并且,满足如下四个要求:

(1)
$$\langle\varphi|\psi\rangle = \langle\psi|\varphi\rangle^*$$

(2)
$$\langle\varphi|a\psi_1 + b\psi_2\rangle = a\langle\varphi|\psi_1\rangle + b\langle\varphi|\psi_2\rangle$$

a,b 为任意常数。

(3)
$$\langle\varphi|\varphi\rangle \geqslant 0 \tag{2.1.46}$$

若 $\langle\varphi|\varphi\rangle = 0$,则 $|\varphi\rangle = 0$;若 $\langle\psi|\psi\rangle = 1$,则称 $|\psi\rangle$ 是已经**归一化**的态矢;若 $\langle\psi|\varphi\rangle = 0$,则称 $|\psi\rangle$ 与 $|\varphi\rangle$ 两个态矢是**相互正交**的。

据此,力学量算符 $\hat{G}$ 的正交归一完备本征函数系 $\{|n\rangle\}$ 满足

$$\langle m|n\rangle = \delta_{mn} \tag{2.1.47}$$

坐标和动量算符的本征函数系分别满足

$$\begin{aligned}\langle x'|x''\rangle &= \delta(x' - x'')\\ \langle p'|p''\rangle &= \delta(p' - p'')\end{aligned} \tag{2.1.48}$$

应该特别指出的是，标积是一个数，因此，它在公式中的位置是可以随意移动的。

3.狄拉克符号在具体表象中的表示

若任意力学量算符 $\hat{G}$ 的正交归一完备本征函数系为 $\{|n\rangle\}$，则在 G 表象中，任意态矢 $|\psi\rangle$ 可以向 G 的本征矢展开

$$|\psi\rangle = \sum_n c_n |n\rangle \tag{2.1.49}$$

其中展开系数为

$$c_n = \langle n|\psi\rangle \tag{2.1.50}$$

它表示态矢 $|\psi\rangle$ 在 $|n\rangle$ 上的投影的大小。若 $|\psi\rangle$ 是已知的，则可以求出全部的 c_n，也就是知道了态矢 $|\psi\rangle$ 在 G 表象中的波函数，用矩阵形式可表示为

$$\begin{pmatrix} c_1 \\ c_2 \\ \vdots \\ c_k \\ \vdots \end{pmatrix} = \begin{pmatrix} \langle 1|\psi\rangle \\ \langle 2|\psi\rangle \\ \vdots \\ \langle k|\psi\rangle \\ \vdots \end{pmatrix} \tag{2.1.51}$$

将(2.1.50)式代入(2.1.49)式，有

$$|\psi\rangle = \sum_n \langle n|\psi\rangle |n\rangle = \sum_n |n\rangle\langle n|\psi\rangle \tag{2.1.52}$$

式中，态矢 $|\psi\rangle$ 对求和无贡献，为使上式成立，必有

$$\sum_n |n\rangle\langle n| = 1 \tag{2.1.53}$$

这正是基矢 $\{|n\rangle\}$ 完备性的表现，称之为**封闭关系**。这是一个非常有用的公式。因为它是常数1，如果需要的话，它可以出现在公式的任何地方。

对于连续谱的情况，封闭关系中的求和应改为积分，例如，坐标和动量表象下的封闭关系分别为

$$\int_{-\infty}^{\infty} \mathrm{d}x' \, |x'\rangle\langle x'| = 1 \tag{2.1.54}$$

$$\int_{-\infty}^{\infty} \mathrm{d}p' \, |p'\rangle\langle p'| = 1 \tag{2.1.55}$$

在上述的 G 表象中，由封闭关系可知，两个态矢 $|\psi\rangle$ 与 $|\varphi\rangle$ 的标积为

$$\langle\varphi|\psi\rangle = \sum_n \langle\varphi|n\rangle\langle n|\psi\rangle = \sum_n \langle n|\varphi\rangle^* \langle n|\psi\rangle = \sum_n b_n^* a_n \tag{2.1.56}$$

其中

$$a_n = \langle n \mid \psi \rangle \tag{2.1.57}$$

$$b_n = \langle n \mid \varphi \rangle \tag{2.1.58}$$

分别为 $\mid \psi \rangle$ 与 $\mid \varphi \rangle$ 在 G 表象中的波函数。

若取 $\hat{G} = \hat{x}$,则有

$$a_x = \langle x \mid \psi \rangle \tag{2.1.59}$$

$$b_x = \langle x \mid \varphi \rangle \tag{2.1.60}$$

并且

$$\langle \varphi \mid \psi \rangle = \int_{-\infty}^{\infty} \mathrm{d}x \langle \varphi \mid x \rangle \langle x \mid \psi \rangle = \int_{-\infty}^{\infty} \mathrm{d}x \varphi^*(x) \psi(x) \tag{2.1.61}$$

实际上,直接在 $\mid \psi \rangle$ 与 $\mid \varphi \rangle$ 的标积中插入坐标变量的封闭关系(2.1.54)式,立即可以得到上述结果。由此可以看出封闭关系的重要作用。

最后,讨论算符在具体表象中的表示。

设算符 $\hat{F}$ 的作用是将态矢 $\mid \psi \rangle$ 变成态矢 $\mid \varphi \rangle$,即算符 $\hat{F}$ 满足算符方程

$$\mid \varphi \rangle = \hat{F} \mid \psi \rangle \tag{2.1.62}$$

在前述的 G 表象中

$$\langle n \mid \varphi \rangle = \langle n \mid \hat{F} \mid \psi \rangle = \sum_m \langle n \mid \hat{F} \mid m \rangle \langle m \mid \psi \rangle \tag{2.1.63}$$

令

$$b_n = \langle n \mid \varphi \rangle \tag{2.1.64}$$

$$a_n = \langle n \mid \psi \rangle \tag{2.1.65}$$

$$F_{nm} = \langle n \mid \hat{F} \mid m \rangle \tag{2.1.66}$$

则(2.1.62)式可以写成

$$b_n = \sum_m F_{nm} a_m \tag{2.1.67}$$

在 G 表象下,欲求算符 $\hat{F}$ 在态矢 $\mid \varphi \rangle$ 与 $\mid \psi \rangle$ 之下的矩阵元 $\langle \varphi \mid \hat{F} \mid \psi \rangle$,则利用封闭关系可以得到

$$\langle \varphi \mid \hat{F} \mid \psi \rangle = \sum_m \langle \varphi \mid m \rangle \langle m \mid \hat{F} \sum_n \mid n \rangle \langle n \mid \psi \rangle = \sum_{mn} \langle \varphi \mid m \rangle F_{mn} \langle n \mid \psi \rangle \tag{2.1.68}$$

4. 投影算符

若厄米算符 $\hat{F}$ 满足本征方程

$$\hat{F} \mid n \rangle = f_n \mid n \rangle \tag{2.1.69}$$

则可以定义如下的投影算符。

(1) 态矢 $|n\rangle$ 的投影算符

若令

$$\hat{p}_n = |n\rangle\langle n| \tag{2.1.70}$$

则 $\hat{p}_n$ 是一个算符,称之为**态矢 $|n\rangle$ 的投影算符**。它的作用是把其后的态矢投影到态矢 $|n\rangle$ 上,或者说,尽管其后的态矢原来具有各种分量,经过它的作用之后,只保留其后面态矢的 $|n\rangle$ 分量。例如,对于任意一个态矢 $|\psi\rangle$,有

$$\hat{p}_n|\psi\rangle = |n\rangle\langle n|\sum_m c_m|m\rangle = \sum_m c_m|n\rangle\langle n|m\rangle = \sum_m c_m|n\rangle\delta_{mn} = c_n|n\rangle \tag{2.1.71}$$

上式表明投影算符 $\hat{p}_n$ 对 $|\psi\rangle$ 作用的结果是只保留 $|n\rangle$ 的分量,而且 $|n\rangle$ 的分量的大小不变。

容易证明投影算符具有如下性质

$$\hat{p}_n^+ = \hat{p}_n \tag{2.1.72}$$

$$\hat{p}_m\hat{p}_n = \begin{cases}\hat{p}_n & (m = n)\\ 0 & (m \neq n)\end{cases} \tag{2.1.73}$$

$$\sum_n \hat{p}_n = 1 \tag{2.1.74}$$

$$\mathrm{Tr}\hat{p}_n = \sum_m \langle m|\hat{p}_n|m\rangle = 1 \tag{2.1.75}$$

$$\langle\psi|\hat{p}_n|\psi\rangle \geqslant 0 \tag{2.1.76}$$

$$[\hat{p}_n, \hat{F}] = 0 \tag{2.1.77}$$

(2) 去态矢 $|n\rangle$ 的投影算符

有时要用到另一类投影算符

$$\hat{q}_n = 1 - |n\rangle\langle n| \tag{2.1.78}$$

也可以将其称之为**去态矢 $|n\rangle$ 的投影算符**,它的作用是把其后的态矢投影到态矢 $|n\rangle$ 以外的空间中。例如,对于任意一个态矢 $|\psi\rangle$,有

$$\hat{q}_n|\psi\rangle = (1 - |n\rangle\langle n|)\sum_m c_m|m\rangle = \sum_m c_m|m\rangle - \sum_m c_m|n\rangle\langle n|m\rangle = \sum_m c_m|m\rangle - c_n|n\rangle = \sum_{m\neq n} c_m|m\rangle \tag{2.1.79}$$

上式表明投影算符 $\hat{q}_n$ 对 $|\psi\rangle$ 作用的结果是在 $|\psi\rangle$ 中去掉了 $|n\rangle$ 的分量,而其他分量不变。在第 3 章中,这种投影算符将在微扰论递推公式的导出过程中起到关键的作用。

容易证明算符 $\hat{q}_n$ 具有如下性质

$$\hat{q}_n^+ = \hat{q}_n \tag{2.1.80}$$

$$\hat{q}_m\hat{q}_n = \begin{cases} \hat{q}_n & (m = n) \\ \hat{q}_n - \hat{p}_m & (m \neq n) \end{cases} \tag{2.1.81}$$

$$[\hat{q}_n, \hat{F}] = 0 \tag{2.1.82}$$

(3) 反转投影算符

在第 8 章的量子算法中,会用到如下的算符

$$\hat{U}_n = 2|n\rangle\langle n| - 1 = 2\hat{p}_n - 1 \tag{2.1.83}$$

它的作用是保持态矢 $|n\rangle$ 不变,但是,将所有与 $|n\rangle$ 正交的态矢反转,即改变一个负号,称此算符为**反转正交态的投影算符**。例如,对于任意一个态矢 $|\psi\rangle$,有

$$\hat{U}_n|\psi\rangle = 2|n\rangle\langle n|\sum_m c_m|m\rangle - \sum_m c_m|m\rangle = 2c_n|n\rangle - \sum_m c_m|m\rangle = c_n|n\rangle - \sum_{m\neq n} c_m|m\rangle \tag{2.1.84}$$

若定义算符

$$\hat{V}_n = 1 - 2|n\rangle\langle n| = 1 - 2\hat{p}_n \tag{2.1.85}$$

则其作用恰好与算符 $\hat{U}_n$ 相反,它的作用是保持与 $|n\rangle$ 正交的态矢不变,但是,将态矢 $|n\rangle$ 反转,即改变一个负号,称此算符为**反转 $|n\rangle$ 态的投影算符**。例如,对于任意一个态矢 $|\psi\rangle$,有

$$\hat{V}_n|\psi\rangle = \sum_m c_m|m\rangle - 2|n\rangle\langle n|\sum_m c_m|m\rangle = \sum_m c_m|m\rangle - 2c_n|n\rangle = \sum_{m\neq n} c_m|m\rangle - c_n|n\rangle \tag{2.1.86}$$

显然

$$[\hat{U}_n, \hat{F}] = 0, \quad [\hat{V}_n, \hat{F}] = 0 \tag{2.1.87}$$

(4) 推广的投影算符

还可以将由(2.1.70)式定义的投影算符推广成更一般的形式

$$\hat{P}_{mn} = |m\rangle\langle n| \tag{2.1.88}$$

它也是一个投影算符。将其作用在任意一个态矢 $|\psi\rangle$ 上,即

$$\hat{P}_{mn}|\psi\rangle = |m\rangle\langle n|\sum_k c_k|k\rangle = \sum_k c_k|m\rangle\langle n|k\rangle = \sum_k c_k|m\rangle\delta_{nk} = c_n|m\rangle \tag{2.1.89}$$

上式表明投影算符 $\hat{P}_{mn}$ 对 $|\psi\rangle$ 作用的结果是只保留 $|\psi\rangle$ 中的 $|m\rangle$ 分量,而其大小为 $|\psi\rangle$ 中 $|n\rangle$ 分量的大小。

广义投影算符具有如下性质

$$\hat{P}^+_{mn} = \hat{P}_{nm} \tag{2.1.90}$$

$$\hat{P}_{mn}\hat{P}_{kl} = \hat{P}_{ml}\delta_{nk} \tag{2.1.91}$$

$$[\hat{P}_{mn}, \hat{F}] = (f_n - f_m)\hat{P}_{mn} \tag{2.1.92}$$

2.1.4　表象变换

在量子力学中,将算符与波函数从一个表象变换到另一个表象,称为**表象变换**。有两种办法都可以实现表象间的变换,一种是保持态矢不变,把一个基底换成另一个基底;另一种是保持基底不变,把态矢变换成另一个态矢。

1.基底的变换

设算符 $\hat{A}$ 与 $\hat{B}$ 分别满足本征方程

$$\begin{aligned}\hat{A}\mid a_m\rangle &= a_m \mid a_m\rangle \\ \hat{B}\mid b_i\rangle &= b_i \mid b_i\rangle\end{aligned} \tag{2.1.93}$$

将两个基底相互展开,有

$$\begin{aligned}\mid a_m\rangle &= \sum_i U_{im}\mid b_i\rangle \\ \mid b_i\rangle &= \sum_m V_{mi}\mid a_m\rangle\end{aligned} \tag{2.1.94}$$

其中

$$\begin{aligned}U_{im} &= \langle b_i \mid a_m\rangle \\ V_{mi} &= \langle a_m \mid b_i\rangle\end{aligned} \tag{2.1.95}$$

两个基底互换的矩阵形式分别为

$$\begin{pmatrix}\mid a_1\rangle \\ \mid a_2\rangle \\ \vdots \\ \mid a_m\rangle \\ \vdots\end{pmatrix} = \begin{pmatrix}U_{11} & U_{21} & \cdots & U_{m1} & \cdots \\ U_{12} & U_{22} & \cdots & U_{m2} & \cdots \\ \vdots & \vdots & & \vdots & \vdots \\ U_{1m} & U_{2m} & \cdots & U_{mm} & \cdots \\ \vdots & \vdots & & \vdots & \end{pmatrix}\begin{pmatrix}\mid b_1\rangle \\ \mid b_2\rangle \\ \vdots \\ \mid b_m\rangle \\ \vdots\end{pmatrix} \tag{2.1.96}$$

$$\begin{pmatrix}\mid b_1\rangle \\ \mid b_2\rangle \\ \vdots \\ \mid b_i\rangle \\ \vdots\end{pmatrix} = \begin{pmatrix}V_{11} & V_{21} & \cdots & V_{i1} & \cdots \\ V_{12} & V_{22} & \cdots & V_{i2} & \cdots \\ \vdots & \vdots & & \vdots & \\ V_{1i} & V_{2i} & \cdots & V_{ii} & \cdots \\ \vdots & \vdots & & \vdots & \end{pmatrix}\begin{pmatrix}\mid a_1\rangle \\ \mid a_2\rangle \\ \vdots \\ \mid a_i\rangle \\ \vdots\end{pmatrix} \tag{2.1.97}$$

由上述两式可知,U_{im} 的作用是将 A 表象中的基底 $\{\mid a_m\rangle\}$ 用 B 表象中的基底 $\{\mid b_i\rangle\}$ 来表示,而 V_{mi} 的作用是将 B 表象中的基底 $\{\mid b_i\rangle\}$ 用 A 表象中的基底 $\{\mid a_m\rangle\}$ 来表示。总之,U_{im} 与 V_{mi} 是两个表象基底之间的变换矩阵。

变换算符 $\hat{U}$ 与 $\hat{V}$ 可以写成

$$\begin{aligned}\hat{U} &= \sum_k \mid a_k\rangle\langle b_k\mid \\ \hat{V} &= \sum_k \mid b_k\rangle\langle a_k\mid\end{aligned} \tag{2.1.98}$$

通过计算可知，在 A 表象与 B 表象中，算符 $\hat{U}$ 与 $\hat{V}$ 的矩阵元皆为

$$\begin{aligned} U_{im} &= \langle b_i \mid a_m \rangle \\ V_{mi} &= \langle a_m \mid b_i \rangle \end{aligned} \tag{2.1.99}$$

显然，上述结果与(2.1.95)式是相同的。

由(2.1.98)式可知 $\hat{V} = \hat{U}^+$，$\hat{U} = \hat{V}^+$，进而得到

$$\begin{aligned} \hat{U}\hat{U}^+ &= \sum_i \mid a_i\rangle\langle b_i \mid \sum_j \mid b_j\rangle\langle a_j \mid = \sum_i \mid a_i\rangle\langle a_i \mid = 1 \\ \hat{U}^+ \hat{U} &= \sum_i \mid b_i\rangle\langle a_i \mid \sum_j \mid a_j\rangle\langle b_j \mid = \sum_i \mid b_i\rangle\langle b_i \mid = 1 \end{aligned} \tag{2.1.100}$$

所以 $\hat{U}$ 是一个幺正算符。同理可知 $\hat{V}$ 也是一个幺正算符。V 矩阵的作用是把 B 表象下的基底用 A 表象下的基底来表示，而 U 矩阵的作用是把 A 表象下的基底用 B 表象下的基底来表示。

2. 态矢的变换

设有任意一个态矢 $\mid \psi\rangle$，将其分别向两个基底展开，得到

$$\begin{aligned} \mid \psi\rangle &= \sum_m \mid a_m\rangle\langle a_m \mid \psi\rangle \\ \mid \psi\rangle &= \sum_i \mid b_i\rangle\langle b_i \mid \psi\rangle \end{aligned} \tag{2.1.101}$$

而

$$\begin{aligned} \langle a_m \mid \psi\rangle &= \sum_i \langle a_m \mid b_i\rangle\langle b_i \mid \psi\rangle = \sum_i V_{mi}\langle b_i \mid \psi\rangle \\ \langle b_i \mid \psi\rangle &= \sum_m \langle b_i \mid a_m\rangle\langle a_m \mid \psi\rangle = \sum_i U_{im}\langle a_m \mid \psi\rangle \end{aligned} \tag{2.1.102}$$

写成矩阵形式分别为

$$\begin{pmatrix} \langle a_1 \mid \psi\rangle \\ \langle a_2 \mid \psi\rangle \\ \vdots \\ \langle a_k \mid \psi\rangle \\ \vdots \end{pmatrix} = \begin{pmatrix} \langle a_1 \mid b_1\rangle & \langle a_1 \mid b_2\rangle & \cdots & \langle a_1 \mid b_k\rangle & \cdots \\ \langle a_2 \mid b_1\rangle & \langle a_2 \mid b_2\rangle & \cdots & \langle a_2 \mid b_k\rangle & \cdots \\ \vdots & \vdots & & \vdots & \\ \langle a_k \mid b_1\rangle & \langle a_k \mid b_2\rangle & \cdots & \langle a_k \mid b_k\rangle & \cdots \\ \vdots & \vdots & & \vdots & \end{pmatrix} \begin{pmatrix} \langle b_1 \mid \psi\rangle \\ \langle b_2 \mid \psi\rangle \\ \vdots \\ \langle b_k \mid \psi\rangle \\ \vdots \end{pmatrix} \tag{2.1.103}$$

$$\begin{pmatrix} \langle b_1 \mid \psi\rangle \\ \langle b_2 \mid \psi\rangle \\ \vdots \\ \langle b_k \mid \psi\rangle \\ \vdots \end{pmatrix} = \begin{pmatrix} \langle b_1 \mid a_1\rangle & \langle b_1 \mid a_2\rangle & \cdots & \langle b_1 \mid a_k\rangle & \cdots \\ \langle b_2 \mid a_1\rangle & \langle b_2 \mid a_2\rangle & \cdots & \langle b_2 \mid a_k\rangle & \cdots \\ \vdots & \vdots & & \vdots & \\ \langle b_k \mid a_1\rangle & \langle b_k \mid a_2\rangle & \cdots & \langle b_k \mid a_k\rangle & \cdots \\ \vdots & \vdots & & \vdots & \end{pmatrix} \begin{pmatrix} \langle a_1 \mid \psi\rangle \\ \langle a_2 \mid \psi\rangle \\ \vdots \\ \langle a_k \mid \psi\rangle \\ \vdots \end{pmatrix} \tag{2.1.104}$$

显然,态矢 $|\psi\rangle$ 在 A 表象中的波函数,可以通过对它在 B 表象中的波函数做一个幺正变换 $\hat{V}$ 得到,而态矢 $|\psi\rangle$ 在 B 表象中的波函数,可以通过对它在 A 表象中的波函数做一个幺正变换 $\hat{U}$ 得到。

3.算符的变换

任意力学量 F 在 A 和 B 表象中的矩阵元分别为

$$F_{mn} = \langle a_m | \hat{F} | a_n \rangle \tag{2.1.105}$$

$$F'_{ij} = \langle b_i | \hat{F} | b_j \rangle \tag{2.1.106}$$

利用封闭关系可知,两个表象中矩阵元之间的关系为

$$\begin{aligned} F_{mn} &= \sum_{ij} \langle a_m | b_i \rangle \langle b_i | \hat{F} | b_j \rangle \langle b_j | a_n \rangle = \sum_{ij} V_{mi} F'_{ij} U_{jn} = \sum_{ij} V_{mi} F'_{ij} V^{+}_{jn} \\ F'_{ij} &= \sum_{mn} \langle b_i | a_m \rangle \langle a_m | \hat{F} | a_n \rangle \langle a_n | b_j \rangle = \sum_{mn} U_{im} F_{mn} V_{nj} = \sum_{mn} U_{im} F_{mn} U^{+}_{nj} \end{aligned} \tag{2.1.107}$$

上式表明,算符在 A 和 B 表象中的矩阵元,可以通过幺正变换矩阵相互转换。

2.1.5　常用表象

在量子力学中,坐标表象和动量表象是两个常用的连续谱表象,能量表象也是常用表象。为了叙述的简便,仍以一维问题为例,在坐标 x、动量 p 和任意有断续谱的力学量 Q 的表象中,将它们的算符、本征值和本征矢的表达式汇集起来,以便于记忆和比较。其中,力学量算符 $\hat{Q}$ 满足本征方程

$$\hat{Q} | \varphi_n \rangle = q_n | \varphi_n \rangle \tag{2.1.108}$$

首先,回顾一下坐标表象中关于坐标 x、动量 p 和任意力学量 F 的公式。

(1) 坐标 x

在自身表象中,算符为 $\hat{x}$,本征值为 x',相应的本征矢为

$$| x' \rangle = \delta(x - x') \tag{2.1.109}$$

(2) 动量 p

算符为

$$\hat{p} = -\mathrm{i}\hbar \frac{\partial}{\partial x} \tag{2.1.110}$$

本征值为 p',相应的规格化的本征矢

$$| p' \rangle = \frac{1}{\sqrt{2\pi\hbar}} \exp\left[\frac{\mathrm{i}}{\hbar} p' x\right] \tag{2.1.111}$$

(3) 任意力学量 F

算符为 $\hat{F}\left(x, -\mathrm{i}\hbar \dfrac{\partial}{\partial x}\right)$,本征值为 f_k,相应的本征矢为 $|\psi_k\rangle = \psi_k(x)$。

其次,在动量表象中,列出关于坐标 x、动量 p 和任意力学量 F 的公式。

(1) 坐标 x

算符为

$$\hat{x} = \mathrm{i}\hbar \frac{\partial}{\partial p} \tag{2.1.112}$$

本征值仍是 x'，相应的规格化的本征矢为

$$|x'\rangle_p = \frac{1}{\sqrt{2\pi\hbar}} \exp\left[-\frac{\mathrm{i}}{\hbar} p x'\right] \tag{2.1.113}$$

(2) 动量 p

算符为 $\hat{p}$，本征值为 p'，相应的本征矢为

$$|p'\rangle = \delta(p - p') \tag{2.1.114}$$

(3) 任意力学量 F

算符为 $\hat{F}\left(\mathrm{i}\hbar \frac{\partial}{\partial p}, p\right)$，本征值为 f_k，相应的本征矢为

$$\varphi_k(p) = \langle p | \psi_k \rangle = \frac{1}{\sqrt{2\pi\hbar}} \int_{-\infty}^{\infty} \mathrm{d}x \exp\left[-\frac{\mathrm{i}}{\hbar} p x\right] \psi_k(x) \tag{2.1.115}$$

最后，在任意力学量 Q 表象中，列出关于坐标 x、动量 p 和任意力学量 F 的公式。

(1) 坐标 x

算符的矩阵元为

$$x_{mn} = \langle \varphi_m | x | \varphi_n \rangle = \int_{-\infty}^{\infty} \mathrm{d}x \varphi_m^*(x) x \varphi_n(x) \tag{2.1.116}$$

本征值仍为 x'，相应的本征矢为

$$|x'\rangle_m = \langle \varphi_m | \delta(x - x') \rangle = \int_{-\infty}^{\infty} \mathrm{d}x \varphi_m^*(x) \delta(x - x') = \varphi_m^*(x') \tag{2.1.117}$$

(2) 动量 p

算符的矩阵元为

$$p_{mn} = \langle \varphi_m | \hat{p} | \varphi_n \rangle = \int_{-\infty}^{\infty} \mathrm{d}x \varphi_m^*(x) \hat{p} \varphi_n(x) \tag{2.1.118}$$

本征值仍为 p'，相应的本征矢为

$$|p'\rangle_m = \langle \varphi_m | p' \rangle = \frac{1}{\sqrt{2\pi\hbar}} \int_{-\infty}^{\infty} \mathrm{d}x \varphi_m^*(x) \exp\left[\frac{\mathrm{i}}{\hbar} p' x\right] \tag{2.1.119}$$

(3) 任意力学量 F

算符的矩阵元为

$$F_{mn} = \langle \varphi_m | \hat{F} | \varphi_n \rangle = \int_{-\infty}^{\infty} \mathrm{d}x \varphi_m^*(x) \hat{F} \varphi_n(x) \tag{2.1.120}$$

本征值仍为 f_k，相应的本征矢为

$$| \psi_k \rangle_m = \langle \varphi_m | \psi_k \rangle = \int_{-\infty}^{\infty} \mathrm{d}x \varphi_m^*(x) \psi_k(x) \tag{2.1.121}$$

2.2　绘　景

在前面讨论表象时，并未涉及时间变量。一般来说，量子体系的状态是随时间变化的，描述这种变化的方式并不是惟一的。通常情况下，若 F 为任意力学量，则体系随时间变化有如下三种变化方式

$$\begin{aligned} &\frac{\partial}{\partial t}\psi(\boldsymbol{r},t) \neq 0; \quad \frac{\partial}{\partial t}\hat{F}(t) = 0 \\ &\frac{\partial}{\partial t}\psi(\boldsymbol{r},t) = 0; \quad \frac{\partial}{\partial t}\hat{F}(t) \neq 0 \\ &\frac{\partial}{\partial t}\psi(\boldsymbol{r},t) \neq 0; \quad \frac{\partial}{\partial t}\hat{F}(t) \neq 0 \end{aligned} \tag{2.2.1}$$

上述三种不同的情况要采取各自不同的方式来处理，就形成了三种不同的绘景，即薛定谔绘景、海森伯绘景和相互作用(狄拉克)绘景，分别用下标 S、H 和 I 标志它们。不管采用何种绘景，最终得到的物理结果应该是完全一样的。实际上，**绘景(图象、图景)**是一种广义的表象。为了简捷起见，下面将态矢中的坐标变量略去。

2.2.1　薛定谔绘景

在此前所遇到的问题中，都是波函数随时间变化，而力学量算符不显含时间变量，故都属于**薛定谔绘景**。

在薛定谔绘景下，**态矢** $|\psi_S(t)\rangle$ 与**算符** $\hat{F}_S$ **满足的运动方程**分别为

$$\mathrm{i}\hbar \frac{\partial}{\partial t} | \psi_S(t) \rangle = \hat{H} | \psi_S(t) \rangle \tag{2.2.2}$$

$$\frac{\partial}{\partial t}\hat{F}_S = 0 \tag{2.2.3}$$

容易得到薛定谔方程(2.2.2)的**形式解**为

$$| \psi_S(t) \rangle = C \exp\left(-\frac{\mathrm{i}}{\hbar}\hat{H}t \right) \tag{2.2.4}$$

其中的 C 可利用初始条件定出，即当 $t = t_0$ 时，有

$$|\psi_S(t_0)\rangle = C\exp\left(-\frac{\mathrm{i}}{\hbar}\hat{H}t_0\right) \tag{2.2.5}$$

即

$$C = \exp\left(\frac{\mathrm{i}}{\hbar}\hat{H}t_0\right)|\psi_S(t_0)\rangle \tag{2.2.6}$$

将其代回(2.2.4)式中,得到

$$|\psi_S(t)\rangle = \hat{U}_S(t,t_0)|\psi_S(t_0)\rangle \tag{2.2.7}$$

其中

$$\hat{U}_S(t,t_0) = \exp\left[-\frac{\mathrm{i}}{\hbar}\hat{H}(t-t_0)\right] \tag{2.2.8}$$

(2.2.7)式表明,可以由 t_0 时刻的态矢求出任意时刻 t 的态矢,算符函数 $\hat{U}_S(t,t_0)$ 是实现上述变换的算符,称之为薛定谔绘景下态矢的**时间演化算符**。由于 $\hat{H}$ 是厄米算符,所以 $\hat{U}_S(t,t_0)$ 是幺正算符。

2.2.2 海森伯绘景

在**海森伯绘景**中,态矢的定义为

$$|\psi_H(t)\rangle = \exp\left(\frac{\mathrm{i}}{\hbar}\hat{H}t\right)|\psi_S(t)\rangle \tag{2.2.9}$$

态矢满足的运动方程为

$$\mathrm{i}\hbar\frac{\partial}{\partial t}|\psi_H(t)\rangle = \mathrm{i}\hbar\frac{\partial}{\partial t}\left[\exp\left(\frac{\mathrm{i}}{\hbar}\hat{H}t\right)|\psi_S(t)\rangle\right] =$$

$$\mathrm{i}\hbar\frac{\mathrm{i}}{\hbar}\hat{H}\exp\left(\frac{\mathrm{i}}{\hbar}\hat{H}t\right)|\psi_S(t)\rangle + \exp\left(\frac{\mathrm{i}}{\hbar}\hat{H}t\right)\hat{H}|\psi_S(t)\rangle = 0 \tag{2.2.10}$$

即

$$\mathrm{i}\hbar\frac{\partial}{\partial t}|\psi_H(t)\rangle = 0 \tag{2.2.11}$$

说明按(2.2.9)定义的海森伯绘景中的态矢不随时间变化。

在海森伯绘景中,算符的定义为

$$\hat{F}_H(t) = \exp\left(\frac{\mathrm{i}}{\hbar}\hat{H}t\right)\hat{F}_S\exp\left(-\frac{\mathrm{i}}{\hbar}\hat{H}t\right) \tag{2.2.12}$$

算符满足的运动方程为

$$\mathrm{i}\hbar\frac{\partial}{\partial t}\hat{F}_H(t) = \mathrm{i}\hbar\frac{\partial}{\partial t}\left[\exp\left(\frac{\mathrm{i}}{\hbar}\hat{H}t\right)\hat{F}_S\exp\left(-\frac{\mathrm{i}}{\hbar}\hat{H}t\right)\right] =$$

$$\mathrm{i}\hbar\frac{\mathrm{i}}{\hbar}\hat{H}\exp\left(\frac{\mathrm{i}}{\hbar}\hat{H}t\right)\hat{F}_S\exp\left(-\frac{\mathrm{i}}{\hbar}\hat{H}t\right) - \mathrm{i}\hbar\frac{\mathrm{i}}{\hbar}\exp\left(\frac{\mathrm{i}}{\hbar}\hat{H}t\right)\hat{F}_S\hat{H}\exp\left(-\frac{\mathrm{i}}{\hbar}\hat{H}t\right) =$$

$$[\hat{F}_H(t),\hat{H}] \tag{2.2.13}$$

即算符满足的运动方程为

$$i\hbar\ \frac{\partial}{\partial t}\hat{F}_H(t) = [\hat{F}_H(t), \hat{H}] \tag{2.2.14}$$

在海森伯绘景中，算符的矩阵元为

$$\langle \psi'_H(t) \mid \hat{F}_H(t) \mid \psi_H(t)\rangle = \langle \psi'_S(t) \mid \exp\left(-\frac{i}{\hbar}\hat{H}t\right)\hat{F}_H(t)\exp\left(\frac{i}{\hbar}\hat{H}t\right) \mid \psi_S(t)\rangle =$$
$$\langle \psi'_S(t) \mid \hat{F}_S \mid \psi_S(t)\rangle \tag{2.2.15}$$

上式表明，算符在海森伯绘景和薛定谔绘景中的矩阵元是一样的。

2.2.3　相互作用绘景

在微扰近似计算中，通常将哈密顿算符写成如下形式

$$\hat{H} = \hat{H}_0 + \hat{W} \tag{2.2.16}$$

其中，$\hat{W}$ 的作用比 $\hat{H}_0$ 要小得多，称之为微扰项。为了突出无微扰时算符 $\hat{H}_0$ 的作用，引入**相互作用绘景**，也称为**狄拉克绘景**。

在相互作用绘景中，算符的定义是

$$\hat{F}_I(t) = \exp\left(\frac{i}{\hbar}\hat{H}_0 t\right)\hat{F}_S \exp\left(-\frac{i}{\hbar}\hat{H}_0 t\right) \tag{2.2.17}$$

用类似海森伯绘景中使用的方法，可以导出**算符满足的运动方程**为

$$i\hbar\ \frac{\partial}{\partial t}\hat{F}_I(t) = [\hat{F}_I(t), \hat{H}_0] \tag{2.2.18}$$

在相互作用绘景中，态矢的定义是

$$\mid \psi_I(t)\rangle = \exp\left(\frac{i}{\hbar}\hat{H}_0 t\right) \mid \psi_S(t)\rangle \tag{2.2.19}$$

态矢满足的运动方程为

$$i\hbar\ \frac{\partial}{\partial t} \mid \psi_I(t)\rangle = i\hbar\ \frac{\partial}{\partial t}\left[\exp\left(\frac{i}{\hbar}\hat{H}_0 t\right) \mid \psi_S(t)\rangle\right] =$$
$$i\hbar\ \frac{i}{\hbar}\hat{H}_0 \exp\left(\frac{i}{\hbar}\hat{H}_0 t\right) \mid \psi_S(t)\rangle + \exp\left(\frac{i}{\hbar}\hat{H}_0 t\right)\hat{H} \mid \psi_S(t)\rangle =$$
$$\exp\left(\frac{i}{\hbar}\hat{H}_0 t\right)(\hat{H} - \hat{H}_0) \mid \psi_S(t)\rangle =$$
$$\exp\left(\frac{i}{\hbar}\hat{H}_0 t\right)\hat{W}_S \exp\left(-\frac{i}{\hbar}\hat{H}_0 t\right)\ \exp\left(\frac{i}{\hbar}\hat{H}_0 t\right) \mid \psi_S(t)\rangle =$$
$$\hat{W}_I(t) \mid \psi_I(t)\rangle \tag{2.2.20}$$

即

$$i\hbar\ \frac{\partial}{\partial t} \mid \psi_I(t)\rangle = \hat{W}_I(t) \mid \psi_I(t)\rangle \tag{2.2.21}$$

其中

$$\hat{W}_I(t) = \exp\left(\frac{i}{\hbar}\hat{H}_0 t\right)\hat{W}_S \exp\left(-\frac{i}{\hbar}\hat{H}_0 t\right) \tag{2.2.22}$$

是相互作用绘景下的微扰算符。

2.2.4 U 算符

1. 定义及性质

为了更清晰地了解相互作用绘景在处理微扰问题时的作用,在相互作用绘景中(下面略去下标 I),引入一个变换算符 $U(t,t_0)$,它满足

$$|\psi(t)\rangle = U(t,t_0)|\psi(t_0)\rangle \tag{2.2.23}$$

这个变换算符的作用是将 t_0 时刻的态矢变成 t 时刻的态矢,称之为 U **算符**。实际上,U 算符是相互作用绘景下态矢的时间演化算符。

由 U 算符的定义可知,它具有如下性质

$$U(t_0,t_0) = 1$$

$$U(t,t) = 1 \tag{2.2.24}$$

为了研究 U 算符具有的其他性质,下面导出它的形式解。由于

$$|\psi(t)\rangle = \exp\left(\frac{\mathrm{i}}{\hbar}\hat{H}_0 t\right)|\psi_S(t)\rangle = \exp\left(\frac{\mathrm{i}}{\hbar}\hat{H}_0 t\right)\exp\left[-\frac{\mathrm{i}}{\hbar}\hat{H}(t-t_0)\right]|\psi_S(t_0)\rangle =$$

$$\exp\left(\frac{\mathrm{i}}{\hbar}\hat{H}_0 t\right)\exp\left[-\frac{\mathrm{i}}{\hbar}\hat{H}(t-t_0)\right]\exp\left(-\frac{\mathrm{i}}{\hbar}\hat{H}_0 t_0\right)\exp\left(\frac{\mathrm{i}}{\hbar}\hat{H}_0 t_0\right)|\psi_S(t_0)\rangle =$$

$$\exp\left(\frac{\mathrm{i}}{\hbar}\hat{H}_0 t\right)\exp\left[-\frac{\mathrm{i}}{\hbar}\hat{H}(t-t_0)\right]\exp\left(-\frac{\mathrm{i}}{\hbar}\hat{H}_0 t_0\right)|\psi(t_0)\rangle \tag{2.2.25}$$

所以 U 算符可以写为

$$U(t,t_0) = \exp\left(\frac{\mathrm{i}}{\hbar}\hat{H}_0 t\right)\exp\left[-\frac{\mathrm{i}}{\hbar}\hat{H}(t-t_0)\right]\exp\left(-\frac{\mathrm{i}}{\hbar}\hat{H}_0 t_0\right) \tag{2.2.26}$$

上述表达式不能用于解决实际问题,故称为**形式解**。利用此形式解可以证明 U 算符如下一些性质。

(1)
$$U(t,t_0)U(t_0,t') = U(t,t') \tag{2.2.27}$$

证明

$$U(t,t_0)U(t_0,t') = \exp\left(\frac{\mathrm{i}}{\hbar}\hat{H}_0 t\right)\exp\left[-\frac{\mathrm{i}}{\hbar}\hat{H}(t-t_0)\right]\exp\left(-\frac{\mathrm{i}}{\hbar}\hat{H}_0 t_0\right)\times$$

$$\exp\left(\frac{\mathrm{i}}{\hbar}\hat{H}_0 t_0\right)\exp\left[-\frac{\mathrm{i}}{\hbar}\hat{H}(t_0-t')\right]\exp\left(-\frac{\mathrm{i}}{\hbar}\hat{H}_0 t'\right) =$$

$$\exp\left(\frac{\mathrm{i}}{\hbar}\hat{H}_0 t\right)\exp\left[-\frac{\mathrm{i}}{\hbar}\hat{H}(t-t_0)\right]\exp\left[-\frac{\mathrm{i}}{\hbar}\hat{H}(t_0-t')\right]\exp\left(-\frac{\mathrm{i}}{\hbar}\hat{H}_0 t'\right) =$$

$$\exp\left(\frac{\mathrm{i}}{\hbar}\hat{H}_0 t\right)\exp\left[-\frac{\mathrm{i}}{\hbar}\hat{H}(t-t')\right]\exp\left(-\frac{\mathrm{i}}{\hbar}\hat{H}_0 t'\right) = U(t,t')$$

(2)
$$U(t,t_0) = U^{+}(t_0,t) \tag{2.2.28}$$

证明

$$U^{+}(t_0,t)=\left\{\exp\left(\frac{\mathrm{i}}{\hbar}\hat{H}_0 t_0\right)\exp\left[-\frac{\mathrm{i}}{\hbar}\hat{H}(t_0-t)\right]\exp\left(-\frac{\mathrm{i}}{\hbar}\hat{H}_0 t\right)\right\}^{+}=$$

$$\exp\left(\frac{\mathrm{i}}{\hbar}\hat{H}_0 t\right)\exp\left[-\frac{\mathrm{i}}{\hbar}\hat{H}(t-t_0)\right]\exp\left(-\frac{\mathrm{i}}{\hbar}\hat{H}_0 t_0\right)=U(t,t_0)$$

(3)

$$U^{+}(t,t_0)U(t,t_0)=1$$

$$U(t,t_0)U^{+}(t,t_0)=1 \tag{2.2.29}$$

证明　由上式与性质(1)可知

$$U^{+}(t,t_0)U(t,t_0)=U(t_0,t)U(t,t_0)=1$$

$$U(t,t_0)U^{+}(t,t_0)=U(t,t_0)U(t_0,t)=1$$

2.微分方程

将(2.2.23)式代入相互作用绘景中态矢满足的运动方程

$$\mathrm{i}\hbar\frac{\partial}{\partial t}|\psi(t)\rangle=\hat{W}(t)|\psi(t)\rangle \tag{2.2.30}$$

得到

$$\mathrm{i}\hbar\frac{\partial}{\partial t}U(t,t_0)|\psi(t_0)\rangle=\hat{W}(t)U(t,t_0)|\psi(t_0)\rangle \tag{2.2.31}$$

因为 $|\psi(t_0)\rangle$ 是可以任意选取的,所以 $U(t,t_0)$ 满足的微分方程为

$$\mathrm{i}\hbar\frac{\partial}{\partial t}U(t,t_0)=\hat{W}(t)U(t,t_0) \tag{2.2.32}$$

3.积分表达式

将 U 算符满足的运动方程(2.2.32)对时间变量积分

$$\int_{t_0}^{t}\mathrm{d}t'\,\mathrm{i}\hbar\frac{\partial}{\partial t'}U(t',t_0)=\int_{t_0}^{t}\mathrm{d}t'\hat{W}(t')U(t',t_0) \tag{2.2.33}$$

得到

$$U(t,t_0)-U(t_0,t_0)=-\frac{\mathrm{i}}{\hbar}\int_{t_0}^{t}\mathrm{d}t'\hat{W}(t')U(t',t_0) \tag{2.2.34}$$

整理之,有

$$U(t,t_0)=1-\frac{\mathrm{i}}{\hbar}\int_{t_0}^{t}\mathrm{d}t'\hat{W}(t')U(t',t_0) \tag{2.2.35}$$

此即 U 算符满足的积分方程。

4.迭代表达式

虽然积分方程(2.2.35)式的形式十分简捷,但是,由于等式的两端都有待求的 U 算符,还是无法直接使用。通常,解决这个问题的办法是对 U 算符做迭代,即

$$U(t,t_0)=1-\frac{\mathrm{i}}{\hbar}\int_{t_0}^{t}\mathrm{d}t_1\hat{W}(t_1)U(t_1,t_0)=$$

$$1-\frac{\mathrm{i}}{\hbar}\int_{t_0}^{t}\mathrm{d}t_1\hat{W}(t_1)\left[1-\frac{\mathrm{i}}{\hbar}\int_{t_0}^{t_1}\mathrm{d}t_2\hat{W}(t_2)U(t_2,t_0)\right]=\cdots=$$

$$1+\left(-\frac{\mathrm{i}}{\hbar}\right)\int_{t_0}^{t}\mathrm{d}t_1\hat{W}(t_1)+\left(-\frac{\mathrm{i}}{\hbar}\right)^2\int_{t_0}^{t}\mathrm{d}t_1\int_{t_0}^{t_1}\mathrm{d}t_2\hat{W}(t_1)\hat{W}(t_2)+\cdots+$$

$$\left(-\frac{\mathrm{i}}{\hbar}\right)^n\int_{t_0}^{t}\mathrm{d}t_1\int_{t_0}^{t_1}\mathrm{d}t_2\cdots\int_{t_0}^{t_{n-1}}\mathrm{d}t_n\hat{W}(t_1)\hat{W}(t_2)\cdots\hat{W}(t_n)+\cdots \tag{2.2.36}$$

这就是 U **算符的迭代解表达式**。由于 $\hat{W}$ 是一个相对小量,故可以根据实际需要计算到微扰的某一级。

2.2.5 受微扰的线谐振子

作为应用 U 算符计算能量的一个例子,让我们来研究受到微扰的线谐振子问题,其哈密顿算符为

$$\hat{H}=\hat{H}_0+\hat{W} \tag{2.2.37}$$

其中,$\hat{H}_0$ 为无微扰时线谐振子的哈密顿算符,$\hat{W}$ 是微扰项,它们分别为

$$\hat{H}_0=\frac{\hat{p}^2}{2\mu}+\frac{1}{2}\mu\omega^2x^2 \tag{2.2.38}$$

$$\hat{W}=\varepsilon x \tag{2.2.39}$$

为了能用微扰论求出体系在任意时刻 t 的近似波函数,必须先求出 $\hat{H}_0$ 的本征解。线谐振子在坐标表象中的本征解,可以在任何一本量子力学教科书中查到。下面将用另外一种方法来得到它,称之为**直接矢量计算**。求解过程大致可以分为如下三步。

第一步,引入升算符与降算符,改写哈密顿算符。

首先,利用 x 与 $\hat{p}$ 构造两个辅助算符,**升算符** $\hat{A}_+$ 与**降算符** $\hat{A}_-$ 分别定义为

$$\begin{aligned}\hat{A}_-&=\frac{1}{\sqrt{2\mu\hbar\omega}}(\mu\omega x+\mathrm{i}\hat{p})\\ \hat{A}_+&=\frac{1}{\sqrt{2\mu\hbar\omega}}(\mu\omega x-\mathrm{i}\hat{p})\end{aligned} \tag{2.2.40}$$

反之得到

$$\begin{aligned}x&=\sqrt{\frac{\hbar}{2\mu\omega}}(\hat{A}_++\hat{A}_-)\\ \hat{p}&=\mathrm{i}\sqrt{\frac{\mu\omega\hbar}{2}}(\hat{A}_+-\hat{A}_-)\end{aligned} \tag{2.2.41}$$

其次,利用升降算符改写哈密顿算符。在薛定谔绘景下,无微扰的哈密顿算符 $\hat{H}_0$ 和微扰算符 $\hat{W}$ 可以分别表示为

$$\hat{H}_0 = \frac{1}{2}\hbar\omega(\hat{A}_+\hat{A}_- + \hat{A}_-\hat{A}_+) = \left(\hat{A}_+\hat{A}_- + \frac{1}{2}\right)\hbar\omega$$
$$\hat{W} = \beta\hbar(\hat{A}_+ + \hat{A}_-);\quad \beta = \varepsilon\sqrt{\frac{1}{2\mu\hbar\omega}} \tag{2.2.42}$$

上述算符之间满足如下关系

$$[\hat{A}_+,\hat{A}_-] = -1$$
$$\hat{A}_-^+ = \hat{A}_+;\quad \hat{A}_+^+ = \hat{A}_- \tag{2.2.43}$$
$$[\hat{H}_0,\hat{A}_\pm] = \pm\hbar\omega\hat{A}_\pm$$

第二步,求出无微扰的哈密顿算符 $\hat{H}_0$ 的解。

为了求出 $\hat{H}_0$ 的本征解,只要求出 $\hat{A}_+\hat{A}_-$ 的本征解就可以了。设

$$\hat{A}_+\hat{A}_-|\lambda\rangle = \lambda|\lambda\rangle \tag{2.2.44}$$

用$\langle\lambda|$左乘上式两端,有

$$\langle\lambda|\hat{A}_+\hat{A}_-|\lambda\rangle = |\hat{A}_-|\lambda\rangle|^2 = \lambda \tag{2.2.45}$$

于是有

$$\lambda \geqslant 0 \tag{2.2.46}$$

再用 $\hat{A}_-$ 作用(2.2.44)式两端,有

$$\hat{A}_-\hat{A}_+\hat{A}_-|\lambda\rangle = \lambda\hat{A}_-|\lambda\rangle \tag{2.2.47}$$

利用

$$\hat{A}_-\hat{A}_+ = \hat{A}_+\hat{A}_- + 1 \tag{2.2.48}$$

可知

$$\hat{A}_+\hat{A}_-(\hat{A}_-|\lambda\rangle) = (\lambda - 1)(\hat{A}_-|\lambda\rangle) \tag{2.2.49}$$

显然,$\hat{A}_-|\lambda\rangle$ 也是算符 $\hat{A}_+\hat{A}_-$ 的本征态,对应的本征值为 $\lambda - 1$,即

$$\hat{A}_-|\lambda\rangle = c|\lambda - 1\rangle \tag{2.2.50}$$

由归一化条件可知 $c = \sqrt{\lambda}$,其中 $\lambda \geqslant 0$。由于本征矢中的 λ 最小为零,按升序排列依次为 $\lambda + 1, \lambda + 2, \cdots$,故 λ 只能是非负整数。由上式可以看出,$\hat{A}_-$ 是线谐振子本征态的降算符。降算符的作用具体表现为

$$\hat{A}_-|n\rangle = \sqrt{n}|n - 1\rangle$$
$$\hat{A}_-^2|n\rangle = \sqrt{n(n-1)}|n - 2\rangle$$
$$\vdots \tag{2.2.51}$$
$$\hat{A}_-^n|n\rangle = \sqrt{n!}|0\rangle$$

并且

$$\hat{A}_- | 0 \rangle = 0 \tag{2.2.52}$$

用类似的方法可知升算符 $\hat{A}_+$ 的作用为

$$\hat{A}_+ | n \rangle = \sqrt{n+1} | n+1 \rangle \tag{2.2.53}$$

无微扰线谐振子哈密顿算符的本征方程为

$$\hat{H}_0 | n \rangle = E_n^0 | n \rangle \tag{2.2.54}$$

即

$$\left(\hat{A}_+ \hat{A}_- + \frac{1}{2} \right) \hbar\omega | n \rangle = \left(n + \frac{1}{2} \right) \hbar\omega | n \rangle \tag{2.2.55}$$

于是无微扰线谐振子的能量本征值为

$$E_n^0 = \left(n + \frac{1}{2} \right) \hbar\omega \tag{2.2.56}$$

哈密顿算符 $\hat{H}_0$ 的本征矢与算符 $\hat{A}_+ \hat{A}_-$ 的本征矢是一样的，它可以由基态 $| 0 \rangle$ 利用升算符 $\hat{A}_+$ 算出

$$| n \rangle = \frac{1}{\sqrt{n!}} (\hat{A}_+)^n | 0 \rangle \tag{2.2.57}$$

通常把算符 $\hat{n} = \hat{A}_+ \hat{A}_-$ 称为**粒子数算符**，而将本征函数 $| n \rangle$ 称为**粒子数表象**中的态矢。

在能量表象下，容易求出升、降算符的矩阵元

$$\begin{aligned} (\hat{A}_-)_{mn} &= \langle m | \hat{A}_- | n \rangle = \langle m | \sqrt{n} | n-1 \rangle = \sqrt{n}\delta_{m,n-1} \\ (\hat{A}_+)_{mn} &= \langle m | \hat{A}_+ | n \rangle = \langle m | \sqrt{n+1} | n+1 \rangle = \\ &\sqrt{n+1}\delta_{m,n+1} \end{aligned} \tag{2.2.58}$$

第三步，利用 U 算符计算哈密顿算符 $\hat{H}$ 的近似解。

在相互作用绘景下（略去下标 I），设初始时刻 $t_0 = 0$ 时粒子处于状态 $| n \rangle$，利用 U 算符写出 t 时刻的波函数

$$| \psi(t) \rangle = U(t,0) | \psi(0) \rangle = U(t,0) | n \rangle \tag{2.2.59}$$

其中 U 算符的前三项为

$$U(t,0) \approx 1 - \frac{\mathrm{i}}{\hbar}\int_0^t \mathrm{d}t_1 \hat{W}(t_1) + \left(-\frac{\mathrm{i}}{\hbar} \right)^2 \int_0^t \mathrm{d}t_1 \hat{W}(t_1) \int_0^{t_1} \mathrm{d}t_2 \hat{W}(t_2) \tag{2.2.60}$$

式中

$$\begin{aligned} \hat{W}(t) &= \exp\left(\frac{\mathrm{i}}{\hbar}\hat{H}_0 t \right) \hat{W} \exp\left(-\frac{\mathrm{i}}{\hbar}\hat{H}_0 t \right) \\ \hat{H}_0 &= \left(\hat{A}_+ \hat{A}_- + \frac{1}{2} \right) \hbar\omega \\ \hat{W} &= (\hat{A}_+ + \hat{A}_-) \beta\hbar \end{aligned} \tag{2.2.61}$$

若令

$$a = \mathrm{i}\omega t;\quad \hat{C} = \hat{A}_+\hat{A}_- + \frac{1}{2} \tag{2.2.62}$$

且定义**多重对易子**

$$\begin{aligned}
&[\hat{C}^{(0)}, \hat{W}] = \hat{W}\\
&[\hat{C}^{(1)}, \hat{W}] = [\hat{C}, \hat{W}]\\
&[\hat{C}^{(2)}, \hat{W}] = [\hat{C}, [\hat{C}, \hat{W}]]\\
&\cdots\cdots
\end{aligned} \tag{2.2.63}$$

则有

$$\begin{aligned}
\hat{W}(t) &= \mathrm{e}^{a\hat{C}}\hat{W}\mathrm{e}^{-a\hat{C}} = \hat{W} + a[\hat{C}, \hat{W}] + \frac{a^2}{2!}[\hat{C}^{(2)}, \hat{W}] + \frac{a^3}{3!}[\hat{C}^{(3)}, \hat{W}] + \cdots =\\
&\beta\hbar\left[(\hat{A}_+ + \hat{A}_-) + a(\hat{A}_+ - \hat{A}_-) + \frac{a^2}{2!}(\hat{A}_+ + \hat{A}_-) + \frac{a^3}{3!}(\hat{A}_+ - \hat{A}_-) + \cdots\right] =\\
&\beta\hbar[\hat{A}_+\mathrm{e}^{\mathrm{i}\omega t} + \hat{A}_-\mathrm{e}^{-\mathrm{i}\omega t}]
\end{aligned} \tag{2.2.64}$$

其中利用了

$$\begin{aligned}
&[\hat{C}, \hat{W}] = [\hat{C}^{(3)}, \hat{W}] = [\hat{C}^{(5)}, \hat{W}] = \cdots = \beta\hbar(\hat{A}_+ - \hat{A}_-)\\
&\hat{W} = [\hat{C}^{(2)}, \hat{W}] = [\hat{C}^{(4)}, \hat{W}] = \cdots = \beta\hbar(\hat{A}_+ + \hat{A}_-)
\end{aligned} \tag{2.2.65}$$

将(2.2.64)式代入 U 算符的表达式中,第一个积分的结果为

$$-\frac{\mathrm{i}}{\hbar}\int_0^t \mathrm{d}t_1\hat{W}(t_1) = -\frac{\beta}{\omega}[\hat{A}_+(\mathrm{e}^{\mathrm{i}\omega t} - 1) - \hat{A}_-(\mathrm{e}^{-\mathrm{i}\omega t} - 1)] \tag{2.2.66}$$

利用上式可知,第二个积分的结果为

$$\begin{aligned}
&\left(-\frac{\mathrm{i}}{\hbar}\right)^2\int_0^t \mathrm{d}t_1\hat{W}(t_1)\int_0^{t_1}\mathrm{d}t_2\hat{W}(t_2) =\\
&-\frac{\mathrm{i}}{\hbar}\int_0^t \mathrm{d}t_1\hat{W}(t_1)\left\{-\frac{\beta}{\omega}[\hat{A}_+(\mathrm{e}^{\mathrm{i}\omega t_1} - 1) - \hat{A}_-(\mathrm{e}^{-\mathrm{i}\omega t_1} - 1)]\right\} =\\
&\frac{\beta^2}{2\omega^2}\hat{A}_+\hat{A}_+(\mathrm{e}^{\mathrm{i}\omega t} - 1)^2 + \frac{\beta^2}{\omega^2}\hat{A}_+\hat{A}_-(\mathrm{e}^{\mathrm{i}\omega t} - 1 - \mathrm{i}\omega t) +\\
&\frac{\beta^2}{\omega^2}\hat{A}_-\hat{A}_+(\mathrm{e}^{-\mathrm{i}\omega t} - 1 + \mathrm{i}\omega t) + \frac{\beta^2}{2\omega^2}\hat{A}_-\hat{A}_-(\mathrm{e}^{-\mathrm{i}\omega t} - 1)^2
\end{aligned} \tag{2.2.67}$$

将上面两个积分的结果代入 U 算符的表达式中,然后用其作用在 $|n\rangle$ 上,得到

$$|\psi(t)\rangle \approx |\psi(t)\rangle^{(0)} + |\psi(t)\rangle^{(1)} + |\psi(t)\rangle^{(2)} \tag{2.2.68}$$

其中

$$|\psi(t)\rangle^{(0)} = |n\rangle \tag{2.2.69}$$

$$|\psi(t)\rangle^{(1)} = -\frac{\beta}{\omega}[\sqrt{n+1}(\mathrm{e}^{\mathrm{i}\omega t} - 1)|n+1\rangle - \sqrt{n}(\mathrm{e}^{-\mathrm{i}\omega t} - 1)|n-1\rangle] \tag{2.2.70}$$

$$|\psi(t)\rangle^{(2)} = \frac{\beta^2}{\omega^2}\frac{\sqrt{(n+1)(n+2)}}{2}(\mathrm{e}^{\mathrm{i}\omega t}-1)^2|n+2\rangle - \frac{\beta^2}{\omega^2}[(2n+1)(1-\cos(\omega t))+\mathrm{i}\sin(\omega t)-\mathrm{i}\omega t]|n\rangle + \frac{\beta^2}{\omega^2}\frac{\sqrt{n(n-1)}}{2}(\mathrm{e}^{-\mathrm{i}\omega t}-1)^2|n-2\rangle \tag{2.2.71}$$

上式中 $|n\rangle$ 前面的系数的模方,就是在 t 时刻能量取 $\left(n+\frac{1}{2}\right)\hbar\omega$ 值的概率。

2.3 线谐振子的相干态

2.3.1 降算符的本征态

做一维运动的粒子,在任意状态下,坐标与动量的差方平均值均满足不确定关系

$$\overline{(\Delta x)^2}\cdot\overline{(\Delta p)^2} \geqslant \frac{1}{4}\hbar^2 \tag{2.3.1}$$

上式表明粒子的坐标与动量不能同时取确定值,且两者的差方平均值之积不小于 $\frac{1}{4}\hbar^2$。换个角度看,它也表明只有在某些态上这种误差取最小值 $\frac{1}{4}\hbar^2$,称这样的态为**最小不确定态**,它是不确定程度最小的状态,后面将说明相干态就是最小不确定态,实际上,相干态可以理解为最接近经典状态的量子状态。

对于线谐振子而言,在粒子数表象中,计算结果表明,基态 $|0\rangle$ 下的不确定关系为

$$\overline{(\Delta x)^2}\cdot\overline{(\Delta p)^2} = \frac{1}{4}\hbar^2 \tag{2.3.2}$$

而 $|0\rangle$ 是降算符 $\hat{A}_-$ 的本征态,相应的本征值为 0,即

$$\hat{A}_-|0\rangle = 0 \tag{2.3.3}$$

于是,可以推测 $\hat{A}_-$ 的本征态可能为最小不确定态。

设降算符 $\hat{A}_-$ 满足本征方程

$$\hat{A}_-|z\rangle = z|z\rangle \tag{2.3.4}$$

降算符不是厄米算符,一般情况下,它的本征值 z 是复数。在粒子数表象中,将其本征矢 $|z\rangle$ 向线谐振子的本征函数系 $\{|n\rangle\}$ 展开

$$|z\rangle = \sum_{n=0}^{\infty} c_n|n\rangle \tag{2.3.5}$$

为了求出展开系数,将上式代入(2.3.4)式左端,得到

$$\hat{A}_-|z\rangle=\sum_{n=0}^{\infty}c_n\hat{A}_-|n\rangle=\sum_{n=1}^{\infty}c_n\sqrt{n}\,|n-1\rangle=\sum_{n=0}^{\infty}c_{n+1}\sqrt{n+1}\,|n\rangle \tag{2.3.6}$$

将其与(2.3.4)式右端比较,得到

$$\sum_{n=0}^{\infty}c_{n+1}\sqrt{n+1}\,|n\rangle=z\sum_{n=0}^{\infty}c_n\,|n\rangle \tag{2.3.7}$$

进而得到展开系数的递推关系

$$c_{n+1}=\frac{zc_n}{\sqrt{n+1}} \tag{2.3.8}$$

将上式代入(2.3.5)式,有

$$|z\rangle=c_0\sum_{n=0}^{\infty}\frac{z^n}{\sqrt{n!}}\,|n\rangle \tag{2.3.9}$$

再利用归一化条件$\langle z|z\rangle=1$定出 c_0,最后得到降算符的本征态

$$|z\rangle=\exp\left(-\frac{1}{2}|z|^2\right)\sum_{n=0}^{\infty}\frac{z^n}{\sqrt{n!}}\,|n\rangle \tag{2.3.10}$$

上式表明,降算符的本征态可以写成线谐振子本征态的线性组合,它是哥劳勒(Glauber)首先给出的,称为**哥劳勒相干态**。

2.3.2　相干态的性质

1. 相干态满足

$$|z\rangle=\exp\left(-\frac{1}{2}|z|^2\right)\exp(z\hat{A}_+)\,|0\rangle$$

证明　由算符函数的定义知

$$\exp(z\hat{A}_+)\,|0\rangle=\sum_{n=0}^{\infty}\frac{1}{n!}(z\hat{A}_+)^n\,|0\rangle=\sum_{n=0}^{\infty}\frac{z^n}{n!}\hat{A}_+^n|0\rangle \tag{2.3.11}$$

利用

$$\hat{A}_+|n\rangle=\sqrt{n+1}\,|n+1\rangle \tag{2.3.12}$$

(2.3.11)式可以改写为

$$\exp(z\hat{A}_+)\,|0\rangle=\sum_{n=0}^{\infty}\frac{z^n}{\sqrt{n!}}\,|n\rangle \tag{2.3.13}$$

将上式代入(2.3.10)式,得到

$$|z\rangle=\exp\left(-\frac{1}{2}|z|^2\right)\exp(z\hat{A}_+)\,|0\rangle \tag{2.3.14}$$

上式表明降算符的本征态可以由线谐振子的基态得到。

2. 相干态不是粒子数算符 $\hat{n}=\hat{A}_+\hat{A}_-$ 的本征态,但有确定的平均粒子数

证明 在相干态下,平均粒子数为

$$\bar{n} = \langle z \mid \hat{n} \mid z \rangle = \langle z \mid \hat{A}_+ \hat{A}_- \mid z \rangle \tag{2.3.15}$$

由升、降算符的定义知,升、降算符互为厄米共轭算符,即

$$\hat{A}_-^+ = \hat{A}_+; \quad \hat{A}_+^+ = \hat{A}_- \tag{2.3.16}$$

所以

$$\bar{n} = \mid z \mid^2 \tag{2.3.17}$$

显然,相干态本征值的模方具有粒子数平均值的物理含意。

3.在相干态中,$\mid n \rangle$ 态出现的概率为

$$W_n = \frac{\bar{n}^n}{n!}\exp(-\bar{n})$$

证明 由(2.3.10)式可知,$\mid n \rangle$ 态的系数模方即为其出现的概率

$$W_n = \frac{\mid z \mid^{2n}}{n!}\exp(-\mid z \mid^2) = \frac{\bar{n}^n}{n!}\exp(-\bar{n}) \tag{2.3.18}$$

这正是泊松(Poisson)分布。

4.不同的相干态一般并不正交,且满足

$$\langle \beta \mid \alpha \rangle = \exp\left[-\frac{1}{2}(\mid \beta \mid^2 + \mid \alpha \mid^2) + \alpha\beta^*\right]$$

其中 α 与 β 为降算符 $\hat{A}_-$ 的两个不同的本征值。

证明 设有两个相干态,分别满足

$$\hat{A}_- \mid \alpha \rangle = \alpha \mid \alpha \rangle \tag{2.3.19}$$

$$\hat{A}_- \mid \beta \rangle = \beta \mid \beta \rangle \tag{2.3.20}$$

则由(2.3.10)式可知

$$\langle \beta \mid \alpha \rangle = \exp\left[-\frac{1}{2}(\mid \beta \mid^2 + \mid \alpha \mid^2)\right]\sum_{m=0}^{\infty}\langle m \mid \frac{(\beta^*)^m}{\sqrt{m!}}\sum_{n=0}^{\infty}\frac{\alpha^n}{\sqrt{n!}} \mid n \rangle =$$

$$\exp\left[-\frac{1}{2}(\mid \beta \mid^2 + \mid \alpha \mid^2)\right]\sum_{n=0}^{\infty}\frac{(\alpha\beta^*)^n}{n!} =$$

$$\exp\left[-\frac{1}{2}(\mid \beta \mid^2 + \mid \alpha \mid^2) + \alpha\beta^*\right] \tag{2.3.21}$$

显然,在任何情况下上式都不会等于零。

5.全部(无限多)相干态构成完备系,即

$$\frac{1}{\pi}\int d^2 z \mid z \rangle\langle z \mid = 1$$

证明 将 z 视为复空间无量纲坐标,记为 $z = \xi + i\eta$,并引入平面极坐标

$$z = \rho e^{i\varphi} \tag{2.3.22}$$

由于

$$d^2 z = d\eta d\xi = \rho d\rho d\varphi \tag{2.3.23}$$

利用(2.3.10)式,得到

$$\frac{1}{\pi}\int \mathrm{d}^2 z \mid z\rangle\langle z \mid = \sum_{m,n=0}^{\infty}\int_0^{\infty} \rho^{m+n+1}\exp(-\rho^2)\mathrm{d}\rho\int_0^{2\pi}\mathrm{d}\varphi\exp[\mathrm{i}(m-n)\varphi] \times \frac{1}{\pi\sqrt{m!n!}} \mid m\rangle\langle n \mid \tag{2.3.24}$$

其中对角度和径向的积分结果分别为

$$\int_0^{2\pi}\mathrm{d}\varphi\exp[\mathrm{i}(m-n)\varphi] = 2\pi\delta_{mn} \tag{2.3.25}$$

$$\int_0^{\infty}\mathrm{d}\rho\exp(-\rho^2)\rho^{2n+1} = \frac{1}{2}n! \tag{2.3.26}$$

将上述两式代入(2.3.24)式,得到相干态的封闭关系

$$\frac{1}{\pi}\int \mathrm{d}^2 z \mid z\rangle\langle z \mid = \sum_n \mid n\rangle\langle n \mid = 1 \tag{2.3.27}$$

通常把这种相互不正交,但却是完备的矢量集合称为**超完备**的。

2.3.3　相干态是最小不确定态

为了说明相干态是最小不确定态,先来计算坐标与动量算符及其平方算符在相干态上的平均值

$$\langle z \mid \hat{x} \mid z\rangle = \left(\frac{\hbar}{2\mu\omega}\right)^{\frac{1}{2}}\langle z \mid \hat{A}_+ + \hat{A}_- \mid z\rangle = \left(\frac{\hbar}{2\mu\omega}\right)^{\frac{1}{2}}(z^* + z) \tag{2.3.28}$$

$$\langle z \mid \hat{p} \mid z\rangle = \mathrm{i}\left(\frac{1}{2}\mu\hbar\omega\right)^{\frac{1}{2}}\langle z \mid \hat{A}_+ - \hat{A}_- \mid z\rangle = \mathrm{i}\left(\frac{1}{2}\mu\hbar\omega\right)^{\frac{1}{2}}(z^* - z) \tag{2.3.29}$$

$$\langle z \mid \hat{x}^2 \mid z\rangle = \frac{\hbar}{2\mu\omega}[(z^* + z)^2 + 1] \tag{2.3.30}$$

$$\langle z \mid \hat{p}^2 \mid z\rangle = -\frac{1}{2}\mu\hbar\omega[(z^* - z)^2 - 1] \tag{2.3.31}$$

然后,求出坐标和动量算符的差方平均值

$$\langle z \mid (\Delta x)^2 \mid z\rangle = \langle z \mid \hat{x}^2 \mid z\rangle - \langle z \mid \hat{x} \mid z\rangle^2 = \frac{\hbar}{2\mu\omega} \tag{2.3.32}$$

$$\langle z \mid (\Delta p)^2 \mid z\rangle = \langle z \mid \hat{p}^2 \mid z\rangle - \langle z \mid \hat{p} \mid z\rangle^2 = \frac{1}{2}\mu\hbar\omega \tag{2.3.33}$$

最后,得到在相干态上坐标与动量算符满足的不确定关系式

$$\langle z \mid (\Delta x)^2 \mid z\rangle\langle z \mid (\Delta p)^2 \mid z\rangle = \frac{1}{4}\hbar^2 \tag{2.3.34}$$

说明相干态就是最小不确定态。

2.3.4 基态与其他相干态的关系

已经知道,基态 $|0\rangle$ 是 $z=0$ 的相干态,那么,其他的相干态可否由基态得到呢,回答是肯定的。

若定义一个**位移算符**

$$\hat{D}(z)=\exp(z\hat{A}_+-z^*\hat{A}_-) \tag{2.3.35}$$

则有

$$|z\rangle=\hat{D}(z)|0\rangle \tag{2.3.36}$$

证明 利用算符公式

$$\exp(\hat{A}+\hat{B})=\exp(\hat{A})\exp(\hat{B})\exp\left\{-\frac{1}{2}[\hat{A},\hat{B}]\right\} \tag{2.3.37}$$

其中,要求算符 $\hat{A}$ 与 $\hat{B}$ 都与它们的对易子对易,于是有

$$\hat{D}(z)=\exp(z\hat{A}_+)\exp(-z^*\hat{A}_-)\exp\left(-\frac{1}{2}|z|^2\right) \tag{2.3.38}$$

进而得到

$$\hat{D}(z)|0\rangle=\exp\left(-\frac{1}{2}|z|^2\right)\exp(z\hat{A}_+)|0\rangle=|z\rangle \tag{2.3.39}$$

说明任意一个相干态可以利用位移算符对基态作用得到。

2.3.5 升、降算符的函数形式

相干态 $|z\rangle$ 是降算符 $\hat{A}_-$ 的本征态,而相应的本征值 z 可以连续取值,所以相干态是 z 的连续函数。类似坐标表象中的波函数,对任意一个态矢 $|\psi\rangle$ 而言,在相干态表象中,它可以记为

$$\psi(z)=\langle z|\psi\rangle \tag{2.3.40}$$

两个态矢的内积可由相干态的封闭关系得到

$$\langle\varphi|\psi\rangle=\frac{1}{\pi}\int\mathrm{d}^2z\langle\varphi|z\rangle\langle z|\psi\rangle=\frac{1}{\pi}\int\mathrm{d}^2z\varphi^*(z)\psi(z) \tag{2.3.41}$$

首先,导出升算符在相干态表象中的函数形式。

设

$$|\varphi\rangle=\hat{A}_+|\psi\rangle \tag{2.3.42}$$

用 $\langle z|$ 左乘上式两端,得到

$$\langle z|\varphi\rangle=\langle z|\hat{A}_+|\psi\rangle \tag{2.3.43}$$

由于 $|z\rangle$ 是降算符 $\hat{A}_-$ 的本征态,且注意到(2.3.16)式,上式可改写为

$$\varphi(z)=z^*\psi(z) \tag{2.3.44}$$

于是，由(2.3.42)式与(2.3.44)式可知

$$\hat{A}_+ \psi(z) = z^* \psi(z) \tag{2.3.45}$$

再由态矢 $|\psi\rangle$ 的任意性可知

$$\hat{A}_+ = z^* \tag{2.3.46}$$

其次，导出降算符在相干态表象中的函数形式。

先把降算符在相干态表象中的矩阵元改写为

$$\langle z | \hat{A}_- | z' \rangle = z' \langle z | z' \rangle = z' \exp\left(-\frac{1}{2} |z|^2 - \frac{1}{2} |z'|^2 + z^* z' \right) = \left(\frac{z}{2} + \frac{\partial}{\partial z^*} \right) \langle z | z' \rangle \tag{2.3.47}$$

若设

$$|\varphi\rangle = \hat{A}_- |\psi\rangle \tag{2.3.48}$$

则有

$$\langle z | \varphi \rangle = \langle z | \hat{A}_- | \psi \rangle = \frac{1}{\pi} \int d^2 z' \langle z | \hat{A}_- | z' \rangle \langle z' | \psi \rangle = \left(\frac{z}{2} + \frac{\partial}{\partial z^*} \right) \frac{1}{\pi} \int d^2 z' \langle z | z' \rangle \langle z' | \psi \rangle = \left(\frac{z}{2} + \frac{\partial}{\partial z^*} \right) \langle z | \psi \rangle \tag{2.3.49}$$

此即

$$\varphi(z) = \left(\frac{z}{2} + \frac{\partial}{\partial z^*} \right) \psi(z) \tag{2.3.50}$$

于是得到

$$\hat{A}_- = \frac{z}{2} + \frac{\partial}{\partial z^*} \tag{2.3.51}$$

总之，在相干态表象中，升算符是一个常数算符，而降算符是一个微分算符。许多重要的算符可以表示成升、降算符的函数，使得复杂的算符关系式变成普通的微分方程，因此，相干态表象中升降算符的函数形式有广泛的应用前景。

2.3.6 压缩态

根据定义(2.2.40)式可知，降算符可以写成

$$\hat{A}_- = \hat{A}_1 + i\hat{A}_2 \tag{2.3.52}$$

式中

$$\hat{A}_1 = \sqrt{\frac{\mu\omega}{2\hbar}} x; \quad \hat{A}_2 = \frac{1}{\sqrt{2\mu\omega\hbar}} \hat{p} \tag{2.3.53}$$

上述两个算符满足对易关系

$$[\hat{A}_1, \hat{A}_2] = \frac{\mathrm{i}}{2} \tag{2.3.54}$$

在相干态之下,两者的不确定关系为

$$\Delta A_1 \cdot \Delta A_2 = \frac{1}{4} \tag{2.3.55}$$

由此可见,在复平面上,相干态可以近似地用一个中心位于 z 而半径为$\frac{1}{2}$ 的小圆来表示。在经典物理学中,一个瞬时状态由复平面上的一个点来表示,两者之间的差异是由量子力学的不确定关系决定的。

既然相干态可以用一个中心位于 z 而半径为$\frac{1}{2}$ 的小圆来表示,那就意味着沿实轴 $\hat{A}_1$ 和虚轴 $\hat{A}_2$ 的测量精度是一样的。实际上,人们可能会希望对其中一个量测量得更精确一些,换句话说,能否在一个方向上做压缩,回答是肯定的。当把半径为$\frac{1}{2}$ 的圆从一个方向压缩为椭圆时,此方向相应的物理量可测量得更精确。但是,由不确定关系可知,椭圆的面积应保持与圆的面积相同,故另一个方向相应的物理量会测量得更不精确。将这种由相干态的圆变成的椭圆称之为**压缩态**。压缩态在精密测量及降低噪声中有重要作用。

下面来讨论如何得到相干态的压缩态。

首先,利用升降算符 $\hat{A}_+$ 与 $\hat{A}_-$ 定义一个**压缩算符**

$$\hat{S}(\gamma) = \exp\left(\frac{\gamma}{2}\hat{A}_+^2 - \frac{\gamma}{2}\hat{A}_-^2\right) \tag{2.3.56}$$

式中 γ 为实参数。由压缩算符的定义可知

$$\hat{S}(-\gamma) = \hat{S}^{-1}(\gamma) \tag{2.3.57}$$

再顾及到升降算符是互为共轭的,于是有

$$\hat{S}^+(\gamma) = \hat{S}(-\gamma) = \hat{S}^{-1}(\gamma) \tag{2.3.58}$$

上式表明压缩算符是一个幺正算符。

其次,对升降算符做上述幺正变换,得到新的升降算符

$$\hat{B}_+(\gamma) = \hat{S}^+(\gamma)\hat{A}_+\hat{S}(\gamma) \tag{2.3.59}$$

$$\hat{B}_-(\gamma) = \hat{S}^+(\gamma)\hat{A}_-\hat{S}(\gamma) \tag{2.3.60}$$

由于变换前后的升降算符的对易关系不变,即

$$[\hat{B}_-, \hat{B}_+] = [\hat{A}_-, \hat{A}_+] = 1 \tag{2.3.61}$$

故此变换是**正则变换**。对一般的 $\hat{A}_-$ 和 $\hat{A}_+$ 的幂函数 $f(\hat{A}_-, \hat{A}_+)$ 而言,其如上的幺正变换满足

$$\hat{S}^+(\gamma)f(\hat{A}_-, \hat{A}_+)\hat{S}(\gamma) = f(\hat{B}_-, \hat{B}_+) \tag{2.3.62}$$

例如

$$\hat{S}^{+}(\gamma)x\hat{S}(\gamma) = x\mathrm{e}^{\gamma} \tag{2.3.63}$$

$$\hat{S}^{+}(\gamma)\hat{p}\hat{S}(\gamma) = \hat{p}\mathrm{e}^{-\gamma} \tag{2.3.64}$$

然后考虑对真空态进行压缩,即做如下的幺正变换

$$|0\rangle_{\gamma} = \hat{S}(\gamma)|0\rangle \tag{2.3.65}$$

从而得到一个新的真空态 $|0\rangle_{\gamma}$,在此态下,坐标与动量算符的平均值为

$$\bar{x} = \bar{p} = 0 \tag{2.3.66}$$

而它们的差方平均值分别为

$$\overline{(\Delta x)^2} = \frac{\hbar}{2\mu\omega}\mathrm{e}^{2\gamma};\quad \overline{(\Delta p)^2} = \frac{\mu\omega\hbar}{2}\mathrm{e}^{-2\gamma} \tag{2.3.67}$$

于是得到

$$\overline{(\Delta x)^2}\cdot\overline{(\Delta p)^2} = \frac{\hbar^2}{4} \tag{2.3.68}$$

由上式可知,新的真空态亦是相干态,但是用(2.3.67) 式表征的坐标与动量的测量精度已经不同了。

最后,利用由(2.3.35)式定义的位移算符 $\hat{D}(z)$ 将 $|0\rangle_{\gamma}$ 的中心从原点移至复平面的 z 点,得到一般的压缩态(称为**压缩相干态**)

$$|z\rangle_{\gamma} = \hat{D}(z)|0\rangle_{\gamma} \tag{2.3.69}$$

在此压缩态之下,可以求出由(2.3.53) 式给出的 $\hat{A}_1$ 和 $\hat{A}_2$ 的均方根误差

$$\Delta A_1 = \frac{1}{2}\mathrm{e}^{\gamma};\quad \Delta A_2 = \frac{1}{2}\mathrm{e}^{-\gamma} \tag{2.3.70}$$

进而得到

$$\Delta A_1\cdot\Delta A_2 = \frac{1}{4} \tag{2.3.71}$$

显然,这样的压缩相干态是最小不确定态,但是,在此状态之下,力学量 A_1 与 A_2 的测量精度是不相同的。至此,使得两个力学量中的一个测量结果更精确的目的已经达到。

2.4　密度算符

2.4.1　纯态和混合态

迄今为止,研究的对象基本上是一个粒子,它的状态总是用希尔伯特空间的一个态矢量来表示,这些态矢量满足叠加原理,把这些状态称之为**纯态**。例如

$$|\psi\rangle = c_1|\psi_1\rangle + c_2|\psi_2\rangle \tag{2.4.1}$$

其中,$|\psi_1\rangle$,$|\psi_2\rangle$ 为纯态,$|\psi\rangle$ 也是纯态。总之,凡是能用希尔伯特空间中一个

矢量描述的状态都是纯态。在一个纯态 $|\psi\rangle$ 之上,力学量 F 的取值是以概率的形式表现的,这就意味着,对单个粒子的预言是与大量粒子构成的**系综**的统计平均相联系的,或者说,量子力学具有统计的性质。从统计规律性的角度看,由纯态所描述的统计系综称为**纯粹系综**。例如,在斯特恩(Stern) - 盖拉赫(Gerlach)实验中,当原子束通过磁场后,每个原子的自旋都指向同一个方向,即束流是完全极化的,此时,可以把体系理解为纯粹系综。

实际上,有时会遇到更为复杂的情况,假设许多原子刚从一个热炉子中蒸发出来,它们的自旋取向是无规律的,如何描述这种非极化的束流呢?为了更具有普遍意义,上述问题可以概括为,当体系以 p_1 的概率(或者**权重**)处于状态 $|\psi_1\rangle$,以 p_2 的概率处于状态 $|\psi_2\rangle,\cdots$,以 p_n 的概率处于状态 $|\psi_n\rangle$ 时,称其中的每一个 $|\psi_i\rangle$ 为**参与态**,这样的状态是无法用希尔伯特空间的一个态矢量来描述的,而需要用一组态矢量及其相应的概率来描述,则称之为**混合态**,相应的统计系综称为**混合系综**。

为了说明纯态与混合态的差别,让我们来考察力学量 F 在两种状态上的取值概率。设算符 $\hat{F}$ 满足

$$\hat{F}|\varphi_i\rangle = f_i|\varphi_i\rangle \tag{2.4.2}$$

在纯态(2.4.1)上,取 f_i 值的概率为

$$W(f_i) = |\langle\varphi_i|\psi\rangle|^2 = |c_1\langle\varphi_i|\psi_1\rangle + c_2\langle\varphi_i|\psi_2\rangle|^2 \tag{2.4.3}$$

而在混合态上,根据混合态的定义可知,取 f_i 值的概率为

$$W(f_i) = |\langle\varphi_i|\psi_1\rangle|^2 p_1 + |\langle\varphi_i|\psi_2\rangle|^2 p_2 \tag{2.4.4}$$

显然,上面两式是完全不同的。

若再具体到坐标表象,则(2.4.1)式为

$$\psi(x) = c_1\psi_1(x) + c_2\psi_2(x) \tag{2.4.5}$$

在纯态(2.4.5)上,坐标取 x_0 值的概率密度为

$$W(x_0) = |\psi(x_0)|^2 = |c_1\psi_1(x_0) + c_2\psi_2(x_0)|^2 \tag{2.4.6}$$

而在混合态上,坐标取 x_0 值的概率密度为

$$W(x_0) = |\psi_1(x_0)|^2 p_1 + |\psi_2(x_0)|^2 p_2 \tag{2.4.7}$$

由上述两式可以看出,在纯态下,两个态之间发生干涉,而在混合态下,无干涉现象发生。前者为概率幅的叠加,称为**相干叠加**,叠加的结果形成一个新的状态,后者为概率的叠加,称为**不相干叠加**。

2.4.2 密度算符的定义

为了能够统一地描述纯粹系综和混合系综,1927 年纽曼(Neumann)给出了密度算符的方法。

1. 纯态下密度算符的定义

首先,在纯态之下引入密度算符。

设 $|\psi\rangle$ 是希尔伯特空间中任意一个归一化的态矢(纯态),F 为一个可观测的物理量,对应的本征值和本征矢分别为 f_i 与 $|\varphi_i\rangle$,算符 $\hat{F}$ 在状态 $|\psi\rangle$ 上的平均值为

$$\bar{F} = \langle \psi | \hat{F} | \psi \rangle \tag{2.4.8}$$

选任意一组正交归一完备基底 $\{|n\rangle\}$,于是有

$$\bar{F} = \sum_n \langle \psi | n \rangle \langle n | \hat{F} | \psi \rangle = \sum_n \langle n | \hat{F} | \psi \rangle \langle \psi | n \rangle \tag{2.4.9}$$

若引入**纯态之下的密度算符**

$$\hat{\rho} = |\psi\rangle\langle\psi| \tag{2.4.10}$$

则(2.4.9)式可以写为

$$\bar{F} = \sum_n \langle n | \hat{F}\hat{\rho} | n \rangle = \mathrm{Tr}(\hat{F}\hat{\rho}) \tag{2.4.11}$$

上式说明算符 $\hat{F}$ 在一个归一化的纯态 $|\psi\rangle$ 上的平均值等于该算符与密度算符之积的阵迹。显然,密度算符是一个投影算符。

力学量 F 在状态 $|\psi\rangle$ 上的取值概率

$$W(f_i) = |\langle \varphi_i | \psi \rangle|^2 = \langle \varphi_i | \psi \rangle \langle \psi | \varphi_i \rangle = \langle \varphi_i | \hat{\rho} | \varphi_i \rangle \tag{2.4.12}$$

它是密度算符在算符 $\hat{F}$ 第 i 个本征态上的平均值。

总之,利用状态 $|\psi\rangle$ 定义的密度算符可以给出任意力学量 F 在该状态上取值概率与平均值,因此,纯态下的密度算符是可以代替态矢来描述纯态的一个算符。

2. 混合态下密度算符的定义

下面在混合态之下引入密度算符。

对于前面定义的混合态而言,一个物理量 F 的平均值要通过两次求平均来实现。首先,进行量子力学平均,即求出力学量 F 在每个参与态 $|\psi_i\rangle$ 上的平均值 $\langle \psi_i | \hat{F} | \psi_i \rangle$,然后,再对其进行统计平均,即求出以各自概率出现的量子力学平均的平均,称为**加权平均**,用公式表示为

$$\bar{F} = \sum_i p_i \langle \psi_i | \hat{F} | \psi_i \rangle \tag{2.4.13}$$

类似纯态的做法,得到

$$\bar{F} = \sum_n \sum_i p_i \langle \psi_i | n \rangle \langle n | \hat{F} | \psi_i \rangle = \sum_n \langle n | \hat{F} [\sum_i |\psi_i\rangle p_i \langle \psi_i |] | n \rangle \tag{2.4.14}$$

若定义**混合态下的密度算符**

$$\hat{\rho} = \sum_i |\psi_i\rangle p_i \langle \psi_i|, \quad \sum_i p_i = 1 \tag{2.4.15}$$

则(2.4.14)式可以写成

$$\bar{F} = \mathrm{Tr}(\hat{F}\hat{\rho}) \tag{2.4.16}$$

力学量 F 的取值概率为

$$W(f_i) = \sum_j |\langle \varphi_i | \psi_j \rangle|^2 p_j = \sum_j \langle \varphi_i | \psi_j \rangle p_j \langle \psi_j | \varphi_i \rangle = \langle \varphi_i | \hat{\rho} | \varphi_i \rangle \tag{2.4.17}$$

上述两式与纯态时有同样的形式,只不过两种的密度算符的定义不同而已。

至此,找到了一个密度算符,它可以代替波函数来描述纯态与混合态,由于密度算符是在希尔伯特空间中定义的算符,它比混合态的原始定义要方便多了。类似于其他算符,密度算符在具体表象中的表示称为**密度矩阵**。

2.4.3 密度算符的性质

设力学量算符 $\hat{F}$ 满足

$$\hat{F} | \psi_i \rangle = f_i | \psi_i \rangle \tag{2.4.18}$$

当本征值无简并时,则$\{| \psi_i \rangle\}$构成正交归一完备系,而当本征值简并时,本征矢未必正交,但可以要求它是归一和完备的。

性质 1 对于密度算符 $\hat{\rho}$,有

$$\mathrm{Tr}\hat{\rho} = 1$$

$$\mathrm{Tr}\hat{\rho}^2 \begin{cases} = 1 & (\text{对于纯态}) \\ < 1 & (\text{对于混合态}) \end{cases}$$

证明 选取一组正交归一完备基$\{| n \rangle\}$,对于纯态 $| \psi_i \rangle$,有

$$\mathrm{Tr}\hat{\rho} = \sum_n \langle n | \psi_i \rangle \langle \psi_i | n \rangle = \langle \psi_i | \psi_i \rangle = 1 \tag{2.4.19}$$

而

$$\hat{\rho}^2 = | \psi_i \rangle \langle \psi_i | \psi_i \rangle \langle \psi_i | = \hat{\rho} \tag{2.4.20}$$

于是

$$\mathrm{Tr}\hat{\rho}^2 = \mathrm{Tr}\hat{\rho} = 1 \tag{2.4.21}$$

对混合态而言

$$\mathrm{Tr}\hat{\rho} = \sum_n \sum_i \langle n | \psi_i \rangle p_i \langle \psi_i | n \rangle = \sum_i \langle \psi_i | \psi_i \rangle p_i = \sum_i p_i = 1 \tag{2.4.22}$$

而

$$\mathrm{Tr}\hat{\rho}^2 = \sum_n \sum_{ij} \langle n | \psi_i \rangle p_i \langle \psi_i | \psi_j \rangle p_j \langle \psi_j | n \rangle = \sum_{ij} \langle \psi_j | \psi_i \rangle \langle \psi_i | \psi_j \rangle p_i p_j = \sum_i p_i \Big[\sum_j |\langle \psi_i | \psi_j \rangle|^2 p_j \Big] \tag{2.4.23}$$

其中

$$\sum_j |\langle\psi_i|\psi_j\rangle|^2 p_j \leqslant \sum_j p_j = 1 \tag{2.4.24}$$

由于，只有当 $p_j = 1, p_{i\neq j} = 0$ 时，上式中等号才成立，而此时体系处于纯态，所以，对混合态而言，有

$$\mathrm{Tr}\hat{\rho}^2 < 1 \tag{2.4.25}$$

性质 2　密度算符是厄米算符，若混合态是由一系列相互正交的态构成的，则密度算符的本征矢就是参与混合的那些态 $|\psi_i\rangle$，相应的本征值就是权重 p_i，即

$$\hat{\rho}|\psi_i\rangle = p_i|\psi_i\rangle \tag{2.4.26}$$

证明　由混合态密度算符的定义(2.4.15)式可知

$$\hat{\rho}|\psi_i\rangle = \sum_j |\psi_j\rangle p_j\langle\psi_j|\psi_i\rangle = \sum_j |\psi_j\rangle p_j\delta_{ij} = p_i|\psi_i\rangle \tag{2.4.27}$$

2.4.4　约化密度算符

在处理实际问题时，有时会遇到这样的情况，对于一个大的量子体系而言，我们感兴趣的物理量只与体系的一部分有关。例如，在粒子 1 与粒子 2 构成的体系中，只需要求出粒子 1 的某力学量 $F^{(1)}$ 的平均值。这时，问题可以进一步得到简化。

设粒子 1 和粒子 2 的基矢分别为 $\{|\varphi_m\rangle\}$ 与 $\{|\psi_n\rangle\}$，则两粒子体系的态矢的一般形式为

$$|\psi\rangle = \sum_{mn} c_{mn}|\varphi_m\rangle|\psi_n\rangle \tag{2.4.28}$$

为了保证 $|\psi\rangle$ 是归一化的态矢，要求展开系数满足

$$\sum_{mn}|c_{mn}|^2 = 1 \tag{2.4.29}$$

若 $|\psi\rangle$ 为纯态时，体系的密度算符为

$$\hat{\rho} = |\psi\rangle\langle\psi| = \sum_{ij}\sum_{mn}|\varphi_i\rangle|\psi_j\rangle c_{ij}c_{mn}^*\langle\varphi_m|\langle\psi_n| \tag{2.4.30}$$

如果欲求粒子 1 的某力学量 $F^{(1)}$ 的平均值，由(2.4.11)式可知

$$\begin{aligned}\overline{F^{(1)}} &= \mathrm{Tr}(\hat{F}^{(1)}\hat{\rho}) = \sum_{mn}\langle\varphi_m|\langle\psi_n|\hat{F}^{(1)}\hat{\rho}|\varphi_m\rangle|\psi_n\rangle = \\ &\sum_{mn}\langle\varphi_m|\langle\psi_n|\hat{F}^{(1)}\sum_{ij}|\varphi_i\rangle|\psi_j\rangle\langle\varphi_i|\langle\psi_j|\hat{\rho}|\varphi_m\rangle|\psi_n\rangle = \\ &\sum_{mn}\langle\varphi_m|\hat{F}^{(1)}\sum_i|\varphi_i\rangle\langle\varphi_i|\langle\psi_n|\hat{\rho}|\varphi_m\rangle|\psi_n\rangle = \\ &\sum_{mi}\langle\varphi_m|\hat{F}^{(1)}|\varphi_i\rangle\langle\varphi_i|\sum_n\langle\psi_n|\hat{\rho}|\psi_n\rangle|\varphi_m\rangle\end{aligned} \tag{2.4.31}$$

令

$$\hat{\rho}^{(1)} = \sum_n \langle \psi_n | \hat{\rho} | \psi_n \rangle = \mathrm{Tr}^{(2)} \hat{\rho} \tag{2.4.32}$$

其中，$\mathrm{Tr}^{(2)}\hat{\rho}$ 表示只对粒子 2 取迹，取迹之后的 $\hat{\rho}^{(1)}$ 仍为粒子 1 空间中的算符，称之为粒子 1 的**约化密度算符**。于是，$\hat{F}^{(1)}$ 的平均值可以写为

$$\overline{F^{(1)}} = \sum_{mi} \langle \varphi_m | \hat{F}^{(1)} | \varphi_i \rangle \langle \varphi_i | \hat{\rho}^{(1)} | \varphi_m \rangle = \mathrm{Tr}^{(1)} [\hat{F}^{(1)} \hat{\rho}^{(1)}] \tag{2.4.33}$$

2.4.5 应用举例

为了加深对前面讲述的一些概念的理解，让我们完成几个简单的例题。

例 1 自旋为 $\frac{\hbar}{2}$ 的粒子，分别处于如下的纯态与混合态上。

纯态为
$$|\chi\rangle = \frac{1}{2} |+\rangle + \frac{\sqrt{3}}{2} |-\rangle \tag{2.4.34}$$

混合态为
$$\begin{cases} |+\rangle; \quad p_+ = \dfrac{1}{4} \\ |-\rangle; \quad p_- = \dfrac{3}{4} \end{cases} \tag{2.4.35}$$

利用密度算符方法在此两种状态上分别计算 $\hat{s}_x, \hat{s}_y, \hat{s}_z$ 的平均值。

解 对于纯态而言，在 s_z 表象中，其矩阵形式为

$$|\chi\rangle = \begin{pmatrix} \dfrac{1}{2} \\ \dfrac{\sqrt{3}}{2} \end{pmatrix} \tag{2.4.36}$$

相应的密度矩阵为

$$\hat{\rho} = |\chi\rangle\langle\chi| = \begin{pmatrix} \dfrac{1}{2} \\ \dfrac{\sqrt{3}}{2} \end{pmatrix} \begin{pmatrix} \dfrac{1}{2} & \dfrac{\sqrt{3}}{2} \end{pmatrix} = \begin{pmatrix} \dfrac{1}{4} & \dfrac{\sqrt{3}}{4} \\ \dfrac{\sqrt{3}}{4} & \dfrac{3}{4} \end{pmatrix} \tag{2.4.37}$$

利用公式(2.4.11) 可以求出自旋各分量的平均值为

$$\bar{s}_x = \mathrm{Tr}(\hat{s}_x \hat{\rho}) = \frac{\hbar}{2} \mathrm{Tr} \left\{ \begin{pmatrix} 0 & 1 \\ 1 & 0 \end{pmatrix} \begin{pmatrix} \dfrac{1}{4} & \dfrac{\sqrt{3}}{4} \\ \dfrac{\sqrt{3}}{4} & \dfrac{3}{4} \end{pmatrix} \right\} = \frac{\hbar}{2} \mathrm{Tr} \begin{pmatrix} \dfrac{\sqrt{3}}{4} & \dfrac{3}{4} \\ \dfrac{1}{4} & \dfrac{\sqrt{3}}{4} \end{pmatrix} = \frac{\sqrt{3}}{4} \hbar \tag{2.4.38}$$

$$\bar{s}_y = \mathrm{Tr}(\hat{s}_y\hat{\rho}) = \frac{\hbar}{2}\mathrm{Tr}\left\{\begin{pmatrix} 0 & -\mathrm{i} \\ \mathrm{i} & 0 \end{pmatrix}\begin{pmatrix} \frac{1}{4} & \frac{\sqrt{3}}{4} \\ \frac{\sqrt{3}}{4} & \frac{3}{4} \end{pmatrix}\right\} = \frac{\hbar}{2}\mathrm{Tr}\begin{pmatrix} -\frac{\sqrt{3}}{4}\mathrm{i} & -\frac{3}{4}\mathrm{i} \\ \frac{1}{4}\mathrm{i} & \frac{\sqrt{3}}{4}\mathrm{i} \end{pmatrix} = 0 \tag{2.4.39}$$

$$\bar{s}_z = \mathrm{Tr}(\hat{s}_z\hat{\rho}) = \frac{\hbar}{2}\mathrm{Tr}\left\{\begin{pmatrix} 1 & 0 \\ 0 & -1 \end{pmatrix}\begin{pmatrix} \frac{1}{4} & \frac{\sqrt{3}}{4} \\ \frac{\sqrt{3}}{4} & \frac{3}{4} \end{pmatrix}\right\} = \frac{\hbar}{2}\mathrm{Tr}\begin{pmatrix} \frac{1}{4} & \frac{\sqrt{3}}{4} \\ -\frac{\sqrt{3}}{4} & -\frac{3}{4} \end{pmatrix} = -\frac{1}{4}\hbar \tag{2.4.40}$$

利用(2.4.12)式可以计算自旋各分量算符的取值概率为

$$W\left(s_x = \frac{\hbar}{2}\right) = {}_x\langle + | \hat{\rho} | + \rangle_x = \frac{1}{2}(1 \quad 1)\begin{pmatrix} \frac{1}{4} & \frac{\sqrt{3}}{4} \\ \frac{\sqrt{3}}{4} & \frac{3}{4} \end{pmatrix}\begin{pmatrix} 1 \\ 1 \end{pmatrix} = \frac{2+\sqrt{3}}{4} \tag{2.4.41}$$

$$W\left(s_x = -\frac{\hbar}{2}\right) = {}_x\langle - | \hat{\rho} | - \rangle_x = \frac{1}{2}(1 \quad -1)\begin{pmatrix} \frac{1}{4} & \frac{\sqrt{3}}{4} \\ \frac{\sqrt{3}}{4} & \frac{3}{4} \end{pmatrix}\begin{pmatrix} 1 \\ -1 \end{pmatrix} = \frac{2-\sqrt{3}}{4} \tag{2.4.42}$$

$$W\left(s_y = \frac{\hbar}{2}\right) = {}_y\langle + | \hat{\rho} | + \rangle_y = \frac{1}{2}(1 \quad -\mathrm{i})\begin{pmatrix} \frac{1}{4} & \frac{\sqrt{3}}{4} \\ \frac{\sqrt{3}}{4} & \frac{3}{4} \end{pmatrix}\begin{pmatrix} 1 \\ \mathrm{i} \end{pmatrix} = \frac{1}{2} \tag{2.4.43}$$

$$W\left(s_y = -\frac{\hbar}{2}\right) = {}_y\langle - | \hat{\rho} | - \rangle_y = \frac{1}{2}(1 \quad \mathrm{i})\begin{pmatrix} \frac{1}{4} & \frac{\sqrt{3}}{4} \\ \frac{\sqrt{3}}{4} & \frac{3}{4} \end{pmatrix}\begin{pmatrix} 1 \\ -\mathrm{i} \end{pmatrix} = \frac{1}{2} \tag{2.4.44}$$

$$W\left(s_z = \frac{\hbar}{2}\right) = \langle + | \hat{\rho} | + \rangle = (1 \quad 0)\begin{pmatrix} \frac{1}{4} & \frac{\sqrt{3}}{4} \\ \frac{\sqrt{3}}{4} & \frac{3}{4} \end{pmatrix}\begin{pmatrix} 1 \\ 0 \end{pmatrix} = \frac{1}{4} \tag{2.4.45}$$

$$W\left(s_z = -\frac{\hbar}{2}\right) = \langle - | \hat{\rho} | - \rangle = (0 \quad 1)\begin{pmatrix} \frac{1}{4} & \frac{\sqrt{3}}{4} \\ \frac{\sqrt{3}}{4} & \frac{3}{4} \end{pmatrix}\begin{pmatrix} 0 \\ 1 \end{pmatrix} = \frac{3}{4} \tag{2.4.46}$$

由上述取值概率求出的平均值与由(2.4.11)式的计算结果完全一致。

对于混合态而言,根据密度算符的定义

$$\hat{\rho} = \sum_{i=\pm} | i\rangle p_i \langle i | \tag{2.4.47}$$

密度矩阵可以写为

$$\hat{\rho} = \frac{1}{4}\begin{pmatrix}1\\0\end{pmatrix}(1 \quad 0) + \frac{3}{4}\begin{pmatrix}0\\1\end{pmatrix}(0 \quad 1) = \begin{pmatrix}\frac{1}{4} & 0\\ 0 & \frac{3}{4}\end{pmatrix} \tag{2.4.48}$$

用类似于纯态的计算手段,得到自旋各分量的平均值为

$$\bar{s}_x = 0; \quad \bar{s}_y = 0; \quad \bar{s}_z = -\frac{1}{4}\hbar \tag{2.4.49}$$

例 2 关于混合态中的参与态的正交化问题,以如下的混合态为例

$$\begin{cases} | \chi_1\rangle = \frac{1}{\sqrt{2}}\begin{pmatrix}1\\1\end{pmatrix}; & p_1 = \frac{1}{2} \\ | \chi_2\rangle = \begin{pmatrix}1\\0\end{pmatrix}; & p_2 = \frac{1}{2} \end{cases} \tag{2.4.50}$$

找出与其等价的正交的混合态。

解 首先,求出该混合态的密度矩阵

$$\hat{\rho} = \frac{1}{4}\begin{pmatrix}1\\1\end{pmatrix}(1 \quad 1) + \frac{1}{2}\begin{pmatrix}1\\0\end{pmatrix}(1 \quad 0) = \frac{1}{4}\begin{pmatrix}3 & 1\\1 & 1\end{pmatrix} \tag{2.4.51}$$

其次,求解密度矩阵满足的本征方程

$$\frac{1}{4}\begin{pmatrix}3 & 1\\1 & 1\end{pmatrix}\begin{pmatrix}a\\b\end{pmatrix} = p\begin{pmatrix}a\\b\end{pmatrix} \tag{2.4.52}$$

它的本征解为

$$\begin{aligned} | \chi_1'\rangle &= \frac{1}{\sqrt{4-2\sqrt{2}}}\begin{pmatrix}1\\-1+\sqrt{2}\end{pmatrix}; \quad p_1 = \frac{1}{4}(2+\sqrt{2}) \\ | \chi_2'\rangle &= \frac{1}{\sqrt{4+2\sqrt{2}}}\begin{pmatrix}1\\-1-\sqrt{2}\end{pmatrix}; \quad p_2 = \frac{1}{4}(2-\sqrt{2}) \end{aligned} \tag{2.4.53}$$

此混合态亦为密度矩阵的本征态,由于它与给定的混合态对应同一个密度矩阵,故它与给定的混合态是相同的,区别在于后者的参与态已经正交化,相应的权重也发生了变化。

例 3 关于约化密度矩阵问题的例题。设由粒子 1(电子) 与粒子 2(质子) 构成的双粒子体系,在其自旋空间中,非耦合表象下的二体基矢为

$$
\begin{aligned}
|\chi_1\rangle &= |++\rangle = |+\rangle_1 |+\rangle_2 \\
|\chi_2\rangle &= |--\rangle = |-\rangle_1 |-\rangle_2 \\
|\chi_3\rangle &= |-+\rangle = |-\rangle_1 |+\rangle_2 \\
|\chi_4\rangle &= |+-\rangle = |+\rangle_1 |-\rangle_2
\end{aligned}
\tag{2.4.54}
$$

在如下纯态下

$$
|\psi\rangle = \frac{1}{2}[\sqrt{2}\,|++\rangle + |+-\rangle + |--\rangle] \tag{2.4.55}
$$

求电子自旋的平均值。

解　密度算符为

$$
\hat{\rho} = \frac{1}{4}[\sqrt{2}\,|++\rangle + |+-\rangle + |--\rangle][\sqrt{2}\langle ++| + \langle +-| + \langle --|] \tag{2.4.56}
$$

电子的约化密度算符为

$$
\hat{\rho}^{(1)} = \mathrm{Tr}^{(2)}\hat{\rho} = \sum_{i=\pm} {}_2\langle i|\hat{\rho}|i\rangle_2 = {}_2\langle +|\hat{\rho}|+\rangle_2 + {}_2\langle -|\hat{\rho}|-\rangle_2 \tag{2.4.57}
$$

式中

$$
\begin{aligned}
{}_2\langle +|\hat{\rho}|+\rangle_2 = \frac{1}{4}\,{}_2\langle +|[\sqrt{2}\,|++\rangle + |+-\rangle + |--\rangle] \times \\
[\sqrt{2}\langle ++| + \langle +-| + \langle --|]\,|+\rangle_2 = \\
\frac{2}{4}\,|+\rangle_{11}\langle +|
\end{aligned}
\tag{2.4.58}
$$

$$
\begin{aligned}
{}_2\langle -|\hat{\rho}|-\rangle_2 = \frac{1}{4}\,{}_2\langle -|[\sqrt{2}\,|++\rangle + |+-\rangle + |--\rangle] \times \\
[\sqrt{2}\langle ++| + \langle +-| + \langle --|]\,|-\rangle_2 = \\
\frac{1}{4}[|+\rangle_1 + |-\rangle_1][{}_1\langle +| + {}_1\langle -|] = \\
\frac{1}{4}[|+\rangle_{11}\langle +| + |-\rangle_{11}\langle -| + |+\rangle_{11}\langle -| + |-\rangle_{11}\langle +|]
\end{aligned}
\tag{2.4.59}
$$

于是，得到在粒子1(电子)空间中的约化密度矩阵

$$
\hat{\rho}^{(1)} = \frac{1}{4}\begin{pmatrix} 3 & 1 \\ 1 & 1 \end{pmatrix} \tag{2.4.60}
$$

利用它计算电子自旋各分量的平均值

$$
\overline{s_{1x}} = \mathrm{Tr}^{(1)}(\hat{s}_{1x}\hat{\rho}^{(1)}) = \sum_{i=\pm} {}_1\langle i|\hat{s}_{1x}\hat{\rho}^{(1)}|i\rangle_1 =
$$

$$ {}_1\langle + | \hat{s}_{1x}\hat{\rho}^{(1)} | + \rangle_1 + {}_1\langle - | \hat{s}_{1x}\hat{\rho}^{(1)} | - \rangle_1 \tag{2.4.61} $$

其中

$$ {}_1\langle + | \hat{s}_{1x}\hat{\rho}^{(1)} | + \rangle_1 = (1 \quad 0)\frac{\hbar}{2}\begin{pmatrix} 0 & 1 \\ 1 & 0 \end{pmatrix}\frac{1}{4}\begin{pmatrix} 3 & 1 \\ 1 & 1 \end{pmatrix}\begin{pmatrix} 1 \\ 0 \end{pmatrix} = \frac{\hbar}{8} \tag{2.4.62} $$

$$ {}_1\langle - | \hat{s}_{1x}\hat{\rho}^{(1)} | - \rangle_1 = (0 \quad 1)\frac{\hbar}{2}\begin{pmatrix} 0 & 1 \\ 1 & 0 \end{pmatrix}\frac{1}{4}\begin{pmatrix} 3 & 1 \\ 1 & 1 \end{pmatrix}\begin{pmatrix} 0 \\ 1 \end{pmatrix} = \frac{\hbar}{8} \tag{2.4.63} $$

于是,有

$$ \overline{s_{1x}} = \frac{\hbar}{4} \tag{2.4.64} $$

同理可知

$$ \overline{s_{1y}} = 0; \quad \overline{s_{1z}} = \frac{\hbar}{4} \tag{2.4.65} $$

2.5 路径积分与格林函数

2.5.1 传播函数

在量子力学建立和发展的过程中,从经典力学过渡到量子力学有三条不同的途径,虽然各自的出发点和侧重点不同,但是它们是等价的,可谓是殊途同归。

第一条途径是**波动力学**方法。薛定谔从波粒两象性出发,给出波函数满足的运动方程,即薛定谔方程

$$ \mathrm{i}\hbar\frac{\partial}{\partial t}\psi(\boldsymbol{r},t) = \hat{H}\psi(\boldsymbol{r},t) \tag{2.5.1} $$

第二条途径是**矩阵力学**方法。海森伯从可观测量出发,建立了可观测量与算符的对应关系,给出了算符的运动方程及算符之间的对易关系,而这种算符之间的对易关系与经典的泊松括号有关。

第三条途径是**传播函数(传播子)**方法。狄拉克和费恩曼从经典作用量与量子力学中的相位关系出发,得出一个粒子在某一时刻的运动状态取决于它过去所有可能的历史的结论。

关于波动力学和矩阵力学方法在量子力学中已有详细的介绍,下面将讨论传播函数方法。

以一维运动为例,设 t_a 时刻体系的态矢为 $|\psi(t_a)\rangle$,则在 $t_b > t_a$ 时刻体系的态矢可以表示为

$$ |\psi(t_b)\rangle = u(t_b, t_a)|\psi(t_a)\rangle \tag{2.5.2} $$

其中

$$u(t_b, t_a) = \exp\left[-\frac{\mathrm{i}}{\hbar}H(t_b - t_a)\right] \tag{2.5.3}$$

称之为**时间演化算符**。为简捷起见，式中略去了哈密顿算符的算符符号。时间演化算符的作用是把 t_a 时刻的状态变成 t_b 时刻的状态。

在坐标表象中，设在 t_a 时刻粒子的波函数为 $\psi(x_a, t_a)$，则在 t_b 时刻粒子的波函数变为

$$\begin{aligned}
&\psi(x_b, t_b) = \langle x_b \mid \psi(t_b)\rangle = \langle x_b \mid u(t_b, t_a) \mid \psi(t_a)\rangle = \\
&\int \mathrm{d}x_a \langle x_b \mid u(t_b, t_a) \mid x_a\rangle\langle x_a \mid \psi(t_a)\rangle = \\
&\int \mathrm{d}x_a \langle x_b \mid u(t_b, t_a) \mid x_a\rangle \psi(x_a, t_a) = \\
&\int \mathrm{d}x_a K(x_b t_b, x_a t_a)\psi(x_a, t_a)
\end{aligned} \tag{2.5.4}$$

式中

$$K(x_b t_b, x_a t_a) = \langle x_b \mid u(t_b, t_a) \mid x_a\rangle \tag{2.5.5}$$

称之为**传播函数或核**，实际上，它是时间演化算符在坐标本征函数下的矩阵元。(2.5.4) 式表明，$\psi(x_b, t_b)$ 是从何时何地传播来的以及如何传播来的。

可以用一个特例来说明传播函数的物理含意，若取 $\psi(x_a, t_a) = \delta(x_a - x_0)\delta_{t_a t_0}$，则 $\psi(x_b, t_b) = K(x_b t_b, x_0 t_0)$。也就是说，传播函数是粒子从 t_0 时刻处于 x_0 的地方演化到 t_b 时刻处于 x_b 的地方的概率振幅。在(2.5.4) 式中，要对空间坐标 x_a 做积分，而从 x_a 到 x_b 的积分路径有无穷多条，每一条路径都将对最后的概率幅有贡献，此即所谓的**路径积分**。

将(2.5.3) 式代入(2.5.5) 式，可以得到传播函数的另一种表达形式

$$K(x_b t_b, x_a t_a) = \langle x_b t_b \mid x_a t_a\rangle \tag{2.5.6}$$

其中

$$\begin{aligned}
\mid x_a t_a\rangle &= \exp\left(\frac{\mathrm{i}}{\hbar}Ht_a\right) \mid x_a\rangle \\
\mid x_b t_b\rangle &= \exp\left(\frac{\mathrm{i}}{\hbar}Ht_b\right) \mid x_b\rangle
\end{aligned} \tag{2.5.7}$$

可以证明，$\mid x_a t_a\rangle$ 是海森伯绘景中算符 $x(t_a) = \exp\left(\frac{\mathrm{i}}{\hbar}Ht_a\right)x\exp\left(-\frac{\mathrm{i}}{\hbar}Ht_a\right)$ 的本征态，相应的本征值为 x_a，同样地，$\mid x_b t_b\rangle$ 是海森伯绘景中算符 $x(t_b) = \exp\left(\frac{\mathrm{i}}{\hbar}Ht_b\right)x\exp\left(-\frac{\mathrm{i}}{\hbar}Ht_b\right)$ 的本征态，相应的本征值为 x_b。它们的物理含意是，$\mid x_a t_a\rangle$ 和 $\mid x_b t_b\rangle$ 分别是 t_a 和 t_b 时刻粒子肯定处于 x_a 与 x_b 处的状态。而传播函

数就是这两个状态之间的变换函数,故传播函数表示粒子从时空点(x_at_a)运动到(x_bt_b)的概率振幅。显然,传播函数应该满足薛定谔方程,即

$$\mathrm{i}\hbar\frac{\partial}{\partial t}K(xt,x_at_a)=H(x,p)K(xt,x_at_a) \tag{2.5.8}$$

和初始条件

$$K(xt_a,x_at_a)=\delta(x-x_a) \tag{2.5.9}$$

2.5.2 传播函数的路径积分表示

为了计算传播函数,把时间间隔 t_b-t_a 分为 $n+1$ 等份

$$\varepsilon=\frac{t_b-t_a}{n+1} \tag{2.5.10}$$

让

$$t_0=t_a,t_{n+1}=t_b,t_k=t_a+k\varepsilon\quad(k=1,2,3,\cdots,n) \tag{2.5.11}$$

再以 x_k 表示 t_k 时刻的坐标变量,坐标变量的变化范围是

$$x_0=x_a,x_{n+1}=x_b,-\infty<x_k<\infty\quad(k=1,2,3,\cdots,n)$$

状态$|x_kt_k\rangle$满足完备条件

$$\int\mathrm{d}x_k\,|x_kt_k\rangle\langle x_kt_k|=1\quad(k=1,2,3,\cdots,n) \tag{2.5.12}$$

将上述完备关系按时间顺序插入传播函数的表达式中

$$\langle x_bt_b|x_at_a\rangle=\int\mathrm{d}x_1\mathrm{d}x_2\cdots\mathrm{d}x_n\langle x_bt_b|x_nt_n\rangle\langle x_nt_n|x_{n-1}t_{n-1}\rangle\cdots\langle x_1t_1|x_at_a\rangle \tag{2.5.13}$$

上式中被积函数是 n 个概率振幅之积,是一条坐标随时间变化的折线,表示从初态到末态的概率振幅。由于(2.5.13)式中的任何一个 x_k 都是积分变量,当把 x_k 换成 x_k' 时,结果会变成另外一条折线,因此,应该顾及从初态到末态所有可能的积分路径对概率振幅的贡献。当 $\varepsilon\to0$ 时,这条折线(路径)变成一条曲线 $x=x(t)$。

下面来计算沿着一条路径的概率振幅。

由(2.5.7)式知概率振幅

$$\langle x_{k+1}t_{k+1}|x_kt_k\rangle=\langle x_{k+1}|\exp\left(-\frac{\mathrm{i}}{\hbar}H\varepsilon\right)|x_k\rangle=$$

$$\langle x_{k+1}|\int\mathrm{d}p_k\,|p_k\rangle\langle p_k|\exp\left(-\frac{\mathrm{i}}{\hbar}H\varepsilon\right)|x_k\rangle=$$

$$\int\mathrm{d}p_k\langle x_{k+1}|p_k\rangle\langle p_k|x_k\rangle\exp\left[-\frac{\mathrm{i}}{\hbar}\varepsilon H(x_k,p_k)\right] \tag{2.5.14}$$

将

$$\langle x_{k+1} \mid p_k \rangle = \frac{1}{\sqrt{2\pi\hbar}} \exp\left(\frac{\mathrm{i}}{\hbar} p_k x_{k+1}\right)$$

$$\langle p_k \mid x_k \rangle = \frac{1}{\sqrt{2\pi\hbar}} \exp\left(-\frac{\mathrm{i}}{\hbar} p_k x_k\right) \tag{2.5.15}$$

代入(2.5.14)式,得到

$$\langle x_{k+1} t_{k+1} \mid x_k t_k \rangle = \frac{1}{2\pi\hbar} \int \mathrm{d}p_k \exp\left\{\frac{\mathrm{i}}{\hbar}[p_k \dot{x}_k - H(x_k, p_k)]\varepsilon\right\} \tag{2.5.16}$$

其中

$$\dot{x}_k = \frac{x_{k+1} - x_k}{\varepsilon} \tag{2.5.17}$$

略去(2.5.16)式右端的下标,并注意到对 p 做积分时 $\dot{x}$ 是常数,有

$$\frac{1}{2\pi\hbar}\int \mathrm{d}p \exp\left[\frac{\mathrm{i}}{\hbar}\varepsilon(p\dot{x} - H)\right] = \frac{1}{2\pi\hbar}\int \mathrm{d}p \exp\left[\frac{\mathrm{i}}{\hbar}\varepsilon\left(p\dot{x} - \frac{p^2}{2m} - V(x)\right)\right] =$$

$$\exp\left[\frac{\mathrm{i}}{\hbar}\varepsilon\left(\frac{1}{2}m\dot{x}^2 - V(x)\right)\right]\frac{1}{2\pi\hbar}\int \mathrm{d}p \exp\left[-\frac{\mathrm{i}}{\hbar}\varepsilon\frac{1}{2m}(p - m\dot{x})^2\right] =$$

$$\sqrt{\frac{m}{\mathrm{i}2\pi\varepsilon\hbar}} \exp\left[\frac{\mathrm{i}}{\hbar}\varepsilon\left(\frac{1}{2}m\dot{x}^2 - V(x)\right)\right] \tag{2.5.18}$$

上式右端小括号内的量恰好是**拉格朗日(Lagrange)函数**,即

$$L(x, \dot{x}) = \frac{1}{2}m\dot{x}^2 - V(x) \tag{2.5.19}$$

于是,恢复指标 k 后,得到

$$\langle x_{k+1} t_{k+1} \mid x_k t_k \rangle = \sqrt{\frac{m}{\mathrm{i}2\pi\varepsilon\hbar}} \exp\left[\frac{\mathrm{i}}{\hbar}\varepsilon L(x_k, \dot{x}_k)\right] \tag{2.5.20}$$

将其代入(2.5.13)式,得到

$$\langle x_b t_b \mid x_a t_a \rangle = \int \prod_k \mathrm{d}x_k \left(\sqrt{\frac{m}{\mathrm{i}2\pi\varepsilon\hbar}}\right)^n \exp\left[\frac{\mathrm{i}}{\hbar}\sum_{k'} \varepsilon L(x_{k'}, \dot{x}_{k'})\right] \tag{2.5.21}$$

当 $\varepsilon \to 0$ 时,因为一组 x_k 的值确定一个函数 $x(t)$,所以上式中的 x_k 可以用 $x(t)$ 来代替,而其中的求和项变成对 t 的积分,即

$$S = \int_{t_a}^{t_b} \mathrm{d}t L(x, \dot{x}) \tag{2.5.22}$$

S 是**作用量**,由于它是函数 $x(t)$ 的函数,故称之为**作用量泛函**。

由于多重积分是对所有路径 $x(t)$ 的求和,由定义可知它就是泛函积分 $\int D[x(t)]$,故有**传播函数的路径积分表示**

$$K(b, a) = N\int D[x] \exp\left\{\frac{\mathrm{i}}{\hbar} S[x(t)]\right\} \tag{2.5.23}$$

式中，$x(t)$ 为从 x_a 到 x_b 的一切可能的路径，$N = \left(\sqrt{\dfrac{m}{\mathrm{i}2\pi\varepsilon\hbar}}\right)^n$ $(\varepsilon \to 0, n \to \infty)$ 为一个无穷大的常数，在完成路径积分后无穷大将自动消去，实际上它是一个归一化常数。由于作用量具有 $\hbar$ 的量纲，故(2.5.23)式中的 e 指数的幂次无量纲。

传播函数的路径积分表示是从正则量子化理论导出的。它表明概率波是这样传播的，粒子从点 (x_a, t_a) 可以沿任意路径 $x(t)$ 到达另外一点 (x_b, t_b)，概率振幅为 $\exp\left\{\dfrac{\mathrm{i}}{\hbar}s[x(t)]\right\}$，总振幅等于所有分振幅的叠加，且不同路径的权重相等。若已知传播函数，则可以利用(2.5.4)式求出波函数，意味着将求解薛定谔方程的问题化成了计算传播函数的问题。

在(2.5.23)式中，普朗克常数的存在具有重要的意义。

当 $\hbar \to 0$ 时，能保证经典极限的正确性。此时，指数因子会产生剧烈振荡，使得(2.5.23)式中只有一项起主要作用，那就是使 S 取极值的经典轨道 $x_{CL}(t)$ 的贡献，变分原理给出

$$\partial S[x_{CL}(t)] = 0 \tag{2.5.24}$$

由此可以导出经典力学的拉格朗日方程

$$\frac{\mathrm{d}}{\mathrm{d}t}\left(\frac{\partial L}{\partial \dot{x}}\right) - \frac{\partial L}{\partial x} = 0 \tag{2.5.25}$$

当 $\hbar \neq 0$ 时，不仅经典轨道，而且一切轨道都将做出贡献，此即从经典力学到量子力学的过渡。

费恩曼把传播函数的路径积分表示作为量子力学的一个基本假定，来代替正则量子化，在这个假定的基础上，建立量子力学的方案称为**路径积分量子化**。

费恩曼假设(2.5.23)式成立，不使用正则运动方程和量子化条件，导出了薛定谔方程，说明路径积分量子化的方案成立。

2.5.3 格林函数

格林函数的定义有多种，这里将其定义为如下非齐次方程的解

$$\left(\mathrm{i}\hbar\frac{\partial}{\partial t'} - H\right)G(\boldsymbol{x}'t', \boldsymbol{x}t) = \delta^3(\boldsymbol{x} - \boldsymbol{x}')\delta(t - t') \tag{2.5.26}$$

用代入法可以验证

$$G(\boldsymbol{x}'t', \boldsymbol{x}t) = -\frac{\mathrm{i}}{\hbar}\sum_n \psi_n(\boldsymbol{x}')\psi_n^*(\boldsymbol{x})\exp\left[-\frac{\mathrm{i}}{\hbar}E_n(t' - t)\right]\theta(t' - t) \tag{2.5.27}$$

是(2.5.26)式的解。其中，$\{\psi_n(\boldsymbol{x})\}$ 为能量的完备本征函数系，即

$$\psi_n(\boldsymbol{x}) = \langle \boldsymbol{x} \mid E_n \rangle \tag{2.5.28}$$

而 $\theta(t'-t)$ 为阶梯函数,满足

$$\theta(t'-t)=\begin{cases}1 & (t'>t)\\ 0 & (t'<t)\end{cases} \tag{2.5.29}$$

另一方面,传播函数可以展开为

$$K(\boldsymbol{x}'t',\boldsymbol{x}t)=\langle \boldsymbol{x}'t' \mid \boldsymbol{x}t\rangle=\langle \boldsymbol{x}' \mid \exp\left[-\frac{\mathrm{i}}{\hbar}H(t'-t)\right] \mid \boldsymbol{x}\rangle=$$

$$\sum_{n,n'}\langle \boldsymbol{x}' \mid E_{n'}\rangle\langle E_{n'} \mid \exp\left[-\frac{\mathrm{i}}{\hbar}H(t'-t)\right] \mid E_n\rangle\langle E_n \mid \boldsymbol{x}\rangle=$$

$$\sum_{n}\psi_n(\boldsymbol{x}')\psi_n^*(\boldsymbol{x})\exp\left[-\frac{\mathrm{i}}{\hbar}E_n(t'-t)\right]\quad (t'>t) \tag{2.5.30}$$

比较(2.5.30)与(2.5.27)式可知,格林函数与传播函数之间的关系为

$$G(\boldsymbol{x}'t',\boldsymbol{x}t)=-\frac{\mathrm{i}}{\hbar}K(\boldsymbol{x}'t',\boldsymbol{x}t)\theta(t'-t) \tag{2.5.31}$$

由此可见,传播函数与格林函数只相差常数因子,两者的物理内涵是一样的。

对格林函数做傅里叶变换

$$\tilde{G}(\boldsymbol{x}'\boldsymbol{x},E)=\int_{-\infty}^{\infty}G(\boldsymbol{x}'t',\boldsymbol{x}t)\exp\left[\frac{\mathrm{i}}{\hbar}E(t'-t)\right]\mathrm{d}(t'-t)=$$

$$\sum_{n}\frac{\psi_n(\boldsymbol{x})\psi_n^*(\boldsymbol{x}')}{E-E_n+\mathrm{i}\varepsilon}\quad (\varepsilon\to 0) \tag{2.5.32}$$

反之,有

$$G(\boldsymbol{x}'t',\boldsymbol{x}t)=\int_{-\infty}^{\infty}\tilde{G}(\boldsymbol{x}'\boldsymbol{x},E)\exp\left[-\frac{\mathrm{i}}{\hbar}E(t'-t)\right]\mathrm{d}E \tag{2.5.33}$$

习　题　2

习题 2.1　若 $\hat{S}$ 为任意一个幺正算符,$\hat{A}$ 与 $\hat{B}$ 为任意厄米算符,且 $\hat{A}\mid\varphi_n\rangle=a_n\mid\varphi_n\rangle$,证明

$$(\hat{S}^+\hat{A}\hat{S})\hat{S}^+\mid\varphi_n\rangle=a_n\hat{S}^+\mid\varphi_n\rangle$$

$$\hat{S}^+[\hat{A},\hat{B}]\hat{S}=[\hat{S}^+\hat{A}\hat{S},\hat{S}^+\hat{B}\hat{S}]$$

$$\mathrm{Tr}(\hat{S}^+\hat{A}\hat{S})=\mathrm{Tr}\hat{A}$$

$$\det(\hat{S}^+\hat{A}\hat{S})=\det\hat{A}$$

习题 2.2　导出坐标算符在动量表象中的形式,即

$$\hat{\boldsymbol{r}}=\mathrm{i}\hbar\,\boldsymbol{\nabla}$$

习题 2.3　若 $\hat{S}$ 为任意一个幺正算符,$\hat{A}$ 为任意厄米算符,且 $\hat{A}\mid\varphi_n\rangle=a_n\mid\varphi_n\rangle$,在任意状态 $\mid\psi\rangle$ 下,证明表象变换不影响 $\hat{A}$ 的取值概率与平均值。

习题 2.4　若算符 $\hat{U}$ 与 $\hat{V}$ 的定义分别为

$$\hat{U} = \sum_k |a_k\rangle\langle b_k|$$

$$\hat{V} = \sum_k |b_k\rangle\langle a_k|$$

其中,$\{|a_k\rangle\}$与$\{|b_k\rangle\}$为任意两个正交归一完备函数系,证明算符$\hat{U}$与$\hat{V}$皆为幺正算符,互为厄米共轭,并且满足

$$U_{ij} = \langle b_i | a_j\rangle$$

$$V_{ij} = \langle a_i | b_j\rangle$$

习题 2.5 一个中子处于如下的旋转磁场中

$$\boldsymbol{B} = B_0\boldsymbol{k} + B_1\cos(\omega t)\boldsymbol{i} - B_1\sin(\omega t)\boldsymbol{j}$$

式中,B_0,B_1皆为常数。在相互作用绘景中,导出波函数满足的运动方程。若初始时刻($t=0$)中子的磁矩与z轴同向,求出任意时刻发现其自旋向上的概率。

习题 2.6 证明

$$\hat{A}^n\hat{B} = \sum_{i=0}^{n} c_{ni}[\hat{A}^{(i)},\hat{B}]\hat{A}^{n-i} = \sum_{i=0}^{n}\frac{n!}{(n-i)!\,i!}[\hat{A}^{(i)},\hat{B}]\hat{A}^{n-i}$$

其中,两个互不对易的线性算符$\hat{A}$与$\hat{B}$的多重对易子为

$$[\hat{A}^{(0)},\hat{B}] = \hat{B};\quad [\hat{B},\hat{A}^{(0)}] = \hat{B}$$

$$[\hat{A}^{(1)},\hat{B}] = [\hat{A},\hat{B}];\quad [\hat{B},\hat{A}^{(1)}] = [\hat{B},\hat{A}]$$

$$[\hat{A}^{(2)},\hat{B}] = [\hat{A},[\hat{A}^{(1)},\hat{B}]];\quad [\hat{B},\hat{A}^{(2)}] = [[\hat{B},\hat{A}^{(1)}],\hat{A}]$$

$$[\hat{A}^{(3)},\hat{B}] = [\hat{A},[\hat{A}^{(2)},\hat{B}]];\quad [\hat{B},\hat{A}^{(3)}] = [[\hat{B},\hat{A}^{(2)}],\hat{A}]$$

$$\cdots\qquad\cdots$$

习题 2.7 证明

$$\mathrm{e}^{\hat{A}}\hat{B}\mathrm{e}^{-\hat{A}} = \sum_{i=0}^{\infty}\frac{1}{i!}[\hat{A}^{(i)},\hat{B}]$$

进而导出

$$\hat{W}(t) = \beta\hbar\,[\hat{A}_+\mathrm{e}^{\mathrm{i}\omega t} + \hat{A}_-\mathrm{e}^{-\mathrm{i}\omega t}]$$

习题 2.8 利用上题中的结果计算$U(t,0)$至二级近似。

习题 2.9 利用上题中的结果计算$|\psi(t)\rangle = U(t,0)|n\rangle$至二级近似。

习题 2.10 若两个互不对易的算符$\hat{A}$与$\hat{B}$皆与它们的对易子$\hat{C} = [\hat{A},\hat{B}]$对易,则有

$$(\hat{A}+\hat{B})[\hat{A}+\hat{B}]^n = [\hat{A}+\hat{B}]^{n+1} - n\hat{C}[\hat{A}+\hat{B}]^{n-1}$$

其中,$[\hat{A}+\hat{B}]^n$不是通常的两个算符之和的n次幂,它不顾及算符之间的对易关系,在展开式的每一项中,都把算符$\hat{A}$写在算符$\hat{B}$的前面,即

$$[\hat{A}+\hat{B}]^n = \sum_{i=0}^{\infty}\frac{n!}{(n-i)!\,i!}\hat{A}^{n-i}\hat{B}^i$$

习题 2.11 若两个互不对易的算符$\hat{A}$与$\hat{B}$皆与它们的对易子$\hat{C} = [\hat{A},\hat{B}]$

对易,证明

$$(\hat{A}+\hat{B})^n=\sum_{i=0}^{\infty}\frac{n!}{(n-2i)!i!}[\hat{A}+\hat{B}]^{n-2i}\left(-\frac{\hat{C}}{2}\right)^i$$

习题 2.12　若两个互不对易的算符 $\hat{A}$ 与 $\hat{B}$ 皆与它们的对易子 $\hat{C}=[\hat{A},\hat{B}]$ 对易,证明哥劳勃公式

$$e^{\hat{A}+\hat{B}}=e^{\hat{A}}e^{\hat{B}}e^{-\frac{1}{2}\hat{C}}$$

习题 2.13　若两个互不对易的算符 $\hat{A}$ 与 $\hat{B}$ 皆与它们的对易子 $\hat{C}=[\hat{A},\hat{B}]$ 对易,用另外的方法证明哥劳勃公式

$$e^{\hat{A}+\hat{B}}=e^{\hat{A}}e^{\hat{B}}e^{-\frac{1}{2}\hat{C}}$$

习题 2.14　在线谐振子基态 $|0\rangle$ 之下,证明

$$\overline{(\Delta x)^2}\cdot\overline{(\Delta p)^2}=\frac{\hbar^2}{4}$$

习题 2.15　将降算符的本征态

$$|z\rangle=c_0\sum_{n=0}^{\infty}\frac{z^n}{\sqrt{n!}}|n\rangle$$

归一化。

习题 2.16　证明升算符 $\hat{A}_+$ 与降算符 $\hat{A}_-$ 经过幺正变换 $\hat{U}(t)$ 后的形式为

$$\hat{U}(t)\hat{A}_-\hat{U}^{-1}(t)=\hat{A}_-+z(t)$$

$$\hat{U}(t)\hat{A}_+\hat{U}^{-1}(t)=\hat{A}_++z^*(t)$$

式中

$$\hat{U}(t)=\exp[-z(t)\hat{A}_++z^*(t)\hat{A}_-]$$

习题 2.17　受迫振子的哈密顿算符为

$$\hat{H}(t)=\frac{\hat{p}^2}{2\mu}+\frac{1}{2}\mu\omega^2x^2-F(t)x-G(t)\hat{p}$$

求出满足薛定谔方程的波函数。

习题 2.18　若定义压缩算符

$$\hat{S}(\gamma)=\exp\left[\frac{\gamma}{2}\hat{A}_+^2-\frac{\gamma}{2}\hat{A}_-^2\right]$$

证明

$$\hat{S}^+(\gamma)f(\hat{A}_-,\hat{A}_+)\hat{S}(\gamma)=f(\hat{B}_-,\hat{B}_+)$$

式中,$f(\hat{A}_-,\hat{A}_+)$ 为 $\hat{A}_-$ 与 $\hat{A}_+$ 的任意次幂的函数,而

$$\hat{B}_\pm=\hat{S}^+(\gamma)\hat{A}_\pm\hat{S}(\gamma)$$

习题 2.19　证明

$$\hat{S}^+(\gamma)x\hat{S}(\gamma)=xe^{\gamma}$$

$$\hat{S}^{+}(\gamma)\hat{p}\hat{S}(\gamma) = \hat{p}\,\mathrm{e}^{-\gamma}$$

习题 2.20 在压缩后的真空态

$$|0\rangle_{\gamma} = \hat{S}(\gamma)\,|0\rangle$$

下，证明

$$\overline{(\Delta x)^2}\cdot\overline{(\Delta p)^2} = \frac{\hbar^2}{4}$$

习题 2.21 利用位移算符 $\hat{D}(z)$ 将压缩后的真空态 $|0\rangle_{\gamma} = \hat{S}(\gamma)\,|0\rangle$ 的中心移至复平面的 z 点处，得到压缩态

$$|z\rangle_{\gamma} = \hat{D}(z)\,|0\rangle_{\gamma} = \hat{D}(z)\hat{S}(\gamma)\,|0\rangle$$

在此压缩态下，证明

$$\overline{(\Delta A_1)^2} = \frac{1}{4}\mathrm{e}^{2\gamma};\quad \overline{(\Delta A_2)^2} = \frac{1}{4}\mathrm{e}^{-2\gamma}$$

其中

$$\hat{A}_1 = \sqrt{\frac{\mu\omega}{2\hbar}}x;\quad \hat{A}_2 = \sqrt{\frac{1}{2\mu\omega\hbar}}\hat{p}$$

习题 2.22 证明

$$\hat{p}_n^{+} = \hat{p}_n$$

$$\hat{p}_m\hat{p}_n = \begin{cases}\hat{p}_n & m = n\\ 0 & m \neq n\end{cases}$$

$$\sum_n \hat{p}_n = 1$$

$$\mathrm{Tr}\hat{p}_n = 1$$

$$\langle\psi\,|\,\hat{p}_n\,|\,\psi\rangle \geqslant 0$$

$$[\hat{p}_n, \hat{F}] = 0$$

其中，投影算符为

$$\hat{p}_n = |\,n\rangle\langle n\,|$$

而 $|\,n\rangle$ 满足

$$\hat{F}\,|\,n\rangle = f_n\,|\,n\rangle$$

习题 2.23 设厄米算符 $\hat{F}$ 满足 $\hat{F}\,|\,u_n\rangle = f_n\,|\,u_n\rangle$，其中，$n = 1,2,3$。已知状态为

$$|\,\psi\rangle = \frac{1}{\sqrt{2}}\,|\,u_1\rangle + \frac{\mathrm{i}}{2}\,|\,u_2\rangle + \frac{1}{2}\,|\,u_3\rangle$$

导出状态的密度算符的矩阵表示，并求出其本征值。进而分别用波函数与密度矩阵计算力学量 F 的取值概率与平均值。

习题 2.24 证明

$$|x_a t_a\rangle = \exp\left(\frac{\mathrm{i}}{\hbar}\hat{H}t_a\right)|x_a\rangle$$

是海森伯绘景中算符 $x(t_a)$ 的本征态,相应的本征值为 x_a。

习题 2.25　证明

$$\psi(\boldsymbol{r}',t') = \int \mathrm{d}\boldsymbol{r}\langle\boldsymbol{r}'|\exp\left[-\frac{\mathrm{i}}{\hbar}\hat{H}(t'-t)\right]|\boldsymbol{r}\rangle\psi(\boldsymbol{r},t)$$

满足薛定谔方程。

习题 2.26　计算积分

$$I = \frac{1}{2\pi\hbar}\int_{-\infty}^{\infty}\mathrm{d}p\exp\left[-\frac{\mathrm{i}\varepsilon}{2m\hbar}(p-m\dot{x})^2\right]$$

习题 2.27　计算自由粒子的传播子。

习题 2.28　验证格林函数

$$G(\boldsymbol{x}'t',\boldsymbol{x}t) = -\frac{\mathrm{i}}{\hbar}\sum_n\psi_n(\boldsymbol{x}')\psi_n^*(\boldsymbol{x})\exp\left[-\frac{\mathrm{i}}{\hbar}E_n(t'-t)\right]\theta(t'-t)$$

是方程

$$\left(\mathrm{i}\hbar\frac{\partial}{\partial t'}-\hat{H}\right)G(\boldsymbol{x}'t',\boldsymbol{x}t) = \delta^3(\boldsymbol{x}-\boldsymbol{x}')\delta(t-t')$$

的解。式中,$\psi_n(\boldsymbol{x})$ 是哈密顿算符对应第 n 个能量本征值 E_n 的本征波函数。

习题 2.29　证明格林函数 $G(\boldsymbol{x}'t',\boldsymbol{x}t)$ 的傅里叶变换为

$$\tilde{G}(\boldsymbol{x}'\boldsymbol{x},E) = \sum_n\frac{\psi_n(\boldsymbol{x}')\psi_n^*(\boldsymbol{x})}{E-E_n+\mathrm{i}\varepsilon}\quad(\varepsilon\to 0)$$

第3章 近似方法中的递推与迭代

众所周知,对于真实的量子体系而言,多数的定态薛定谔方程是不能严格求解的,为了得到其近似结果,通常要选用合适的近似方法来处理,微扰论与变分法是两种最常用的近似方法。

对于束缚态问题,由无简并微扰论可知,能量的一级修正是微扰项的对角元,而能量的二级修正则是一个求和项,随着微扰级数的增加,高级修正的计算公式会越来越繁杂。变分法在求出一级近似之后,高级近似的计算无章可循。在量子力学的教科书中,通常只给出微扰论的一、二级近似和变分法的一级近似结果。

本章导出的微扰论计算公式的递推形式和变分法的迭代形式(最陡下降法),它们均能使其计算结果以任意精度逼近精确解。另外,为了满足近似计算的需要,本章也导出了在常用基底下 r^k 矩阵元的级数表达式,从而避免了复杂的特殊函数的积分计算。

对于非束缚态问题,势垒隧穿效应是量子力学中特有的物理现象,本章也导出了计算任意多个阶梯势透射系数的递推公式。

3.1 无简并微扰论公式及其递推形式

设体系的哈密顿算符满足本征方程

$$\hat{H} \mid \psi_m \rangle = E_m \mid \psi_m \rangle \tag{3.1.1}$$

若哈密顿算符可以写成两项之和,即

$$\hat{H} = \hat{H}_0 + \hat{W} \tag{3.1.2}$$

而 $\hat{W}$ 的作用又远小于 $\hat{H}_0$ 的贡献,称 $\hat{W}$ 为**微扰(摄动)算符**,并且**无微扰哈密顿算符** $\hat{H}_0$ 的解已知,即本征方程

$$\hat{H}_0 \mid \varphi_m \rangle = E_m^0 \mid \varphi_m \rangle \tag{3.1.3}$$

的解 E_m^0 和 $\mid \varphi_m \rangle$ 已经求出,当上述三个条件皆被满足时,则可以逐级求出 $\hat{H}$ 的能量本征值 E_m 与本征矢 $\mid \psi_m \rangle$ 的近似值,通常把这种近似求解方法称之为**微扰论**。为了与近似解相区别,也把对 $\hat{H}$ 不做任何取舍时所求得的解 E_m 和 $\mid \psi_m \rangle$ 称之为**精确解**或**严格解**。显然,$\hat{H}_0$ 的解 E_m^0 和 $\mid \varphi_m \rangle$ 就是 $\hat{H}$ 的零级近似解。

当待求能级 E_k 的零级近似 E_k^0 是无简并能级时，不论其他能级是否存在简并，均可以利用本节导出的**无简并微扰论**公式进行计算，否则，应该使用下一节将介绍的**简并微扰论**方法进行处理。

下面将分别介绍无简并的汤川(Yukawa)、维格纳(Wigner)、戈德斯通(Goldstone)和薛定谔的微扰论公式及其递推形式。

3.1.1　汤川公式

1. 无简并微扰展开

对欲求解的第 k 个能级而言，若 $\hat{H}_0$ 的解 E_k^0 无简并，则 $\hat{H}$ 的第 k 个能级的精确解可按微扰级数展开为

$$E_k = E_k^{(0)} + E_k^{(1)} + E_k^{(2)} + \cdots \tag{3.1.4}$$

$$|\psi_k\rangle = |\psi_k\rangle^{(0)} + |\psi_k\rangle^{(1)} + |\psi_k\rangle^{(2)} + \cdots \tag{3.1.5}$$

其中，$E_k^{(0)}$ 与 $|\psi_k\rangle^{(0)}$ 分别称为第 k 个能级的本征值与本征矢的**零级近似**，而当 $n > 0$ 时，$E_k^{(n)}$ 与 $|\psi_k\rangle^{(n)}$ 分别称为第 k 个能级的本征值与本征矢的**第 n 级修正**。

设严格本征矢的第 $n \neq 0$ 级修正 $|\psi_k\rangle^{(n)}$ 中不含有零级近似本征矢 $|\psi_k\rangle^{(0)}$ 的分量，并且零级近似本征矢是正交归一完备的，即要求

$$^{(0)}\langle\psi_k|\psi_k\rangle^{(n)} = \delta_{n0} \tag{3.1.6}$$

将(3.1.4)、(3.1.5)式代入(3.1.1)式，按微扰级数的不同，可得零级近似和各级修正满足的方程为

$$(\hat{H}_0 - E_k^{(0)})|\psi_k\rangle^{(0)} = 0 \tag{3.1.7}$$

$$(\hat{H}_0 - E_k^{(0)})|\psi_k\rangle^{(1)} = (E_k^{(1)} - \hat{W})|\psi_k\rangle^{(0)} \tag{3.1.8}$$

$$(\hat{H}_0 - E_k^{(0)})|\psi_k\rangle^{(2)} = (E_k^{(1)} - \hat{W})|\psi_k\rangle^{(1)} + E_k^{(2)}|\psi_k\rangle^{(0)} \tag{3.1.9}$$

$$(\hat{H}_0 - E_k^{(0)})|\psi_k\rangle^{(3)} = (E_k^{(1)} - \hat{W})|\psi_k\rangle^{(2)} + E_k^{(2)}|\psi_k\rangle^{(1)} + E_k^{(3)}|\psi_k\rangle^{(0)} \tag{3.1.10}$$

$$\vdots$$

$$(\hat{H}_0 - E_k^{(0)})|\psi_k\rangle^{(n)} = (E_k^{(1)} - \hat{W})|\psi_k\rangle^{(n-1)} + E_k^{(2)}|\psi_k\rangle^{(n-2)} + E_k^{(3)}|\psi_k\rangle^{(n-3)} + \cdots + E_k^{(n)}|\psi_k\rangle^{(0)} \tag{3.1.11}$$

$$\vdots$$

2. 零级近似

比较(3.1.3)式和(3.1.7)式，立即得到**零级近似解**，即

$$E_k^{(0)} = E_k^0 \tag{3.1.12}$$

$$|\psi_k\rangle^{(0)} = |\varphi_k\rangle \tag{3.1.13}$$

在应用微扰论进行计算时，需要选定一个具体的表象，通常选 H_0 表象。若定义 H_0 表象中的**波函数的第 n 级修正**为

$$B_{mk}^{(n)} = \langle \varphi_m \mid \psi_k \rangle^{(n)} \tag{3.1.14}$$

则由封闭关系可知，严格本征矢的第 n 级修正为

$$\mid \psi_k \rangle^{(n)} = \sum_m \mid \varphi_m \rangle \langle \varphi_m \mid \psi_k \rangle^{(n)} = \sum_m B_{mk}^{(n)} \mid \varphi_m \rangle \tag{3.1.15}$$

比较(3.1.13)式与(3.1.15)式，可得在 H_0 表象下**零级近似波函数**为

$$B_{mk}^{(0)} = \delta_{mk} \tag{3.1.16}$$

3. 一级修正

用$\langle \varphi_k \mid$左乘(3.1.8)式两端，利用 $\hat{H}_0$ 的厄米性可求得能量的一级修正

$$E_k^{(1)} = \langle \varphi_k \mid \hat{W} \mid \varphi_k \rangle = W_{kk} \tag{3.1.17}$$

此即**能量一级修正公式**，它就是微扰算符 $\hat{W}$ 在 H_0 表象中的第 k 个对角元，或者说是微扰算符 $\hat{W}$ 在 $\hat{H}_0$ 的第 k 个本征态上的平均值。

为了导出波函数一级修正公式，要用到去 $\mid \varphi_k \rangle$ 态投影算符

$$\hat{q}_k = 1 - \mid \varphi_k \rangle \langle \varphi_k \mid \tag{3.1.18}$$

在第2章中已经说明，投影算符 $\hat{q}_k$ 是一个表示向 $\mid \varphi_k \rangle$ 以外空间投影的算符。在任意状态 $\mid \psi \rangle$ 向 $\hat{H}_0$ 的本征态 $\mid \varphi_j \rangle$ 展开时，当 $j \neq k$ 时，投影算符不改变原来的状态，而当 $j = k$ 时，投影算符使其变为零。

用算符函数$\dfrac{\hat{q}_k}{\hat{H}_0 - E_k^0}$从左作用(3.1.8)式两端，利用算符 $\hat{q}_k$ 与 $\hat{H}_0$ 对易的性质得

$$\hat{q}_k \mid \psi_k \rangle^{(1)} = \frac{\hat{q}_k}{\hat{H}_0 - E_k^0} (E_k^{(1)} - \hat{W}) \mid \psi_k \rangle^{(0)} \tag{3.1.19}$$

其中算符 $\hat{q}_k$ 的作用既满足了(3.1.6)式的要求，又保证了等式右端分母不为零。为了得到上式在 H_0 表象中的形式，用$\langle \varphi_m \mid$左乘(3.1.19)式两端，当 $m \neq k$ 时，有

$$\begin{aligned} B_{mk}^{(1)} &= \frac{1}{E_m^0 - E_k^0} \langle \varphi_m \mid [1 - \mid \varphi_k \rangle \langle \varphi_k \mid](W_{kk} - \hat{W}) \mid \varphi_k \rangle = \\ &\frac{1}{E_m^0 - E_k^0} [\langle \varphi_m \mid W_{kk} - \hat{W} \mid \varphi_k \rangle - \langle \varphi_m \mid \varphi_k \rangle \langle \varphi_k \mid W_{kk} - \hat{W} \mid \varphi_k \rangle] = \\ &\frac{W_{mk}}{E_k^0 - E_m^0} \end{aligned} \tag{3.1.20}$$

于是，得到在 H_0 表象中**波函数的一级修正值**

$$\begin{aligned} &B_{kk}^{(1)} = 0 \\ &B_{mk}^{(1)} = \frac{W_{mk}}{E_k^0 - E_m^0} \quad (m \neq k) \end{aligned} \tag{3.1.21}$$

实际上,由(3.1.6)式知,对于 $n \neq 0$,总有 $B_{kk}^{(n)} = 0$,以下不再标出。

4.二级修正

同理,利用(3.1.9)式可导出能量本征值与本征矢的**二级修正值**为

$$
\begin{aligned}
E_k^{(2)} &= \sum_m W_{km} B_{mk}^{(1)} \\
\hat{q}_k \mid \psi_k\rangle^{(2)} &= \sum_{m\neq k} \mid \varphi_m\rangle \frac{1}{E_m^0 - E_k^0}\left[E_k^{(1)} B_{mk}^{(1)} - \sum_l W_{ml} B_{lk}^{(1)}\right]
\end{aligned}
\tag{3.1.22}
$$

进而得到在 H_0 表象中**波函数的二级修正值**

$$
B_{mk}^{(2)} = \frac{1}{E_k^0 - E_m^0}\left[\sum_l W_{ml} B_{lk}^{(1)} - E_k^{(1)} B_{mk}^{(1)}\right] \quad (m \neq k) \tag{3.1.23}
$$

为了使用方便,将(3.1.21)式代入(3.1.23)式,可得能量二级修正的具体表达式

$$
E_k^{(2)} = \sum_m W_{km} B_{mk}^{(1)} = \sum_{m\neq k} \frac{W_{km} W_{mk}}{E_k^0 - E_m^0} \tag{3.1.24}
$$

进而得到**近似到二级的能量本征值**为

$$
E_k \approx E_k^0 + W_{kk} + \sum_{m\neq k} \frac{W_{km} W_{mk}}{E_k^0 - E_m^0} \tag{3.1.25}
$$

如果 $m \neq k$ 的能级是简并的,且简并度为 f_m,则上式应该做相应的修改,即

$$
E_k \approx E_k^0 + W_{kk} + \sum_{m\neq k} \sum_{i=1}^{f_m} \frac{W_{k,mi} W_{mi,k}}{E_k^0 - E_m^0} \tag{3.1.26}
$$

其中

$$
W_{k,mi} = \langle \varphi_k \mid \hat{W} \mid \varphi_{mi}\rangle \tag{3.1.27}
$$

纵观微扰论的计算公式会发现,在知道了 $\hat{H}_0$ 的本征解之后,微扰矩阵元的计算是解决问题的关键所在,本章的最后一节将给出计算微扰矩阵元的相应方法。

5. *n* 级修正

仿照前面的做法,利用(3.1.11)式可导出在 H_0 表象中 $\boldsymbol{n}(>\mathbf{1})$ **级的能量和波函数的修正公式**为

$$
\begin{aligned}
E_k^{(n)} &= \sum_m W_{km} B_{mk}^{(n-1)} \quad (n \neq 0) \\
B_{mk}^{(n)} &= \frac{1}{E_k^0 - E_m^0}\left[\sum_l W_{ml} B_{lk}^{(n-1)} - \sum_{j=1}^{n} E_k^{(j)} B_{mk}^{(n-j)}\right] \quad (m \neq k)
\end{aligned}
\tag{3.1.28}
$$

上式也是直接由定态薛定谔方程导出的,并且在推导的过程中未做任何近似。

在上式的第二个求和中,是对独立的两项之积进行求和,通常将此两项之

积称之为**非连通项**,而将第一个求和中的两项之积看作**全部的项**,于是,波函数的修正可视为对全部项与非连通项之差求和,即**连通项**之和。

显然,(3.1.28)式具有递推的形式,用它可由前 $n-1$ 级结果求出第 n 级修正值,从零级近似

$$\begin{aligned} E_k^{(0)} &= E_k^0 \\ B_{mk}^{(0)} &= \delta_{mk} \end{aligned} \tag{3.1.29}$$

出发,反复利用(3.1.28)式,可以逐级求出能量与波函数的修正值直至任意级。此即**非简并微扰论的递推形式**,或者称为**汤川的递推公式**。

3.1.2 维格纳公式

1.维格纳公式

哈密顿算符 $\hat{H}$ 的本征解满足**维格纳公式**,即

$$\begin{aligned} |\psi_k\rangle &= |\varphi_k\rangle + \frac{\hat{q}_k}{E_k - \hat{H}_0}\hat{W}|\psi_k\rangle \\ E_k &= E_k^0 + \langle\varphi_k|\hat{W}|\psi_k\rangle \end{aligned} \tag{3.1.30}$$

证明 事实上,若要证明维格纳公式成立,只要能证明 $|\psi_k\rangle$ 和 E_k 满足 $\hat{H}$ 的本征方程即可。

用 $(E_k - \hat{H}_0)$ 左乘上式中的第一式

$$\begin{aligned} (E_k - \hat{H}_0)|\psi_k\rangle &= (E_k - \hat{H}_0)|\varphi_k\rangle + \hat{q}_k\hat{W}|\psi_k\rangle = \\ &(E_k - E_k^0)|\varphi_k\rangle + [1 - |\varphi_k\rangle\langle\varphi_k|]\hat{W}|\psi_k\rangle = \\ &(E_k - E_k^0)|\varphi_k\rangle + \hat{W}|\psi_k\rangle - |\varphi_k\rangle\langle\varphi_k|\hat{W}|\psi_k\rangle = \\ &[E_k - E_k^0 - \langle\varphi_k|\hat{W}|\psi_k\rangle]|\varphi_k\rangle + \hat{W}|\psi_k\rangle = \hat{W}|\psi_k\rangle \end{aligned} \tag{3.1.31}$$

于是,证得 E_k 和 $|\psi_k\rangle$ 满足本征方程

$$(\hat{H}_0 + \hat{W})|\psi_k\rangle = E_k|\psi_k\rangle \tag{3.1.32}$$

进一步可将(3.1.30)式改写成级数形式

$$\begin{aligned} |\psi_k\rangle &= \sum_{n=0}^{\infty}\left(\frac{\hat{q}_k}{E_k - \hat{H}_0}\hat{W}\right)^n|\varphi_k\rangle \\ E_k &= E_k^0 + \langle\varphi_k|\hat{W}|\psi_k\rangle \end{aligned} \tag{3.1.33}$$

该公式形式简捷,但由于待求能量 E_k 出现在等式右端,因此增加了求解的难度,长期以来很少被应用。

2.维格纳公式的递推形式

若令

$$\hat{A}_k = \frac{\hat{q}_k}{E_k - \hat{H}_0}\hat{W} \tag{3.1.34}$$

则(3.1.33) 式可写成

$$\begin{aligned} |\psi_k\rangle &= \sum_{n=0}^{\infty}\hat{A}_k^n|\varphi_k\rangle \\ E_k &= E_k^0 + \sum_{n=0}^{\infty}\langle\varphi_k|\hat{W}\hat{A}_k^n|\varphi_k\rangle \end{aligned} \tag{3.1.35}$$

由上式可逐级写出 $|\psi_k\rangle$ 的各级修正

$$\begin{aligned} |\psi_k\rangle^{(0)} &= |\varphi_k\rangle \\ |\psi_k\rangle^{(1)} &= \hat{A}_k|\varphi_k\rangle = \hat{A}_k|\psi_k\rangle^{(0)} \\ |\psi_k\rangle^{(2)} &= \hat{A}_k^2|\varphi_k\rangle = \hat{A}_k|\psi_k\rangle^{(1)} \\ &\vdots \\ |\psi_k\rangle^{(n)} &= \hat{A}_k^n|\varphi_k\rangle = \hat{A}_k|\psi_k\rangle^{(n-1)} \end{aligned} \tag{3.1.36}$$

(3.1.36) 式即为维格纳公式的递推形式。将其在 H_0 表象写出

$$\begin{aligned} E_k^{(n)} &= \sum_m W_{km}B_{mk}^{(n-1)} \qquad (n \neq 0) \\ B_{mk}^{(n)} &= \frac{1}{E_k - E_m^0}\sum_l W_{ml}B_{lk}^{(n-1)} \qquad (m \neq k) \end{aligned} \tag{3.1.37}$$

利用(3.1.29) 与(3.1.37) 式可以逐级求出能量与波函数的修正至任意(n)级。由于前面指出的原因,使用时需要对(3.1.37) 式做联立自洽求解。

3.1.3　戈德斯通公式

1. 戈德斯通公式

利用盖尔曼(Gellmann) - 洛(Low) 定理与分离定理可以导出级数形式的戈德斯通公式

$$\begin{aligned} |\psi_k\rangle &= \sum_{n=0}^{\infty}\left(\frac{1}{E_k^0 - \hat{H}_0}\hat{W}\right)^n|\varphi_k\rangle_L \\ E_k &= E_k^0 + \langle\varphi_k|\hat{W}|\psi_k\rangle \end{aligned} \tag{3.1.38}$$

式中下标 L 表示计算中只取连通项。

2. 戈德斯通公式的递推形式

用与处理维格纳公式类似的方法可以得到戈德斯通公式的递推形式

$$\begin{aligned} E_k^{(n)} &= \sum_m W_{km}B_{mk}^{(n-1)}\Big|_L \qquad (n \neq 0) \\ B_{mk}^{(n)}\Big|_L &= \frac{1}{E_k^0 - E_m^0}\sum_l W_{ml}B_{lk}^{(n-1)}\Big|_L \qquad (m \neq k) \end{aligned} \tag{3.1.39}$$

戈德斯通公式(3.1.39)与维格纳公式(3.1.37)在形式上相似,但有两点差别,一是维格纳公式右端的待求量 E_k,在戈德斯通公式中已被已知量 E_k^0 代替,戈德斯通公式不必像维格纳公式一样进行自洽求解;二是维格纳公式波函数中含全部的项,而戈德斯通公式中只含连通项。虽然,戈德斯通公式解决了维格纳公式需要联立自洽求解的麻烦,但是,又遇到了必须逐级去掉非连通项的问题,而高级非连通项并不容易从公式上判断,所以,戈德斯通公式通常也只适用于较低级近似的计算。

3.1.4 薛定谔公式

1. 薛定谔公式

薛定谔公式的形式为

$$\begin{aligned} |\psi_k\rangle &= |\varphi_k\rangle + \hat{A}_k(\hat{W} - \Delta E_k)|\psi_k\rangle \\ E_k &= E_k^0 + \Delta E_k \end{aligned} \tag{3.1.40}$$

其中

$$\begin{aligned} \hat{A}_k &= \frac{\hat{q}_k}{E_k^0 - \hat{H}_0} \\ \Delta E_k &= \langle\varphi_k|\hat{W}|\psi_k\rangle \end{aligned} \tag{3.1.41}$$

证明 薛定谔公式是定态薛定谔方程的另一种表述形式。用 $(E_k^0 - \hat{H}_0)$ 左乘(3.1.40)式中的第一式,得到

$$\begin{aligned} &(E_k^0 - \hat{H}_0)|\psi_k\rangle = (E_k^0 - \hat{H}_0)|\varphi_k\rangle + \hat{q}_k(\hat{W} - \Delta E_k)|\psi_k\rangle = \\ &[1 - |\varphi_k\rangle\langle\varphi_k|](\hat{W} - \Delta E_k)|\psi_k\rangle = \\ &(\hat{W} - \Delta E_k)|\psi_k\rangle - |\varphi_k\rangle\langle\varphi_k|(\hat{W} - \Delta E_k)|\psi_k\rangle = \\ &(\hat{W} - \Delta E_k)|\psi_k\rangle - \Delta E_k|\varphi_k\rangle + \Delta E_k|\varphi_k\rangle\langle\varphi_k|\psi_k\rangle = \\ &(\hat{W} - \Delta E_k)|\psi_k\rangle \end{aligned} \tag{3.1.42}$$

在上面的推导过程中,最后一步用到

$$\langle\varphi_k|\psi_k\rangle = \langle\varphi_k|\varphi_k\rangle + \langle\varphi_k|\frac{\hat{q}_k}{E_k^0 - \hat{H}_0}(\hat{W} - \Delta E_k)|\psi_k\rangle = 1 \tag{3.1.43}$$

于是,证得 $|\psi_k\rangle$ 满足本征方程,即

$$(\hat{H}_0 + \hat{W})|\psi_k\rangle = (E_k^0 + \Delta E_k)|\psi_k\rangle = E_k|\psi_k\rangle \tag{3.1.44}$$

2. 薛定谔公式的递推形式

利用薛定谔公式可以逐级写出能量与波函数修正的表达式

$$\begin{aligned} E_k^{(0)} &= E_k^0 \\ |\psi_k\rangle^{(0)} &= |\varphi_k\rangle \\ E_k^{(1)} &= \langle\varphi_k|\hat{W}|\psi_k\rangle^{(0)} \end{aligned}$$

$$
\begin{aligned}
|\psi_k\rangle^{(1)} &= \hat{A}_k\hat{W}|\psi_k\rangle^{(0)} - E_k^{(1)}\hat{A}_k|\psi_k\rangle^{(0)} \\
E_k^{(2)} &= \langle\varphi_k|\hat{W}|\psi_k\rangle^{(1)} \\
|\psi_k\rangle^{(2)} &= \hat{A}_k\hat{W}|\psi_k\rangle^{(1)} - E_k^{(1)}\hat{A}_k|\psi_k\rangle^{(1)} - E_k^{(2)}\hat{A}_k|\psi_k\rangle^{(0)} \\
&\vdots \\
E_k^{(n)} &= \langle\varphi_k|\hat{W}|\psi_k\rangle^{(n-1)} \\
|\psi_k\rangle^{(n)} &= \hat{A}_k\hat{W}|\psi_k\rangle^{(n-1)} - \sum_{j=1}^{n} E_k^{(j)}\hat{A}_k|\psi_k\rangle^{(n-j)}
\end{aligned}
\tag{3.1.45}
$$

上面的能量与波函数在 H_0 表象中的形式可写成

$$
\begin{cases}
E_k^{(n)} = \sum\limits_m W_{km}B_{mk}^{(n-1)} \quad (n \neq 0) \\
B_{mk}^{(n)} = \dfrac{1}{E_k^0 - E_m^0}\left[\sum\limits_l W_{ml}B_{lk}^{(n-1)} - \sum\limits_{j=1}^{n} E_k^{(j)}B_{mk}^{(n-j)}\right] \quad (m \neq k)
\end{cases}
\tag{3.1.46}
$$

此即薛定谔公式的递推形式,它与汤川公式的递推形式完全相同。

从形式上看,汤川公式比维格纳公式和戈德斯通公式要复杂一些,但是,它可以克服前两个公式的缺点,既不需要联立自洽求解,又可以自动逐级去掉非连通项,便于利用计算机程序实现任意级修正的数值计算。

特别需要指出的是,上述四个无简并微扰论公式是等价的,因为它们的出发点都是定态薛定谔方程,推导中都未取任何的近似。进而,比较汤川公式与戈德斯通公式发现,汤川波函数修正公式的第二个求和中的每一项都是非连通项,而第一个求和是全部的项,两者之差恰为全部连通项,它与戈德斯通公式的含意完全一致。于是,可以得到逐级计算非连通项的公式

$$
\frac{1}{E_k^0 - E_m^0}\sum_{j=1}^{n} E_k^{(j)}B_{mk}^{(n-j)} \quad (m \neq k)
\tag{3.1.47}
$$

从而解决了高级非连通项的计算问题。

3.2　简并微扰论公式及其递推形式

3.2.1　简并微扰能量的一级修正

如果待求的能级是简并的,则需要使用简并微扰论来进行近似计算。由于简并能级的零级波函数不能惟一确定,通常需要在简并子空间中逐级求解各级能量修正满足的久期方程,直至简并完全被消除,才能最后确定零级波函数,加之,简并被消除情况的多样性,使得简并微扰论的高级近似计算变得十分复杂。以往的处理一般仅局限在能量一级修正使简并完全消除的情况。我们通过类似无简并情况的推导给出了任意级能量修正满足的久期方程的递推形式,使得简

并态的高级微扰计算可以实现。

设 $\hat{H}_0$ 与 $\hat{H}=\hat{H}_0+\hat{W}$ 分别满足

$$\begin{aligned}\hat{H}_0 \mid \varphi_{\alpha i}\rangle &= E_\alpha^0 \mid \varphi_{\alpha i}\rangle \quad (i=1,2,\cdots,f_\alpha)\\ \hat{H} \mid \psi_{\gamma k}\rangle &= E_{\gamma k} \mid \psi_{\gamma k}\rangle \quad (k=1,2,\cdots,f_\gamma)\end{aligned} \tag{3.2.1}$$

式中,f_α、f_γ 分别表示 α、γ 能级的简并度。

用类似无简并微扰论的做法,将待求的能量本征值 $E_{\gamma k}$ 与本征矢 $\mid \psi_{\gamma k}\rangle$ 按微扰级数展开

$$\begin{aligned}E_{\gamma k} &= E_{\gamma k}^{(0)}+E_{\gamma k}^{(1)}+E_{\gamma k}^{(2)}+\cdots\\ \mid \psi_{\gamma k}\rangle &= \mid \psi_{\gamma k}\rangle^{(0)}+\mid \psi_{\gamma k}\rangle^{(1)}+\mid \psi_{\gamma k}\rangle^{(2)}+\cdots\end{aligned} \tag{3.2.2}$$

再将上式代入(3.2.1)式中的第二式,按不同微扰的级数分别写出其满足的方程

$$(\hat{H}_0-E_{\gamma k}^{(0)}) \mid \psi_{\gamma k}\rangle^{(0)} = 0 \tag{3.2.3}$$

$$(\hat{H}_0-E_{\gamma k}^{(0)}) \mid \psi_{\gamma k}\rangle^{(1)} = (E_{\gamma k}^{(1)}-\hat{W}) \mid \psi_{\gamma k}\rangle^{(0)} \tag{3.2.4}$$

$$(\hat{H}_0-E_{\gamma k}^{(0)}) \mid \psi_{\gamma k}\rangle^{(2)} = (E_{\gamma k}^{(1)}-\hat{W}) \mid \psi_{\gamma k}\rangle^{(1)}+E_{\gamma k}^{(2)} \mid \psi_{\gamma k}\rangle^{(0)} \tag{3.2.5}$$

$$\vdots$$

$$\begin{aligned}(\hat{H}_0-E_{\gamma k}^{(0)}) \mid \psi_{\gamma k}\rangle^{(n)} &= (E_{\gamma k}^{(1)}-\hat{W}) \mid \psi_{\gamma k}\rangle^{(n-1)}+E_{\gamma k}^{(2)} \mid \psi_{\gamma k}\rangle^{(n-2)}+\\ &\quad E_{\gamma k}^{(3)} \mid \psi_{\gamma k}\rangle^{(n-3)}+\cdots+E_{\gamma k}^{(n)} \mid \psi_{\gamma k}\rangle^{(0)}\end{aligned} \tag{3.2.6}$$

$$\vdots$$

令

$$\mid \psi_{\gamma k}\rangle^{(n)} = \sum_\beta \sum_{j=1}^{f_\beta} \mid \varphi_{\beta j}\rangle\langle \varphi_{\beta j} \mid \psi_{\gamma k}\rangle^{(n)} = \sum_{\beta j} \mid \varphi_{\beta j}\rangle B_{\beta j\gamma k}^{(n)} \tag{3.2.7}$$

式中

$$\begin{aligned}B_{\beta j\gamma k}^{(n)} &= \langle \varphi_{\beta j} \mid \psi_{\gamma k}\rangle^{(n)}\\ \sum_{\beta j} &= \sum_\beta \sum_{j=1}^{f_\beta}\end{aligned} \tag{3.2.8}$$

比较(3.2.1)式中第一式与(3.2.3)式,可得能量与波函数的零级近似分别为

$$\begin{aligned}E_{\gamma k}^{(0)} &= E_\gamma^0\\ B_{\beta j\gamma k}^{(0)} &= B_{\gamma j\gamma k}^{(0)}\delta_{\beta\gamma}\end{aligned} \tag{3.2.9}$$

(3.2.9)式中的 $B_{\gamma j\gamma k}^{(0)}$ 需要由下面导出的本征方程来确定。

采用类似无简并时的做法,用 $\langle \varphi_{\gamma j} \mid$ 从左作用(3.2.4)式两端,利用(3.2.9)式及 $\hat{H}_0$ 的厄米性质,可以得到能量一级修正 $E_{\gamma k}^{(1)}$ 与零级波函数 $B_{\gamma j\gamma k}^{(0)}$ 满足的本征方程

$$\sum_{i=1}^{f_\gamma} [W_{\gamma j\gamma i}-E_{\gamma k}^{(1)}\delta_{ij}] B_{\gamma i\gamma k}^{(0)} = 0 \tag{3.2.10}$$

在待求能量 E_γ 的 f_γ 维简并子空间中求解(3.2.10)式,可得到 f_γ 个 $E_{\gamma k}^{(1)}$ 及相应的 $B_{\gamma i\gamma k}^{(0)}$。这就是已往量子力学教科书中给出的结果。

3.2.2　简并微扰能量的高级修正

欲求更高级的修正,需要在 $B_{\gamma i\gamma k}^{(0)}$ 的表象下继续进行推导。实际上,只要将原表象下的 W 矩阵通过如下一个幺正变换改写为新的 W 矩阵即可

$$W_{\alpha i\beta j} = \sum_{\gamma l}\sum_{\eta k} B_{\alpha i\gamma l}^{(0)} W_{\gamma l\eta k} B_{\eta k\beta j}^{(0)} \tag{3.2.11}$$

以后每次求解能量修正满足的本征方程都要做上述的变换,则可使(3.2.9)式总可以得到满足。

再用 $\dfrac{\hat{q}_{\gamma k}}{\hat{H}_0 - E_{\gamma k}^{(0)}}$ 从左作用(3.2.4)式两端,则可以得到

$$B_{\beta j\gamma k}^{(1)} = \frac{1}{E_\gamma^0 - E_\beta^0}\sum_{\alpha i} W_{\beta j\alpha i} B_{\alpha i\gamma k}^{(0)} \quad (\beta \neq \gamma) \tag{3.2.12}$$

然后,用 $\langle \varphi_{\gamma j} |$ 左乘(3.2.5)式两端,有

$$\sum_{\beta l} W_{\gamma j\beta l} B_{\beta l\gamma k}^{(1)} - E_{\gamma k}^{(1)} B_{\gamma j\gamma k}^{(1)} - E_{\gamma k}^{(2)} B_{\gamma j\gamma k}^{(0)} = 0 \tag{3.2.13}$$

上式是能量二级修正 $E_{\gamma k}^{(2)}$ 满足的本征方程。

下面针对 $E_{\gamma k}^{(1)}$ 的简并是否被消除分别讨论之。

1. $E_{\gamma k}^{(1)}$ 的简并未完全消除

在简并未被消除的子空间(不大于 f_γ)中,由于 $B_{\gamma j\gamma k}^{(1)} = 0$,故(3.2.13)式可简化为

$$\sum_{\beta l} W_{\gamma j\beta l} B_{\beta l\gamma k}^{(1)} - E_{\gamma k}^{(2)} B_{\gamma j\gamma k}^{(0)} = 0 \tag{3.2.14}$$

此即 $E_{\gamma k}^{(2)}$ 满足的本征方程。将(3.2.12)式代入(3.2.14)式可得到更清晰的形式

$$\sum_{i=1}^{f_\gamma}\Big[\sum_{\beta\neq\gamma}\sum_{l=1}^{f_\beta}\frac{W_{\gamma j\beta l}W_{\beta l\gamma i}}{E_\gamma^0 - E_\beta^0} - E_{\gamma k}^{(2)}\delta_{ij}\Big] B_{\gamma i\gamma k}^{(0)} = 0 \tag{3.2.15}$$

求解上述本征方程,重复类似对(3.2.10)式的讨论,如此进行下去,若 $n-1$ 级能量修正 $E_{\gamma k}^{(n-1)}$ 仍不能使简并完全消除,则由(3.2.6)式可导出在剩余的简并子空间中 $E_{\gamma k}^{(n)}$ 满足的本征方程

$$\sum_{\beta l} W_{\gamma j\beta l} B_{\beta l\gamma k}^{(n-1)} - E_{\gamma k}^{(n)} B_{\gamma j\gamma k}^{(0)} = 0 \tag{3.2.16}$$

其中

$$B_{\beta l\gamma k}^{(n-1)} = \frac{1}{E_\gamma^0 - E_\beta^0}\Big[\sum_{\alpha i} W_{\beta l\alpha i} B_{\alpha i\gamma k}^{(n-2)} - \sum_{m=1}^{n-1} E_{\gamma k}^{(m)} B_{\beta l\gamma k}^{(n-m-1)}\Big] \quad (\beta \neq \gamma) \tag{3.2.17}$$

为了使用方便，可由(3.2.16)与(3.2.17)式导出 $E_{\gamma k}^{(3)}, E_{\gamma k}^{(4)}, E_{\gamma k}^{(5)}, E_{\gamma k}^{(6)}$ 满足的本征方程的具体形式如下

$$\sum_i \left\{ \sum_{\gamma_1 i_1} \frac{W_{\gamma j \gamma_1 i_1}}{E_{\gamma\gamma_1}} \sum_{\gamma_2 i_2} \frac{\overline{W}_{\gamma_1 i_1 \gamma_2 i_2}}{E_{\gamma\gamma_2}} W_{\gamma_2 i_2 \gamma k} - E_{\gamma k}^{(3)} \delta_{ij} \right\} B_{\gamma i \gamma k}^{(0)} = 0 \tag{3.2.18}$$

$$\sum_i \left\{ \sum_{\gamma_1 i_1} \frac{W_{\gamma j \gamma_1 i_1}}{E_{\gamma\gamma_1}} \left[\sum_{\gamma_2 i_2} \frac{\overline{W}_{\gamma_1 i_1 \gamma_2 i_2}}{E_{\gamma\gamma_2}} \sum_{\gamma_3 i_3} \frac{\overline{W}_{\gamma_2 i_2 \gamma_3 i_3}}{E_{\gamma\gamma_3}} W_{\gamma_3 i_3 \gamma i} - \frac{E_{\gamma k}^{(2)}}{E_{\gamma\gamma_1}} W_{\gamma_1 i_1 \gamma i} \right] - E_{\gamma k}^{(4)} \delta_{ij} \right\} B_{\gamma i \gamma k}^{(0)} = 0 \tag{3.2.19}$$

$$\sum_i \left\{ \sum_{\gamma_1 i_1} \frac{W_{\gamma j \gamma_1 i_1}}{E_{\gamma\gamma_1}} \left[\sum_{\gamma_2 i_2} \frac{\overline{W}_{\gamma_1 i_1 \gamma_2 i_2}}{E_{\gamma\gamma_2}} \left(\sum_{\gamma_3 i_3} \frac{\overline{W}_{\gamma_2 i_2 \gamma_3 i_3}}{E_{\gamma\gamma_3}} \sum_{\gamma_4 i_4} \frac{\overline{W}_{\gamma_3 i_3 \gamma_4 i_4}}{E_{\gamma\gamma_4}} W_{\gamma_4 i_4 \gamma i} - \frac{E_{\gamma k}^{(2)}}{E_{\gamma\gamma_3}} W_{\gamma_2 i_2 \gamma i} \right) - \right.\right.$$
$$\left.\left. \frac{E_{\gamma k}^{(2)}}{E_{\gamma\gamma_1}} \sum_{\gamma_2 i_2} \frac{\overline{W}_{\gamma_1 i_1 \gamma_2 i_2}}{E_{\gamma\gamma_2}} W_{\gamma_2 i_2 \gamma i} - \frac{E_{\gamma k}^{(3)}}{E_{\gamma\gamma_1}} W_{\gamma_1 i_1 \gamma i} \right] - E_{\gamma k}^{(5)} \delta_{ij} \right\} B_{\gamma i \gamma k}^{(0)} = 0 \tag{3.2.20}$$

$$\sum_i \left\{ \sum_{\gamma_1 i_1} \frac{W_{\gamma j \gamma_1 i_1}}{E_{\gamma\gamma_1}} \left[\left[\sum_{\gamma_2 i_2} \frac{\overline{W}_{\gamma_1 i_1 \gamma_2 i_2}}{E_{\gamma\gamma_2}} \left(\sum_{\gamma_3 i_3} \frac{\overline{W}_{\gamma_2 i_2 \gamma_3 i_3}}{E_{\gamma\gamma_3}} \left(\sum_{\gamma_4 i_4} \frac{\overline{W}_{\gamma_3 i_3 \gamma_4 i_4}}{E_{\gamma\gamma_4}} \sum_{\gamma_5 i_5} \frac{\overline{W}_{\gamma_4 i_4 \gamma_5 i_5}}{E_{\gamma\gamma_5}} \times \right.\right.\right.\right.\right.$$
$$W_{\gamma_5 i_5 \gamma i} - \frac{E_{\gamma k}^{(2)}}{E_{\gamma\gamma_3}} W_{\gamma_3 i_3 \gamma i} \Big) - \frac{E_{\gamma k}^{(2)}}{E_{\gamma\gamma_2}} \sum_{\gamma_3 i_3} \frac{\overline{W}_{\gamma_2 i_2 \gamma_3 i_3}}{E_{\gamma\gamma_3}} W_{\gamma_3 i_3 \gamma i} - \frac{E_{\gamma k}^{(3)}}{E_{\gamma\gamma_2}} W_{\gamma_2 i_2 \gamma i} \Big) -$$
$$\frac{E_{\gamma k}^{(1)}}{E_{\gamma\gamma_1}} \Big(\sum_{\gamma_2 i_2} \frac{\overline{W}_{\gamma_1 i_1 \gamma_2 i_2}}{E_{\gamma\gamma_2}} \sum_{\gamma_3 i_3} \frac{\overline{W}_{\gamma_2 i_2 \gamma_3 i_3}}{E_{\gamma\gamma_3}} W_{\gamma_3 i_3 \gamma i} - \frac{E_{\gamma k}^{(2)}}{E_{\gamma\gamma_1}} W_{\gamma_1 i_1 \gamma i} \Big) -$$
$$\left.\left. \frac{E_{\gamma k}^{(3)}}{E_{\gamma\gamma_1}} \sum_{\gamma_2 i_2} \frac{\overline{W}_{\gamma_1 i_1 \gamma_2 i_2}}{E_{\gamma\gamma_2}} W_{\gamma_2 i_2 \gamma i} - \frac{E_{\gamma k}^{(4)}}{E_{\gamma\gamma_1}} W_{\gamma_1 i_1 \gamma i} \right] \right] - E_{\gamma k}^{(6)} \delta_{ij} \right\} B_{\gamma i \gamma k}^{(0)} = 0 \tag{3.2.21}$$

式中

$$E_{\gamma_1\gamma_2} = E_{\gamma_1}^0 - E_{\gamma_2}^0$$
$$\overline{W}_{\alpha i \beta j} = W_{\alpha i \beta j} - E_{\gamma k}^{(1)} \delta_{\alpha\beta} \delta_{ij} \tag{3.2.22}$$

2. $E_{\gamma k}^{(1)}$ 使简并消除

在新的表象下

$$B_{\beta j \gamma k}^{(0)} = \delta_{\beta\gamma} \delta_{jk}$$
$$B_{\gamma k \gamma k}^{(n)} = \delta_{n0} \tag{3.2.23}$$

由(3.2.16)与(3.2.17)式知

$$E_{\gamma k}^{(n)} = \sum_{\beta j} W_{\gamma k \beta j} B_{\beta j \gamma k}^{(n-1)} \tag{3.2.24}$$

$$B_{\beta j \gamma k}^{(n)} = \frac{1}{E_\gamma^0 - E_\beta^0} \left[\sum_{\alpha i} W_{\beta j \alpha i} B_{\alpha i \gamma k}^{(n-1)} - \sum_{m=1}^{n} E_{\gamma k}^{(m)} B_{\beta j \gamma k}^{(n-m)} \right] \quad (\beta \neq \gamma) \tag{3.2.25}$$

此外，还应顾及一级能量修正劈裂($E_{\gamma k}^{(1)} \neq E_{\gamma j}^{(1)}$)带来的影响

$$B_{\gamma j\gamma k}^{(n)} = \frac{1}{E_{\gamma k}^{(1)} - E_{\gamma j}^{(1)}}\left[\sum_{\alpha i} W_{\gamma j\alpha i}B_{\alpha i\gamma k}^{(n)} - \sum_{m=2}^{n} E_{\gamma k}^{(m)}B_{\gamma j\gamma k}^{(n-m+1)}\right] \quad (3.2.26)$$

(3.2.24) ~ (3.2.26) 式即为 $E_{\gamma k}^{(1)}$ 已使简并消除后按无简并公式逐级计算各级修正的递推公式，利用它们可以逐级计算至任意级修正。

若 $E_{\gamma k}^{(2)}$ 才使简并消除（$E_{\gamma k}^{(1)} = E_{\gamma j}^{(1)}, E_{\gamma k}^{(2)} \neq E_{\gamma j}^{(2)}$），则除了(3.2.24) 与(3.2.25) 式外，$n \geqslant 2$ 级修正还应顾及

$$B_{\gamma j\gamma k}^{(n)} = \frac{1}{E_{\gamma k}^{(2)} - E_{\gamma j}^{(2)}}\left[\sum_{\alpha i} W_{\gamma j\alpha i}B_{\alpha i\gamma k}^{(n+1)} - \sum_{m=3}^{n} E_{\gamma k}^{(m)}B_{\gamma j\gamma k}^{(n-m+2)}\right] \quad (3.2.27)$$

若 $E_{\gamma k}^{(3)}$ 才使简并消除（$E_{\gamma k}^{(1)} = E_{\gamma j}^{(1)}, E_{\gamma k}^{(2)} = E_{\gamma j}^{(2)}, E_{\gamma k}^{(3)} \neq E_{\gamma j}^{(3)}$），则除了(3.2.24) 与(3.2.25) 式外，$n \geqslant 3$ 级修正还应顾及

$$B_{\gamma j\gamma k}^{(n)} = \frac{1}{E_{\gamma k}^{(3)} - E_{\gamma j}^{(3)}}\left[\sum_{\alpha i} W_{\gamma j\alpha i}B_{\alpha i\gamma k}^{(n+2)} - \sum_{m=4}^{n} E_{\gamma k}^{(m)}B_{\gamma j\gamma k}^{(n-m+3)}\right] \quad (3.2.28)$$

如此进行下去，若 $E_{\gamma k}^{(n-1)}$ 才使简并消除，即

$$E_{\gamma k}^{(1)} = E_{\gamma j}^{(1)}, E_{\gamma k}^{(2)} = E_{\gamma j}^{(2)}, \cdots, E_{\gamma k}^{(n-2)} = E_{\gamma j}^{(n-2)}, E_{\gamma k}^{(n-1)} \neq E_{\gamma j}^{(n-1)}$$

则除了(3.2.24) 与(3.2.25) 式外，还应顾及

$$B_{\gamma j\gamma k}^{(n)} = \frac{1}{E_{\gamma k}^{(n-1)} - E_{\gamma j}^{(n-1)}}\left[\sum_{\alpha i} W_{\gamma j\alpha i}B_{\alpha i\gamma k}^{(2n-1)} - E_{\gamma k}^{(n)}B_{\gamma j\gamma k}^{(n-1)}\right] \quad (3.2.29)$$

一般情况下，(3.2.26) ~ (3.2.29) 都需要与(3.2.24)、(3.2.25) 式联立自洽求解，但若经过幺正变换后的 W 矩阵满足

$$W_{\gamma j\alpha i} = W_{\gamma j\alpha i}\,\delta_{\gamma\alpha} \quad (3.2.30)$$

则(3.2.26) ~ (3.2.29) 式中的第一项为零，公式又变成明显的递推形式，可以逐级计算到任意级修正。实际上，许多具体问题都属于这种情况。

应当指出，当微扰矩阵元不满足条件(3.2.30) 时，上述的联立自洽求解是一个比较繁杂的过程，为简化计算，作为一种近似略去(3.2.26) ~ (3.2.29) 的第一项，所得的结果虽然不能严格地逼近精确解，但仍不失为精确解的一个相当好的高级近似。

3.2.3　关于微扰论的讨论

在得到了微扰论计算公式及其递推形式之后，让我们再做一些必要的讨论。

1. 微扰论的适用条件

在本章开始之处，已经说明了使用微扰论必须满足的三个条件，其中之一就是微扰算符 $\hat{W}$ 的作用远小于无微扰的哈密顿算符 $\hat{H}_0$，因为算符之间是无法比较大小的，所以只能使用这种定性的说法。

在得到微扰论的计算公式之后，再来考察上述条件的内涵是有意义的。

对无简并微扰论而言,近似到二级的能量本征值与本征波函数的一级修正为

$$E_k \approx E_k^0 + W_{kk} + \sum_{n \neq k} \frac{|W_{nk}|^2}{E_k^0 - E_n^0} \tag{3.2.31}$$

$$B_{mk}^{(1)} = \frac{W_{mk}}{E_k^0 - E_m^0} \quad (m \neq k) \tag{3.2.32}$$

严格地说,(3.2.31)式应该是一个无穷级数,若要其是收敛的,至少要求

$$|E_k^0| > |W_{kk}| > \left| \sum_{n \neq k} \frac{|W_{nk}|^2}{E_k^0 - E_n^0} \right| > \cdots \tag{3.2.33}$$

进而,为了达到快速收敛的目的,必须要求

$$|E_k^0| \gg |W_{kk}| \gg \left| \sum_{n \neq k} \frac{|W_{nk}|^2}{E_k^0 - E_n^0} \right| \gg \cdots \tag{3.2.34}$$

此即

$$|E_k^0| \gg |W_{kk}|, \; |E_k^0 - E_n^0| \gg |W_{nk}| \tag{3.2.35}$$

这就是更加具体的微扰论应该满足的条件。

2. 近简并微扰论

由上面给出的微扰论适用条件可知,仅满足 $|E_n^0| \gg |W_{nk}|$ 的条件是不够的,还必须满足 $|E_k^0 - E_n^0| \gg |W_{nk}|$ 的要求,也就是说,两个零级近似能量之差要远大于相应的微扰矩阵元。显然,在能级是无简并($E_k^0 \neq E_n^0$)时,原则上可以用无简并微扰论进行计算,但是,当能级是简并($E_k^0 = E_n^0$)时,则必须用简并微扰论来处理。有时会遇到下面的情况,即虽然 $E_k^0 \neq E_n^0$,但是,$E_k^0 \approx E_n^0$,把这种情况称之为**近简并**。这时,不满足(3.2.35)式的要求,所以,无简并的微扰论不可用,必须选用另外的方法来处理它。在这种情况下,维格纳公式是可用的。

3. 递推计算与精确解

原则上,利用微扰论的递推公式可以得到任意级近似结果,或者说,它能以任意的精度逼近精确解。出现这种情况的原因是,为了得到与精确解一致的结果,在微扰论的递推公式中要用到全部的微扰矩阵元。从另一个角度来看,知道了全部微扰矩阵元,自然可以求出哈密顿算符的精确解,所以,两者对得到精确解的要求是完全一致的。

人们不禁要问,既然如此,使用微扰论的意义何在呢?

首先,对于一个复杂的问题,如果只需要了解其低级的近似,并不必知道全部的微扰矩阵元,只要计算几个微扰矩阵元即可,例如,能量的一级近似只需计算微扰项的对角元。

其次,同样是计算精确解,求解本征方程的方法只能给出最后的结果,而微扰论的递推公式能给出各级的修正,也就是说,后者能更细致地了解最后结果的构成。

3.3　微扰论递推公式应用举例

本节给出应用微扰论递推公式的几个例子,从各级修正表达式的理论推导与数值计算两个角度来说明递推公式的具体使用过程。数值计算的结果是利用通用程序(见《计算物理》,井孝功编著,吉林大学出版社,2001 年)得到的。

3.3.1　在理论推导中的应用举例

例 1　四维矩阵形式的微扰论。

若已知 $\hat{H}_0$ 与 $\hat{W}$ 的矩阵形式为

$$\hat{H}_0 = \begin{pmatrix} E_1^0 & 0 & 0 & 0 \\ 0 & E_1^0 & 0 & 0 \\ 0 & 0 & E_1^0 & 0 \\ 0 & 0 & 0 & E_4^0 \end{pmatrix};\quad \hat{W} = \begin{pmatrix} 0 & 0 & a & b \\ 0 & a & 0 & c \\ a & 0 & 0 & 0 \\ b & c & 0 & d \end{pmatrix} \tag{3.3.1}$$

其中,$E_1^0 \neq E_4^0$,求其能量至三级修正。

解　可以通过数学方法求出 $\hat{H} = \hat{H}_0 + \hat{W}$ 的精确解 $\bar{E}$ 的级数形式为

$$\bar{E}_{11} = E_1^0 + a \tag{3.3.2}$$

$$\bar{E}_{12} = E_1^0 + a + \frac{b^2 + 2c^2}{2E_{14}} - \frac{(b^2 + 2c^2)(a - d)}{2E_{14}^2} + \frac{b^2(b^2 + 2c^2)}{8aE_{14}^2} + \cdots \tag{3.3.3}$$

$$\bar{E}_{13} = E_1^0 - a + \frac{b^2}{2E_{14}} + \frac{b^2(a + d)}{2E_{14}^2} - \frac{b^2(b^2 + 2c^2)}{8aE_{14}^2} + \cdots \tag{3.3.4}$$

$$\bar{E}_{41} = E_4^0 + d + \frac{b^2 + c^2}{E_{41}} + \frac{ac^2 - d(b^2 + c^2)}{E_{41}^2} + \cdots \tag{3.3.5}$$

其中

$$E_{14} = E_1^0 - E_4^0;\quad E_{41} = E_4^0 - E_1^0$$

首先,计算无简并的近似解 $\tilde{E}_{41}$。

$$E_{41}^{(0)} = E_4^0;\quad B_{1141}^{(0)} = 0, B_{1241}^{(0)} = 0, B_{1341}^{(0)} = 0, B_{4141}^{(0)} = 1 \tag{3.3.6}$$

$$E_{41}^{(1)} = d;\quad B_{1141}^{(1)} = \frac{b}{E_{41}}, B_{1241}^{(1)} = \frac{c}{E_{41}}, B_{1341}^{(1)} = 0, B_{4141}^{(1)} = 0 \tag{3.3.7}$$

$$E_{41}^{(2)} = \frac{b^2 + c^2}{E_{41}}; \quad B_{1141}^{(2)} = -\frac{bd}{E_{41}^2}, B_{1241}^{(2)} = \frac{c(a-d)}{E_{41}^2}, B_{1341}^{(2)} = \frac{ab}{E_{41}^2}, B_{4141}^{(2)} = 0 \tag{3.3.8}$$

$$E_{41}^{(3)} = \frac{ac^2 - d(b^2 + c^2)}{E_{41}^2} \tag{3.3.9}$$

(3.3.6) ~ (3.3.9) 式中能量之和与精确解(3.3.5)式完全一致。

其次,计算简并态的近似解 $\tilde{E}_{1k}(k = 1,2,3)$。

因为

$$E_{11}^{(0)} = E_1^0 \tag{3.3.10}$$

$$E_{12}^{(0)} = E_1^0 \tag{3.3.11}$$

$$E_{13}^{(0)} = E_1^0 \tag{3.3.12}$$

所以,$E_{1k}^{(1)}$ 需要用简并微扰论来处理,在 3 度简并子空间中,它满足久期方程

$$\begin{vmatrix} -E_1^{(1)} & 0 & a \\ 0 & -E_1^{(1)} + a & 0 \\ a & 0 & -E_1^{(1)} \end{vmatrix} = 0$$

解之得

$$E_{11}^{(1)} = a; \quad B_{1111}^{(0)} = \frac{1}{\sqrt{2}}, B_{1211}^{(0)} = 0, B_{1311}^{(0)} = \frac{1}{\sqrt{2}} \tag{3.3.13}$$

$$E_{12}^{(1)} = a; \quad B_{1112}^{(0)} = 0, B_{1212}^{(0)} = 1, B_{1312}^{(0)} = 0 \tag{3.3.14}$$

$$E_{13}^{(1)} = -a; \quad B_{1113}^{(0)} = \frac{1}{\sqrt{2}}, B_{1213}^{(0)} = 0, B_{1313}^{(0)} = -\frac{1}{\sqrt{2}} \tag{3.3.15}$$

利用 $B_{\alpha i\beta j}^{(0)}$ 做幺正变换后,$\hat{W}$ 变为

$$\hat{W} = \begin{pmatrix} a & 0 & 0 & \frac{b}{\sqrt{2}} \\ 0 & a & 0 & c \\ 0 & 0 & -a & \frac{b}{\sqrt{2}} \\ \frac{b}{\sqrt{2}} & c & \frac{b}{\sqrt{2}} & d \end{pmatrix}$$

显然,$E_{13}^{(1)}$ 已使简并消除,可用无简并递推公式进行逐级修正的计算。在新的表象下

$$B_{\alpha i\beta j}^{(0)} = \delta_{\alpha\beta}\delta_{ij}$$

$$E_{13}^{(1)} = -a; \quad B_{4113}^{(1)} = \frac{b}{\sqrt{2}E_{14}}, B_{1113}^{(1)} = -\frac{b^2}{4aE_{14}}, B_{1213}^{(1)} = -\frac{\sqrt{2}bc}{4aE_{14}}, B_{1313}^{(1)} = 0$$

$$E_{13}^{(2)} = \frac{b^2}{2E_{14}};\quad B_{4113}^{(2)} = \frac{b(a+d)}{\sqrt{2}E_{14}^2} - \frac{b(b^2+2c^2)}{4\sqrt{2}aE_{14}^2} \tag{3.3.16}$$

$$E_{13}^{(3)} = \frac{b^2(a+d)}{2E_{14}^2} - \frac{b^2(b^2+2c^2)}{8aE_{14}^2} \tag{3.3.17}$$

(3.3.12)、(3.3.15) ~ (3.3.17) 式中能量之和与精确解(3.3.4) 式完全一致。

由(3.3.13) 与(3.3.14) 式知，$E_{11}^{(1)} = E_{12}^{(1)} = a$，即能量一级修正仍不能使此 2 度简并消除，尚需求解 $E_{1k}^{(2)}(k = 1,2)$ 满足的久期方程

$$\begin{vmatrix} \dfrac{b^2}{2E_{14}} - E_1^{(2)} & \dfrac{bc}{\sqrt{2}E_{14}} \\ \dfrac{bc}{\sqrt{2}E_{14}} & \dfrac{c^2}{E_{14}} - E_1^{(2)} \end{vmatrix} = 0$$

解之得

$$E_{11}^{(2)} = 0;\quad B_{1111}^{(0)} = \frac{\sqrt{2}c}{\sqrt{b^2+2c^2}}, B_{1211}^{(0)} = \frac{-b}{\sqrt{b^2+2c^2}} \tag{3.3.18}$$

$$E_{12}^{(2)} = \frac{b^2+2c^2}{2E_{14}};\quad B_{1112}^{(0)} = \frac{b}{\sqrt{b^2+2c^2}}, B_{1212}^{(0)} = \frac{\sqrt{2}c}{\sqrt{b^2+2c^2}} \tag{3.3.19}$$

再利用 $B_{\alpha i\beta j}^{(0)}$ 做幺正变换，$\hat{W}$ 变为

$$\hat{W} = \begin{pmatrix} a & 0 & 0 & 0 \\ 0 & a & 0 & \sqrt{\dfrac{b^2+2c^2}{2}} \\ 0 & 0 & -a & \dfrac{b}{\sqrt{2}} \\ 0 & \sqrt{\dfrac{b^2+2c^2}{2}} & \dfrac{b}{\sqrt{2}} & d \end{pmatrix}$$

在此表象下，简并已完全消除，即

$$B_{\alpha i\beta j}^{(0)} = \delta_{\alpha\beta}\delta_{ij}$$

$$\begin{aligned} &E_{11}^{(1)} = a;\quad B_{4111}^{(1)} = 0, B_{1111}^{(1)} = 0, B_{1211}^{(1)} = 0, B_{1311}^{(1)} = 0 \\ &E_{11}^{(2)} = 0;\quad B_{4111}^{(2)} = 0 \\ &E_{11}^{(3)} = 0 \end{aligned} \tag{3.3.20}$$

而

$$E_{12}^{(1)} = a$$

$$B_{4112}^{(1)} = \sqrt{\frac{b^2+2c^2}{2}}\,\frac{1}{E_{14}};\quad B_{1112}^{(1)} = 0, B_{1212}^{(0)} = 0, B_{1312}^{(1)} = \frac{b\sqrt{b^2+2c^2}}{4aE_{14}}$$

$$E_{12}^{(2)} = \frac{b^2+2c^2}{2E_{14}}$$

$$B_{4112}^{(2)} = \sqrt{\frac{b^2 + 2c^2}{2}} \frac{1}{E_{14}} \left(\frac{b^2}{4a} + d - a \right)$$

$$E_{12}^{(3)} = \frac{(b^2 + 2c^2)[4a(d - a) + b^2]}{8aE_{14}^2} \tag{3.3.21}$$

(3.3.10)、(3.3.13)、(3.3.18) 与(3.3.20) 式中能量之和与精确解(3.3.2) 式完全一致,而(3.3.11)、(3.3.14)、(3.3.19) 与(3.3.21) 式中能量之和与精确解(3.3.3) 式完全一致。

利用微扰论通用程序逐级进行计算,所得各级能量修正的结果均与精确解的级数展开式相应结果一致,具体的数值结果不在此列出。

例 2　空间转子的斯塔克(Stark) 效应。

设处于 z 方向电场中的空间转子的哈密顿为

$$\hat{H} = \hat{H}_0 + \hat{W} \tag{3.3.22}$$

式中

$$\hat{H}_0 = \frac{1}{2I} L^2$$
$$\hat{W} = D\cos\theta \tag{3.3.23}$$

分别计算其基态、第一激发态和第二激发态的能量至六级修正。

解　已知

$$\hat{H}_0 \mid lm\rangle = E_l^0 \mid lm\rangle \tag{3.3.24}$$

的解为

$$E_l^0 = \frac{\hbar^2}{2I} l(l + 1) = Gl(l + 1) \tag{3.3.25}$$

$$\mid lm\rangle = \mathrm{Y}_{lm}(\theta, \varphi) \tag{3.3.26}$$

利用球谐函数 $\mathrm{Y}_{lm}(\theta,\varphi)$ 的性质容易导出微扰算符 $\hat{W}$ 的矩阵元表达式

$$W_{lm,l'm'} = D(\cos\theta)_{lm,l'm'} \tag{3.3.27}$$

其中

$$(\cos\theta)_{lm,l'm'} = (a_{l-1,m}\delta_{l,l'-1} + a_{l,m}\delta_{l,l'+1})\delta_{mm'} \tag{3.3.28}$$

$$a_{l,m} = \left[\frac{(l + 1)^2 - m^2}{(2l + 1)(2l + 3)} \right]^{\frac{1}{2}} \tag{3.3.29}$$

由于 $\hat{W}$ 矩阵元的特殊性质,将使所有奇数级能量修正为零,故下面只需导出 n 为偶数级的能量修正表达式。另外,为了书写简捷,令

$$E_{ij} = E_i^0 - E_j^0;\quad A_{lm} = D^2 a_{l,m}^2 \tag{3.3.30}$$

首先,计算基态的能量修正。

因为 E_0^0 无简并,所以,可以用无简并微扰论的递推公式逐级进行计算,其各级能量修正的表达式如下

$$E_0^{(0)} = 0$$

$$E_0^{(2)} = \frac{A_{00}}{E_{01}}$$

$$E_0^{(4)} = \frac{A_{00}A_{10}}{E_{01}^2 E_{02}} - \frac{A_{00}E_0^{(2)}}{E_{01}^2}$$

$$E_0^{(6)} = \frac{A_{00}A_{10}^2}{E_{01}^3 E_{02}^2} + \frac{A_{00}A_{10}A_{20}}{E_{01}^2 E_{02}^2 E_{03}} - \frac{2A_{00}A_{10}E_0^{(2)}}{E_{01}^3 E_{02}} - \frac{A_{00}A_{10}E_0^{(2)}}{E_{01}^2 E_{02}^2} + \frac{A_{00}E_0^{(2)}E_0^{(2)}}{E_{01}^3} - \frac{A_{00}E_0^{(4)}}{E_{01}^2} \tag{3.3.31}$$

其次,计算第一激发态的能量修正。

因为 E_1^0 为3度简并,所以,需要用简并微扰论的递推公式计算。计算结果表明,$E_{1k}^{(1)}$ 为3重根,不能使简并消除,$E_{10}^{(2)}$ 使 $m = 0$ 的简并消除,但 $E_{1\pm1}^{(2)}$ 仍为2重根,此2度简并始终不能消除。各级能量修正的表达式如下

$$E_{10}^{(0)} = 2G$$

$$E_{10}^{(2)} = \frac{A_{00}}{E_{01}} + \frac{A_{10}}{E_{12}}$$

$$E_{10}^{(4)} = \frac{A_{10}A_{20}}{E_{12}^2 E_{13}} - \frac{A_{10}E_{10}^{(2)}}{E_{12}^2} - \frac{A_{00}E_{10}^{(2)}}{E_{10}^2}$$

$$E_{10}^{(6)} = \frac{A_{10}A_{20}A_{30}}{E_{12}^2 E_{13}^2 E_{14}} - \frac{A_{10}A_{20}^2}{E_{12}^3 E_{13}^2} - \frac{2A_{10}A_{20}E_{10}^{(2)}}{E_{12}^3 E_{13}} - \frac{A_{10}A_{20}E_{10}^{(2)}}{E_{12}^2 E_{13}^2} + \frac{A_{10}E_{10}^{(2)}E_{10}^{(2)}}{E_{12}^3} - \frac{A_{10}E_{10}^{(4)}}{E_{12}^2} + \frac{A_{00}E_{10}^{(2)}E_{10}^{(2)}}{E_{10}^3} - \frac{A_{00}E_{10}^{(4)}}{E_{10}^2} \tag{3.3.32}$$

$$E_{1\pm1}^{(0)} = 2G$$

$$E_{1\pm1}^{(2)} = \frac{A_{1\pm1}}{E_{12}}$$

$$E_{1\pm1}^{(4)} = \frac{A_{1\pm1}A_{2\pm1}}{E_{12}^2 E_{13}} - \frac{A_{1\pm1}E_{1\pm1}^{(2)}}{E_{12}^2}$$

$$E_{1\pm1}^{(6)} = \frac{A_{1\pm1}A_{2\pm1}^2}{E_{12}^3 E_{13}^2} + \frac{A_{1\pm1}A_{2\pm1}A_{3\pm1}}{E_{12}^2 E_{13}^2 E_{14}} - \frac{2A_{1\pm1}A_{2\pm1}E_{1\pm1}^{(2)}}{E_{12}^3 E_{13}} - \frac{A_{1\pm1}A_{2\pm1}E_{1\pm1}^{(2)}}{E_{12}^2 E_{13}^2} + \frac{A_{1\pm1}E_{1\pm1}^{(2)}E_{1\pm1}^{(2)}}{E_{12}^3} - \frac{A_{1\pm1}E_{1\pm1}^{(4)}}{E_{12}^2} \tag{3.3.33}$$

最后,计算第二激发态的能量修正。

与第一激发态情况类似,第二激发态的能量二级修正只能使 $m = 0$ 的简并消除,而 $m = \pm 1$ 及 $m = \pm 2$ 的简并始终不能消除。

$$E_{20}^{(0)} = 6G$$

$$E_{20}^{(2)} = \frac{A_{10}}{E_{21}} + \frac{A_{20}}{E_{23}}$$

$$E_{20}^{(4)} = \frac{A_{00}A_{10}}{E_{20}E_{21}^2} - \frac{A_{10}E_{20}^{(2)}}{E_{12}^2} + \frac{A_{20}A_{30}}{E_{23}^2E_{24}} - \frac{A_{20}E_{20}^{(2)}}{E_{23}^2}$$

$$E_{20}^{(6)} = \frac{A_{00}^2A_{10}}{E_{20}^2E_{21}^3} - \frac{2A_{00}A_{10}E_{20}^{(2)}}{E_{20}E_{21}^3} - \frac{A_{00}A_{10}E_{20}^{(2)}}{E_{20}^2E_{21}^2} + \frac{A_{10}A_{20}^{(2)}E_{20}^{(2)}}{E_{21}^3} - \frac{A_{10}E_{20}^{(4)}}{E_{21}^2} + \frac{A_{20}A_{30}^2}{E_{23}^3E_{24}^2} - \frac{2A_{20}A_{30}E_{20}^{(2)}}{E_{23}^3E_{24}} + \frac{A_{20}A_{30}A_{40}}{E_{23}^2E_{24}^2E_{25}} - \frac{A_{20}A_{30}E_{20}^{(2)}}{E_{23}^2E_{24}^2} + \frac{A_{20}E_{20}^{(2)}E_{20}^{(2)}}{E_{23}^3} - \frac{A_{20}E_{20}^{(4)}}{E_{23}^2} \tag{3.3.34}$$

$$E_{2\pm1}^{(0)} = 6G$$

$$E_{2\pm1}^{(2)} = \frac{A_{1\pm1}}{E_{21}} + \frac{A_{2\pm1}}{E_{23}}$$

$$E_{2\pm1}^{(4)} = \frac{A_{2\pm1}A_{3\pm1}}{E_{23}^2E_{24}} - \frac{A_{2\pm1}E_{2\pm1}^{(2)}}{E_{21}^2} - \frac{A_{2\pm1}E_{2\pm1}^{(2)}}{E_{23}^2}$$

$$E_{2\pm1}^{(6)} = \frac{A_{2\pm1}A_{3\pm1}^2}{E_{23}^3E_{24}^2} + \frac{A_{2\pm1}A_{3\pm1}A_{4\pm1}}{E_{23}^2E_{24}^2E_{25}} - \frac{2A_{2\pm1}A_{3\pm1}E_{2\pm1}^{(2)}}{E_{23}^3E_{24}} - \frac{A_{2\pm1}A_{3\pm1}E_{2\pm1}^{(2)}}{E_{23}^2E_{24}^2} + \frac{A_{2\pm1}E_{2\pm1}^{(2)}E_{2\pm1}^{(2)}}{E_{23}^3} + \frac{A_{1\pm1}E_{2\pm1}^{(2)}E_{2\pm1}^{(2)}}{E_{21}^3} - \frac{A_{1\pm1}E_{2\pm1}^{(4)}}{E_{21}^2} - \frac{A_{2\pm1}E_{2\pm1}^{(4)}}{E_{23}^2} \tag{3.3.35}$$

$$E_{2\pm2}^{(0)} = 6G$$

$$E_{2\pm2}^{(2)} = \frac{A_{2\pm2}}{E_{23}}$$

$$E_{2\pm2}^{(4)} = \frac{A_{2\pm2}A_{3\pm2}}{E_{23}^2E_{24}} - \frac{A_{2\pm2}E_{2\pm2}^{(2)}}{E_{23}^2}$$

$$E_{2\pm2}^{(6)} = \frac{A_{2\pm2}A_{3\pm2}^2}{E_{23}^3E_{24}^2} + \frac{A_{2\pm2}A_{3\pm2}A_{4\pm2}}{E_{23}^2E_{24}^2E_{25}} - \frac{2A_{2\pm2}A_{3\pm2}E_{2\pm2}^{(2)}}{E_{23}^3E_{24}} - \frac{A_{2\pm2}A_{3\pm2}E_{2\pm2}^{(2)}}{E_{23}^2E_{24}^2} + \frac{A_{2\pm2}E_{2\pm2}^{(2)}E_{2\pm2}^{(2)}}{E_{23}^3} - \frac{A_{2\pm2}E_{2\pm2}^{(4)}}{E_{23}^2} \tag{3.3.36}$$

3.3.2 在数值计算中的应用举例

例 3　空间转子的微扰计算(同 3.3.1 中例 2)。

利用上述表达式的计算结果与使用通用程序(见作者编著的《计算物理》,态编号选到 56,下同)的结果完全一致,且两者的 ΔE(近似解与精确解的绝对误差的绝对值,下同)都总是小于 $E_{lm}^{(6)}$ 的绝对值。

取 $G = 0.5$,将 ΔE 随 D 的变化列于表 3.1,显然,随着 D 增加,ΔE 逐渐变大。其中 N_0 为态编号(下同)。

表 3.1　空间转子斯塔克效应的 ΔE 随 D 的变化

$G = 0.5$

N_0	l	m	ΔE		
			$D = 0.1$	$D = 0.2$	$D = 0.3$
1	0	0	0.301869 E - 09	0.755435 E - 07	0.186655 E - 05
2	1	-1	0.146883 E - 12	0.375056 E - 10	0.956720 E - 09
3	1	0	0.301897 E - 09	0.755509 E - 07	0.186674 E - 05
4	1	1	0.146883 E - 12	0.375056 E - 10	0.956720 E - 09
5	2	-2	0.888178 E - 15	0.313527 E - 12	0.801181 E - 11
6	2	-1	0.147882 E - 12	0.378493 E - 10	0.965513 E - 09
7	2	0	0.306422 E - 13	0.781109 E - 11	0.204154 E - 09
8	2	1	0.147882 E - 12	0.378493 E - 10	0.965513 E - 09
9	2	2	0.888178 E - 15	0.313527 E - 12	0.801181 E - 11

在推导与计算的过程中,对简并已消除的态而言,1 至 5 级的波函数修正的解析表达式或数值结果已经求出,由于篇幅所限没有列出,对后面两个例子亦是如此。另外,对 $\pm m$ 态而言,2 度简并始终不能消除,与精确解的结果是一致的。因为 $\hat{W}$ 只能破坏关于 θ 角度的对称性,而 H_0 中关于 φ 角度的对称性被保留,所以,$\pm m$ 的简并始终不能被消除。

例 4　氢原子的斯塔克效应。

不顾及电子的自旋,选处于 z 方向强度为 B_0 的均匀外磁场中的氢原子的哈密顿算符为

$$\hat{H}_0 = -\frac{\hbar^2}{2\mu}\nabla^2 - \frac{e^2}{r} - \frac{eB_0}{2\mu c}\hat{L}_z \tag{3.3.37}$$

加上 z 方向强度为 ε 的均匀电场作为微扰

$$\hat{W} = e\varepsilon r\cos\theta = Dr\cos\theta \tag{3.3.38}$$

计算其能量的近似解。

解 $\hat{H}_0$ 满足的本征方程

$$\hat{H}_0 \mid nlm\rangle = E_{nm}^0 \mid nlm\rangle \tag{3.3.39}$$

的解可由氢原子的解给出，但能量本征值的表达式稍有变化，应为

$$E_{nm}^0 = \frac{e^2}{2a_0 n^2} - Gm \tag{3.3.40}$$

式中

$$G = \frac{eB_0 \hbar}{2\mu c}(\text{eV})$$

$$D = e\varepsilon(\text{eV}) \tag{3.3.41}$$

微扰矩阵元

$$W_{nlm,n'l'm'} = Dr_{nl,n'l'}(\cos\theta)_{lm,l'm'} \tag{3.3.42}$$

其中，$(\cos\theta)_{lm,l'm'}$ 已由(3.3.28)与(3.3.29)式给出，而$(r^k)_{nl,n'l'}$ 的计算公式将在本章的最后一节给出。

取 $G = 0.1\text{eV}, D = 0.001\text{eV}$，将氢原子斯塔克效应的前30条能级与精确解 E 的误差 ΔE 列于表3.2。取 $G = 0.1\text{eV}$，将 ΔE 随 D 的变化列于表3.3。

表3.2 氢原子斯塔克效应前30条能级的 ΔE 与 E

$G = 0.1\text{eV}, D = 0.001\text{eV}$

N_0	n	l	m	E/eV	ΔE/eV
1	1	0	0	− 0.136057 E 02	0.
2	2	0	0	− 0.340301 E 01	0.444089 E − 15
3	2	1	− 1	− 0.330143 E 01	0.444089 E − 15
4	2	1	0	− 0.339984 E 01	0.
5	2	1	1	− 0.350143 E 01	0.444056 E − 15
6	3	0	0	− 0.151651 E 01	0.222045 E − 15
7	3	1	− 1	− 0.141413 E 01	0.
8	3	1	0	− 0.150699 E 01	0.
9	3	1	1	− 0.161413 E 01	0.

续表 3.2

$G = 0.1\text{eV}, D = 0.001\text{eV}$

N_0	n	l	m	E/eV	ΔE/eV
10	3	2	−2	−0.131175 E 01	0.222045 E−15
11	3	2	−1	−0.140937 E 01	0.222045 E−15
12	3	2	0	−0.151175 E 01	0.
13	3	2	1	−0.160937 E 01	0.222045 E−15
14	3	2	2	−0.171175 E 01	0.222045 E−15
15	4	0	0	−0.859919 E 00	0.153322 E−12
16	4	1	−1	−0.756745 E 00	0.748290 E−13
17	4	1	0	−0.840867 E 00	0.148770 E−12
18	4	1	1	−0.956745 E 00	0.748290 E−13
19	4	2	−2	−0.653569 E 00	0.263123 E−13
20	4	2	−1	−0.744044 E 00	0.736078 E−13
21	4	2	0	−0.847223 E 00	0.162093 E−13
22	4	2	1	−0.944044 E 00	0.736078 E−13
23	4	2	2	−0.105357 E 01	0.264233 E−13
24	4	3	−3	−0.550388 E 00	0.111022 E−15
25	4	3	−2	−0.647218 E 00	0.264233 E−13
26	4	3	−1	−0.750400 E 00	0.666134 E−15
27	4	3	0	−0.853574 E 00	0.149880 E−13
28	4	3	1	−0.950400 E 00	0.666134 E−15
29	4	3	2	−0.104722 E 01	0.268674 E−13
30	4	3	3	−0.115039 E 01	0.

表 3.3 氢原子斯塔克效应 ΔE 随 D 的变化

$G = 0.1\text{eV}$

N_0	$\Delta E/\text{eV}$		
	$D = 0.001\text{eV}$	$D = 0.005\text{eV}$	$D = 0.010\text{eV}$
1	0.	0.177636 E - 14	0.
2	0.444089 E - 15	0.	0.759393 E - 13
3	0.444089 E - 15	0.444089 E - 15	0.177636 E - 14
4	0.	0.888178 E - 15	0.679456 E - 13
5	0.444089 E - 15	0.444089 E - 15	0.177636 E - 14
6	0.222045 E - 15	0.944778 E - 11	0.131191 E - 08
7	0.	0.552336 E - 11	0.766736 E - 09
8	0.	0.814548 E - 11	0.973759 E - 09
9	0.	0.552336 E - 11	0.766736 E - 09
10	0.222045 E - 15	0.251132 E - 12	0.646712 E - 10
11	0.222045 E - 15	0.472689 E - 11	0.560817 E - 09
12	0.	0.305089 E - 12	0.786728 E - 10
13	0.222045 E - 15	0.472689 E - 11	0.560817 E - 09
14	0.222045 E - 15	0.251132 E - 12	0.646712 E - 10
15	0.153322 E - 12	0.127947 E - 07	0.176770 E - 05
16	0.748290 E - 13	0.603431 E - 08	0.784973 E - 06

显然,随着 D 增大,高激发态的收敛性越来越不好,而对基态低激发态的收敛性影响不大。

3.3.3 讨 论

综上所述,通过简单推导给出的微扰论递推公式,可用于各级修正的解析表达式的推导,亦可用通用程序直接进行数值计算。在 3.2 中(3.2.30) 式被满足的条件下,即使对简并态也能得到能量与波函数的任意级修正,直至在给定精度下得到与精确解完全一致的结果。

众所周知,氢原子基是原子物理中最常用的基底,我们在这个基底之下进行的微扰论计算,所得结果与精确解完全一致,既表明了递推公式的正确性,也验证了通用程序的适用性。

最后,应该说明的是,微扰论的递推计算要求在 H_0 表象下全部的微扰矩阵元已知。初看起来这一条件相当苛刻,这是因为由递推公式最终可以得到与精确解完全一致的结果,所以,它要求与精确求解时同样的已知条件是完全正常的。从另一个角度看,当全部微扰矩阵元已知时,就可以用已知的求解本征方程的方法(如,雅可比方法)得到精确解,这样一来,似乎微扰计算就毫无意义了。实际上,微扰论的递推计算至少还有如下三个方面的意义:第一,精确解只能给出最终的结果,而递推公式是逐级给出各级修正的,后者包含着更细致的物理内容;第二,对于需要在非常大的基底之下求解的物理问题,必将要求使用高速度大容量的计算机,而递推计算是逐条能级进行的,将大大放宽对计算机的要求;第三,微扰论递推公式给出了求解本征方程的一种有明确物理意义的新的计算方法。

3.4 变分法

3.4.1 变分法

除了微扰论之外,变分法是另一种具有实用价值的近似方法。它的优点在于,不要求算符 $\hat{W}$ 的作用远小于算符 $\hat{H}_0$,对基态的计算比较精确。在原子与分子物理学中,变分法占有相当重要的地位。

1. 变分定理

设定态薛定谔方程

$$\hat{H} \mid \psi_n\rangle = E_n \mid \psi_n\rangle \tag{3.4.1}$$

的解为分立谱,$\mid \psi_n\rangle$ 是正交归一完备本征矢,且能量本征值已经按着从小到大的顺序排列,即

$$E_0 \leqslant E_1 \leqslant E_2 \leqslant \cdots \tag{3.4.2}$$

哈密顿算符的平均值满足如下三个定理。

定理1　在任意的归一化的状态 $\mid \varphi\rangle$ 之下,总有

$$\overline{H} = \langle \varphi \mid \hat{H} \mid \varphi\rangle \geqslant E_0 \tag{3.4.3}$$

当且仅当 $\mid \varphi\rangle = \mid \psi_0\rangle$ 时,$\overline{H} = E_0$,其中 E_0 为精确的基态能量。

证明　利用展开假设

$$\mid \varphi\rangle = \sum_{n=0}^{\infty} c_n \mid \psi_n\rangle \tag{3.4.4}$$

得到

$$\overline{H} = \sum_{m,n=0}^{\infty} c_m^* c_n E_n \langle \psi_m \mid \psi_n\rangle = \sum_{n=0}^{\infty} \mid c_n \mid^2 E_n \tag{3.4.5}$$

由于 $\mid \varphi\rangle$ 已经归一化,故有

$$\sum_{n=0}^{\infty} \mid c_n \mid^2 = 1 \tag{3.4.6}$$

于是,(3.4.5) 式可以改写为

$$\overline{H} - E_0 = \sum_{n=0}^{\infty} |c_n|^2 E_n - \sum_{n=0}^{\infty} |c_n|^2 E_0 = \sum_{n=0}^{\infty} |c_n|^2 (E_n - E_0) \tag{3.4.7}$$

因为等式右端求和号里的两项皆大于等于零,故欲证之(3.4.3) 式成立。

(3.4.3) 式表明,哈密顿算符在任意归一化的状态下的平均值不小于其基态能量。只有当该状态恰好为体系的基态时,哈密顿算符的平均值等于基态能量本征值。换言之,用态空间中的所有态矢去计算哈密顿算符的平均值,其中最小的一个就是它的基态能量。实际上,定理 1 给出了求体系基态的方法。

若体系的基态 $|\psi_0\rangle$ 已知,则可以利用下面给出的定理 2 求出第一激发态能量和相应的本征波函数。

定理 2 在任意的归一化的且与 $|\psi_0\rangle$ 正交的状态 $|\varphi\rangle$ 之下,总有

$$\overline{H} = \langle\varphi|\hat{H}|\varphi\rangle \geqslant E_1 \tag{3.4.8}$$

当且仅当 $|\varphi\rangle = |\psi_1\rangle$ 时,$\overline{H} = E_1$,其中 E_1 为精确的第一激发态能量。

证明 利用 $|\varphi\rangle$ 与 $|\psi_0\rangle$ 正交的条件,知

$$0 = \langle\psi_0|\varphi\rangle = \sum_{n=0}^{\infty} c_n \langle\psi_0|\psi_n\rangle = c_0 \tag{3.4.9}$$

类似定理 1 中的做法,得到

$$\overline{H} - E_1 = \sum_{n=1}^{\infty} |c_n|^2 (E_n - E_1) \tag{3.4.10}$$

即

$$\overline{H} \geqslant E_1$$

定理 2 能够推广到更一般的情况,在体系的前 m 个态 $|\psi_0\rangle, |\psi_1\rangle, \cdots, |\psi_{m-1}\rangle$ 已知时,利用下面给出的定理 3 可以求出 $|\psi_m\rangle$。

定理 3 在任意归一化的且与 $|\psi_0\rangle, |\psi_1\rangle, \cdots, |\psi_{m-1}\rangle$ 正交的状态 $|\varphi\rangle$ 之下,总有

$$\overline{H} = \langle\varphi|\hat{H}|\varphi\rangle \geqslant E_m \tag{3.4.11}$$

当且仅当 $|\varphi\rangle = |\psi_m\rangle$ 时,$\overline{H} = E_m$,其中 E_m 为精确的第 m 个激发态能量。

证明 利用 $|\varphi\rangle$ 与 $|\psi_0\rangle, |\psi_1\rangle, \cdots, |\psi_{m-1}\rangle$ 正交的条件可知

$$|\varphi\rangle = \sum_{n=m}^{\infty} c_n |\psi_n\rangle \tag{3.4.12}$$

进而有

$$\overline{H} - E_m = \sum_{n=m}^{\infty} |c_n|^2 (E_n - E_m) \tag{3.4.13}$$

即

$$\overline{H} \geqslant E_m \tag{3.4.14}$$

若能利用定理1求出基态的能量与本征波函数,在此基础上,利用定理2可进一步求出第一激发态的能量和本征波函数,再反复使用定理3,就可以得到任意激发态的解。这就是利用变分定理近似求解定态薛定谔方程的基本步骤。

2. 变分法

在实际的计算中,由于态空间太大了,在整个态空间中,若想逐个状态下计算哈密顿算符的平均值几乎是不可能的。通常的做法是,把态矢限定在某一个小范围中,即选择一个含有**变分参数** α 的归一化的**试探波函数** $|\varphi(\alpha)\rangle$,再利用哈密顿算符的平均值 $\overline{H(\alpha)} = \langle\varphi(\alpha)|\hat{H}|\varphi(\alpha)\rangle$ 取极值的条件,即

$$\frac{\partial}{\partial\alpha}\overline{H(\alpha)} = 0 \tag{3.4.15}$$

确定出变分参数 α_0,然后,将此变分参数代回试探波函数,得到近似的基态波函数 $|\varphi(\alpha_0)\rangle$,最后,利用近似的基态波函数计算出哈密顿算符的平均值 $H(\alpha_0)$,它就是基态能量的近似值。上述计算近似能量与波函数的方法就是所谓的**变分法**。

如果试探波函数恰好选中了体系的精确基态波函数,则得到的解就是精确解。这种情况出现的概率毕竟是太小了,通常只能得到近似解,而且近似的程度直接与所选的试探波函数的形式有关。如果对所求得的近似解不满意,为了得到更精确的近似解,必须更换试探波函数重新进行计算,然后比较两次所得结果,能量低者为好。这也就是试探波函数名称的由来。

变分法有如下三个缺点:首先,试探波函数的选取并无一般的规律可循,只能依赖计算者的经验和对该物理问题的理解;其次,变分法的计算误差很难估计;最后,用变分法计算基态比较准确,在计算激发态时,能量越高计算误差越大。

3.4.2　线性变分法

在使用变分法时,试探波函数可以只有一个变分参数,也可以有多个变分参数。若将试探波函数选成线性函数,用其组合系数作为变分参数,则称之为**线性变分法**,或**里兹**(Rits)**变分法**。

1. 线性变分法

选 N 个尽可能接近精确解的函数 $|\varphi_n\rangle(n = 1,2,3,\cdots,N)$,它们可以是既不正交也不归一的一组函数,利用它们的线性组合构成**线性试探波函数**

$$|\varphi\rangle = \sum_{n=1}^{N} c_n |\varphi_n\rangle \tag{3.4.16}$$

其中 N 个 c_n 为**变分参数**。将上式代入哈密顿算符的平均值公式,得到

$$\overline{H}=\frac{\langle\varphi\mid\hat{H}\mid\varphi\rangle}{\langle\varphi\mid\varphi\rangle}=\frac{\sum_{m=1}^{N}\sum_{n=1}^{N}c_m^*c_n\langle\varphi_m\mid\hat{H}\mid\varphi_n\rangle}{\sum_{m=1}^{N}\sum_{n=1}^{N}c_m^*c_n\langle\varphi_m\mid\varphi_n\rangle}\tag{3.4.17}$$

若令

$$H_{mn}=\langle\varphi_m\mid\hat{H}\mid\varphi_n\rangle\tag{3.4.18}$$

$$\Delta_{mn}=\langle\varphi_m\mid\varphi_n\rangle\tag{3.4.19}$$

则(3.4.17)式变为

$$\overline{H}\sum_{m,n=1}^{N}c_m^*c_n\Delta_{mn}=\sum_{m,n=1}^{N}c_m^*c_nH_{mn}\tag{3.4.20}$$

将上式两端对 c_m^* 求偏导,注意到 $\overline{H}$ 取极值的条件 $\frac{\partial\overline{H}}{\partial c_m^*}=0$,有

$$\overline{H}\sum_{n=1}^{N}c_n\Delta_{mn}=\sum_{n=1}^{N}c_nH_{mn}\tag{3.4.21}$$

整理之,得到含有待定参数 $\overline{H}$ 的线性方程组

$$\sum_{n=1}^{N}(H_{mn}-\overline{H}\Delta_{mn})c_n=0\tag{3.4.22}$$

上式有非平庸解的条件是系数行列式为零,即

$$\begin{vmatrix}H_{11}-\overline{H}\Delta_{11} & H_{12}-\overline{H}\Delta_{12} & \cdots & H_{1N}-\overline{H}\Delta_{1N}\\ H_{21}-\overline{H}\Delta_{21} & H_{22}-\overline{H}\Delta_{22} & \cdots & H_{2N}-\overline{H}\Delta_{2N}\\ \cdots & \cdots & & \cdots\\ H_{N1}-\overline{H}\Delta_{N1} & H_{N2}-\overline{H}\Delta_{N2} & \cdots & H_{NN}-\overline{H}\Delta_{NN}\end{vmatrix}=0\tag{3.4.23}$$

求解上式可以得到 $\overline{H}$。一般情况下,$\overline{H}$ 有 N 个值,其中最小者 $\overline{H}_{\min}$ 即为基态能量的近似值。为了求出基态波函数,将 $\overline{H}_{\min}$ 代入(3.4.22)式可以求出 N 个 c_n,最后,利用(3.4.16)式得到基态波函数的近似值。

应该指出的是,当构成试探波函数的一组函数是正交的情况下,Δ_{mn} 是对角的,而若这组函数是正交归一的,则 $\Delta_{mn}=\delta_{mn}$,这时,(3.4.22)式就变成了通常的关于 $\overline{H}$ 的本征方程

$$\sum_{n=1}^{N}(H_{mn}-\overline{H}\delta_{mn})c_n=0\tag{3.4.24}$$

2. 线性变分法与定态薛定谔方程的关系

若$\{|\varphi_n\rangle\}$是某个厄米算符 $\hat{F}$ 的本征函数系,则在 F 表象下哈密顿算符满足的本征方程为

$$\sum_{n=1}^{\infty}(H_{mn}-E\delta_{mn})c_n=0\tag{3.4.25}$$

比较(3.4.24)与(3.4.25)式发现，两者只是在矩阵的维数上有所不同，即前者将无穷维的正交归一完备函数系$\{|\varphi_n\rangle\}$截断为N维，如果不对波函数的维数做截断，那么，从数学的角度来看，两个方程是完全等价的。进而可知，两者的待求本征值$\bar{H}$与E也只是符号上的差别，换句话说，由变分法得到的$\bar{H}$与由定态薛定谔方程求出的能量本征值是完全相同的，于是，可以断定线性变分法与求解定态薛定谔方程是等价的。

3.4.3　氦原子的基态

氦原子(He)是由带$Z = 2$个正电荷的原子核与两个电子构成的，而类氦离子是由带$Z > 2$个正电荷的原子核与两个电子构成的。作为变分法的一个应用实例，下面来计算氦原子的基态能量与相应的波函数。

氦原子的哈密顿算符为

$$\hat{H} = \hat{H}_0 + \frac{e^2}{r_{12}} \tag{3.4.26}$$

其中

$$\hat{H}_0 = -\frac{\hbar^2}{2\mu}\nabla_1^2 - \frac{\hbar^2}{2\mu}\nabla_2^2 - \frac{Ze^2}{r_1} - \frac{Ze^2}{r_2} \tag{3.4.27}$$

r_1、r_2分别为两个电子的径向坐标，r_{12}为两个电子之间的距离，μ为电子的约化质量。

$\hat{H}_0$满足的本征方程可以分离变数求解，实际上，它的能量是两个类氢离子能量之和，非耦合波函数是相应的两个波函数之积。它的基态为

$$|\psi_0\rangle = |100\rangle_1 |100\rangle_2 \tag{3.4.28}$$

由于，已知第$i(=1,2)$个类氢离子的基态为

$$|100\rangle_i = \left(\frac{Z^3}{\pi a^3}\right)^{\frac{1}{2}} \exp\left(-\frac{Z}{a}r_i\right) \tag{3.4.29}$$

所以

$$|\psi_0\rangle = \frac{Z^3}{\pi a^3}\exp\left[-\frac{Z}{a}(r_1 + r_2)\right] \tag{3.4.30}$$

式中a为类氢离子的玻尔半径。

电子之间存在排斥作用，由此产生的屏蔽效应使得原子核的正电荷不再是Ze，故选上式为试探波函数，Z为变分参数，为了与位势中的Z相区别，将其另记为λ。

计算哈密顿算符在所选的试探波函数下的平均值

$$\overline{H(\lambda)} = \langle \psi_0 \mid \hat{H} \mid \psi_0 \rangle = \langle \psi_0 \mid \hat{H}_0 \mid \psi_0 \rangle + \langle \psi_0 \mid \frac{e^2}{r_{12}} \mid \psi_0 \rangle \tag{3.4.31}$$

其中,第一项可以直接计算积分,得到

$$\langle \psi_0 \mid \hat{H}_0 \mid \psi_0 \rangle = \frac{\lambda^2 e^2}{a} - \frac{4\lambda e^2}{a} \tag{3.4.32}$$

这里应该强调的是,$|\psi_0\rangle$ 虽然是 $\hat{H}_0$ 的本征态,但是 $\hat{H}_0$ 在 $|\psi_0\rangle$ 上的平均值并不等于它的本征值。原因在于,作为试探波函数的 $|\psi_0\rangle$ 中的 Z 已经换成了变分参数 λ,而位势中的 $Z = 2$。

在计算(3.4.31)式中的第二项时,需要利用静电学中的一个公式

$$\frac{1}{r_{12}} = \frac{1}{r_1}\sum_{l=0}^{\infty}\left(\frac{r_2}{r_1}\right)^l \mathrm{P}_l(\cos\theta) \quad (r_1 > r_2)$$

$$\frac{1}{r_{12}} = \frac{1}{r_2}\sum_{l=0}^{\infty}\left(\frac{r_1}{r_2}\right)^l \mathrm{P}_l(\cos\theta) \quad (r_1 < r_2) \tag{3.4.33}$$

式中 $\mathrm{P}_l(\cos\theta)$ 为勒让德多项式。经过计算得到

$$\langle \psi_0 \mid \frac{e^2}{r_{12}} \mid \psi_0 \rangle = \frac{5\lambda e^2}{8a} \tag{3.4.34}$$

将(3.4.32)与(3.4.34)式代入(3.4.31)式,得到

$$\overline{H(\lambda)} = \frac{\lambda^2 e^2}{a} - \frac{4\lambda e^2}{a} + \frac{5\lambda e^2}{8a} = \frac{\lambda^2 e^2}{a} - \frac{27\lambda e^2}{8a} \tag{3.4.35}$$

利用上式取极值的条件

$$\frac{\partial}{\partial\lambda}\overline{H(\lambda)} = \frac{2e^2}{a}\lambda - \frac{27e^2}{8a} = 0 \tag{3.4.36}$$

得到

$$\lambda_0 = \frac{27}{16} \tag{3.4.37}$$

将其代回(3.4.35)式,得到基态能量的近似值

$$E_0 \approx \overline{H(\lambda_0)} = -\left(\frac{27}{16}\right)^2 \frac{e^2}{a} = -77.09676\ \mathrm{eV} \tag{3.4.38}$$

基态能量的实验值大约为 $-78.62\mathrm{eV}$。近似的基态波函数为

$$|\psi_0\rangle \approx \left(\frac{27}{16}\right)^3 \frac{1}{\pi a^3}\exp\left[-\frac{27}{16a}(r_1 + r_2)\right] \tag{3.4.39}$$

3.5 最陡下降法

1987 年,肖斯洛斯基(Cioslowski)首次提出了无简并基态的**最陡下降理论**,后来,文根旺将其推广到激发态与简并态。我们曾将其应用到**里坡根**(Lipkin)

二能级可解模型，计算结果表明，它也是量子理论近似计算的一个有力工具，具有较高的应用价值。它的优点在于，给出了选择试探波函数的一般原则，并且可以进行迭代计算，直至达到满意的精度为止。

本节只介绍无简并的基态与激发态的最陡下降理论。

3.5.1　无简并基态的最陡下降理论

1. 无简并基态的最陡下降理论

设量子体系的哈密顿算符可以写为

$$\hat{H} = \hat{H}_0 + \hat{W} \tag{3.5.1}$$

这里并不要求 $\hat{W}$ 为微扰项，其满足的定态薛定谔方程为

$$\hat{H} \mid \Psi_i\rangle = E_i \mid \Psi_i\rangle$$

若 $\hat{H}_0$ 的解已知，且无简并，即

$$\hat{H}_0 \mid \phi_i\rangle = E_i^0 \mid \phi_i\rangle \tag{3.5.2}$$

其中，$i = 1,2,3,\cdots$，假设 E_i^0 已按从小到大次序排列。**初始试探波函数** $\mid \Psi_1\rangle^{(0)}$ 可有不同选法，只要 $\{\mid \phi_i\rangle\}$ 是一组正交归一完备的基底即可，故(3.5.1) 与(3.5.2) 式的要求并不是必须的。不妨用 $\mid \phi_1\rangle$ 作为基态的初始试探波函数，即

$$\mid \Psi_1\rangle^{(0)} = \mid \phi_1\rangle \tag{3.5.3}$$

能量一级近似为

$$E_1^{(1)} = {}^{(0)}\langle \Psi_1 \mid \hat{H} \mid \Psi_1\rangle^{(0)} \tag{3.5.4}$$

引入

$$\mid \psi_1\rangle = \hat{q}_1 \hat{H} \mid \Psi_1\rangle^{(0)} \tag{3.5.5}$$

其中，$\hat{q}_1 = 1 - \mid \Psi_1\rangle^{(0)(0)}\langle \Psi_1 \mid$ 为去 $\mid \Psi_1\rangle^{(0)}$ 态矢投影算符。如前所述，它的作用是将态矢投影到 $\mid \Psi_1\rangle^{(0)}$ 之外的空间，故在 $\mid \psi_1\rangle$ 中不含有 $\mid \Psi_1\rangle^{(0)}$ 的分量。

令波函数一级近似为

$$\mid \Psi_1\rangle^{(1)} = C[\mid \Psi_1\rangle^{(0)} + a \mid \psi_1\rangle] \tag{3.5.6}$$

其中，a 为变分参数，C 为归一化常数。由归一化条件知

$$C = [1 + a^2\langle \psi_1 \mid \psi_1\rangle]^{-\frac{1}{2}} \tag{3.5.7}$$

为简单计，对任意算符 $\hat{F}$ 引入记号(下标 1 表示操作是对基态进行的)

$$\overline{F}_1 = {}^{(0)}\langle \Psi_1 \mid \hat{F} \mid \Psi_1\rangle^{(0)} \tag{3.5.8}$$

经过简单的计算可知

$$\begin{aligned} &{}^{(0)}\langle \Psi_1 \mid \hat{H} \mid \Psi_1\rangle^{(0)} = \overline{H}_1 \\ &{}^{(0)}\langle \Psi_1 \mid \hat{H} \mid \psi_1\rangle = \langle \psi_1 \mid \hat{H} \mid \Psi_1\rangle^{(0)} = \langle \psi_1 \mid \psi_1\rangle = \overline{H_1^2} - (\overline{H_1})^2 \\ &\langle \psi_1 \mid \hat{H} \mid \psi_1\rangle = \overline{H_1^3} - 2\,\overline{H_1^2}\,\overline{H_1} + (\overline{H_1})^3 \end{aligned} \tag{3.5.9}$$

含变分参数 a 的能量二级近似为

$$E_1^{(2)}(a) = {}^{(1)}\langle \Psi_1 | \hat{H} | \Psi_1 \rangle^{(1)} = \overline{H}_1 + \langle \psi_1 | \psi_1 \rangle^{\frac{1}{2}} f(t) \tag{3.5.10}$$

其中

$$f(t) = \frac{2t + bt^2}{1 + t^2}$$

$$b = \langle \psi_1 | \psi_1 \rangle^{-\frac{3}{2}} [\langle \psi_1 | \hat{H} | \psi_1 \rangle - \langle \psi_1 | \psi_1 \rangle \overline{H}_1] \tag{3.5.11}$$

$$t = a\langle \psi_1 | \psi_1 \rangle^{\frac{1}{2}}$$

(3.5.10)式给出了能量的二级近似与变分参数的关系,将其对变量 t 求偏导可知,当 $t = \frac{1}{2}[b - (b^2 + 4)^{\frac{1}{2}}]$ 时,$f(t)$ 取极小值,此时,对应的变分参数 a 为

$$a = \frac{1}{2}[b - (b^2 + 4)^{\frac{1}{2}}]\langle \psi_1 | \psi_1 \rangle^{-\frac{1}{2}} \tag{3.5.12}$$

将其代入(3.5.10)和(3.5.6)式,于是,得到能量的二级近似和波函数的一级近似的结果

$$\begin{aligned} E_1^{(2)} &= \overline{H}_1 - \frac{1}{2}\langle \psi_1 | \psi_1 \rangle^{\frac{1}{2}} [(b^2 + 4)^{\frac{1}{2}} - b] \\ | \Psi_1 \rangle^{(1)} &= C[| \Psi_1 \rangle^{(0)} + a | \psi_1 \rangle] \end{aligned} \tag{3.5.13}$$

至此,由变分原理求出了基态能量的二级近似 $E_1^{(2)}$ 及波函数的一级近似 $| \Psi_1 \rangle^{(1)}$。

用 $| \Psi_1 \rangle^{(1)}$ 代替初始试探波函数 $| \Psi_1 \rangle^{(0)}$ 重复上面步骤,继续做下去,直至 $E_1^{(n)}$ 与 $E_1^{(n+1)}$ 的相对误差满足给定的精度要求为止,就得到在相应精度之下基态的近似解,记为 E_1' 与 $| \Phi_1 \rangle$。

需要特别指出的是,保证在迭代过程中近似能量本征值不断下降的条件

$$\langle \psi_1 | \psi_1 \rangle^{\frac{1}{2}} [(b^2 + 4)^{\frac{1}{2}} - b] \geqslant 0 \tag{3.5.14}$$

确实是成立的。如此做下去,原则上,在给定的精度下可以得到与精确解完全一致的结果。

2. 无简并基态的最陡下降理论在 H_0 表象中的表示

在实际应用最陡下降理论时,通常选用 H_0 表象,为此,需要将上述公式化为适合计算的具体形式。

取一个正交归一完备函数系 $\{| \phi_k \rangle\}$,则 $| \Psi_1 \rangle$ 的第 n 级近似 $| \Psi_1 \rangle^{(n)}$ 可以向 $| \phi_k \rangle$ 展开,即

$$| \Psi_1 \rangle^{(n)} = \sum_k | \phi_k \rangle B_{k1}^{(n)} [\sum_j | B_{j1}^{(n)} |^2]^{-\frac{1}{2}} \tag{3.5.15}$$

其中

$$B_{k1}^{(n)} = \langle \phi_k \mid \Psi_1 \rangle^{(n)} \tag{3.5.16}$$

而

$$E_1^{(n+1)} = \frac{{}^{(n)}\langle \Psi_1 \mid \hat{H} \mid \Psi_1 \rangle^{(n)}}{{}^{(n)}\langle \Psi_1 \mid \Psi_1 \rangle^{(n)}} = \sum_{k,l} (B_{k1}^{(n)})^* H_{kl} B_{l1}^{(n)} [\sum_k \mid B_{k1}^{(n)} \mid^2]^{-1} \tag{3.5.17}$$

$$E_1^{(1)} = \sum_{k,l} (B_{k1}^{(0)})^* H_{kl} B_{l1}^{(0)} [\sum_j \mid B_{j1}^{(0)} \mid^2]^{-1}$$

实际应用时,不妨取

$$\mid \Psi_1 \rangle^{(0)} = \mid \phi_1 \rangle \tag{3.5.18}$$

则

$$\begin{aligned} B_{k1}^{(0)} &= \delta_{k1} \\ E_1^{(1)} &= H_{11} = \langle \phi_1 \mid \hat{H} \mid \phi_1 \rangle \end{aligned} \tag{3.5.19}$$

设波函数的一级近似

$$\mid \Psi_1 \rangle^{(1)} = \mid \Psi_1 \rangle^{(0)} + a\hat{q}_1 \hat{H} \mid \Psi_1 \rangle^{(0)} \tag{3.5.20}$$

其中

$$\hat{q}_1 = 1 - \mid \Psi_1 \rangle^{(0)(0)} \langle \Psi_1 \mid \tag{3.5.21}$$

$\mid \Psi_1 \rangle^{(1)}$ 中的第二项与 $\mid \Psi_1 \rangle^{(0)}$ 正交,是对 $\mid \Psi_1 \rangle^{(0)}$ 的修正,具体写出来为

$$\begin{aligned} \hat{q}_1 \hat{H} \mid \Psi_1 \rangle^{(0)} &= [1 - \mid \Psi_1 \rangle^{(0)(0)} \langle \Psi_1 \mid] \hat{H} \mid \Psi_1 \rangle^{(0)} = \\ &\hat{H} \mid \Psi_1 \rangle^{(0)} - \mid \Psi_1 \rangle^{(0)(0)} \langle \Psi_1 \mid \hat{H} \mid \Psi_1 \rangle^{(0)} = \\ &\hat{H} \sum_l \mid \phi_l \rangle B_{l1}^{(0)} - E_1^{(1)} \sum_l \mid \phi_l \rangle B_{l1}^{(0)} \sum_k \mid B_{k1}^{(0)} \mid^2 = \\ &\sum_l \mid \phi_l \rangle [\sum_k H_{lk} B_{k1}^{(0)} - E_1^{(1)} B_{l1}^{(0)} \sum_k \mid B_{k1}^{(0)} \mid^2] = \\ &\sum_l \mid \phi_l \rangle C_{l1} \end{aligned} \tag{3.5.22}$$

其中

$$C_{l1} = \sum_k H_{lk} B_{k1}^{(0)} - E_1^{(1)} B_{l1}^{(0)} \sum_j \mid B_{j1}^{(0)} \mid^2 \tag{3.5.23}$$

所以

$$B_{k1}^{(1)} = B_{k1}^{(0)} + aC_{k1} \tag{3.5.24}$$

能量的二级近似

$$E_1^{(2)} = \frac{{}^{(1)}\langle \Psi_1 \mid \hat{H} \mid \Psi_1 \rangle^{(1)}}{{}^{(1)}\langle \Psi_1 \mid \Psi_1 \rangle^{(1)}} = \sum_{kl} (B_{k1}^{(1)})^* H_{kl} B_{l1}^{(1)} [\sum_j \mid B_{j1}^{(1)} \mid^2]^{-1} \tag{3.5.25}$$

将含变分参数 a 的 $B_{k1}^{(1)}$ 代入上式,经过整理后得

$$E_1^{(2)} = \frac{E_1^{(1)} S_1 + 2S_4 a + S_5 a^2}{S_1 + 2S_2 a + S_3 a^2} \tag{3.5.26}$$

其中

$$S_1 = \sum_k |B_{k1}^{(0)}|^2; \quad S_2 = \sum_k (B_{k1}^{(0)})^* C_{k1}^{(0)}; \quad S_3 = \sum_k |C_{k1}^{(0)}|^2$$

$$S_4 = \sum_{kl} (B_{k1}^{(0)})^* H_{kl} C_{l1}^{(0)}; \quad S_5 = \sum_{kl} (C_{k1}^{(0)})^* H_{kl} C_{l1}^{(0)} \tag{3.5.27}$$

若 $B_{k1}^{(0)}$ 已归一化,则

$$S_1 = 1; \quad S_2 = 0 \tag{3.5.28}$$

由$\dfrac{\partial E_1^{(2)}}{\partial a} = 0$,知

$$(S_1 + 2S_2 a + S_3 a^2)(S_4 + S_5 a) = (S_2 + S_3 a)(E_1^{(1)} S_1 + 2S_4 a + S_5 a^2) \tag{3.5.29}$$

整理后有

$$(S_2 S_5 - S_3 S_4) a^2 + (S_1 S_5 - E_1^{(1)} S_1 S_3) a + (S_1 S_4 - E_1^{(1)} S_1 S_2) = 0 \tag{3.5.30}$$

上述一元二次方程的解为

$$a = \frac{-a_2 \pm \sqrt{a_2^2 - 4a_1 a_3}}{2a_1} \tag{3.5.31}$$

其中

$$\begin{aligned} a_1 &= S_2 S_5 - S_3 S_4 \\ a_2 &= S_1 S_5 - E_1^{(1)} S_1 S_3 \\ a_3 &= S_1 S_4 - E_1^{(1)} S_1 S_2 \end{aligned} \tag{3.5.32}$$

当 $a = \dfrac{-a_2 + \sqrt{a_2^2 - 4a_1 a_3}}{2a_1}$ 时,$E_1^{(2)}$ 取极小值,利用求出的 a 值,可算出

$$E_1^{(2)} = \frac{E_1^{(1)} S_1 + 2S_4 a + S_5 a^2}{S_1 + 2S_2 a + S_3 a^2} \tag{3.5.33}$$

及归一化的波函数

$$B_{k1}^{(1)} = (B_{k1}^{(0)} + a C_{k1}^{(0)})(S_1 + 2S_2 a + S_3 a^2)^{-\frac{1}{2}} \tag{3.5.34}$$

然后,用 $B_{k1}^{(1)}$ 代替 $B_{k1}^{(0)}$,重复上面的步骤,可以求出 $B_{k1}^{(2)}$ 与 $E_1^{(3)}$。如此进行下去,直至$\left|\dfrac{E_1^{(n)} - E_1^{(n-1)}}{E_1^{(n)}}\right| \leqslant \varepsilon$ 为止,其中 ε 为给定的相对误差控制数。

3.5.2 无简并激发态的最陡下降理论

1. 无简并激发态的最陡下降理论

设第 $i(\neq 1)$ 个态的前 $k(=i-1)$ 个态 $|\Phi_j\rangle(j = 1,2,\cdots,k)$ 已由最陡下降理论求得,满足与前 k 个态正交的初始试探波函数应为

$$|\Psi_i\rangle^{(0)} = C_i[|\phi_i\rangle - \sum_{j=1}^{k}|\Phi_j\rangle\langle\Phi_j|\phi_i\rangle] \tag{3.5.35}$$

其中归一化常数

$$C_i = [1 - \sum_{j=1}^{k}\langle\Phi_i|\phi_j\rangle^2]^{-\frac{1}{2}} \tag{3.5.36}$$

类似基态有

$$|\psi_i\rangle = \hat{q}_i\hat{H}|\Psi_i\rangle^{(0)} \tag{3.5.37}$$

其中

$$\hat{q}_i = 1 - |\Psi_i\rangle^{(0)(0)}\langle\Psi_i| - \sum_{j=1}^{k}|\Phi_j\rangle\langle\Phi_j| \tag{3.5.38}$$

此时

$$\langle\psi_i|\psi_i\rangle = \overline{H_i^2} - (\overline{H}_i)^2 - \sum_{j=1}^{k}{}^{(0)}\langle\Psi_i|\hat{H}|\Phi_j\rangle\langle\Phi_j|\hat{H}|\Psi_i\rangle^{(0)} \tag{3.5.39}$$

$$\begin{aligned}\langle\psi_i|\hat{H}|\psi_i\rangle = {} & \overline{H_i^3} - 2\,\overline{H_i^2}\,\overline{H}_i - (\overline{H}_i)^3 - 2\sum_{j=1}^{k}{}^{(0)}\langle\Psi_i|\hat{H}^2|\Phi_j\rangle\langle\Phi_j|\hat{H}|\Psi_i\rangle^{(0)} + \\ & 2\overline{H}_i\sum_{j=1}^{k}{}^{(0)}\langle\Psi_i|\hat{H}|\Phi_j\rangle\langle\Phi_j|\hat{H}|\Psi_i\rangle^{(0)} + \\ & \sum_{j=1}^{k}\sum_{l=1}^{k}{}^{(0)}\langle\Psi_i|\hat{H}|\Phi_j\rangle\langle\Phi_j|\hat{H}|\Phi_l\rangle\langle\Phi_l|\hat{H}|\Psi_i\rangle^{(0)}\end{aligned} \tag{3.5.40}$$

对激发态而言,除了 $\hat{q}_i$ 及上述两个表达式与基态不同而外,其他公式在形式上与基态相同,重复类似的计算可由低到高逐个得到激发态的结果,直至任意激发态。

2. 无简并激发态的最陡下降理论在 H_0 表象中的表示

类似于基态时的情况,在实际应用最陡下降理论时,通常选用 H_0 表象,为此,也需要将上述公式化为适合计算的具体形式。

欲求第 i 个态的解,则应逐次计算出前 $i-1$ 个态的解,记为 $|\Phi_j\rangle(j=1,2,\cdots,i-1)$,于是

$$|\Phi_j\rangle = \sum_k|\phi_k\rangle\langle\phi_k|\Phi_j\rangle = \sum_k|\phi_k\rangle B_{kj} \tag{3.5.41}$$

第 i 个态的第 n 级近似波函数

$$|\Psi_i\rangle^{(n)} = C_i[|\Psi_i\rangle^{(n-1)} - \sum_{j=1}^{i-1}|\Phi_j\rangle\langle\Phi_j|\Psi_i\rangle^{(n-1)}] = \sum_k|\phi_k\rangle B_{kl}^{(n)} \tag{3.5.42}$$

归一化常数 C_i 满足

$$^{(n)}\langle\Psi_i|\Psi_i\rangle^{(n)} = 1 \tag{3.5.43}$$

所以

$$\frac{1}{|C_i|^2}=\sum_k |B_{ki}^{(n-1)}|^2-2\sum_{j=1}^{i-1}\sum_{kl}(B_{ki}^{(n-1)})^* B_{kj}(B_{lj})^* B_{li}^{(n-1)}+$$

$$\sum_{j=1}^{i-1}\sum_{j'=1}^{i-1}\sum_{kml}(B_{ki}^{(n-1)})^* B_{kj}(B_{mj})^* B_{mj'}(B_{lj'})^* B_{li}^{(n-1)} \quad (3.5.44)$$

而

$$B_{ki}^{(n)}=C_i[B_{ki}^{(n-1)}-\sum_{j=1}^{i-1}\sum_l B_{kj}(B_{lj})^* B_{li}^{(n-1)}]$$

$$E_i^{(n+1)}=\frac{{}^{(n)}\langle\Psi_i|\hat{H}|\Psi_i\rangle^{(n)}}{{}^{(n)}\langle\Psi_i|\Psi_i\rangle^{(n)}}=\sum_{kl}(B_{ki}^{(n)})^* H_{kl}B_{li}^{(n)}[\sum_j |B_{ji}^{(n)}|^2]^{-1} \quad (3.5.45)$$

构造 $n+1$ 级波函数

$$|\Psi_i\rangle^{(n+1)}=|\Psi_i\rangle^{(n)}+a\hat{q}_i\hat{H}|\Psi_i\rangle^{(n)}=\sum_k|\phi_k\rangle B_{ki}^{(n+1)} \quad (3.5.46)$$

其中

$$\hat{q}_i\hat{H}|\Psi_i\rangle^{(n)}=\left[1-|\Psi_i\rangle^{(n)(n)}\langle\Psi_i|-\sum_{j=1}^{i-1}|\Phi_j\rangle\langle\Phi_j|\right]\hat{H}|\Psi_i\rangle^{(n)}=$$

$$\sum_k|\phi_k\rangle C_{ki} \quad (3.5.47)$$

而

$$C_{ki}=\sum_l H_{kl}B_{li}^{(n)}-E_i^{(n+1)}B_{ki}\sum_l|B_{li}^{(n)}|^2-\sum_{j=1}^{i-1}\sum_{lm}B_{kj}(B_{lj})^* H_{lm}B_{mi}^{(n)} \quad (3.5.48)$$

$$B_{ki}^{(n+1)}=B_{ki}^{(n)}+aC_{ki} \quad (3.5.49)$$

此后的推导过程与基态时完全一样,这里不再重复。

对非简谐振子和里坡根模型的计算结果表明,基态的计算结果能以所要求的精度逼近精确解;激发态的计算结果与精确解的相对误差随 n 的增加而变大。在计算高激发态时,要求其零级试探波函数与所有比其低的态正交,由于计算中用低激发态的近似解代替精确解,这样一来,必将把低激发态的计算误差带到高激发态,使得误差的积累影响了高激发态的近似程度。

综上所述,最陡下降理论应用于非简谐振子和里坡根模型的计算是成功的,说明该理论的主体思想是可行的。与微扰论的计算结果比较,由于该方案不必附加 $\hat{W}$ 作用小于 $\hat{H}_0$ 的限制条件,因此,在对基态进行近似计算时,最陡下降理论比微扰论具有更广泛的应用前景。

3.6　透射系数的递推计算

在量子力学的教科书中，通常是针对具体的简单位势导出透射系数的计算公式，本节将针对任意一维多阶梯位势导出透射系数的递推计算公式，并将其推广应用到任意形状的位势，利用它研究了谐振隧穿现象及周期位的能带结构。此外，这个递推公式的使用价值还表现在，有兴趣的读者可以利用它计算半导体材料的 I－V（电流－电压）曲线，为设计有实用价值的半导体器件提供理论依据。

从更深刻的意义上讲，本章的前几节给出了求解束缚态的方法，而本节将给出一种求解非束缚态与准束缚态的方法。

3.6.1　计算透射系数的递推公式

真空中质量为 m_1、能量为 E 的粒子从左方入射到如图 3.1 所示的 n 个阶梯位势上，其中，V_j, $d_j = x_j - x_{j-1}$ 与 m_j 分别为第 j 个位势的高度、宽度与电子的有效质量，且 $m_1 = m_n$。

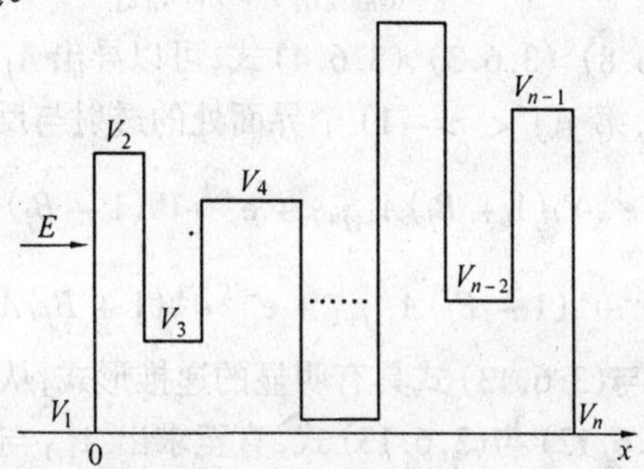

图 3.1

在 n 个区域内的波函数可分别写为

$$\varphi_1(x) = A_{1,1}\mathrm{e}^{\mathrm{i}k_1 x} + A_{2,1}\mathrm{e}^{-\mathrm{i}k_1 x} \tag{3.6.1}$$

$$\varphi_2(x) = A_{1,2}\mathrm{e}^{\mathrm{i}k_2 x} + A_{2,2}\mathrm{e}^{-\mathrm{i}k_2 x} \tag{3.6.2}$$

$$\vdots$$

$$\varphi_{n-2}(x) = A_{1,n-2}\mathrm{e}^{\mathrm{i}k_{n-2} x} + A_{2,n-2}\mathrm{e}^{-\mathrm{i}k_{n-2} x} \tag{3.6.3}$$

$$\varphi_{n-1}(x) = A_{1,n-1}\mathrm{e}^{\mathrm{i}k_{n-1} x} + A_{2,n-1}\mathrm{e}^{-\mathrm{i}k_{n-1} x} \tag{3.6.4}$$

$$\varphi_n(x) = A_{1,n}\mathrm{e}^{\mathrm{i}k_n x} \tag{3.6.5}$$

其中

$$k_j = \frac{\sqrt{2m_j(E - V_j)}}{\hbar} \quad (j = 1,2,3,\cdots,n) \tag{3.6.6}$$

而 $A_{1,j}$ 与 $A_{2,j}$ 分别为粒子在第 j 个区域的**透射振幅**与**反射振幅**。

在半导体物理学中，不同的位势是由不同的半导体材料形成的，在不同材料中，电子将受到材料中其他电子的作用，通常把这种作用归结为电子质量的改变，即处于半导体材料中的电子质量用**有效质量**来代替，于是，在不同位势中电子的有效质量是不同的。这样一来，在界面处的连接条件应该写为

$$\varphi_j(x_j) = \varphi_{j+1}(x_j) \tag{3.6.7}$$

$$\frac{\varphi_j'(x_j)}{m_j} = \frac{\varphi_{j+1}'(x_j)}{m_{j+1}} \tag{3.6.8}$$

利用(3.6.7)、(3.6.8)式与(3.6.4)、(3.6.5)式，可以导出在 x_{n-1} 处的透射与反射振幅为

$$A_{1,n-1} = \frac{1}{2}(1 + B_{n-1})\mathrm{e}^{\mathrm{i}(k_n - k_{n-1})x_{n-1}}A_{1,n} \tag{3.6.9}$$

$$A_{2,n-1} = \frac{1}{2}(1 - B_{n-1})\mathrm{e}^{\mathrm{i}(k_n + k_{n-1})x_{n-1}}A_{1,n} \tag{3.6.10}$$

其中

$$B_{n-1} = \frac{m_{n-1}k_n}{m_n k_{n-1}} = \frac{m_{n-1}k_n}{m_1 k_{n-1}} \tag{3.6.11}$$

再利用(3.6.7)、(3.6.8)、(3.6.3)、(3.6.4)式，可以导出 $A_{1,n-2}$ 与 $A_{2,n-2}$ 的表达式，如此重复做下去，第 $j(j < n - 1)$ 个界面处的透射与反射振幅为

$$A_{1,j} = \frac{1}{2}\mathrm{e}^{-\mathrm{i}k_j x_j}[\mathrm{e}^{\mathrm{i}k_{j+1}x_j}(1 + B_j)A_{1,j+1} + \mathrm{e}^{-\mathrm{i}k_{j+1}x_j}(1 - B_j)A_{2,j+1}] \tag{3.6.12}$$

$$A_{2,j} = \frac{1}{2}\mathrm{e}^{\mathrm{i}k_j x_j}[\mathrm{e}^{\mathrm{i}k_{j+1}x_j}(1 - B_j)A_{1,j+1} + \mathrm{e}^{-\mathrm{i}k_{j+1}x_j}(1 + B_j)A_{2,j+1}] \tag{3.6.13}$$

显然，(3.6.12)与(3.6.13)式具有明显的递推形式，从(3.6.9)与(3.6.10)式出发，反复利用(3.6.12)与(3.6.13)式，直至求出 $A_{1,1}$ 与 $A_{2,1}$，从而得到反射系数 R 与透射系数 T 分别为

$$R = |A_{2,1}|^2 \cdot |A_{1,1}|^{-2}; \qquad T = 1 - R \tag{3.6.14}$$

由于计算 R 时只用到 $A_{2,1}$ 与 $A_{1,1}$ 模方的比值，故未知的 $A_{1,n}$ 的存在不影响计算的进行。

以上公式适用于一维多阶梯位势，若在某区域内位势不是常数，可将非常数位势的区域再分成若干小区域，若小区的个数足够大，则可用该小区两端位势的平均值作为它的位势的近似值，于是，仍可用上述递推公式进行计算，只不过总的阶梯位势的个数变多了而已。

为了求出各区中相对概率密度分布，若令 $A_{1,1} = 1$，则可求出 $A_{1,n}$ 与 $A_{2,n}$ 的值，于是，在第 j 个区域中的相对概率密度 $|\psi_j(x)|^2$ 亦可利用(3.6.1) ~ (3.6.5)式算出。

3.6.2　谐振隧穿现象

设入射粒子是质量为 m_e、能量为 E 的电子，位势是由两种半导体材料砷化镓铝(AlGaAs) 和砷化镓(GaAs) 相间而形成的。取

$$m_1 = m_n = m_e$$

$$m_3 = m_5 = \cdots = m_{n-2} = 0.0657 m_e$$

$$m_2 = m_4 = \cdots = m_{n-1} = 0.0901404 m_e$$

$$V_1 = V_n = 0.0 \text{ eV}$$

$$V_2 = V_4 = \cdots = V_{n-1} = 0.29988 \text{ eV}; \quad V_3 = V_5 = \cdots = V_{n-2} = 0.0 \text{ eV}$$

$$d_2 = d_4 = \cdots = d_{n-1} = a; \quad d_3 = d_5 = \cdots = d_{n-2} = b$$

式中，a 与 b 分别为势垒和势阱的宽度。

本节的计算使用作者编制的计算程序(见《计算物理》)。

1. 两对称方垒夹一方阱

选 $n = 5, a = 4\text{nm}, b = 10\text{nm}$，位势的形状如图 3.2 所示。将透射系数 T 随入射能量 E 变化的曲线绘在图 3.3 中。

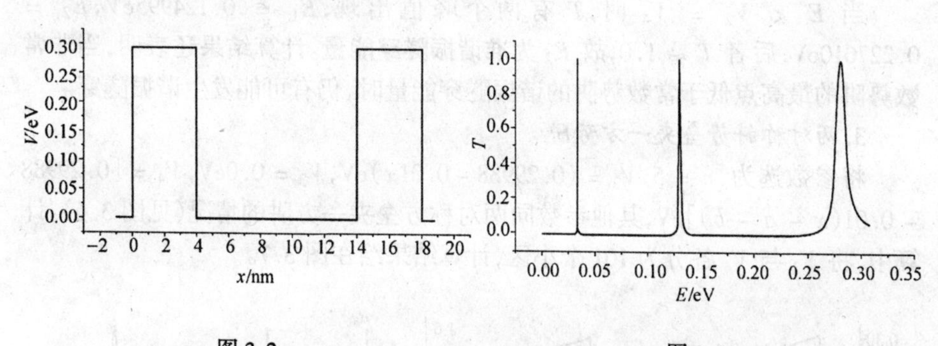

图 3.2　　图 3.3

从图 3.3 可看出，当 $E < V_2 = V_4$ 时，在 $E_1 = 0.03244114\text{eV}, E_2 = 0.1281468\text{eV}$ 与 $E_3 = 0.27659\text{eV}$ 处透射系数 $T = 1$，表明此位势对具有这些能量的入射电子是完全透明的，此即所谓**谐振隧穿**现象。博姆(Bohm) 最早用 WKB 近似研究了这一现象，后来，科内(Knae) 严格证明了它的存在。出现这一现象的原因在于阱内电子能量的量子化，当入射电子的能量恰好等于量子化能级时，则有谐振隧穿现象发生。此时对应的状态称之为**准束缚态**。从物理上看，两对称方垒夹一方阱的情况下，当入射粒子的能量处于某一共振能量附近时，粒子将在两个势垒壁之间多次往复反射，从而使得粒子能在一段时间内处于势阱之内，或者说，在一段时间内粒子被束缚在势阱的某一个状态中，即此能级具有确定的**寿命**，有时也把这样的状态称之为**亚稳态**或者**虚态**。由于粒子在势阱中

滞留的时间是有限的，所以相对束缚定态而言，准束缚态的寿命也是有限的。

计算结果还表明，随着阱宽 b 的增大，图 3.3 中每个峰的位置将向左移动，且峰将变尖锐，接着将发生的是峰的个数逐渐增多。

2. 两对称方垒夹一个二次型阱

选 $n=5, V_3=(0.2-0.001x^2)\mathrm{eV}$，其他参数同前(见图 3.4)。由于势阱是非常数的二次型的，计算中将阱宽 b 分为 103 等份，计算结果绘在图 3.5。

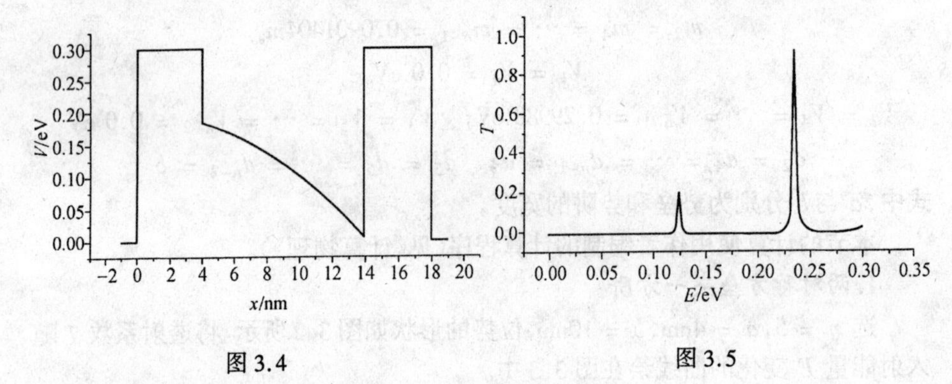

图 3.4　　图 3.5

当 $E<V_2=V_4$ 时，T 有两个峰值出现，$E_1=0.124995\mathrm{e}V, E_2=0.227610\mathrm{eV}$，后者 $T\approx1.0$，故 E_2 为**准谐振隧穿能量**。计算结果还表明，当非常数势阱的最高点低于常数势阱的谐振隧穿能量时，仍有可能发生谐振隧穿。

3. 两对称斜势垒夹一方势阱

将参数选为，$n=5, V_2=(0.29988-0.01x)\mathrm{eV}, V_3=0.0\mathrm{eV}, V_4=[0.29988-0.01(x-a-b)]\mathrm{eV}$，其他参数同两对称方垒夹一方阱的情况(见图 3.6)。计算中，将 V_2 与 V_4 各分为 101 个小区，计算结果绘在图 3.7。

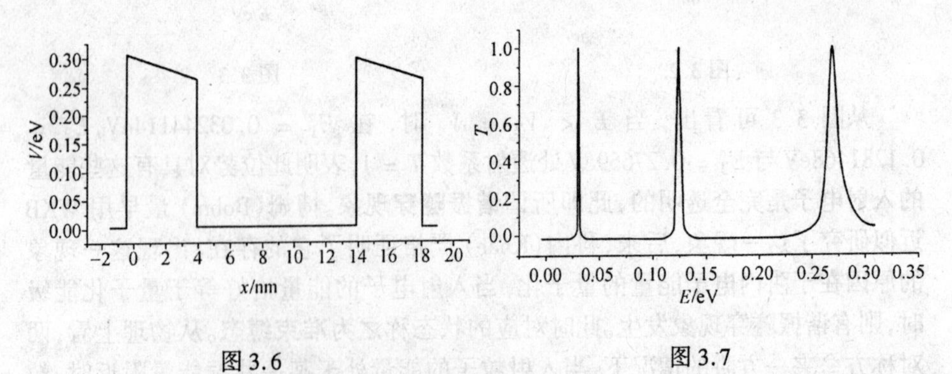

图 3.6　　图 3.7

当 $E_1=0.0318424\mathrm{eV}, E_2=0.1251578\mathrm{eV}$ 时，$T\approx1.0$，E_1 与 E_2 可视为准谐振隧穿能量。计算结果表明，当斜势垒的最低点高于常数势垒时的谐振隧穿能量时，仍可能有谐振隧穿现象发生。

3.6.3　周期位与能带结构

所谓**周期位**就是由无穷多个相同的势垒和势阱相间构成的多阶梯位势。

1. 能带结构与位势个数 $N(=n-2)$ 的关系

取 $N=5$、7、9、201，透射系数 T 随入射电子能量 E 变化曲线分别绘在图 3.8 ~ 3.11 中。

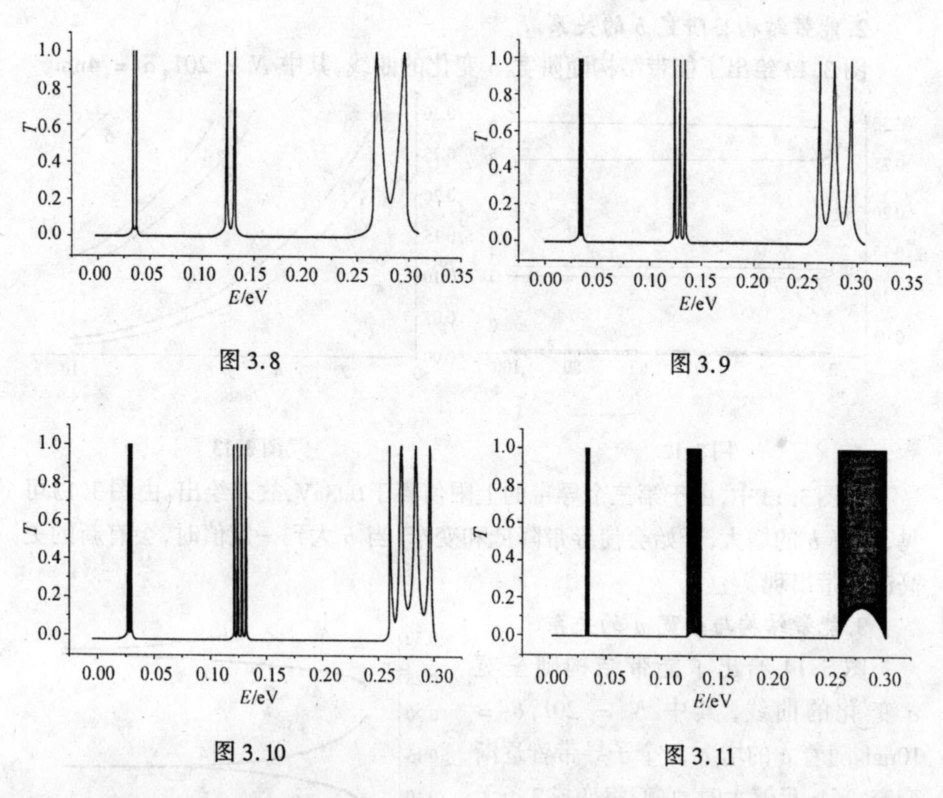

图 3.8　图 3.9

图 3.10　图 3.11

从图 3.3 可以看到，曲线有 3 个 $T=1$ 的峰值，根据谐振隧穿理论的解释，它们分别与体系的 3 个准束缚态能级相对应，且能量越高峰越宽。图 3.8 ~ 3.11 则显示出，当 N 增至 5、7、9 时，每个峰区又分别出现 2、3、4 个峰，当 $N=201$ 时（见图 3.11），3 个峰区各自对应 100 个峰。由于在如此狭小的能量范围之内出现 100 个峰，所以，形成了一个黑色的带。在这三个黑色的带的底都，都存在一个馒头状的白色的空间，它表明在这三个能量范围内透射系数不为零，而在其他能量区域中透射系数皆为零。实际上，从能带理论的角度来看，它构成 3 个**子导带**（黑线区），空白区为**禁戒带**。每个导带内峰的个数为 $\frac{1}{2}(N-1)$。

在固体理论中，能带理论可以成功地处理单一介质问题，且只对 $N\to\infty$ 时有效，而利用透射系数来解释能带理论可以针对任意的 N 来进行，换言之，后者可以更细微地了解能带结构的形成过程。

为了更清楚地看出能带结构随 N 变化的情形，将其绘在图 3.12 中。

图 3.12 中，曲线 1、3、5 分别为第 1、2、3 个子导带的下限，而曲线 2、4、6 分别为其上限(下同)。从图 3.12 中可以看出，当 $N>50$ 时，能带结构基本上没有变化，且随着导带能量的升高导带变宽，导带间的间距(禁戒带) 也变大。

2. 能带结构与阱宽 b 的关系

图 3.13 给出了能带结构随阱宽 b 变化的曲线，其中 $N=201$，$a=4\text{nm}$。

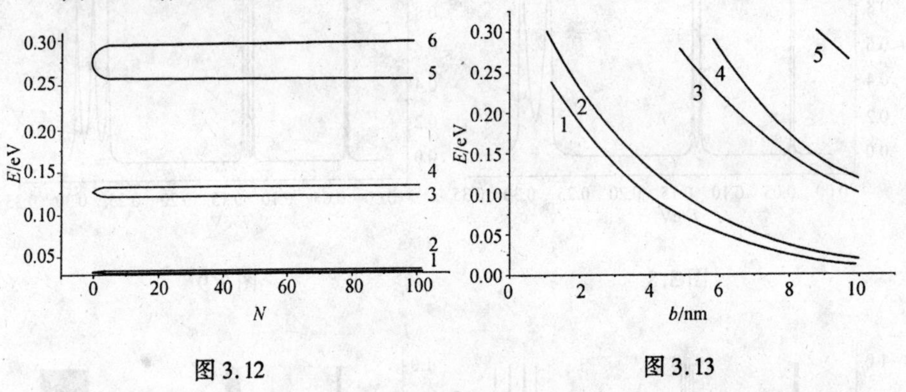

图 3.12　　　　图 3.13

在图 3.13 中，由于第三个导带的上限值高于 0.3eV，故未绘出。由图 3.13 可见，随着 b 的增大，开始会使导带降低和变窄，当 b 大到一定值时，会有新的更高的导带出现。

3. 能带结构与垒宽 a 的关系

图 3.14 给出了能带结构随垒宽 a 变化的曲线，其中 $N=201$，$b=10\text{nm}$。随着 a 的增大，3 个子导带皆逐渐变窄，当 a 足够大时，它们将变成 3 条无宽度的直线。

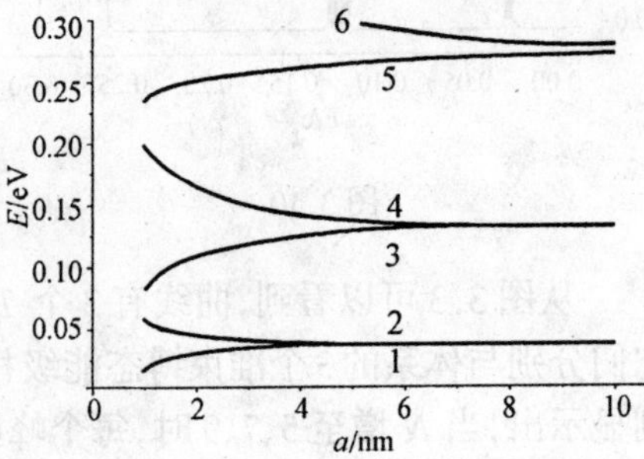

图 3.14

3.6.4　电流 - 电压曲线

自从在半导体异质结构中观察到谐振隧穿现象以来，随着样品质量的改善，负阻现象不仅在低温下，而且在室温下也已被清晰地观察到，利用负阻效应制做高品质的谐振隧穿晶体管，有可能实现集电极电流的双峰结构，使其具有十分诱人的应用前景。

若在一维多阶梯势上加偏压 V_b，则可测量其隧穿电流密度 $I(V_b,T)$，称之为电流-电压曲线，或 $I-V$ 曲线。隧穿电流密度的计算公式为

$$I(V_b,T)=\frac{emk_BT}{2\pi^2\hbar^3}\int \mathrm{d}ET(E)\ln\left\{\frac{1+\exp[(E_F-E)/(k_BT)]}{1+\exp[(E_F-E-V_b)/(k_BT)]}\right\} \tag{3.6.15}$$

其中，k_B 为玻尔兹曼常数，m、E_F 分别为发射极电子的有效质量与费米能，m 与半导体材料有关，E_F 与半导体材料的掺杂情况有关，E_F 的值从导带底算起。$T(E)$ 为加偏压 V_b 后的位势的透射系数，T 为温度。

对于确定的费米能 E_F 与温度 T 而言，在样品上加一偏压后便有隧穿电流通过，当偏压正好使得势阱中的量子能级等于入射电子的能量时，谐振隧穿现象发生，出现隧穿电流的峰值，随偏压的进一步增大，隧穿电流反而减小，即出现负的动态电阻区间，称之为**负阻效应**。当偏压再增大时，对应量子阱中更高的能级，有可能再次出现谐振隧穿现象，在 $I-V$ 曲线上会有第二个峰值的出现，此即集电极电流的双峰结构。

3.7　常用基底下 r^k 的矩阵元

在量子力学中，不管是精确求解还是近似求解一个力学量的本征方程，问题都会归结为在某个基底之下算符矩阵元的计算。实质上，在一个确定的基底之下，算符矩阵元的计算就是做数值积分。数值积分不但计算工作量大，而且，总会给计算结果带来误差。有些具体的物理问题，可通过一些简单的变换，使复杂的积分问题转化为有限项求和，不但使计算易于程序化，而且消除了数值积分带来的误差。

在近似计算中，径向坐标整次幂 r^k(或 x^k，k 为整数) 的矩阵元的计算是十分重要的。在线谐振子、球谐振子及类氢离子基底之下，求它的矩阵元都需要计算十分复杂的特殊函数的积分。在本节的第一部分，利用特殊函数的级数表达式，通过简单的积分运算，给出了常用基底之下 r^k 的矩阵元的级数表达式，从而避免了复杂的特殊函数的数值积分计算。本节的第二部分给出了常用基底下径向坐标矩阵元的递推计算公式。

3.7.1　r^k 矩阵元的计算公式

1. 线谐振子基

线谐振子的哈密顿算符

$$\hat{H}=-\frac{\hbar^2}{2\mu}\frac{\mathrm{d}^2}{\mathrm{d}x^2}+\frac{1}{2}\mu\omega^2x^2 \tag{3.7.1}$$

满足本征方程

$$\hat{H} \mid n\rangle = E_n \mid n\rangle \tag{3.7.2}$$

已知它的解为

$$E_n = \left(n + \frac{1}{2}\right) \hbar\omega \tag{3.7.3}$$

$$\mid n\rangle = N_n \exp\left(-\frac{1}{2}\alpha^2 x^2\right) \mathrm{H}_n(\alpha x) \tag{3.7.4}$$

其中

$$N_n = \left[\frac{\alpha}{2^n n!\sqrt{\pi}}\right]^{\frac{1}{2}} \tag{3.7.5}$$

$$\alpha^2 = \frac{\mu\omega}{\hbar} \tag{3.7.6}$$

$$\mathrm{H}_n(\alpha x) = \sum_{i=0}^{\left[\frac{n}{2}\right]} \frac{(-1)^i n!}{i!(n-2i)!}(2\alpha x)^{n-2i} \tag{3.7.7}$$

式中,符号$\left[\frac{n}{2}\right]$表示不超过$\frac{n}{2}$的最大整数。

x^k 的矩阵元为

$$\langle m \mid x^k \mid n\rangle = \int_{-\infty}^{\infty} \mathrm{d}x N_m \exp\left(-\frac{1}{2}\alpha^2 x^2\right) \mathrm{H}_m(\alpha x) x^k N_n \exp\left(-\frac{1}{2}\alpha^2 x^2\right) \mathrm{H}_n(\alpha x) = N_m N_n \sum_{i=0}^{\left[\frac{m}{2}\right]} \sum_{j=0}^{\left[\frac{n}{2}\right]} \frac{(-1)^{i+j} m! n! (2\alpha)^{m+n-2i-2j}}{i! j! (m-2i)! (n-2j)!} \int_{-\infty}^{\infty} \mathrm{d}x x^{k+m+n-2i-2j} \exp(-\alpha^2 x^2) \tag{3.7.8}$$

利用积分公式

$$\int_0^{\infty} \mathrm{d}x x^{2n} \exp(-\alpha^2 x^2) = \frac{(2n-1)!!\sqrt{\pi}}{2^{n+1}\alpha^{2n+1}} \tag{3.7.9}$$

及双阶乘的定义

$$(2n-1)!! = \frac{(2n)!}{2^n n!} \tag{3.7.10}$$

可以得到如下结果:

当 $k + m + n$ 为偶数时

$$\langle m \mid x^k \mid n\rangle = \frac{1}{(2\alpha)^k}\left(\frac{m!n!}{2^{m+n}}\right)^{\frac{1}{2}} \sum_{i=0}^{\left[\frac{m}{2}\right]} \sum_{j=0}^{\left[\frac{n}{2}\right]} \times \frac{(-1)^{i+j}(k+m+n-2i-2j)!}{i!j!(m-2i)!(n-2j)!\left[\frac{k+m+n}{2}-i-j\right]!} \tag{3.7.11a}$$

当 $k+m+n$ 为奇数时

$$\langle m \mid x^k \mid n \rangle = 0 \tag{3.7.11b}$$

上式是一个很有用的公式,利用它直接可以判断那些矩阵元为零。

2.球谐振子基

球谐振子的哈密顿算符

$$\hat{H} = -\frac{\hbar^2}{2\mu}\nabla^2 + \frac{1}{2}\mu\omega^2 r^2 \tag{3.7.12}$$

满足本征方程

$$\hat{H} \mid nlm \rangle = E_{nl} \mid nlm \rangle \tag{3.7.13}$$

已知它的解为

$$E_{nl} = \left(2n + l + \frac{3}{2}\right)\hbar\omega \tag{3.7.14}$$

$$\mid nlm \rangle = R_{nl}(r) \mathrm{Y}_{lm}(\theta, \varphi) \tag{3.7.15}$$

式中

$$R_{nl}(r) = N_{nl}\exp\left(-\frac{1}{2}\alpha^2 r^2\right)(\alpha r)^l \mathrm{L}_{n+l+1/2}^{l+1/2}(\alpha^2 r^2) \tag{3.7.16}$$

$$\mathrm{L}_{n+l+1/2}^{l+1/2}(\alpha^2 r^2) = \sum_{i=0}^{n} \frac{(-2)^i n!(2l+1)!!(\alpha r)^{2i}}{i!(n-i)!(2l+2i+1)!!} \tag{3.7.17}$$

$$N_{nl} = \left\{\frac{2^{l-n+2}(2l+2n+1)!!\alpha^3}{\sqrt{\pi}n![(2l+1)!!]^2}\right\}^{\frac{1}{2}} \tag{3.7.18}$$

$$\alpha^2 = \frac{\mu\omega}{\hbar} \tag{3.7.19}$$

利用球谐函数 $\mathrm{Y}_{lm}(\theta,\varphi)$ 的性质,知

$$\langle nlm \mid r^k \mid n'l'm' \rangle = \langle nl \mid r^k \mid n'l' \rangle \delta_{ll'}\delta_{mm'} \tag{3.7.20}$$

而

$$\langle nl \mid r^k \mid n'l' \rangle = N_{nl}N_{n'l'}\sum_{i=0}^{n}\sum_{j=0}^{n'} \frac{(-2)^{i+j}n!n'!(2l+1)!!(2l'+1)!!}{i!j!(n-i)!(n'-j)!(2l+2i+1)!!(2l'+2j+1)!!} \times$$
$$\alpha^{l+l'+2i+2j}\int_0^\infty \mathrm{d}r r^{k+l+l'+2i+2j+2}\exp(-\alpha^2 r^2) \tag{3.7.21}$$

当 $k+l+l'$ 为偶数时,利用前面给出的积分公式(3.7.9)式可得

$$\langle nl \mid r^k \mid n'l' \rangle = \frac{1}{\alpha^k}\left\{2^{-(k+n+n')}n!n'!(2l+2n+1)!!(2l'+2n'+1)!!\right\}^{\frac{1}{2}} \times$$
$$\sum_{i=0}^{n}\sum_{j=0}^{n'} \frac{(-1)^{i+j}(k+l+l'+2i+2j+1)!!}{i!j!(n-i)!(n'-j)!(2l+2i+1)!!(2l'+2j+1)!!} \tag{3.7.22a}$$

当 $k+l+l'$ 为奇数时,利用积分公式

$$\int_0^\infty \mathrm{d}x x^n \mathrm{e}^{-\alpha x} = \frac{n!}{\alpha^{n+1}}$$

可得

$$\langle nl \mid r^k \mid n'l' \rangle = \frac{1}{\alpha^k \sqrt{\pi}} \left\{ 2^{-n-n'+l+l'+2)} n!n'!(2l+2n+1)!!(2l'+2n'+1)!! \right\}^{\frac{1}{2}} \times$$
$$\sum_{i=0}^{n} \sum_{j=0}^{n'} \frac{(-2)^{i+j}[(k+l+l'+2i+2j+1)/2]!}{i!j!(n-i)!(n'-j)!(2l+2i+1)!!(2l'+2j+1)!!} \tag{3.7.22b}$$

3. 类氢离子基

类氢离子的哈密顿算符

$$\hat{H} = -\frac{\hbar^2}{2\mu} \nabla^2 - \frac{Ze^2}{r} \tag{3.7.23}$$

满足本征方程

$$\hat{H} \mid nlm \rangle = E_n \mid nlm \rangle \tag{3.7.24}$$

已知它的解为

$$E_n = -\frac{Z^2 e^2}{2a} \frac{1}{n^2} \tag{3.7.15}$$

$$\mid nlm \rangle = R_{nl}(r) \mathrm{Y}_{lm}(\theta, \varphi) \tag{3.7.26}$$

式中

$$R_{nl}(r) = N_{nl} \exp\left(-\frac{Zr}{an}\right)\left(\frac{2Zr}{an}\right)^l \mathrm{L}_{n+l}^{2l+1}\left(\frac{2Zr}{an}\right) \tag{3.7.27}$$

$$\mathrm{L}_{n+l}^{2l+1}\left(\frac{2Zr}{an}\right) = \sum_{i=0}^{n-l-1} \frac{(-1)^{i+1}[(n+l)!]^2}{i!(n-l-1-i)!(2l+1+i)!}\left(\frac{2Zr}{an}\right)^i \tag{3.7.28}$$

$$N_{nl} = -\left\{\left(\frac{2Z}{an}\right)^3 \frac{(n-l-1)!}{2n[(n+l)!]^3}\right\}^{\frac{1}{2}} \tag{3.7.29}$$

$$a = \frac{\hbar^2}{\mu e^2} \tag{3.7.30}$$

同前可知

$$\langle nlm \mid r^k \mid n'l'm' \rangle = \langle nl \mid r^k \mid n'l' \rangle \delta_{ll'} \delta_{mm'} \tag{3.7.31}$$

而

$$\langle nl \mid r^k \mid n'l' \rangle = N_{nl} N_{n'l'} \left(\frac{2Z}{an}\right)^l \left(\frac{2Z}{an'}\right)^{l'} \times$$
$$\sum_{i=0}^{n-l-1} \sum_{j=0}^{n'-l'-1} \frac{(-1)^{i+j}[(n+l)!(n'+l')!]^2 \left(\frac{2Z}{an}\right)^i \left(\frac{2Z}{an'}\right)^j}{(n-l-1-i)!(2l+1+i)!i!(n'-l'-1-j)!(2l'+1+j)!j!} \times$$

$$\int_0^\infty \mathrm{d}r r^{k+l+l'+i+j+2}\exp\left[-\frac{Z}{a}\left(\frac{1}{n}+\frac{1}{n'}\right)r\right] \tag{3.7.32}$$

当 $k \geqslant -(l+l'+2)$,上式中的积分

$$\int_0^\infty \mathrm{d}r r^{k+l+l'+i+j+2}\exp\left[-\frac{Z}{a}\left(\frac{1}{n}+\frac{1}{n'}\right)r\right] =$$

$$(k+l+l'+i+j+2)!\left[\frac{ann'}{Z(n+n')}\right]^{k+l+l'+i+j+3} \tag{3.7.33}$$

将其代回原式,整理后得

$$\langle nl \mid r^k \mid n'l' \rangle = M(n,l)M(n',l')\left[\frac{ann'}{Z(n+n')}\right]^{k+l+l'+3} \times$$
$$\sum_{i=0}^{n-l-1}\sum_{j=0}^{n'-l'-1} A(n,l,i)A(n',l',j) \times$$
$$(k+l+l'+i+j+2)!\left[\frac{ann'}{Z(n+n')}\right]^{i+j} \tag{3.7.34}$$

其中

$$M(n,l) = -\left[\frac{(n-l-1)!(n+l)!}{2n}\right]^{\frac{1}{2}}\left(\frac{2Z}{an}\right)^{l+\frac{3}{2}} \tag{3.7.35}$$

$$A(n,l,i) = \frac{(-1)^{i+1}}{(n-l-1-i)!(2l+1+i)!i!}\left(\frac{2Z}{an}\right)^{i} \tag{3.7.36}$$

综上所述,利用特殊函数的级数表达式可以容易地得到 r^k(或 x^k) 的矩阵元的级数表达式,从而将复杂的积分运算化为有限项的级数求和,不但使矩阵元的计算易于程序化,而且将提高计算的精度,这就为量子力学的高阶近似计算创造了必要的条件。

3.7.2 r^k 矩阵元的递推关系

1.线谐振子基

在常用基底下,导出径向矩阵元所满足的递推关系,利用它可由几个 r 的低幂次的矩阵元的值方便地依次计算出 r 的任意次幂的矩阵元,从而为径向矩阵元的计算开辟了一条新路。

为了简捷起见,这里只给出线谐振子基下坐标矩阵元所满足递推关系的推导过程。线谐振子满足的定态薛定谔方程为

$$\left(-\frac{\hbar^2}{2\mu}\frac{\mathrm{d}^2}{\mathrm{d}x^2}+\frac{1}{2}\mu\omega^2x^2\right)\varphi_n(x) = E_n\varphi_n(x) \tag{3.7.37}$$

它的本征值为

$$E_n = \left(n + \frac{1}{2}\right)\hbar\omega \tag{3.7.38}$$

将上式代入(3.7.37)式,对不同的量子数 n 与 m 分别得到

$$\left[\frac{\mathrm{d}^2}{\mathrm{d}x^2} + (2n+1)a - a^2x^2\right]\varphi_n(x) = 0 \tag{3.7.39}$$

$$\left[\frac{\mathrm{d}^2}{\mathrm{d}x^2} + (2m+1)a - a^2x^2\right]\varphi_m(x) = 0 \tag{3.7.40}$$

其中,$a = \frac{\mu\omega}{\hbar}$。

用 $x^k\varphi_m(x)$ 从左作用(9.7.39)式两端,并对 x 做积分,得

$$-\int_{-\infty}^{\infty}\mathrm{d}x\varphi_n'(x)x^k\varphi_m'(x) + k\int_{-\infty}^{\infty}\mathrm{d}x\varphi_n(x)x^{k-1}\varphi_m'(x) =$$
$$-k(k-1)\langle n \mid x^{k-2} \mid m\rangle - (2n+1)a\langle n \mid x^k \mid m\rangle + a^2\langle n \mid x^{k+2} \mid m\rangle \tag{3.7.41}$$

再用 $x^k\varphi_n(x)$ 从左作用(3.7.40)式两端,并对 x 做积分,得

$$\begin{aligned}-\int_{-\infty}^{\infty}\mathrm{d}x\varphi_n'(x)x^k\varphi_m'(x) - k\int_{-\infty}^{\infty}\mathrm{d}x\varphi_n(x)x^{k-1}\varphi_m'(x) &= \\ -(2m+1)a\langle n \mid x^k \mid m\rangle + a^2\langle n \mid x^{k+2} \mid m\rangle&\end{aligned} \tag{3.7.42}$$

(3.7.41)式加上(3.7.42)式,有

$$-\int_{-\infty}^{\infty}\mathrm{d}x\varphi_n'(x)x^k\varphi_m'(x) =$$
$$-(m+n+1)a\langle n \mid x^k \mid m\rangle + a^2\langle n \mid x^{k+2} \mid m\rangle - \frac{k(k-1)}{2}\langle n \mid x^{k-2} \mid m\rangle \tag{3.7.43}$$

(3.7.41)式减去(3.7.42)式,有

$$k\int_{-\infty}^{\infty}\mathrm{d}x\varphi_n(x)x^{k-1}\varphi_m'(x) =$$
$$(m-n)a\langle n \mid x^k \mid m\rangle - \frac{k(k-1)}{2}\langle n \mid x^{k-2} \mid m\rangle \tag{3.7.44}$$

用 $x^{k+1}\varphi_m'(x)$ 作用(3.7.39)式两端,并对 x 积分得

$$-(k+1)\int_{-\infty}^{\infty}\mathrm{d}x\varphi_n'(x)x^k\varphi_m'(x)-\int_{-\infty}^{\infty}\mathrm{d}x\varphi_n'(x)x^{k+1}\varphi_m''(x)=$$

$$-(2n+1)a\int_{-\infty}^{\infty}\mathrm{d}x\varphi_n(x)x^{k+1}\varphi_m'(x)+a^2\int_{-\infty}^{\infty}\mathrm{d}x\varphi_n(x)x^{k+3}\varphi_m'(x) \tag{3.7.45}$$

用 $x^{k+1}\varphi_n'(x)$ 作用(3.7.40) 式两端,并对 x 积分得

$$\int_{-\infty}^{\infty}\mathrm{d}x\varphi_n'(x)x^{k+1}\varphi_m''(x)=(2m+1)a\int_{-\infty}^{\infty}\mathrm{d}x\varphi_n(x)x^{k+1}\varphi_m'(x)-$$

$$a^2\int_{-\infty}^{\infty}\mathrm{d}x\varphi_n(x)x^{k+3}\varphi_m'(x)+(2m+1)(k+1)a\langle n\mid x^k\mid m\rangle-$$

$$(k+3)a^2\langle n\mid x^{k+2}\mid m\rangle \tag{3.7.46}$$

将(3.7.46) 式代入(3.7.45) 式,整理以后有

$$-(k+1)\int_{-\infty}^{\infty}\mathrm{d}x\varphi_n'(x)x^k\varphi_m'(x)=(2m+1)(k+1)a\langle n\mid x^k\mid m\rangle-$$

$$(k+3)a^2\langle n\mid x^{k+2}\mid m\rangle+(2m-2n)a\int_{-\infty}^{\infty}\mathrm{d}x\varphi_n(x)x^{k+1}\varphi_m'(x) \tag{3.7.47}$$

将(3.7.44) 式中的 k 用 $k+2$ 代替,即

$$(k+2)\int_{-\infty}^{\infty}\mathrm{d}x\varphi_n(x)x^{k+1}\varphi_m'(x)=$$

$$(m-n)a\langle n\mid x^{k+2}\mid m\rangle-\frac{(k+1)(k+2)}{2}\langle n\mid x^k\mid m\rangle \tag{3.7.48}$$

将(3.7.48) 式代入(3.7.47) 式,整理后有

$$-\int_{-\infty}^{\infty}\mathrm{d}x\varphi_n'(x)x^k\varphi_m'(x)x=$$

$$(m+n+1)a\langle n\mid x^k\mid m\rangle+\left[\frac{2(m-n)^2}{(k+1)(k+2)}-\frac{k+3}{k+1}\right]a^2\langle n\mid x^{k+2}\mid m\rangle \tag{3.7.49}$$

比较(3.7.49) 式与(3.7.43) 式,并整理之,有

$$\left[\frac{k+2}{k+1}-\frac{(m-n)^2}{(k+1)(k+2)}\right]a^2\langle n\mid x^{k+2}\mid m\rangle = \\ (m+n+1)a\langle n\mid x^k\mid m\rangle+\frac{k(k-1)}{4}\langle n\mid x^{k-2}\mid m\rangle \tag{3.7.50}$$

此即线谐振子基下坐标矩阵元所满足的递推关系。从几个 x 的低次幂的矩阵元的值出发,利用(3.7.50)式可以方便地依次计算出 x 的任意次幂的矩阵元。

当 $n=m$ 时,对角矩阵元的公式简化为

$$\left[\frac{(k+2)a^2}{k+1}\right]\langle n\mid x^{k+2}\mid n\rangle=(2n+1)a\langle n\mid x^k\mid n\rangle+\frac{k(k-1)}{4}\langle n\mid x^{k-2}\mid n\rangle \tag{3.7.51}$$

2. 球谐振子基

已知球谐振子的能量本征值和相应的径向本征函数为 $E_{nl}=\left(2n+l+\frac{3}{2}\right)\hbar\omega$ 与 $\mid nl\rangle$。利用上述方法可以导出球谐振子基下径向矩阵元的递推关系为

$$\left[\frac{(2n-2n'+l-l')^2}{(k+1)(k+2)}-\frac{k+2}{k+1}\right]a^2\langle nl\mid r^{k+2}\mid n'l'\rangle = \\ \left[\frac{l_-(2n-2n'+l-l')}{k(k+2)}-(2n+2n'+l+l'+3)\right]a\langle nl\mid r^k\mid n'l'\rangle + \\ \left[\frac{kl_+}{2(k+1)}-\frac{k(k-1)}{4}-\frac{l_-^2}{4k(k+1)}\right]\langle nl\mid r^{k-2}\mid n'l'\rangle \tag{3.7.52}$$

其中

$$l_+=l(l+1)+l'(l'+1);\quad l_-=l(l+1)-l'(l'+1);\quad a=\frac{\mu\omega}{\hbar} \tag{3.7.53}$$

当 $n=n'$, $l=l'$ 时,对角矩阵元的公式简化为

$$(k+2)a^2\langle nl\mid r^{k+2}\mid nl\rangle = \\ (k+1)(4n+2l+3)a\langle nl\mid r^k\mid nl\rangle-\frac{k[(2l+1)^2-k^2]}{4}\langle nl\mid r^{k-2}\mid nl\rangle \tag{3.7.54}$$

上式与钱伯初、曾谨言所著《量子力学习题精选与剖析》(上册)139 页给出的平均值公式完全一致。

3. 氢原子基

已知氢原子的能量本征值和相应的径向本征函数为

$$E_n=-\frac{e^2}{2a_0n^2};\quad \mid nl\rangle \tag{3.7.55}$$

其中，$a_0 = \dfrac{\hbar^2}{\mu e^2}$。

利用与处理线谐振子问题同样的方法，可以得到氢原子基下径向矩阵元的递推关系为

$$\frac{n_-^2}{2a_0^4(k+2)}\langle nl \mid r^{k+2} \mid n'l'\rangle = \left[\frac{n_+(k+1)}{a_0^2} - \frac{n_- l_-(k+1)}{k(k+2)a_0^2}\right]\langle nl \mid r^k \mid n'l'\rangle +$$

$$\left[kl_+ - \frac{k(k^2-1)}{2} - \frac{l_-^2}{2k}\right]\langle nl \mid r^{k-2} \mid n'l'\rangle - \frac{2(2k+1)}{a_0}\langle nl \mid r^{k-1} \mid n'l'\rangle \tag{3.7.56}$$

其中

$$n_+ = \frac{1}{n^2} + \frac{1}{n'^2};\quad n_- = \frac{1}{n^2} - \frac{1}{n'^2} \tag{3.7.57}$$

当 $n = n', l = l'$ 时，对角矩阵元的公式简化为

$$(k+1)\langle nl \mid r^k \mid nl\rangle = (2k+1)a_0 n^2\langle nl \mid r^{k-1} \mid nl\rangle -$$

$$\frac{a_0^2 n^2}{2}\left[2kl(l+1) - \frac{k(k^2-1)}{2}\right]\langle nl \mid r^{k-2} \mid nl\rangle \tag{3.7.58}$$

上式与《量子力学习题精选与剖析》(上册)132 页给出的平均值公式完全一致。

径向矩阵元的计算是量子力学应用的基础，文中给出了常用基底下径向矩阵元所满足的递推关系，从而使得计算变得方便和快捷。

3.7.3　空间转子基下 $\cos\theta$ 矩阵元的计算

空间转子的哈密顿算符

$$\hat{H} = \frac{1}{2I}\hat{L}^2 \tag{3.7.59}$$

满足本征方程

$$\hat{H} \mid lm\rangle = E_l \mid lm\rangle \tag{3.7.60}$$

已知它的解为

$$E_l = \frac{1}{2I}l(l+1)\hbar^2$$

$$\mid lm\rangle = \mathrm{Y}_{lm}(\theta,\varphi) \tag{3.7.61}$$

利用球谐函数 $\mathrm{Y}_{lm}(\theta,\varphi)$ 的性质可知

$$\cos\theta \mid lm\rangle = a_{l-1,m} \mid l-1,m\rangle + a_{l,m} \mid l+1,m\rangle \tag{3.7.62}$$

其中

$$a_{l,m} = \left[\frac{(l+1)^2 - m^2}{(2l+1)(2l+3)}\right]^{\frac{1}{2}} \tag{3.7.63}$$

容易导出 $\cos\theta$ 矩阵元的表达式

$$\langle l',m' \mid \cos\theta \mid l,m\rangle = [a_{l-1,m}\delta_{l',l-1} + a_{l,m}\delta_{l',l+1}]\delta_{m,m'} \quad (3.7.64)$$

进而可以得到

$$\langle l',m' \mid \cos^2\theta \mid l,m\rangle = \sum_{l'',m''}\langle l',m' \mid \cos\theta \mid l'',m''\rangle\langle l'',m'' \mid \cos\theta \mid l,m\rangle =$$

$$\sum_{l''}[a_{l''-1,m}\delta_{l',l''-1} + a_{l'',m}\delta_{l',l''+1}]\cdot[a_{l-1,m}\delta_{l'',l-1} + a_{l,m}\delta_{l'',l+1}]\delta_{m,m'} =$$

$$a_{l',m}a_{l-1,m}\delta_{l'+1,l-1}\delta_{m,m'} + a_{l',m}a_{l,m}\delta_{l'+1,l+1}\delta_{m,m'} +$$

$$a_{l'-1,m}a_{l-1,m}\delta_{l'-1,l-1}\delta_{m,m'} + a_{l'-1,m}a_{l,m}\delta_{l'-1,l+1}\delta_{m,m'} =$$

$$[a_{l-2,m}a_{l-1,m}\delta_{l',l-2} + (a_{l,m}^2 + a_{l-1,m}^2)\delta_{l',l} + a_{l,m}a_{l+1,m}\delta_{l',l+2}]\delta_{m,m'} \quad (3.7.65)$$

对于球谐振子与类氢离子基,由于波函数中皆含有球谐函数,当研究斯塔克效应时,所求阵元的算符中含有 $\cos\theta$ 因子,则可按上述公式进行计算。

习　题　3

习题 3.1　由无简并微扰论二级修正满足的方程

$$(H_0 - E_k^{(0)}) \mid \psi_k\rangle^{(2)} = (E_k^{(1)} - W) \mid \psi_k\rangle^{(1)} + E_k^{(2)} \mid \psi_k\rangle^{(0)}$$

导出能量本征值与本征矢的二级修正公式。

习题 3.2　由薛定谔公式

$$\mid \psi_k\rangle = \mid \varphi_k\rangle + \frac{\hat{q}_k}{E_k^0 - \hat{H}_0}[\hat{W} - \langle \varphi_k \mid \hat{W} \mid \psi_k\rangle] \mid \psi_k\rangle$$

$$E_k = E_k^0 + \langle \varphi_k \mid \hat{W} \mid \psi_k\rangle$$

导出其在 H_0 表象中的递推形式

$$E_k^{(n)} = \sum_m W_{km}B_{mk}^{(n-1)}$$

$$B_{mk}^{(n)} = \frac{1}{E_k^0 - E_m^0}\{\sum_l W_{ml}B_{lk}^{(n-1)} - \sum_{j=1}^{n} E_k^{(j)}B_{mk}^{(n-j)}\} \quad (m \neq k)$$

习题 3.3　由简并微扰论的递推公式导出无简并微扰论的递推公式。

习题 3.4　在最陡下降法中,证明

$$^{(0)}\langle \Psi_1 \mid \hat{H} \mid \psi_1\rangle = \langle \psi_1 \mid \hat{H} \mid \Psi_1\rangle^{(0)} = \overline{H_1^2} - (\overline{H_1})^2$$

$$\langle \psi_1 \mid \hat{H} \mid \psi_1\rangle = \overline{H_1^3} - 2\,\overline{H_1^2}\,\overline{H_1} + (\overline{H_1})^3$$

习题 3.5　在最陡下降法中,若基态的一级近似波函数取为

$$\mid \Psi_1\rangle^{(1)} = C[\mid \Psi_1\rangle^{(0)} + a \mid \psi_1\rangle]$$

证明基态能量的二级近似为

$$E_1^{(2)} = \overline{H_1} + \langle \psi_1 \mid \psi_1\rangle^{\frac{1}{2}}f(t)$$

其中

$$f(t) = \frac{2t + bt^2}{1 + t^2}$$

$$b = \langle \psi_1 \mid \psi_1 \rangle^{-\frac{3}{2}} \{ \langle \psi_1 \mid \hat{H} \mid \psi_1 \rangle - \langle \psi_1 \mid \psi_1 \rangle \overline{H}_1 \}$$

$$t = a \langle \psi_1 \mid \psi_1 \rangle^{\frac{1}{2}}$$

习题 3.6 在最陡下降法中,利用

$$E_1^{(2)} = \overline{H_1} + \langle \psi_1 \mid \psi_1 \rangle^{\frac{1}{2}} f(t)$$

导出 $E_1^{(2)}$ 取极小值的条件是

$$t = \frac{1}{2}[b - \sqrt{b^2 + 4}]$$

进而导出能量2级近似的公式为

$$E_1^{(2)} = \overline{H_1} - \frac{1}{2} \langle \psi_1 \mid \psi_1 \rangle^{\frac{1}{2}} [(b^2 + 4)^{\frac{1}{2}} - b]$$

习题 3.7 在一维多阶梯势中,证明第 j 个位势区域内的透射振幅与反射振幅为

$$A_{1,j} = \frac{1}{2} e^{-ik_j x_j} [e^{ik_{j+1} x_j} (1 + B_j) A_{1,j+1} + e^{-ik_{j+1} x_j} (1 - B_j) A_{2,j+1}]$$

$$A_{2,j} = \frac{1}{2} e^{ik_j x_j} [e^{ik_{j+1} x_j} (1 - B_j) A_{1,j+1} + e^{-ik_{j+1} x_j} (1 + B_j) A_{2,j+1}]$$

其中

$$B_j = \frac{m_j k_{j+1}}{m_{j+1} k_j}; \qquad k_j = \frac{\sqrt{2m_j(E - V_j)}}{\hbar}$$

习题 3.8 在球谐振子基底之下,导出 r^k 的矩阵元的级数形式表达式,即

当 $k + l + l'$ 为偶数时

$$\langle nl \mid r^k \mid n'l' \rangle = \frac{1}{\alpha^k} \{ 2^{-(k+n+n')} n! n'! (2l + 2n + 1)!! (2l' + 2n' + 1)!! \}^{\frac{1}{2}} \times$$

$$\sum_{i=0}^{n} \sum_{j=0}^{n'} \frac{(-1)^{i+j} (k + l + l' + 2i + 2j + 1)!!}{i! j! (n - i)! (n' - j)! (2l + 2i + 1)!! (2l' + 2j + 1)!!}$$

当 $k + l + l'$ 为奇数时

$$\langle nl \mid r^k \mid n'l' \rangle = \frac{1}{\alpha^k \sqrt{\pi}} \{ 2^{l+l'-n-n'+2} n! n'! (2l + 2n + 1)!! (2l' + 2n' + 1)!! \}^{\frac{1}{2}} \times$$

$$\sum_{i=0}^{n} \sum_{j=0}^{n'} \frac{(-2)^{i+j} \left[\frac{1}{2} (k + l + l' + 2i + 2j + 1) \right]!}{i! j! (n - i)! (n' - j)! (2l + 2i + 1)!! (2l' + 2j + 1)!!}$$

习题 3.9 证明

$$-\int_{-\infty}^{\infty} dx \varphi_n'(x) x^k \varphi_m'(x) + k \int_{-\infty}^{\infty} dx \varphi_n(x) x^{k-1} \varphi_m'(x) =$$

$$-k(k-1) \langle n \mid x^{k-2} \mid m \rangle - (2n + 1) a \langle n \mid x^k \mid m \rangle + a^2 \langle n \mid x^{k+2} \mid m \rangle$$

$$-\int_{-\infty}^{\infty}\mathrm{d}x\varphi_n'(x)x^k\varphi_m'(x)-k\int_{-\infty}^{\infty}\mathrm{d}x\varphi_n(x)x^{k-1}\varphi_m'(x)=$$

$$-(2m+1)a\langle n\mid x^k\mid m\rangle+a^2\langle n\mid x^{k+2}\mid m\rangle$$

式中，$\varphi_n(x)$ 是线谐振子的第 n 个本征矢，$a=\dfrac{\mu\omega}{\hbar}$。

习题 3.10　一个转动惯量为 I，电偶极矩为 $\boldsymbol{D}$ 的平面转子在 $x-y$ 平面上转动，如在 x 方向加上一个均匀弱电场 ε，求转子的能量至二级修正及基态波函数的一级近似。

习题 3.11　在状态

$$\psi_\lambda(r_1,r_2)=\frac{\lambda^3}{\pi a^3}\exp\left[-\frac{\lambda}{a}(r_1+r_2)\right]$$

之下，计算无相互作用二电子体系哈密顿算符

$$\hat{H}=-\frac{\hbar^2}{2\mu}\nabla_1^2-\frac{\hbar^2}{2\mu}\nabla_2^2-\frac{2e^2}{r_1}-\frac{2e^2}{r_2}$$

的平均值。其中，a 为玻尔半径，μ 为约化质量，r_1,r_2 分别为两个电子的坐标。

习题 3.12　在上题中的 $\psi_\lambda(r_1,r_2)$ 状态下，计算电子相互作用能的平均值$\overline{\dfrac{e^2}{r_{12}}}$。

习题 3.13　所谓一维多量子阱共有 n 个常数位势，其高度分别用 $V_1,V_2,V_3,\cdots,V_{n-1},V_n$ 来标志，选 V_1 与 V_2 阶跃点的坐标为零$(x_1=0)$，V_j 与 V_{j+1} 阶跃点的坐标为 x_j，第 j 个位势的宽度为 $a_j=x_j-x_{j-1}$。上述位势可由不同的半导体材料形成，电子在不同的位势中具有不同的有效质量，分别用 $m_1,m_2,m_3,\cdots,m_{n-1},m_n$ 来标志它们。通常将 V_1 与 V_n 称之为外区位势，把两个外区位势中较小的一个记为 $V_{\max}$，而把 $V_j(j=2,3,4,\cdots,n-1)$ 称为内区位势，内区位势的最小者记为 $V_{\min}$。

当电子的能量满足 $V_{\min}<E<V_{\max}$ 时，称电子处于一维多量子阱中，利用类似透射系数递推公式的推导方法，导出其束缚态能量满足的超越方程。

习题 3.14　针对有限深对称方势阱，检验上题所给出公式的正确性。

习题 3.15　利用线谐振子的解与位力定理导出求和公式

$$\sum_{i=0}^{\left[\frac{n}{2}\right]}\sum_{j=0}^{\left[\frac{n}{2}\right]}\frac{(-1)^{i+j}(2+2n-2i-2j)!}{i!j!(n-2i)!(n-2j)!(n+1-i-j)!}=\frac{2^{n+2}}{n!}\left(n+\frac{1}{2}\right)$$

习题 3.16　在线谐振子的能量表象中，利用 x^k 的矩阵元表达式及厄米多项式的递推关系导出另外几个求和公式。

习题 3.17　利用球谐振子基底下 r^k 矩阵元的递推公式导出其对角元的计算公式，进而算出 r^2 与 r^4 时的结果。

习题 3.18　利用球谐振子基底下 r^k 矩阵元的求和表达式导出其对角元的计算公式，进而算出 r^{-1}、r 与 r^3 时的结果。

第 4 章　多体理论

4.1　全同性原理

4.1.1　多体理论概述

1. 少体问题与多体问题

众所周知,宏观世界是由许多微观客体构成的,量子理论是处理微观客体的有效工具。在一定的层次之下,按着微观粒子数目的多少可以把体系分为少体体系和多体体系。一般情况下,界定两种体系的粒子数目并无十分明确的规定,通常把粒子数少于 5 个的体系称之为**少体体系**,否则为**多体体系**或者**多粒子体系**。对少体问题的研究可以提供粒子之间相互作用的信息,它是研究多体问题的基础和出发点。

在前面几章中,所涉及的基本上属于少体问题的特例 - **单体问题**,即使原本是二体问题的氢原子也被化成了单体问题来处理,它们都属于少体问题的范畴。真实的物理世界是由许多相互作用着的微观粒子构成的,**多体理论**就是研究如何处理这种多个相互作用着的粒子体系的理论。多体理论在原子核、原子、分子及等离子体物理学中都得到了广泛的应用。

按着所研究对象的属性及能量的高低分类,多体问题可分为

- 非全同粒子
- 全同粒子
  - 玻色子
    - 相对论
    - 非相对论
  - 费米子
    - 相对论
    - 非相对论

2. 多体理论的基本问题

(1) 多体体系的哈密顿算符

设体系由 N 个粒子组成,若只顾及**二体相互作用**,则体系的哈密顿算符为

$$\hat{H} = \sum_{i=1}^{N} \hat{t}(i) + \sum_{i>j=1}^{N} \hat{v}(i,j) \tag{4.1.1}$$

其中,$\hat{t}(i)$ 是第 i 个粒子的动能算符,$\hat{v}(i,j)$ 是第 i 个粒子与第 j 个粒子的相互

作用能。第 i 个粒子的动能算符可以具体写出为

$$\hat{t}(i)=-\frac{\hbar^2}{2m_i}\nabla_i^2 \tag{4.1.2}$$

二体相互作用也可以写成

$$\sum_{i>j=1}^{N}\hat{v}(i,j)=\frac{1}{2}\sum_{i\neq j=1}^{N}\hat{v}(i,j) \tag{4.1.3}$$

二体相互作用应该满足如下条件:粒子无自身相互作用,即不存在 $\hat{v}(i,i)$ 的项;当第 i 个粒子与第 j 个粒子的相互作用被计入后,不再顾及第 j 个粒子与第 i 个粒子的相互作用。N 个粒子体系的二体相互作用有 $\frac{1}{2}N(N-1)$ 项。

(2) 多体薛定谔方程

设体系的状态用波函数 $\Psi(\boldsymbol{r}_1,s_{1z},\boldsymbol{r}_2,s_{2z},\cdots,\boldsymbol{r}_N,s_{Nz};t)$ 来描述,它满足薛定谔方程

$$\mathrm{i}\hbar\frac{\partial}{\partial t}\Psi(\boldsymbol{r}_1,s_{1z},\boldsymbol{r}_2,s_{2z},\cdots,\boldsymbol{r}_N,s_{Nz};t)=\hat{H}\Psi(\boldsymbol{r}_1,s_{1z},\boldsymbol{r}_2,s_{2z},\cdots,\boldsymbol{r}_N,s_{Nz};t) \tag{4.1.4}$$

其定态薛定谔方程为

$$\hat{H}\psi(\boldsymbol{r}_1,s_{1z},\boldsymbol{r}_2,s_{2z},\cdots,\boldsymbol{r}_N,s_{Nz})=E\psi(\boldsymbol{r}_1,s_{1z},\boldsymbol{r}_2,s_{2z},\cdots,\boldsymbol{r}_N,s_{Nz}) \tag{4.1.5}$$

原则上,处理单体问题的方法可以推广到多体问题中,其正确性已被实验所证实,这是单体问题与多体问题的共性。多体问题与单体问题的差异不仅表现在多体问题的复杂性上,而且还表现在全同粒子体系要遵循全同性原理。具体地说,要求描述费米子体系的波函数应该是反对称的,描述玻色子体系的波函数应该是对称的。

4.1.2 全同性原理

1. 全同粒子体系

在多粒子体系中,把质量、电荷及自旋等一切固有属性都相同的粒子称为**全同粒子**。例如,所有的电子是全同粒子,所有的中子也是全同粒子等等。在相同的条件之下,全同粒子的行为是完全相同的,或者说它们是不可区分的。由多个全同粒子构成的体系称为**全同粒子体系**。

全同粒子体系的哈密顿算符为 $\hat{H}(q_1,q_2,\cdots,q_i,\cdots,q_j,\cdots,q_n)$,其中 q_i 是描写第 i 个粒子的全部变量(包括坐标变量与自旋变量,也允许有新的变量存在),为简捷计,称 q_i 为第 i 个粒子的坐标。

从群论的角度看,对称是指事物的不同部位具有相同的性质或属性,对称性产生于事物的不可区分性或某些基本量的不可观测性。全同粒子具有不可区

分的性质,应该表现为其哈密顿算符的坐标交换对称(不变)性,换句话说,交换第 i 个与第 j 个粒子的坐标后,哈密顿算符应该不变,即

$$\hat{H}(q_1,q_2,\cdots,q_i,\cdots,q_j,\cdots,q_N) = \hat{H}(q_1,q_2,\cdots,q_j,\cdots,q_i,\cdots,q_N) \tag{4.1.6}$$

为了表征交换坐标带来的影响,引入**交换算符** $\hat{p}_{ij}$,对任意波函数 $\psi(\cdots,q_i,\cdots,q_j,\cdots)$,交换算符的作用是

$$\hat{p}_{ij}\psi(\cdots,q_i,\cdots,q_j,\cdots) = \psi(\cdots,q_j,\cdots,q_i,\cdots) \tag{4.1.7}$$

由于对两个任意的状态 $\psi(\cdots,q_i,\cdots,q_j,\cdots)$ 与 $\varphi(\cdots,q_i,\cdots,q_j,\cdots)$ 的线性组合,有

$$\begin{aligned}&\hat{p}_{ij}[c_1\psi(\cdots,q_i,\cdots,q_j,\cdots) + c_2\varphi(\cdots,q_i,\cdots,q_j,\cdots)] = \\&c_1\psi(\cdots,q_j,\cdots,q_i,\cdots) + c_2\varphi(\cdots,q_j,\cdots,q_i,\cdots) = \\&c_1\hat{p}_{ij}\psi(\cdots,q_i,\cdots,q_j,\cdots) + c_2\hat{p}_{ij}\varphi(\cdots,q_i,\cdots,q_j,\cdots)\end{aligned} \tag{4.1.8}$$

所以交换算符是线性算符。

若 $\psi(\cdots,q_i,\cdots,q_j,\cdots)$ 是一个任意的波函数,则由哈密顿算符的交换对称性可知

$$\begin{aligned}&\hat{p}_{ij}\hat{H}(\cdots,q_i,\cdots,q_j,\cdots)\psi(\cdots,q_i,\cdots,q_j,\cdots) = \\&\hat{H}(\cdots,q_j,\cdots,q_i,\cdots)\psi(\cdots,q_j,\cdots,q_i,\cdots) = \\&\hat{H}(\cdots,q_i,\cdots,q_j,\cdots)\hat{p}_{ij}\psi(\cdots,q_i,\cdots,q_j,\cdots)\end{aligned} \tag{4.1.9}$$

所以,交换算符与哈密顿算符是可交换(对易)的,即

$$[\hat{p}_{ij},\hat{H}] = 0 \tag{4.1.10}$$

为简捷起见,上述讨论中略去了波函数中的时间变量。

2.全同性原理

换个角度看,交换粒子的坐标,会对全同粒子体系的波函数产生什么样的影响呢?全同性原理回答了这个问题。全同性原理是量子力学的第五个基本原理,它的表述如下。

在给定的物理条件之下,若波函数 $\Psi(\cdots,q_i,\cdots,q_j,\cdots;t)$ 是描述全同粒子体系的一个可能的状态,那么,交换其坐标之后,将得到一个新的状态

$$\hat{p}_{ij}\Psi(\cdots,q_i,\cdots,q_j,\cdots;t) = \Psi(\cdots,q_j,\cdots,q_i,\cdots;t) \tag{4.1.11}$$

$\Psi(\cdots,q_j,\cdots,q_i,\cdots;t)$ 也是描述该体系的同一个可能的状态的波函数。

定理1　由全同性原理可以证明(4.1.6)式成立。

证明　设 $\Psi(\cdots,q_i,\cdots,q_j,\cdots;t)$ 满足薛定谔方程

$$\mathrm{i}\hbar\frac{\partial}{\partial t}\Psi(\cdots,q_i,\cdots,q_j,\cdots;t) = \hat{H}\Psi(\cdots,q_i,\cdots,q_j,\cdots;t) \tag{4.1.12}$$

用 $\hat{p}_{ij}$ 作用上式两端,有

$$\mathrm{i}\hbar\,\frac{\partial}{\partial t}\hat{p}_{ij}\Psi(\cdots,q_i,\cdots,q_j,\cdots;t) = \hat{p}_{ij}\hat{H}\Psi(\cdots,q_i,\cdots,q_j,\cdots;t) \quad (4.1.13)$$

由交换算符的定义得到

$$\mathrm{i}\hbar\,\frac{\partial}{\partial t}\hat{p}_{ij}\Psi(\cdots,q_i,\cdots,q_j,\cdots;t) = \hat{H}\hat{p}_{ij}\Psi(\cdots,q_i,\cdots,q_j,\cdots;t) \quad (4.1.14)$$

由全同性原理可知,$\Psi(\cdots,q_j,\cdots,q_i,\cdots;t)$ 也与 $\Psi(\cdots,q_i,\cdots,q_j,\cdots;t)$ 描述同一个状态,故比较(4.1.14) 式与(4.1.12) 式可知(4.1.6) 式成立,定理证毕。

由于相差一个复常数倍的两个波函数描述同一个状态,从全同性原理出发,立即得到交换算符满足的本征方程

$$\hat{p}_{ij}\Psi(\cdots,q_i,\cdots,q_j,\cdots;t) = \lambda\Psi(\cdots,q_i,\cdots,q_j,\cdots;t) \quad (4.1.15)$$

最后,考虑到全同性原理,全同粒子体系状态应满足的方程为

$$\begin{aligned} &\mathrm{i}\hbar\,\frac{\partial}{\partial t}\Psi(\cdots,q_i,\cdots,q_j,\cdots;t) = \hat{H}\Psi(\cdots,q_i,\cdots,q_j,\cdots;t) \\ &\hat{p}_{ij}\Psi(\cdots,q_i,\cdots,q_j,\cdots;t) = \lambda\Psi(\cdots,q_i,\cdots,q_j,\cdots;t) \end{aligned} \quad (4.1.16)$$

3. 对称波函数与反对称波函数

若不顾及时间变量,则交换算符满足的本征方程为

$$\hat{p}_{ij}\psi(\cdots,q_i,\cdots,q_j,\cdots) = \lambda\psi(\cdots,q_i,\cdots,q_j,\cdots) \quad (4.1.17)$$

再用交换算符 $\hat{p}_{ij}$ 作用上式两端,得到

$$\hat{p}_{ij}^2\psi(\cdots,q_i,\cdots,q_j,\cdots) = \lambda^2\psi(\cdots,q_i,\cdots,q_j,\cdots) \quad (4.1.18)$$

上式左端经过两次交换后又变回 $\psi(\cdots,q_i,\cdots,q_j,\cdots)$,故有

$$\lambda = \pm 1 \quad (4.1.19)$$

此即交换算符的本征值。

当 $\lambda = 1$ 时,有

$$\hat{p}_{ij}\psi_s(\cdots,q_i,\cdots,q_j,\cdots) = \psi_s(\cdots,q_i,\cdots,q_j,\cdots) \quad (4.1.20)$$

当 $\lambda = -1$ 时,有

$$\hat{p}_{ij}\psi_a(\cdots,q_i,\cdots,q_j,\cdots) = -\psi_a(\cdots,q_i,\cdots,q_j,\cdots) \quad (4.1.21)$$

其中,$\psi_s(\cdots,q_i,\cdots,q_j,\cdots)$ 与 $\psi_a(\cdots,q_i,\cdots,q_j,\cdots)$ 分别称为**对称波函数**和**反对称波函数**。

前面的讨论是针对交换第 i 个与第 j 个粒子进行的,实际上,对于全同粒子体系而言,只要交换任意一对粒子是对称的,那么,交换所有的粒子对也一定是对称的,反之亦然。下面来证明之。

定理 2　若对给定的 i,j 满足

$$\hat{p}_{ij}\psi(\cdots,q_i,\cdots,q_j,\cdots,q_k,\cdots,q_l,\cdots) = \pm\psi(\cdots,q_i,\cdots,q_j,\cdots,q_k,\cdots,q_l,\cdots) \quad (4.1.22)$$

则对任意的 k,l 亦有

$$\hat{p}_{kl}\psi(\cdots,q_i,\cdots,q_j,\cdots,q_k,\cdots,q_l,\cdots) = \pm\ \psi(\cdots,q_i,\cdots,q_j,\cdots,q_k,\cdots,q_l,\cdots) \tag{4.1.23}$$

证明　将 N 个全同粒子体系的波函数简记为

$$\psi(\cdots,q_i,\cdots,q_j,\cdots,q_k,\cdots) = |\cdots,i,\cdots,j,\cdots,k,\cdots\rangle = |ijk\rangle \tag{4.1.24}$$

其中，q_i、q_j、q_k 为体系中任意三个粒子的坐标。为了说话方便，规定狄拉克符号中三个粒子所处的位置依次为1、2、3。下面用反证法来证明上述定理成立。

首先，假设交换位于1和2位置的粒子是对称的，交换位于2和3位置的粒子是反对称的，则有

$$|ijk\rangle = |jik\rangle = -|jki\rangle = -|kji\rangle = |kij\rangle = |ikj\rangle = -|ijk\rangle \tag{4.1.25}$$

显然，此时的波函数为零，故要求交换位于2和3位置的粒子亦是对称的。

其次，假设交换位于1和2位置的粒子是对称的，交换位于1和3位置的粒子是反对称的，则有

$$|ijk\rangle = -|kji\rangle = -|kij\rangle = -|ikj\rangle = -|ijk\rangle \tag{4.1.26}$$

显然，此时的波函数为零，故要求交换位于1和3位置的粒子亦是对称的。

由上面的结果可知，若交换任意一对粒子(i,j)时波函数是对称的，则交换与 i,j 相关的其他粒子对(i,k)、(j,k)时波函数亦是对称的。进而可知，交换(k,l)粒子对也是对称的。

同理可证，若交换任意一对粒子时波函数是反对称的，则交换其他粒子对时波函数亦是反对称的。

总而言之，全同粒子体系的波函数只能是对称的或者反对称的，不可能出现交换一部分粒子是对称的，而交换另一部分粒子是反对称的情况。

4.费米子与玻色子

如前所述，全同粒子体系的波函数只能是对称的或者反对称的，对于一个确定的全同粒子体系而言，到底是取对称的波函数还是取反对称的波函数，这是由所研究的全同粒子的属性所决定的。

凡是自旋量子数 $s = \frac{1}{2},\frac{3}{2},\frac{5}{2},\cdots$ 半奇数的粒子称为**费米子**。例如，电子、正电子、质子、中子等都是费米子。实验表明，全同费米子体系的状态应该用反对称波函数来描述。

凡是自旋量子数 $s = 0,1,2,\cdots$ 整数的粒子称为**玻色子**。例如，光子、π 介子、K介子及某些复合粒子等。实验表明，全同玻色子体系的状态必须用对称波函数来描述。

4.1.3　泡利不相容原理

1.费米子体系波函数的反对称化

为了简单起见,考虑无相互作用的两个全同费米子的体系,其哈密顿算符为

$$\hat{H}(q_1,q_2) = \hat{h}(q_1) + \hat{h}(q_2) \tag{4.1.27}$$

式中,$\hat{h}(q_1)$ 与 $\hat{h}(q_2)$ 分别为第一和第二个粒子的单粒子哈密顿算符,它们在函数形式上是完全一样的。体系的哈密顿算符满足的本征方程和波函数反对称化条件为

$$\hat{H}\psi(q_1,q_2) = E\psi(q_1,q_2) \tag{4.1.28}$$

$$\hat{p}_{12}\psi(q_1,q_2) = -\psi(q_1,q_2) \tag{4.1.29}$$

由于无相互作用存在,故可分离变量求解,令

$$\psi(q_1,q_2) = \varphi(q_1)\varphi(q_2) \tag{4.1.30}$$

$$E = \varepsilon' + \varepsilon'' \tag{4.1.31}$$

则有

$$\hat{h}(q_1)\varphi(q_1) = \varepsilon'\varphi(q_1) \tag{4.1.32}$$

$$\hat{h}(q_2)\varphi(q_2) = \varepsilon''\varphi(q_2) \tag{4.1.33}$$

由于单粒子哈密顿算符 $\hat{h}$ 的形式是相同的,故可将上面两式统一写成

$$\hat{h}(q)\varphi_n(q) = \varepsilon_n\varphi_n(q) \tag{4.1.34}$$

不考虑本征值 ε' 与 ε'' 的简并情况时,体系的能量本征值

$$E = \varepsilon_m + \varepsilon_n \tag{4.1.35}$$

对应的本征函数有两个

$$\psi_1(q_1,q_2) = \varphi_m(q_1)\varphi_n(q_2) \tag{4.1.36}$$

$$\psi_2(q_1,q_2) = \varphi_n(q_1)\varphi_m(q_2) \tag{4.1.37}$$

这时,能量本征值是二度简并的。正像其他的简并是由哈密顿算符的对称性所引起的一样,这种简并是由哈密顿算符的交换对称性引起的,称之为**交换简并**。如果两个粒子之间存在相互作用,这种交换简并仍然存在。若 $\psi(q_1,q_2)$ 是满足定态薛定谔方程的一个解,则由

$$\hat{p}_{12}\hat{H}\psi(q_1,q_2) = \hat{p}_{12}E\psi(q_1,q_2) \tag{4.1.38}$$

可知

$$\hat{H}\,\hat{p}_{12}\psi(q_1,q_2) = E\,\hat{p}_{12}\psi(q_1,q_2) \tag{4.1.39}$$

说明 $\hat{p}_{12}\psi(q_1,q_2)$ 也是该方程的一个解。

$\psi_1(q_1,q_2)$ 和 $\psi_2(q_1,q_2)$ 虽然都是定态薛定谔方程的解,但是,它们都不满

足反对称化的要求,所以,都不是体系的满足反对称化要求的波函数。为了得到满足反对称化要求的解,可以将它们重新线性组合

$$\psi_a(q_1,q_2)=c_1\psi_1(q_1,q_2)+c_2\psi_2(q_1,q_2) \tag{4.1.40}$$

为了确定组合系数 c_1 和 c_2,用 $\hat{p}_{12}$ 作用上式两端,并利用关系式

$$\psi_1(q_1,q_2)=\hat{p}_{12}\psi_2(q_1,q_2) \tag{4.1.41}$$

得到

$$\begin{aligned}\hat{p}_{12}\psi_a(q_1,q_2)&=c_1\psi_2(q_1,q_2)+c_2\psi_1(q_1,q_2)=-\psi_a(q_1,q_2)=\\&-c_1\psi_1(q_1,q_2)-c_2\psi_2(q_1,q_2)\end{aligned} \tag{4.1.42}$$

比较系数可知

$$c_1=-c_2 \tag{4.1.43}$$

常数 c_1 可由归一化条件定出为

$$c_1=\frac{1}{\sqrt{2}} \tag{4.1.44}$$

将上式代入(4.1.40),得到归一化的反对称波函数

$$\begin{aligned}\psi_a(q_1,q_2)&=\frac{1}{\sqrt{2}}[\psi_1(q_1,q_2)-\psi_2(q_1,q_2)]=\\&\frac{1}{\sqrt{2}}[\varphi_m(q_1)\varphi_n(q_2)-\varphi_n(q_1)\varphi_m(q_2)]\end{aligned} \tag{4.1.45}$$

上式也可以用行列式表示

$$\psi_a(q_1,q_2)=\frac{1}{\sqrt{2}}\begin{vmatrix}\varphi_m(q_1) & \varphi_m(q_2)\\ \varphi_n(q_1) & \varphi_n(q_2)\end{vmatrix} \tag{4.1.46}$$

通常把由 ψ_1、ψ_2 求出反对称化波函数的过程称为**反对称化**。

上面的结果可以推广到 N 个全同费米子体系,其反对称化波函数为

$$\psi_a(q_1,q_2,\cdots,q_N)=\frac{1}{\sqrt{N!}}\begin{vmatrix}\varphi_{n_1}(q_1) & \varphi_{n_1}(q_2) & \cdots & \varphi_{n_1}(q_N)\\ \varphi_{n_2}(q_1) & \varphi_{n_2}(q_2) & \cdots & \varphi_{n_2}(q_N)\\ \vdots & \vdots & & \vdots\\ \varphi_{n_N}(q_1) & \varphi_{n_N}(q_2) & \cdots & \varphi_{n_N}(q_N)\end{vmatrix} \tag{4.1.47}$$

把上述行列式称为**斯莱特(Slater)行列式**。

N 个全同费米子体系的斯莱特行列式也可以写成如下形式

$$\psi_a(q_1,q_2,\cdots,q_N)=\frac{1}{\sqrt{N!}}\sum_P(-1)^{s_P}P[\,|\varphi_{n_1}(q_1)\rangle\,|\varphi_{n_2}(q_2)\rangle\cdots|\varphi_{n_N}(q_N)\rangle] \tag{4.1.48}$$

式中，P 表示对方括号内的波函数的任意一个**置换**，s_P 表示置换的次数。

行列式有如下两条性质：若交换任意两列，则行列式改变一个负号；若任意两行相等，则行列式为零。前者正是反对称化所要求的，而后者意味着不能有两个粒子处于同一个单粒子状态。由此得出**泡利不相容原理**，对于全同费米子体系来说，在同一个单粒子状态上最多只能存在一个粒子。

2. 玻色子体系波函数的对称化

对于全同玻色子体系而言，要求它的波函数是对称的，用类似全同费米子体系波函数的反对称化的方法，可以得到 $N = 2$ 个玻色子体系的**对称化波函数**

$$\psi_s(q_1, q_2) = \frac{1}{\sqrt{2}}[\varphi_m(q_1)\varphi_n(q_2) + \varphi_n(q_1)\varphi_m(q_2)] \tag{4.1.49}$$

对于 N 个全同玻色子体系，对称波函数为

$$\psi_s(q_1, q_2, \cdots, q_N) = \frac{1}{\sqrt{N!}}\sum_P P[\,|\,\varphi_{n_1}(q_1)\rangle\,|\,\varphi_{n_2}(q_2)\rangle\cdots|\,\varphi_{n_N}(q_N)\rangle] \tag{4.1.50}$$

例如，当 $N = 3$ 时，有

$$\begin{aligned}\psi_s(q_1, q_2, q_3) = {} & \frac{1}{\sqrt{3!}}\varphi_1(q_1)\varphi_2(q_2)\varphi_3(q_3) + \frac{1}{\sqrt{3!}}\varphi_1(q_2)\varphi_2(q_1)\varphi_3(q_3) + \\ & \frac{1}{\sqrt{3!}}\varphi_1(q_3)\varphi_2(q_2)\varphi_3(q_1) + \frac{1}{\sqrt{3!}}\varphi_1(q_1)\varphi_2(q_3)\varphi_3(q_2) + \\ & \frac{1}{\sqrt{3!}}\varphi_1(q_2)\varphi_2(q_3)\varphi_3(q_1) + \frac{1}{\sqrt{3!}}\varphi_1(q_3)\varphi_2(q_1)\varphi_3(q_2)\end{aligned} \tag{4.1.51}$$

4.2　二次量子化

在量子力学中，体系的状态是用波函数来描述的。通常情况下，波函数是在坐标表象或者坐标与自旋的联合表象(**组态空间**)中写出来的。对于多体问题来说，在上述表象中求解本征方程实在是太困难了，仅把多体波函数在组态空间中写出来就是一件十分繁杂的事情。

量子化的概念源于力学量用算符表示，而算符的本征值可能是取断续值的，此即所谓力学量取值的**量子化**。借助量子场论中引入的粒子产生与湮没算符的概念，不仅可以方便地表示物理上感兴趣的力学量算符，而且，也可以简捷地把满足全同性原理的多体波函数表示出来。把产生与湮没算符在坐标空间中的表示称为**场算符**。用产生与湮没算符来表示力学量算符和波函数，称之为二

次量子化。所谓二次量子化并不意味着任何物理量取值的再一次的量子化,它只不过是力学量算符和波函数的一种表示方式而已,虽然如此,如果采用这种方式处理全同多粒子体系问题,则是非常方便的。

4.2.1　多体波函数的二次量子化表示

对于全同粒子的体系而言,N个粒子构成的N体态可以用如下三种不同的方式来表示

$$\Phi_{\alpha_1,\alpha_2,\cdots,\alpha_N}(x_1,x_2,\cdots,x_N) = |\alpha_1,\alpha_2,\cdots,\alpha_N\rangle = |n_1,n_2,\cdots,n_\infty\rangle \tag{4.2.1}$$

其中,x_i 表示第 i 个粒子的全部坐标和自旋变量,α_j 表示粒子的第 j 个单粒子状态相应的全部量子数,n_k 表示第 k 个单粒子态上的粒子数。

1. 组态空间中的多体波函数

$\Phi_{\alpha_1,\alpha_2,\cdots,\alpha_N}(x_1,x_2,\cdots,x_N)$ 表示组态空间中的 N 体波函数,它是由 N 个单粒子态构成的,对费米子而言它是反对称的波函数(4.1.48)式,对玻色子来说它是对称波函数(4.1.50)式。

2. 福克空间中的多体波函数

$|\alpha_1,\alpha_2,\cdots,\alpha_N\rangle$ 表示 N个粒子占据了用量子数$\alpha_1,\alpha_2,\cdots,\alpha_N$ 标志的N个单粒子态,它并不考虑哪一个单粒子态被哪一个粒子占据,显然,这与全同粒子的不可区分性是一致的,称 $|\alpha_1,\alpha_2,\cdots,\alpha_N\rangle$ 是下面将详细介绍的福克(Fock)空间中的一个态矢。对费米子体系而言,泡利不相容原理要求所有的单粒子态均不相同,而对玻色子体系来说,单粒子态可以有两个甚至多个是相同的。

3. 粒子数表象中的多体波函数

$|n_1,n_2,\cdots,n_\infty\rangle$ 也可以表示 N个粒子的状态,具体地说,就是在第 $k(k=1,2,3,\cdots)$ 个单粒子态上有 n_k 个粒子,称其为**粒子数表象**中的态矢。对 N 个粒子的体系而言,物理上要求

$$\sum_{k=1}^{\infty} n_k = N \tag{4.2.2}$$

对于费米子体系,由泡利不相容原理可知,$n_k = 0,1$,对玻色子体系,n_k 可以取零和任意正整数。

显然,对描述多体体系的状态来说,上述三种表示方法是等价的。

4.2.2　产生算符与湮没算符

1. 福克空间

描述全同粒子状态的波函数必须正确反映全同粒子的属性。在组态空间

中,为反映费米子体系的属性引入了斯莱特行列式,它既满足泡利不相容原理又满足多体波函数反对称化的要求,但是,当体系的粒子数较多时,使用起来还是十分不便。

福克空间中的态矢与粒子数表象中的态矢同样也可以表示全同粒子体系的状态。下面将引入福克空间的概念。

假设 $|0\rangle$ 表示没有粒子的状态,也称之为**真空态**,$|\alpha_1\rangle$ 表示一个粒子处于 α_1 的状态,$|\alpha_1,\alpha_2\rangle$ 表示两个粒子分别处于 α_1,α_2 的状态;$|\alpha_1,\alpha_2,\alpha_3\rangle$ 表示三个粒子分别处于 $\alpha_1,\alpha_2,\alpha_3$ 的状态,…,$|\alpha_1,\alpha_2,\cdots,\alpha_N\rangle$ 表示 N 个粒子分别处于 $\alpha_1,\alpha_2,\cdots,\alpha_N$ 的状态。把由零矢量和上述态矢张成的空间称为**福克空间**。

应该指出的是,为了正确反映费米子和玻色子对波函数对称性的要求,福克空间的态矢必须满足

$$\begin{aligned}
&|\alpha_1,\cdots,\alpha_i,\cdots,\alpha_j,\cdots,\alpha_N\rangle = -|\alpha_1,\cdots,\alpha_j,\cdots,\alpha_i,\cdots,\alpha_N\rangle \quad (\text{对费米子}) \\
&|\alpha_1,\cdots,\alpha_i,\cdots,\alpha_j,\cdots,\alpha_N\rangle = |\alpha_1,\cdots,\alpha_j,\cdots,\alpha_i,\cdots,\alpha_N\rangle \quad (\text{对玻色子})
\end{aligned} \tag{4.2.3}$$

如果不做特殊说明,下面的讨论是对全同费米子体系进行的。

2. 产生算符与湮没算符

在福克空间中,上述态矢所对应的粒子数是不同的,如何将不同粒子数的状态联系起来呢?下面引入的产生与湮没算符就能起到一个桥梁的作用。

产生算符 ξ_α^+ 的作用是在 α 单粒子态上产生一个粒子,或者说,它使真空态变成 $|\alpha\rangle$ 单粒子态

$$\xi_\alpha^+ |0\rangle = |\alpha\rangle \tag{4.2.4}$$

对费米子体系而言,泡利不相容原理要求

$$\xi_\alpha^+ |\alpha\rangle = 0 \tag{4.2.5}$$

湮没(消灭)算符 ξ_α 的作用是湮没 α 单粒子态上的一个粒子,或者说,它使 $|\alpha\rangle$ 态变成真空态

$$\xi_\alpha |\alpha\rangle = |0\rangle \tag{4.2.6}$$

由定义可知

$$\xi_\alpha |0\rangle = 0 \tag{4.2.7}$$

显然,如此定义的产生与湮没算符都和单粒子态有关,换句话说,它们是在 h 表象下定义的。由产生算符与湮没算符的定义可知,同一个单粒子态下的产生算符与湮没算符互为共轭算符。

对全同费米子体系来说,β 单粒子态的产生与湮没算符对福克空间任意态矢 $|\alpha_1,\alpha_2,\cdots,\alpha_N\rangle$ 的作用的结果,是由 β 与该态矢量子数集合 $\{\alpha\}$ 的关系来决定的。

当 $\beta \notin \{\alpha\}$ 时

$$\xi_\beta^+ | \alpha_1, \alpha_2, \cdots, \alpha_N\rangle = | \beta, \alpha_1, \alpha_2, \cdots, \alpha_N\rangle = (-1)^{s_\beta} | \alpha_1, \alpha_2, \cdots, \beta, \cdots, \alpha_N\rangle \tag{4.2.8}$$

$$\xi_\beta | \alpha_1, \alpha_2, \cdots, \alpha_N\rangle = 0 \tag{4.2.9}$$

当 $\beta \in \{\alpha\}$ 时

$$\xi_\beta^+ | \alpha_1, \alpha_2, \cdots, \alpha_N\rangle = 0 \tag{4.2.10}$$

$$\xi_\beta | \alpha_1, \alpha_2, \cdots, \alpha_N\rangle = (-1)^{s_\beta} | \alpha_1, \alpha_2, \cdots, \boxed{\beta}, \cdots, \alpha_N\rangle \tag{4.2.11}$$

式中，s_β 为 β 前面单粒子态的个数，符号 $\boxed{\beta}$ 表示 β 单粒子态上的粒子被湮没，下同。之所以出现 $(-1)^{s_\beta}$ 的因子，是因为费米子体系的波函数应该为反对称的，即满足(4.2.3)式。(4.2.8) ~ (4.2.11)式可视为费米子产生与湮没算符的更普遍的定义。

总之，一个产生算符的作用是将 N 体态变成 $N+1$ 体的状态或者福克空间的零矢量，一个湮没算符的作用是将 N 体态变成 $N-1$ 体的状态或者零矢量。推而广之，n 个产生算符之积的作用是将 N 体态变成 $N+n$ 体的状态或者零矢量，n 个湮没算符之积的作用是将 N 体态变成 $N-n$ 体的状态或者零矢量。概括起来说，产生和湮没算符可以把福克空间中不同粒子数的状态联系起来。

3. 产生算符与湮没算符的对易关系

费米子产生算符满足的反对易关系为

$$\{\xi_\gamma^+, \xi_\delta^+\} = [\xi_\gamma^+, \xi_\delta^+]_+ = \xi_\gamma^+\xi_\delta^+ + \xi_\delta^+\xi_\gamma^+ = 0 \tag{4.2.12}$$

证明　对福克空间中任意一个态矢 $| \alpha_1, \alpha_2, \cdots, \alpha_N\rangle$，计算 $\{\xi_\gamma^+, \xi_\delta^+\} | \alpha_1, \alpha_2, \cdots, \alpha_N\rangle$。

当 γ、δ 中有任何一个属于集合 $\{\alpha\}$，则根据产生算符的定义可知

$$\{\xi_\gamma^+, \xi_\delta^+\} | \alpha_1, \alpha_2, \cdots, \alpha_N\rangle = 0 \tag{4.2.13}$$

由于 $| \alpha_1, \alpha_2, \cdots, \alpha_N\rangle$ 是任意的，故此时(4.2.12)式成立。

当 γ、δ 皆不属于集合 $\{\alpha\}$ 时，若 $\gamma = \delta$，则根据泡利不相容原理可知，(4.2.12)式成立。若 $\gamma \neq \delta$，则有

$$\begin{aligned} \{\xi_\gamma^+, \xi_\delta^+\} | \alpha_1, \alpha_2, \cdots, \alpha_N\rangle &= (\xi_\gamma^+\xi_\delta^+ + \xi_\delta^+\xi_\gamma^+) | \alpha_1, \alpha_2, \cdots, \alpha_N\rangle = \\ &| \gamma, \delta, \alpha_1, \alpha_2, \cdots, \alpha_N\rangle + | \delta, \gamma, \alpha_1, \alpha_2, \cdots, \alpha_N\rangle = \\ &| \gamma, \delta, \alpha_1, \alpha_2, \cdots, \alpha_N\rangle - | \gamma, \delta, \alpha_1, \alpha_2, \cdots, \alpha_N\rangle = 0 \end{aligned} \tag{4.2.14}$$

至此，已经证得(4.2.12)式成立。

同理可证，费米子湮没算符之间的反对易关系为

$$\{\xi_\gamma, \xi_\delta\} = [\xi_\gamma, \xi_\delta]_+ = \xi_\gamma\xi_\delta + \xi_\delta\xi_\gamma = 0 \tag{4.2.15}$$

而产生算符与湮没算符之间的反对易关系为

$$\{\xi_\gamma, \xi_\delta^+\} = [\xi_\gamma, \xi_\delta^+]_+ = \xi_\gamma\xi_\delta^+ + \xi_\delta^+\xi_\gamma = \delta_{\gamma\delta} \tag{4.2.16}$$

下面给出几个常用的费米子算符的关系式

$$\xi_\alpha\xi_\alpha = \xi_\alpha^+\xi_\alpha^+ = 0 \tag{4.2.17}$$

$$(\xi_\alpha^+\xi_\alpha)^2 = \xi_\alpha^+\xi_\alpha \tag{4.2.18}$$

$$\xi_\alpha^+\xi_\alpha\xi_\beta^+\xi_\beta = \xi_\beta^+\xi_\beta\xi_\alpha^+\xi_\alpha \tag{4.2.19}$$

在粒子数表象中,全同粒子体系的波函数为

$$|n_1, n_2, \cdots, n_\infty\rangle = \frac{1}{\sqrt{n_1!\,n_2!\cdots n_\infty!}}(\xi_1^+)^{n_1}(\xi_2^+)^{n_2}\cdots(\xi_\infty^+)^{n_\infty}|0\rangle \tag{4.2.20}$$

对玻色子体系而言,n_k 可以取零与任意正整数,而对费米子体系来说,n_k 只能取0或者取1。

对玻色子而言,产生算符 ξ_α^+、湮没算符 ξ_β 的定义与满足的对易关系分别为

$$\begin{aligned} \xi_\alpha^+|n_1, n_2, \cdots, n_\alpha, \cdots, n_\infty\rangle &= \sqrt{n_\alpha + 1}\,|n_1, n_2, \cdots, n_\alpha + 1, \cdots, n_\infty\rangle \\ \xi_\beta|n_1, n_2, \cdots, n_\alpha, \cdots, n_\infty\rangle &= \sqrt{n_\beta}\,|n_1, n_2, \cdots, n_\beta - 1, \cdots, n_\infty\rangle \end{aligned} \tag{4.2.21}$$

$$\begin{aligned} [\xi_\alpha^+, \xi_\beta^+] &= [\xi_\alpha, \xi_\beta] = 0 \\ [\xi_\alpha, \xi_\beta^+] &= \delta_{\alpha\beta} \end{aligned} \tag{4.2.22}$$

4. 粒子数算符

引入产生与湮没算符后,可以利用产生与湮没算符把不同粒子数的状态联系起来。在遇到的许多实际问题中,体系的粒子数并不改变,即所谓粒子数是守恒的,非相对论的量子理论就是如此。换句话说,在非相对论量子力学中,关心的是 N 体态之间是通过什么样的算符来联系的。

(1) 粒子数守恒算符

算符 $\xi_\gamma^+\xi_\delta$ 作用到福克空间中任意一个态矢 $|\alpha_1, \alpha_2, \cdots, \alpha_N\rangle$ 上,只有当 $\delta \in \{\alpha\}$ 且 $\gamma \notin \{\alpha\}$ 时

$$\xi_\gamma^+\xi_\delta|\alpha_1, \alpha_2, \cdots, \alpha_N\rangle = (-1)^{s_\delta}|\gamma, \alpha_1, \alpha_2, \cdots, \boxed{\delta}, \cdots, \alpha_N\rangle \tag{4.2.23}$$

否则,皆变成福克空间的零矢量。说明算符 $\xi_\gamma^+\xi_\delta$ 的作用是将一个 N 体态变成了另一个 N 体态或者零矢量。具体地说,当 $\delta \in \{\alpha\}$ 且 $\gamma \notin \{\alpha\}$ 时,是使原来处于 δ 单粒子态的粒子跃迁到 γ 单粒子态,而总粒子数 N 并无改变。由于算符 $\xi_\gamma^+\xi_\delta$ 的作用并不改变体系的粒子个数,故称其为**粒子数守恒算符**。推而广之,由相等数目的产生算符和湮没算符之积构成的算符皆可称为粒子数守恒算符。例如,$\xi_\alpha^+\xi_\beta^+\xi_\gamma\xi_\delta$, $\xi_\alpha^+\xi_\beta^+\xi_\gamma^+\xi_\delta\xi_\sigma\xi_\tau$, $\cdots$,都是粒子数守恒算符。下面将会看到,在非相对论理论框架之下,用到的力学量算符都是由粒子数守恒算符构成的。

(2) 单粒子态粒子数算符

有一类特殊的粒子数守恒算符,即

$$\hat{n}_\alpha = \xi_\alpha^+ \xi_\alpha \tag{4.2.24}$$

称之为 α **单粒子态的粒子数算符**。

在粒子数表象中,设有一个单粒子态 $|n_\gamma = 1\rangle = |\gamma\rangle$,当 $\alpha = \gamma$ 时

$$\hat{n}_\alpha |n_\alpha\rangle = |n_\alpha\rangle = n_\alpha |n_\alpha\rangle \quad (n_\alpha = 1) \tag{4.2.25}$$

当 $\alpha \neq \gamma$ 时

$$\hat{n}_\alpha |n_\gamma\rangle = 0 = n_\alpha |n_\gamma\rangle \quad (n_\alpha = 0) \tag{4.2.26}$$

将上面两式综合写为

$$\hat{n}_\alpha |n_\gamma\rangle = n_\alpha |n_\gamma\rangle \quad (n_\alpha = \delta_{\alpha\gamma}) \tag{4.2.27}$$

算符 $\hat{n}_\alpha$ 的本征值为0和1,这正是费米子体系单粒子态上可能的粒子数,故称其为单粒子态上的粒子数算符。由(4.2.19)式可知

$$[\hat{n}_\alpha, \hat{n}_\beta] = 0 \tag{4.2.28}$$

上式说明,任意两个单粒子态的粒子数算符相互对易,因此,它们有共同完备本征函数系$\{|n_1, n_2, \cdots, n_\infty\rangle\}$,且满足

$$\begin{aligned} \hat{n}_1 |n_1, n_2, \cdots, n_\infty\rangle &= n_1 |n_1, n_2, \cdots, n_\infty\rangle \\ \hat{n}_2 |n_1, n_2, \cdots, n_\infty\rangle &= n_2 |n_1, n_2, \cdots, n_\infty\rangle \\ &\vdots \\ \hat{n}_i |n_1, n_2, \cdots, n_\infty\rangle &= n_i |n_1, n_2, \cdots, n_\infty\rangle \\ &\vdots \end{aligned} \tag{4.2.29}$$

上式表明任意的 N 体态都是 $\hat{n}_i$ 的本征态,对应的本征值皆为 n_i,或者说,$\hat{n}_i$ 的作用不改变原来的状态。

(3) 总粒子数算符

再定义一个算符

$$\hat{N} = \sum_{\alpha=1}^{\infty} \hat{n}_\alpha \tag{4.2.30}$$

设 $|n_1, n_2, \cdots, n_\infty\rangle$ 为任意一个 N 体态,则有

$$\begin{aligned} \hat{N} |n_1, n_2, \cdots, n_\infty\rangle &= \sum_{\alpha=1}^{\infty} \hat{n}_\alpha |n_1, n_2, \cdots, n_\infty\rangle = \\ \sum_{\alpha=1}^{\infty} n_\alpha |n_1, n_2, \cdots, n_\infty\rangle &= N |n_1, n_2, \cdots, n_\infty\rangle \end{aligned} \tag{4.2.31}$$

显然,任意一个 N 体态都是算符 $\hat{N}$ 的本征态,相应的本征值为 N,而 N 恰好是所有单粒子态上粒子数之和,因此,将 $\hat{N}$ 称之为**总粒子数算符**。利用费米子产生与湮没算符的反对易关系,容易导出如下几个常用的对易关系

$$[\xi_\alpha^+, \hat{N}] = -\xi_\alpha^+ \tag{4.2.32}$$

$$[\xi_\alpha, \hat{N}] = \xi_\alpha \tag{4.2.33}$$

$$[\xi_\alpha^+ \xi_\beta, \hat{N}] = 0 \tag{4.2.34}$$

$$[\xi_{\alpha_1}^+ \xi_{\alpha_2}^+ \cdots \xi_{\alpha_m}^+ \xi_{\beta_1} \xi_{\beta_2} \cdots \xi_{\beta_m}, \hat{N}] = 0 \tag{4.2.35}$$

(4.2.35)式表明,任意的粒子数守恒算符与总粒子数算符是对易的。

5.粒子算符与空穴算符

如前所述,多体态在二次量子化中的表示比起在组态空间中的表示要方便多了,但是,对于粒子数很多的体系来说,仍然是很繁琐的,因此需要寻求更简捷的表述方式。

例如,^{16}O原子核由8个中子和8个质子构成,它是一个双满壳层核。在核物理中,由于中子与质子都是自旋为$\frac{\hbar}{2}$的粒子,并且两者的质量近似相等,差别仅在于质子带单位正电荷,而中子不带电,因此,可以把它们视为处于不同电荷状态的同一种粒子,通常把质子与中子通称为**核子**。类似于粒子的自旋,引入描述不同带电状态的**同位旋** t 来区别它们,同位旋量子数 t 为$\frac{1}{2}$,同位旋的磁量子数 t_z 可取 $\pm\frac{1}{2}$ 两个值,当 $t_z = \frac{1}{2}$ 时,表示质子,当 $t_z = -\frac{1}{2}$ 时,表示中子。16个核子中有4个核子填在 $0s_{\frac{1}{2}}$ 壳层,8个核子填在 $0p_{\frac{3}{2}}$ 壳层,另外4个核子填在 $0p_{\frac{1}{2}}$ 壳层。在二次量子化表示中,^{16}O 的基态波函数的零级近似为

$$|\Phi_0\rangle = \xi_{0p\frac{1}{2}-\frac{1}{2}-\frac{1}{2}}^+ \xi_{0p\frac{1}{2}\frac{1}{2}-\frac{1}{2}}^+ \cdots \xi_{0s\frac{1}{2}\frac{1}{2}\frac{1}{2}}^+ |0\rangle = \xi_{16}^+ \xi_{15}^+ \cdots \xi_1^+ |0\rangle \tag{4.2.36}$$

式中,产生算符的最后两个量子数分别表示 s_z 与 t_z 的取值。与斯莱特行列式相比,上式已经是简捷多了,可还是不够理想。

由原子核理论可知,双满壳层核的结构相对稳定,把它们的基态近似波函数 $|\Phi_0\rangle$ 用 $\|0\rangle$ 来表示,称之为**物理真空态**,这样一来,复杂的(4.2.36)式就变得十分简捷了。有时也将物理真空态称之为**费米海**,而把费米海中最高的单粒子能量 ε_f 称为**费米能量**。实际上,物理真空态是费米能量 ε_f 以下填满粒子,而 ε_f 以上是无粒子填充的状态。

前面定义的产生与湮没算符统称为**粒子算符**,因为它们操作的对象是粒子。如果在已经填满了粒子的费米海中湮没一个粒子,则相当于费米海中出现了一个**空穴(洞眼)**,顾名思义,空穴算符的操作对象是空穴,它是根据 ε_α 与 ε_f 的关系由粒子算符定义的,即

当 $\varepsilon_\alpha > \varepsilon_f$ 时,仍然保留 ξ_α^+ 与 ξ_α 的意义。

当 $\varepsilon_\alpha \leqslant \varepsilon_f$ 时,$\eta_\alpha^+ = \xi_\alpha$;$\eta_\alpha = \xi_\alpha^+$

$$\eta_{\alpha}^{+} \| 0\rangle = \xi_{\alpha} \| 0\rangle; \quad \eta_{\alpha} \| 0\rangle = \xi_{\alpha}^{+} \| 0\rangle = 0 \tag{4.2.37}$$

由上式可知，η_{α}^{+} 的作用相当于在填满粒子的费米海中产生一个 α 态的空穴，故称之为**空穴产生算符**，同样可知，η_{α} 为**空穴湮没算符**，将两者统称为**空穴算符**。容易证明费米子和玻色子空穴算符满足的(反)对易关系与粒子算符是相同的。

4.2.3　力学量算符的二次量子化表示

前面已经给出了多体态的二次量子化表示，而薛定谔方程是由力学量算符与态矢量构成的，因此，还必须将力学量算符以二次量子化的形式写出来，这样才能使得量子力学的公式是协调的。

在多体问题中，经常遇到的多体算符主要有两种，即多体单粒子算符和多体双粒子算符，下面将分别导出它们的二次量子化表示。

1. 多体单粒子算符

在组态空间中，多粒子体系的动量、动能和哈密顿算符分别为

$$\hat{\boldsymbol{P}} = \sum_{i=1}^{N} \hat{\boldsymbol{p}}(i) \tag{4.2.38}$$

$$\hat{T} = \sum_{i=1}^{N} \frac{1}{2m} \hat{p}^{2}(i) = \sum_{i=1}^{N} \hat{t}(i) \tag{4.2.39}$$

$$\hat{H}_{0} = \sum_{i=1}^{N} \hat{h}(i) \tag{4.2.40}$$

其中，多体算符 $\hat{\boldsymbol{P}}$、$\hat{T}$ 与 $\hat{H}_0$ 的形式是相同的，都是对某一个单体算符的求和，只不过求和号中的单体算符不同而已，通常将 $\hat{\boldsymbol{P}}$、$\hat{T}$ 与 $\hat{H}_0$ 称之为**多体单粒子算符**。在坐标空间中，一般的 N 体单粒子算符可以表示为

$$\hat{Q}(x_1, x_2, \cdots, x_N) = \sum_{i=1}^{N} \hat{q}(x_i) \tag{4.2.41}$$

它在二次量子化中的表示由下面的定理给出。

定理1　设$\{|\phi_{\alpha}\rangle\}$或$\{|\alpha\rangle\}$为任一组正交归一完备的单粒子基底，若多体单粒子算符满足(4.2.41)式，则其二次量子化表示为

$$\hat{Q} = \sum_{\alpha\beta} \langle \alpha | \hat{q} | \beta \rangle \xi_{\alpha}^{+} \xi_{\beta} \tag{4.2.42}$$

证明　设 $|\Psi\rangle$ 为 N 个全同费米子体系的任意一个 N 体态，在组态空间中，它可以用斯莱特行列式表示为

$$|\Psi\rangle = \frac{1}{\sqrt{N!}} \sum_{P} (-1)^{s_P} P[|\phi_{\gamma_1}(x_1)\rangle |\phi_{\gamma_2}(x_2)\rangle \cdots |\phi_{\gamma_N}(x_N)\rangle] \tag{4.2.43}$$

其中，$|\phi_{\gamma_i}(x_i)\rangle$ 为第 i 个粒子的第 γ_i 个单粒子态，P 是对 $\gamma_1, \gamma_2, \cdots, \gamma_N$ 的一个

置换算符，s_P 为置换的次数。

用算符 $\hat{Q}$ 左乘(4.2.43)式，有

$$\hat{Q}(x_1,x_2,\cdots,x_N)\mid\Psi\rangle=$$

$$\sum_{i=1}^{N}\hat{q}(x_i)\frac{1}{\sqrt{N!}}\sum_P(-1)^{s_P}P[\mid\phi_{\gamma_1}(x_1)\rangle\mid\phi_{\gamma_2}(x_2)\rangle\cdots\mid\phi_{\gamma_N}(x_N)\rangle]=$$

$$\frac{1}{\sqrt{N!}}\sum_P(-1)^{s_P}P\sum_{i=1}^{N}[\mid\phi_{\gamma_1}(x_1)\rangle\mid\phi_{\gamma_2}(x_2)\rangle\cdots\hat{q}(x_i)\mid\phi_{\gamma_i}(x_i)\rangle\cdots\mid\phi_{\gamma_N}(x_N)\rangle] \tag{4.2.44}$$

而

$$\hat{q}(x_i)\mid\phi_{\gamma_i}(x_i)\rangle=\sum_\alpha\mid\phi_\alpha(x_i)\rangle\langle\phi_\alpha(x_i)\mid\hat{q}(x_i)\mid\phi_{\gamma_i}(x_i)\rangle=\sum_\alpha\langle\alpha\mid\hat{q}\mid\gamma_i\rangle\mid\phi_\alpha(x_i)\rangle \tag{4.2.45}$$

于是有

$$\hat{Q}\mid\Psi\rangle=\frac{1}{\sqrt{N!}}\sum_P(-1)^{s_P}P\Big[\sum_{i=1}^{N}\sum_\alpha\langle\alpha\mid\hat{q}\mid\gamma_i\rangle\mid\phi_{\gamma_1}(x_1)\rangle\mid\phi_{\gamma_2}(x_2)\rangle\cdots\mid\phi_\alpha(x_i)\rangle\cdots\mid\phi_{\gamma_N}(x_N)\rangle\Big]=$$

$$\frac{1}{\sqrt{N!}}\sum_P(-1)^{s_P}P\Big[\sum_{\alpha\beta}\langle\alpha\mid\hat{q}\mid\beta\rangle\sum_{i=1}^{N}\delta_{\beta\gamma_i}\mid\phi_{\gamma_1}(x_1)\rangle\mid\phi_{\gamma_2}(x_2)\rangle\cdots\mid\phi_\alpha(x_i)\rangle\cdots\mid\phi_{\gamma_N}(x_N)\rangle\Big]=$$

$$\sum_{\alpha\beta}\langle\alpha\mid\hat{q}\mid\beta\rangle\sum_{i=1}^{N}\delta_{\beta\gamma_i}\mid\gamma_1\gamma_2\cdots\alpha\cdots\gamma_N\rangle \tag{4.2.46}$$

因为 $\mid\Psi\rangle$ 也可以在福克空间中表示，所以上面最后一步成立。

由于

$$\xi_\alpha^+\xi_\beta\mid\gamma_1\gamma_2\cdots\gamma_N\rangle=\xi_\alpha^+\xi_\beta\xi_{\gamma_1}^+\xi_{\gamma_2}^+\cdots\xi_{\gamma_N}^+\mid0\rangle=$$

$$\xi_\alpha^+(\delta_{\beta\gamma_1}-\xi_{\gamma_1}^+\xi_\beta)\xi_{\gamma_2}^+\xi_{\gamma_3}^+\cdots\xi_{\gamma_N}^+\mid0\rangle=$$

$$\delta_{\beta\gamma_1}\xi_\alpha^+\xi_{\gamma_2}^+\xi_{\gamma_3}^+\cdots\xi_{\gamma_N}^+\mid0\rangle-\xi_\alpha^+\xi_{\gamma_1}^+\xi_\beta\xi_{\gamma_2}^+\xi_{\gamma_3}^+\cdots\xi_{\gamma_N}^+\mid0\rangle=$$

$$\delta_{\beta\gamma_1}\mid\alpha\gamma_2\gamma_3\cdots\gamma_N\rangle+\xi_{\gamma_1}^+\xi_\alpha^+(\delta_{\beta\gamma_2}-\xi_{\gamma_2}^+\xi_\beta)\xi_{\gamma_3}^+\xi_{\gamma_4}^+\cdots\xi_{\gamma_N}^+\mid0\rangle=$$

$$\delta_{\beta\gamma_1}\mid\alpha\gamma_2\gamma_3\cdots\gamma_N\rangle+\delta_{\beta\gamma_2}\mid\gamma_1\alpha\gamma_3\gamma_4\cdots\gamma_N\rangle+$$

$$\xi_{\gamma_1}^+\xi_{\gamma_2}^+\xi_\alpha^+(\delta_{\beta\gamma_3}-\xi_{\gamma_3}^+\xi_\beta)\xi_{\gamma_4}^+\xi_{\gamma_5}^+\cdots\xi_{\gamma_N}^+\mid0\rangle=$$

$$\delta_{\beta\gamma_1}\mid\alpha\gamma_2\gamma_3\cdots\gamma_N\rangle+\delta_{\beta\gamma_2}\mid\gamma_1\alpha\gamma_3\gamma_4\cdots\gamma_N\rangle+\cdots+\delta_{\beta\gamma_N}\mid\gamma_1\gamma_2\cdots\alpha\rangle=$$

$$\sum_{i=1}^{N}\delta_{\beta\gamma_i}\mid\gamma_1\gamma_2\cdots\alpha\cdots\gamma_N\rangle \tag{4.2.47}$$

所以

$$\sum_{i=1}^{N}\delta_{\beta\gamma_i}\mid\gamma_1\gamma_2\cdots\alpha\cdots\gamma_N\rangle=\xi_\alpha^+\xi_\beta\mid\gamma_1\gamma_2\cdots\gamma_N\rangle=\xi_\alpha^+\xi_\beta\mid\Psi\rangle \tag{4.2.48}$$

于是,得到**多体单粒子算符的二次量子化表示**为

$$\hat{Q}=\sum_{\alpha\beta}\langle\alpha\mid\hat{q}\mid\beta\rangle\xi_\alpha^+\xi_\beta \tag{4.2.49}$$

上述公式是在全同费米子体系下得到的,实际上,由其导出的过程可知,它也适用于全同玻色子体系,只不过式中的算符 ξ_α^+、ξ_β 为玻色子算符,满足玻色子算符的对易关系。

2. 多体双粒子算符

在组态空间中,若第 i 个粒子与第 j 个粒子的相互作用为 $\hat{v}(x_i,x_j)$,则 N 个全同费米子体系的双粒子算符为

$$\hat{V}(x_1,x_2,\cdots,x_N)=\sum_{i<j=1}^{N}\hat{v}(x_i,x_j) \tag{4.2.50}$$

类似于多体单粒子算符,在坐标空间中,**多体双粒子算符**的一般形式为

$$\hat{G}=\sum_{i<j=1}^{N}\hat{g}(x_i,x_j)=\frac{1}{2}\sum_{i\neq j=1}^{N}\hat{g}(x_i,x_j) \tag{4.2.51}$$

它在二次量子化中的表示由下面的定理给出。

定理2 设$\{\mid\phi_\alpha\rangle\}$或$\{\mid\alpha\rangle\}$为任一组正交归一完备的单粒子基底,若多体双粒子算符满足(4.2.51)式,则其二次量子化表示为

$$\hat{G}=\frac{1}{4}\sum_{\alpha\beta\gamma\delta}\langle\alpha\beta\mid\hat{g}\mid\gamma\delta\rangle\xi_\alpha^+\xi_\beta^+\xi_\delta\xi_\gamma \tag{4.2.52}$$

证明 用算符 $\hat{G}$ 左乘(4.2.43)式,有

$$\begin{aligned}
&\hat{G}(x_1,x_2,\cdots,x_N)\mid\Psi\rangle=\\
&\sum_{i<j=1}^{N}\hat{g}(x_i,x_j)\frac{1}{\sqrt{N!}}\sum_{p}(-1)^{s_P}P[\mid\phi_{\gamma_1}(x_1)\rangle\mid\phi_{\gamma_2}(x_2)\rangle\cdots\mid\phi_{\gamma_N}(x_N)\rangle]=\\
&\frac{1}{\sqrt{N!}}\sum_{P}(-1)^{s_P}P\sum_{i<j=1}^{N}[\hat{g}(x_i,x_j)\mid\phi_{\gamma_1}(x_1)\rangle\mid\phi_{\gamma_2}(x_2)\rangle\cdots\mid\phi_{\gamma_N}(x_N)\rangle]=\\
&\frac{1}{\sqrt{N!}}\sum_{P}(-1)^{s_P}P\sum_{i<j=1}^{N}\sum_{\alpha\beta}(\alpha\beta\mid\hat{g}\mid\gamma_i\gamma_j)[\mid\phi_{\gamma_1}(x_1)\rangle\mid\phi_{\gamma_2}(x_2)\rangle\cdots\\
&\mid\phi_\alpha(x_i)\rangle\cdots\mid\phi_\beta(x_j)\rangle\cdots\mid\phi_{\gamma_N}(x_N)\rangle]=\\
&\frac{1}{2}\sum_{\alpha\beta\gamma\delta}(\alpha\beta\mid\hat{g}\mid\gamma\delta)\sum_{i}\delta_{\gamma\gamma_i}\sum_{j\neq i}\delta_{\delta\gamma_j}\mid\gamma_1\gamma_2\cdots\alpha\cdots\beta\cdots\gamma_N\rangle
\end{aligned} \tag{4.2.53}$$

类似(4.2.47)式的证明过程可知

$$\xi_\alpha^+\xi_\beta^+\xi_\delta\xi_\gamma\mid\Psi\rangle=\sum_{i}\delta_{\gamma\gamma_i}\sum_{j\neq i}\delta_{\delta\gamma_j}\mid\gamma_1\gamma_2\cdots\alpha\cdots\beta\cdots\gamma_N\rangle \tag{4.2.54}$$

所以得到

$$\hat{G} = \frac{1}{2}\sum_{\alpha\beta\gamma\delta}(\alpha\beta \mid \hat{g} \mid \gamma\delta)\xi_\alpha^+\xi_\beta^+\xi_\delta\xi_\gamma \tag{4.2.55}$$

其中,记号$(\alpha\beta \mid \hat{g} \mid \gamma\delta)$表示二体波函数未反对称化时的算符 $\hat{g}$ 的矩阵元。

由于全同费米子体系的波函数应该是反对称的,故应使用反对称化的二体波函数

$$\mid \alpha\beta\rangle = \frac{1}{\sqrt{2}}[\mid \alpha\beta) - \mid \beta\alpha)] \tag{4.2.56}$$

反对称化的二体相互作用矩阵元为

$$\langle \alpha\beta \mid \hat{g} \mid \gamma\delta\rangle = \frac{1}{2}[(\alpha\beta \mid \hat{g} \mid \gamma\delta) - (\alpha\beta \mid \hat{g} \mid \delta\gamma) - (\beta\alpha \mid \hat{g} \mid \gamma\delta) + (\beta\alpha \mid \hat{g} \mid \delta\gamma)] \tag{4.2.57}$$

利用改变求和指标的办法,可以将矩阵元换成反对称化的形式,即

$$\hat{G} = \frac{1}{2}\sum_{\alpha\beta\gamma\delta}(\alpha\beta \mid \hat{g} \mid \gamma\delta)\xi_\alpha^+\xi_\beta^+\xi_\delta\xi_\gamma = \frac{1}{4}\sum_{\alpha\beta\gamma\delta}[(\alpha\beta \mid \hat{g} \mid \gamma\delta) - (\alpha\beta \mid \hat{g} \mid \delta\gamma)]\xi_\alpha^+\xi_\beta^+\xi_\delta\xi_\gamma = \frac{1}{8}\sum_{\alpha\beta\gamma\delta}[(\alpha\beta \mid \hat{g} \mid \gamma\delta) - (\beta\alpha \mid \hat{g} \mid \gamma\delta) - (\alpha\beta \mid \hat{g} \mid \delta\gamma) + (\beta\alpha \mid \hat{g} \mid \delta\gamma)]\xi_\alpha^+\xi_\beta^+\xi_\delta\xi_\gamma \tag{4.2.58}$$

将(4.2.57)式代入(4.2.58)式可知,对全同费米子体系而言,**多体双粒子算符的二次量子化表示为**

$$\hat{G} = \frac{1}{4}\sum_{\alpha\beta\gamma\delta}\langle \alpha\beta \mid \hat{g} \mid \gamma\delta\rangle\xi_\alpha^+\xi_\beta^+\xi_\delta\xi_\gamma \tag{4.2.59}$$

对全同玻色子体系而言,用类似的方法可以导出**多体双粒子算符的二次量子化表示为**

$$\hat{G} = \frac{1}{4}\sum_{\alpha\beta\gamma\delta}\langle \alpha\beta \mid \hat{g} \mid \gamma\delta\rangle\xi_\alpha^+\xi_\beta^+\xi_\gamma\xi_\delta \tag{4.2.60}$$

其中,$\langle \alpha\beta \mid$与$\mid \gamma\delta\rangle$为对称化的二体波函数。

综上所述,多个全同费米子和玻色子体系哈密顿算符在二次量子化表示中可分别写为

$$\hat{H}_F = \sum_{\alpha\beta}t_{\alpha\beta}\xi_\alpha^+\xi_\beta + \frac{1}{4}\sum_{\alpha\beta\gamma\delta}v_{\alpha\beta\gamma\delta}\xi_\alpha^+\xi_\beta^+\xi_\delta\xi_\gamma$$

$$\hat{H}_B = \sum_{\alpha\beta}t_{\alpha\beta}\xi_\alpha^+\xi_\beta + \frac{1}{4}\sum_{\alpha\beta\gamma\delta}v_{\alpha\beta\gamma\delta}\xi_\alpha^+\xi_\beta^+\xi_\gamma\xi_\delta \tag{4.2.61}$$

由于哈密顿算符是粒子数守恒算符,故满足

$$[\hat{H},\hat{N}] = 0 \tag{4.2.62}$$

4.2.4　产生与湮没算符在相互作用绘景中的表示

1. 定义

在相互作用绘景中,类似于力学量算符的定义

$$\hat{F}(t)=\exp\left(\frac{\mathrm{i}}{\hbar}\hat{H}_0 t\right)\hat{F}\exp\left(-\frac{\mathrm{i}}{\hbar}\hat{H}_0 t\right) \tag{4.2.63}$$

可知产生与湮没算符为

$$\xi_\alpha^+(t)=\exp\left(\frac{\mathrm{i}}{\hbar}\hat{H}_0 t\right)\xi_\alpha^+\exp\left(-\frac{\mathrm{i}}{\hbar}\hat{H}_0 t\right)$$

$$\xi_\alpha(t)=\exp\left(\frac{\mathrm{i}}{\hbar}\hat{H}_0 t\right)\xi_\alpha\exp\left(-\frac{\mathrm{i}}{\hbar}\hat{H}_0 t\right) \tag{4.2.64}$$

当 $t=0$ 时,有

$$\xi_\alpha^+(0)=\xi_\alpha^+$$

$$\xi_\alpha(0)=\xi_\alpha \tag{4.2.65}$$

2. 运动方程

利用类似于力学量算符运动方程的导出方法,还可以得到产生算符与湮没算符满足的运动方程

$$\mathrm{i}\hbar\frac{\partial}{\partial t}\xi_\alpha^+(t)=[\xi_\alpha^+(t),\hat{H}_0]$$

$$\mathrm{i}\hbar\frac{\partial}{\partial t}\xi_\alpha(t)=[\xi_\alpha(t),\hat{H}_0] \tag{4.2.66}$$

3. 在 H_0 表象下的形式

由产生算符的运动方程可知

$$\frac{\partial}{\partial t}\xi_\alpha^+(t)=\frac{\mathrm{i}}{\hbar}[\hat{H}_0,\xi_\alpha^+(t)]=\frac{\mathrm{i}}{\hbar}\exp\left(\frac{\mathrm{i}}{\hbar}\hat{H}_0 t\right)[\hat{H}_0,\xi_\alpha^+]\left(-\frac{\mathrm{i}}{\hbar}\hat{H}_0 t\right) \tag{4.2.67}$$

在二次量子化表示中

$$\hat{H}_0=\sum_{\alpha\beta}h_{\alpha\beta}\xi_\alpha^+\xi_\beta \tag{4.2.68}$$

而 $\hat{H}_0$ 在自身表象之下是对角的,即

$$\hat{H}_0=\sum_\beta\varepsilon_\beta\xi_\beta^+\xi_\beta \tag{4.2.69}$$

其中 ε_β 是 β 单粒子态能量。于是有

$$[\hat{H}_0,\xi_\alpha^+]=\sum_\beta\varepsilon_\beta[\xi_\beta^+\xi_\beta,\xi_\alpha^+]=\varepsilon_\alpha\xi_\alpha^+ \tag{4.2.70}$$

将其代入(4.2.67)式,得到

$$\frac{\partial}{\partial t}\xi_\alpha^+(t)=\frac{\mathrm{i}}{\hbar}\exp\left(\frac{\mathrm{i}}{\hbar}\hat{H}_0 t\right)\varepsilon_\alpha\xi_\alpha^+\left(-\frac{\mathrm{i}}{\hbar}\hat{H}_0 t\right)=\frac{\mathrm{i}}{\hbar}\varepsilon_\alpha\xi_\alpha^+(t) \tag{4.2.71}$$

上式的解为

$$\ln\xi_{\alpha}^{+}(t) = \frac{\mathrm{i}}{\hbar}\varepsilon_{\alpha}t + c \tag{4.2.72}$$

其中 c 为积分常数,进而得到

$$\xi_{\alpha}^{+}(t) = C\exp\left(\frac{\mathrm{i}}{\hbar}\varepsilon_{\alpha}t\right) \tag{4.2.73}$$

利用初始时刻的条件(4.2.65)可以确定 $C = \xi_{\alpha}^{+}$,于是有

$$\xi_{\alpha}^{+}(t) = \xi_{\alpha}^{+}\exp\left(\frac{\mathrm{i}}{\hbar}\varepsilon_{\alpha}t\right) \tag{4.2.74}$$

同理可知,湮没算符为

$$\xi_{\alpha}(t) = \xi_{\alpha}\exp\left(-\frac{\mathrm{i}}{\hbar}\varepsilon_{\alpha}t\right) \tag{4.2.75}$$

此即产生算符与湮没算符在 H_0 表象下的表达式。

对空穴算符亦有类似的结果

$$\eta_{\alpha}^{+}(t) = \eta_{\alpha}^{+}\exp\left(-\frac{\mathrm{i}}{\hbar}\varepsilon_{\alpha}t\right) \tag{4.2.76}$$

$$\eta_{\alpha}(t) = \eta_{\alpha}\exp\left(\frac{\mathrm{i}}{\hbar}\varepsilon_{\alpha}t\right) \tag{4.2.77}$$

4.3 哈特里 - 福克单粒子位

4.3.1 单粒子位

设 N 个全同粒子体系的哈密顿算符为

$$\hat{H} = \sum_{i=1}^{N}\hat{t}(i) + \sum_{i>j=1}^{N}\hat{v}(i,j) \tag{4.3.1}$$

其中,$\hat{t}(i)$ 为第 i 个粒子的动能算符,$\hat{v}(i,j)$ 为第 i 个粒子与第 j 个粒子的相互作用能,也称之为二体相互作用。

一般情况下,相互作用位势不能视为微扰,为了便于使用微扰论,引入一个**单粒子位** $\hat{u}(i)$,从而可以将哈密顿算符改写成

$$\hat{H} = \sum_{i=1}^{N}[\hat{t}(i) + \hat{u}(i)] + \sum_{i>j=1}^{N}\hat{v}(i,j) - \sum_{i=1}^{N}\hat{u}(i) = \hat{H}_0 + \hat{W} \tag{4.3.2}$$

其中

$$\hat{H}_0 = \sum_{i=1}^{N}\hat{h}(i) \tag{4.3.3}$$

$$\hat{h}(i) = \hat{t}(i) + \hat{u}(i) \tag{4.3.4}$$

$$\hat{W} = \sum_{i>j=1}^{N} \hat{v}(i,j) - \sum_{i=1}^{N} \hat{u}(i) \tag{4.3.5}$$

式中,$\hat{h}(i)$ 为第 i 个粒子的**单体哈密顿算符**,$\hat{H}_0$ 为 N 个单粒子哈密顿算符之和,而 $\hat{W}$ 为全部的二体相互作用与全部单粒子位之差。若 $\hat{W}$ 的贡献远小于 $\hat{H}_0$,则可将其视为微扰项。

原则上,单粒子位 $\hat{u}(i)$ 是可以任意选取的,只要由它构成的单粒子哈密顿算符 $\hat{h}(i)$ 满足的本征方程容易求解就行,通常把 $\hat{h}(i)$ 的本征函数系作为**单粒子基底**,显然,单粒子基底与所选取的单粒子位 $\hat{u}(i)$ 有关。由 $\hat{W}$ 的定义可知,所选定的单粒子位 $\hat{u}(i)$ 可以抵消一部分二体相互作用 $\hat{v}(i,j)$,如果所选的单粒子位 $\hat{u}(i)$ 能使得 $\hat{W}$ 可视为微扰就更好了。更进一步,若所选的单粒子位使得 $\hat{W}$ 为零,则定态薛定谔方程就可以分离变量求解,那么问题就解决了。实际上,因为微扰项虽然是两项之差,但由于这两项分别为二体相互作用和单粒子位,所以不能奢望出现 $\hat{W}$ 为零的情况。尽管如此,还是希望能找到一个使 $\hat{W}$ 尽可能小的单粒子位。这样一来,只要进行较低级的微扰论计算就可以得到比较精确的近似结果。

总之,多体微扰论的计算结果明显地依赖于单粒子基底的选择。

4.3.2　绍勒斯波函数

在二次量子化表示中,N 个粒子体系的**基态波函数**可以写为

$$| \Phi_0 \rangle = \xi_{k_1}^{+} \xi_{k_2}^{+} \cdots \xi_{k_N}^{+} | 0 \rangle \tag{4.3.6}$$

其中 $|0\rangle$ 是真空态。

如果约定用 i,j,k,l 标志多体基态 $|\Phi_0\rangle$ 中已被占据的单粒子状态,用 m,n,p,q 标志未被占据的单粒子状态,用 $\alpha,\beta,\gamma,\delta$ 标志任意的单粒子状态,则多体体系的**激发态**有许多种,例如

粒子 - 空穴(ph) 态

$$| \Phi(mi) \rangle = \xi_m^{+} \xi_i | \Phi_0 \rangle \tag{4.3.7}$$

双粒子 - 双空穴(2p2h) 态

$$| \Phi(mi,nj) \rangle = \xi_m^{+} \xi_i \xi_n^{+} \xi_j | \Phi_0 \rangle \tag{4.3.8}$$

等等,它们都是 N 体体系的激发态。上述激发态的线性组合

$$\begin{aligned} | \Phi_{ph} \rangle &= \sum_{mi} c_{mi} | \Phi(mi) \rangle \\ | \Phi_{2p2h} \rangle &= \sum_{mi} \sum_{nj} c_{mi,nj} | \Phi(mi,nj) \rangle \end{aligned} \tag{4.3.9}$$

等等,也都是该体系的激发态。

任意的 N 体态应该由其基态与全部激发态的线性组合构成,即

$$| \Phi \rangle = \exp\{ \sum_{m=N+1}^{\infty} \sum_{i=1}^{N} c_{mi} \xi_m^+ \xi_i \} | \Phi_0 \rangle \tag{4.3.10}$$

称之为**绍勒斯(Shouless)波函数**。将其按算符的幂次展开,并注意到大于 N 次幂的项为零,绍勒斯波函数可以具体写成

$$| \Phi \rangle = | \Phi_0 \rangle + \sum_{m=N+1}^{\infty} \sum_{i=1}^{N} c_{mi} \xi_m^+ \xi_i | \Phi_0 \rangle + \frac{1}{2!} (\sum_{m=N+1}^{\infty} \sum_{i=1}^{N} c_{mi} \xi_m^+ \xi_i)^2 | \Phi_0 \rangle + \cdots + \frac{1}{N!} (\sum_{m=N+1}^{\infty} \sum_{i=1}^{N} c_{mi} \xi_m^+ \xi_i)^N | \Phi_0 \rangle \tag{4.3.11}$$

由于

$$\langle \Phi_0 | \Phi_0 \rangle = 1 \tag{4.3.12}$$

所以

$$\langle \Phi | \Phi \rangle \neq 1 \tag{4.3.13}$$

但是

$$\langle \Phi_0 | \Phi \rangle = 1 \tag{4.3.14}$$

4.3.3 哈特里 - 福克单粒子位

既然多体微扰论的计算结果强烈地依赖于单粒子位的选择,那么,如何才能得到一个理想的单粒子位呢?哈特里(Hatree)与福克利用变分原理给出了一个适用的单粒子位。

1. 变分方程

变分原理要求

$$\langle \delta\Phi | \hat{H} | \Phi \rangle = 0 \tag{4.3.15}$$

而对用(4.3.11)式表示的绍勒斯波函数的变分为

$$| \delta\Phi \rangle = \sum_{m=N+1}^{\infty} \sum_{i=1}^{N} \delta c_{mi} \xi_m^+ \xi_i | \Phi_0 \rangle + \frac{1}{2!} [\sum_{m=N+1}^{\infty} \sum_{i=1}^{N} \delta c_{mi} \xi_m^+ \xi_i]^2 | \Phi_0 \rangle + \cdots \tag{4.3.16}$$

若忽略 δc_{mi} 的二次及其更高的项,则

$$| \delta\Phi \rangle \approx \sum_{m=N+1}^{\infty} \sum_{i=1}^{N} \delta c_{mi} \xi_m^+ \xi_i | \Phi_0 \rangle \tag{4.3.17}$$

将上式对应的左矢代入变分公式,得到

$$\langle \Phi_0 | \sum_{m=N+1}^{\infty} \sum_{i=1}^{N} \delta c_{im}^* \xi_i^+ \xi_m \hat{H} | \Phi_0 \rangle = 0 \tag{4.3.18}$$

由于 δc_{im}^* 是相互独立的,所以要求上述方程中的系数皆为零,即

$$\langle \Phi_0 | \xi_i^+ \xi_m \hat{H} | \Phi_0 \rangle = 0 \tag{4.3.19}$$

将上式称之为**变分方程**。

2. 哈特里 – 福克单粒子位

在二次量子化表示中，体系哈密顿算符的一般形式为

$$\hat{H} = \sum_{\alpha\beta} t_{\alpha\beta}\xi_\alpha^+\xi_\beta + \frac{1}{4}\sum_{\alpha\beta\gamma\delta} v_{\alpha\beta\gamma\delta}\xi_\alpha^+\xi_\beta^+\xi_\delta\xi_\gamma \tag{4.3.20}$$

其中

$$t_{\alpha\beta} = \langle \alpha \mid \hat{t} \mid \beta \rangle$$

$$v_{\alpha\beta\gamma\delta} = \langle \alpha\beta \mid \hat{v} \mid \gamma\delta \rangle \tag{4.3.21}$$

下面分别计算动能算符 $\hat{t}$ 与二体相互作用算符 $\hat{v}$ 对变分方程的贡献。

利用产生算符与湮没算符的反对易关系，逐步将 ξ_m 移至 $\mid \Phi_0\rangle$ 之前，得到动能算符对变分方程的贡献为

$$\begin{aligned}&\langle \Phi_0 \mid \xi_i^+\xi_m \sum_{\alpha\beta} t_{\alpha\beta}\xi_\alpha^+\xi_\beta \mid \Phi_0 \rangle = \sum_{\alpha\beta} t_{\alpha\beta}\langle \Phi_0 \mid \xi_i^+\xi_m\xi_\alpha^+\xi_\beta \mid \Phi_0\rangle = \\ &\sum_{\alpha\beta} t_{\alpha\beta}\langle \Phi_0 \mid \xi_i^+(\delta_{m\alpha} - \xi_\alpha^+\xi_m)\xi_\beta \mid \Phi_0\rangle = \sum_\beta t_{m\beta}\langle \Phi_0 \mid \xi_i^+\xi_\beta \mid \Phi_0\rangle = \\ &\sum_\beta t_{m\beta}\langle \Phi_0 \mid \delta_{i\beta} - \xi_\beta\xi_i^+ \mid \Phi_0\rangle = t_{mi}\end{aligned} \tag{4.3.22}$$

再利用同样的方法计算二体相互作用对变分方程的贡献，得到

$$\begin{aligned}&\langle \Phi_0 \mid \xi_i^+\xi_m \sum_{\alpha\beta\gamma\delta} v_{\alpha\beta\gamma\delta}\xi_\alpha^+\xi_\beta^+\xi_\delta\xi_\gamma \mid \Phi_0\rangle = \sum_{\alpha\beta\gamma\delta} v_{\alpha\beta\gamma\delta}\langle \Phi_0 \mid \xi_i^+\xi_m\xi_\alpha^+\xi_\beta^+\xi_\delta\xi_\gamma \mid \Phi_0\rangle = \\ &\sum_{\alpha\beta\gamma\delta} v_{\alpha\beta\gamma\delta}\langle \Phi_0 \mid \xi_i^+(\delta_{m\alpha} - \xi_\alpha^+\xi_m)\xi_\beta^+\xi_\delta\xi_\gamma \mid \Phi_0\rangle = \sum_{\alpha\beta\gamma\delta} v_{\alpha\beta\gamma\delta}\delta_{m\alpha}\langle \Phi_0 \mid \xi_i^+\xi_\beta^+\xi_\delta\xi_\gamma \mid \Phi_0\rangle - \\ &\sum_{\alpha\beta\gamma\delta} v_{\alpha\beta\gamma\delta}\langle \Phi_0 \mid \xi_i^+\xi_\alpha^+\xi_m\xi_\beta^+\xi_\delta\xi_\gamma \mid \Phi_0\rangle = -\sum_{\beta\gamma\delta} v_{m\beta\gamma\delta}\langle \Phi_0 \mid \xi_\beta^+(\delta_{i\delta} - \xi_\delta\xi_i^+)\xi_\gamma \mid \Phi_0\rangle - \\ &\sum_{\alpha\beta\gamma\delta} v_{\alpha\beta\gamma\delta}\langle \Phi_0 \mid \xi_i^+\xi_\alpha^+(\delta_{m\beta} - \xi_\beta^+\xi_m)\xi_\delta\xi_\gamma \mid \Phi_0\rangle = -\sum_{\beta\gamma} v_{m\beta\gamma i}\langle \Phi_0 \mid \xi_\beta^+\xi_\gamma \mid \Phi_0\rangle + \\ &\sum_{\beta\gamma\delta} v_{m\beta\gamma\delta}\langle \Phi_0 \mid \xi_\beta^+\xi_\delta(\delta_{i\gamma} - \xi_\gamma\xi_i^+) \mid \Phi_0\rangle + \sum_{\alpha\gamma\delta} v_{\alpha m\gamma\delta}\langle \Phi_0 \mid \xi_\alpha^+(\delta_{i\delta} - \xi_\delta\xi_i^+)\xi_\gamma \mid \Phi_0\rangle + \\ &\sum_{\alpha\beta\gamma\delta} v_{\alpha\beta\gamma\delta}\langle \Phi_0 \mid \xi_i^+\xi_\alpha^+\xi_\beta^+\xi_\delta\xi_\gamma\xi_m \mid \Phi_0\rangle = -\sum_j v_{mjji} + \sum_{\beta\delta} v_{m\beta i\delta}\langle \Phi_0 \mid \xi_\beta^+\xi_\delta \mid \Phi_0\rangle + \\ &\sum_{\alpha\gamma} v_{\alpha m\gamma i}\langle \Phi_0 \mid \xi_\alpha^+\xi_\gamma \mid \Phi_0\rangle - \sum_{\alpha\gamma\delta} v_{\alpha m\gamma\delta}\langle \Phi_0 \mid \xi_\alpha^+\xi_\delta(\delta_{i\gamma} - \xi_\gamma\xi_i^+) \mid \Phi_0\rangle = \\ &\sum_j v_{mjij} + \sum_j v_{mjij} + \sum_j v_{jmji} - \sum_j v_{jmij} = 4\sum_j v_{mjij}\end{aligned} \tag{4.3.23}$$

于是，有

$$t_{mi} + \sum_j v_{mjij} = 0 \tag{4.3.24}$$

此即**哈特里 – 福克自洽场方程**。该方程只给出了粒子空穴态矩阵元满足的条件，将其扩展到全空间，即

$$h_{\alpha\beta} = (t_{\alpha\beta} + \sum_j v_{\alpha j\beta j})\delta_{\alpha\beta} \tag{4.3.25}$$

若选单粒子位

$$u_{\alpha\beta} = \sum_j v_{\alpha j\beta j} \tag{4.3.26}$$

则称之为**哈特里 - 福克单粒子位**,简称为HF位。由上式可知,HF单粒子位是用二体相互作用定义的,换句话说,HF单粒子位可以抵消一部分二体相互作用的影响。由HF位可以求出单粒子态,在这些单粒子态构成的多体态下,$\hat{H}_0$ 是对角矩阵,且 $\hat{H}$ 的平均值取极小值。

3. 哈特里 - 福克单粒子本征方程的求解

下面说明如何求解HF位满足的定态薛定谔方程。

单粒子的哈密顿算符为

$$\hat{h} = \hat{t} + \hat{u} \tag{4.3.27}$$

若单粒子位选为HF位,即

$$u_{\alpha\beta} = \sum_j v_{\alpha j\beta j} \tag{4.3.28}$$

则单粒子定态薛定谔方程为

$$\hat{h} \mid \alpha\rangle = \varepsilon_\alpha^{\mathrm{HF}} \mid \alpha\rangle \tag{4.3.29}$$

由于 $\hat{u}$ 与待求的 $\mid \alpha\rangle$ 有关,所以,HF本征方程需要进行**自洽求解**。所谓自洽求解的意思是,首先选定一组 $\{\mid \alpha\rangle\}$ 的初值 $\{\mid \alpha_1\rangle\}$,然后计算 $u_{\alpha_1\beta_1}$,再求解本征方程得到 $\{\mid \alpha_2\rangle\}$,比较 $\{\mid \alpha_1\rangle\}$ 与 $\{\mid \alpha_2\rangle\}$,若两者的误差满足精度的要求,认为结果已经自洽,可以结束计算,否则,需要将 $\{\mid \alpha_2\rangle\}$ 作为初值重复上面的操作,直至达到自洽为止。

4.4 威克定理

在相互作用绘景中,利用 U 算符可以由初始时刻的波函数求出任意时刻的波函数。为了使用方便,下面先将 U 算符用编时积来表示,然后利用威克定理把编时积写成一系列正规乘积之和。

4.4.1 用编时积表示 U 算符

在相互作用绘景中,波函数随时间的变化可以通过 U 算符来实现,即

$$\mid \Psi(t)\rangle = \hat{U}(t,t_0) \mid \Psi(t_0)\rangle \tag{4.4.1}$$

由(2.2.36)式可知,U 算符的级数形式为

$$\hat{U}(t,t_0) = \sum_{n=0}^{\infty}\left(-\frac{\mathrm{i}}{\hbar}\right)^n \int_{t_0}^{t} \mathrm{d}t_1 \hat{W}(t_1) \int_{t_0}^{t_1} \mathrm{d}t_2 \hat{W}(t_2) \cdots \int_{t_0}^{t_{n-1}} \mathrm{d}t_n \hat{W}(t_n) \tag{4.4.2}$$

下面将其改写为更便于使用的形式。

1. 引入阶梯函数,将积分上限都变为 t

在(4.4.2)式中,n 个积分的上限各不相同,为了使用方便,将其全部改为 t。利用阶梯函数

$$\theta(t)=\begin{cases}1 & (t>0)\\ 0 & (t<0)\end{cases} \tag{4.4.3}$$

(4.4.2)式中的一个积分可以改写成

$$\int_{t_0}^{t_1}\mathrm{d}t_2\hat{W}(t_2)=\int_{t_0}^{t_1}\mathrm{d}t_2\hat{W}(t_2)\theta(t_1-t_2)+\int_{t_1}^{t}\mathrm{d}t_2\hat{W}(t_2)\theta(t_1-t_2)=$$
$$\int_{t_0}^{t}\mathrm{d}t_2\hat{W}(t_2)\theta(t_1-t_2) \tag{4.4.4}$$

若对于其他的积分也用类似的办法处理,则 U 算符变为

$$\hat{U}(t,t_0)=\sum_{n=0}^{\infty}\left(-\frac{\mathrm{i}}{\hbar}\right)^n\int_{t_0}^{t}\mathrm{d}t_1\int_{t_0}^{t}\mathrm{d}t_2\cdots\int_{t_0}^{t}\mathrm{d}t_n\theta(t_1-t_2)\theta(t_2-t_3)\cdots$$
$$\theta(t_{n-1}-t_n)\hat{W}(t_1)\hat{W}(t_2)\cdots\hat{W}(t_n) \tag{4.4.5}$$

2. 重排被积函数的次序不影响积分结果

若 $t_{\alpha_1},t_{\alpha_2},\cdots,t_{\alpha_n}$ 为 $t_1,t_2,\cdots,t_n$ 的任意一种重新排列,则对任意的 $f(t_1,t_2,\cdots,t_n)$,有

$$\int_{t_0}^{t}\mathrm{d}t_1\int_{t_0}^{t}\mathrm{d}t_2\cdots\int_{t_0}^{t}\mathrm{d}t_nf(t_1,t_2,\cdots,t_n)=\int_{t_0}^{t}\mathrm{d}t_{\alpha_1}\int_{t_0}^{t}\mathrm{d}t_{\alpha_2}\cdots\int_{t_0}^{t}\mathrm{d}t_{\alpha_n}f(t_{\alpha_1},t_{\alpha_2},\cdots,t_{\alpha_n})=$$
$$\int_{t_0}^{t}\mathrm{d}t_1\int_{t_0}^{t}\mathrm{d}t_2\cdots\int_{t_0}^{t}\mathrm{d}t_nf(t_{\alpha_1},t_{\alpha_2},\cdots,t_{\alpha_n}) \tag{4.4.6}$$

上式中最后一个等号之所以成立是将积分的次序进行了重新排列。

3. 引入置换算符改写被积函数

若定义置换算符

$$\hat{p}=\begin{pmatrix}t_1 & t_2 & \cdots & t_n\\ t_{\alpha_1} & t_{\alpha_2} & \cdots & t_{\alpha_n}\end{pmatrix} \tag{4.4.7}$$

表示对 $t_1,t_2,\cdots,t_n$ 的任意置换,则被积函数的 n 个积分变量可以进行 $n!$ 次置换,而每次置换后的积分值不变,所以

$$\hat{U}(t,t_0)=\sum_{n=0}^{\infty}\frac{1}{n!}\left(-\frac{\mathrm{i}}{\hbar}\right)^n\int_{t_0}^{t}\mathrm{d}t_1\int_{t_0}^{t}\mathrm{d}t_2\cdots\int_{t_0}^{t}\mathrm{d}t_n\sum_{p}\theta(t_{\alpha_1}-t_{\alpha_2})\theta(t_{\alpha_2}-t_{\alpha_3})\cdots$$
$$\theta(t_{\alpha_{n-1}}-t_{\alpha_n})\hat{W}(t_{\alpha_1})\hat{W}(t_{\alpha_2})\cdots\hat{W}(t_{\alpha_n}) \tag{4.4.8}$$

4. 引入编时积再改写 U 算符

若定义**编时积算符**(或称为**时序算符**)$\hat{T}$,即

$$\hat{T}\{\hat{W}(t_1)\hat{W}(t_2)\cdots\hat{W}(t_n)\} = \sum_p \theta(t_{\alpha_1} - t_{\alpha_2})\theta(t_{\alpha_2} - t_{\alpha_3})\cdots \theta(t_{\alpha_{n-1}} - t_{\alpha_n})\hat{W}(t_{\alpha_1})\hat{W}(t_{\alpha_2})\cdots\hat{W}(t_{\alpha_n}) \tag{4.4.9}$$

则 U 算符可以写成

$$\hat{U}(t,t_0) = \sum_{n=0}^{\infty}\frac{1}{n!}\left(-\frac{\mathrm{i}}{\hbar}\right)^n\int_{t_0}^{t}\mathrm{d}t_1\int_{t_0}^{t}\mathrm{d}t_2\cdots\int_{t_0}^{t}\mathrm{d}t_n\hat{T}\{\hat{W}(t_1)\hat{W}(t_2)\cdots\hat{W}(t_n)\} \tag{4.4.10}$$

容易验证上式与(4.4.2)式是等价的。

4.4.2 编时积、正规乘积和收缩

1. 编时积

前面给出的编时积是用阶梯算符与微扰算符定义的,下面给出编时积的另外一种定义。在相互作用绘景中,若用 $X, Y, Z\cdots$ 表示粒子(空穴)的产生或者湮没算符,则**编时积**的更一般的定义为

$$\hat{T}\{X(t_X)Y(t_Y)Z(t_Z)\cdots\} = (-1)^S\hat{T}\{Z(t_Z)Y(t_Y)X(t_X)\cdots\} \tag{4.4.11}$$

其中,S 为算符之积按时间从大到小的顺序重新排列时,即由 $X(t_X)Y(t_Y)Z(t_Z)\cdots$ 变为 $Z(t_Z)Y(t_Y)X(t_X)\cdots$ 时,算符对的交换次数。当编时积中的算符按时间从大到小的顺序排列后,该编时积就等于这些算符之积。

在计算一组算符的编时积时,只需顾及算符时间变量的大小,而不必考虑是粒子算符还是空穴算符,也不必考虑是产生算符还是湮没算符。应该特别指出,算符对的交换是通常意义下的交换,切不可使用算符的对易关系。

例如,若 $t_\mu > t_\beta > t_\alpha > t_\gamma > t_\delta$,则编时积

$$\hat{T}\{\xi_\alpha^+(t_\alpha)\xi_\beta^+(t_\beta)\xi_\gamma(t_\gamma)\xi_\delta(t_\delta)\xi_\mu^+(t_\mu)\} = \hat{T}\{\xi_\mu^+(t_\mu)\xi_\alpha^+(t_\alpha)\xi_\beta^+(t_\beta)\xi_\gamma(t_\gamma)\xi_\delta(t_\delta)\} = -\hat{T}\{\xi_\mu^+(t_\mu)\xi_\beta^+(t_\beta)\xi_\alpha^+(t_\alpha)\xi_\gamma(t_\gamma)\xi_\delta(t_\delta)\} = -\xi_\mu^+(t_\mu)\xi_\beta^+(t_\beta)\xi_\alpha^+(t_\alpha)\xi_\gamma(t_\gamma)\xi_\delta(t_\delta)$$

2. 正规乘积

类似编时积,定义**正规乘积**

$$\hat{N}\{X(t_X)Y(t_Y)Z(t_Z)\cdots\} = (-1)^S\hat{N}\{Z(t_Z)Y(t_Y)X(t_X)\cdots\} \tag{4.4.12}$$

式中,$\hat{N}$ 表示正规乘积,其他符号的含意同前。当正规乘积中的算符按产生算符在左湮没算符在右的顺序排列时,该正规乘积就等于这些算符之积。

在计算一组算符的正规乘积时,只需顾及算符是产生还是湮没,而不必考虑算符是粒子算符还是空穴算符,也不必考虑算符的时间变量的大小。这里,所谓算符对的交换也是通常意义下的交换,也不能使用算符的对易关系。

例如

$$\hat{N}\{\xi_\alpha^+(t_\alpha)\xi_\beta^+(t_\beta)\xi_\gamma(t_\gamma)\xi_\delta(t_\delta)\xi_\mu^+(t_\mu)\} =$$
$$\hat{N}\{\xi_\alpha^+(t_\alpha)\xi_\beta^+(t_\beta)\xi_\mu^+(t_\mu)\xi_\gamma(t_\gamma)\xi_\delta(t_\delta)\} =$$
$$\xi_\alpha^+(t_\alpha)\xi_\beta^+(t_\beta)\xi_\mu^+(t_\mu)\xi_\gamma(t_\gamma)\xi_\delta(t_\delta) \tag{4.4.13}$$

3. 收缩

在相互作用绘景中,两个算符的**收缩**定义为

$$\overbrace{X(t_X)Y(t_Y)} = \hat{T}\{X(t_X)Y(t_Y)\} - \hat{N}\{X(t_X)Y(t_Y)\} \tag{4.4.14}$$

其中,两个算符既可以是粒子的产生与湮没算符,也可以是空穴的产生与湮没算符,两个算符的时间变量的大小也是任意的。在任何情况下,收缩的结果总是一个数(详见(4.4.22)式)。

一对以上算符的收缩记为

$$\overbrace{X(t_X)Y(t_Y)}Z(t_Z)\overbrace{U(t_U)V(t_V)} \tag{4.4.15}$$

由于收缩是一个数,所以正规乘积与编时积中的收缩可以提到括号之外,即

$$\hat{N}\{\overbrace{X(t_X)Y(t_Y)}Z(t_Z)U(t_U)\cdots\} = \overbrace{X(t_X)Y(t_Y)}\hat{N}\{Z(t_Z)U(t_U)\cdots\}$$
$$\hat{T}\{\overbrace{X(t_X)Y(t_Y)}Z(t_Z)U(t_U)\cdots\} = \overbrace{X(t_Z)Y(t_Y)}\hat{T}\{Z(t_Z)U(t_U)\cdots\} \tag{4.4.16}$$

下面来看看收缩的物理含意。

当两个算符皆为粒子算符时,由定义可知

$$\overbrace{X(t_X)Y(t_Y)} = \langle 0 \mid \overbrace{X(t_X)Y(t_Y)} \mid 0\rangle = \langle 0 \mid \hat{T}\{X(t_X)Y(t_Y)\} \mid 0\rangle -$$
$$\langle 0 \mid \hat{N}\{X(t_X)Y(t_Y)\} \mid 0\rangle = \langle 0 \mid \hat{T}\{X(t_X)Y(t_Y)\} \mid 0\rangle \tag{4.4.17}$$

这时,两个粒子算符的收缩等于它们的编时积在真空态上的平均值。

当两个算符中有空穴算符时,对于物理真空态 $\Vert 0\rangle$ 而言,同样有

$$\overbrace{X(t_X)Y(t_Y)} = \langle 0 \Vert \overbrace{X(t_X)Y(t_Y)} \Vert 0\rangle = \langle 0 \Vert \hat{T}\{X(t_X)Y(t_Y)\} \Vert 0\rangle \tag{4.4.18}$$

显然,有空穴算符的收缩等于它们的编时积在物理真空态上的平均值。

为了加深对收缩概念的理解,让我们计算一个具体算符对的收缩。

例 1　在相互作用绘景中、H_0 表象下,证明

$$\overbrace{\xi_\alpha^+(t_1)\xi_\beta(t_2)} = \begin{cases} 0 & (t_1 \geqslant t_2) \\ -\delta_{\alpha\beta}\exp\left[\dfrac{\mathrm{i}}{\hbar}\epsilon_\alpha(t_1 - t_2)\right] & (t_1 < t_2) \end{cases}$$

证明　由收缩的定义可知

$$\overbrace{\xi_\alpha^+(t_1)\xi_\beta(t_2)} = \hat{T}\{\xi_\alpha^+(t_1)\xi_\beta(t_2)\} - \hat{N}\{\xi_\alpha^+(t_1)\xi_\beta(t_2)\} \tag{4.4.19}$$

当 $t_1 \geqslant t_2$ 时,显然,该收缩为零,而当 $t_1 < t_2$ 时

$$\begin{aligned}\overbrace{\xi_\alpha^+(t_1)\xi_\beta(t_2)} &= \hat{T}\{\xi_\alpha^+(t_1)\xi_\beta(t_2)\} - \hat{N}\{\xi_\alpha^+(t_1)\xi_\beta(t_2)\} = \\ &- \xi_\beta(t_2)\xi_\alpha^+(t_1) - \xi_\alpha^+(t_1)\xi_\beta(t_2) = -\{\xi_\alpha^+(t_1),\xi_\beta(t_2)\}\end{aligned} \tag{4.4.20}$$

将产生和湮没算符在 H_0 表象下的表达式(4.2.74)和(4.2.75)式代入上式右端的反对易关系式

$$\begin{aligned}\{\xi_\alpha^+(t_1),\xi_\beta(t_2)\} &= \exp\left(\frac{\mathrm{i}}{\hbar}\varepsilon_\alpha t_1\right)\xi_\alpha^+\exp\left(-\frac{\mathrm{i}}{\hbar}\varepsilon_\beta t_2\right)\xi_\beta + \exp\left(-\frac{\mathrm{i}}{\hbar}\varepsilon_\beta t_2\right)\xi_\beta \times \\ &\exp\left(\frac{\mathrm{i}}{\hbar}\varepsilon_\alpha t_1\right)\xi_\alpha^+ = \{\xi_\alpha^+,\xi_\beta\}\exp\left[\frac{\mathrm{i}}{\hbar}\varepsilon_\alpha t_1 - \frac{\mathrm{i}}{\hbar}\varepsilon_\beta t_2\right] = \\ &\delta_{\alpha\beta}\exp\left[\frac{\mathrm{i}}{\hbar}\varepsilon_\alpha(t_1 - t_2)\right]\end{aligned} \tag{4.4.21}$$

最后,把上述反对易关系代入(4.4.20)式即得到欲证之式。

经过计算可知,可能不为零的几个收缩为

$$\overbrace{\xi_\alpha^+(t_1)\xi_\beta(t_2)} = \begin{cases}0 & (t_1 \geqslant t_2)\\ -\delta_{\alpha\beta}\exp\left[\frac{\mathrm{i}}{\hbar}\varepsilon_\alpha(t_1 - t_2)\right] & (t_1 < t_2)\end{cases}$$

$$\overbrace{\xi_\alpha(t_1)\xi_\beta^+(t_2)} = \begin{cases}\delta_{\alpha\beta}\exp\left[-\frac{\mathrm{i}}{\hbar}\varepsilon_\alpha(t_1 - t_2)\right] & (t_1 \geqslant t_2)\\ 0 & (t_1 < t_2)\end{cases}$$

$$\overbrace{\eta_\alpha(t_1)\eta_\beta^+(t_2)} = \begin{cases}\delta_{\alpha\beta}\exp\left[\frac{\mathrm{i}}{\hbar}\varepsilon_\alpha(t_1 - t_2)\right] & (t_1 \geqslant t_2)\\ 0 & (t_1 < t_2)\end{cases}$$

$$\overbrace{\eta_\alpha^+(t_1)\eta_\beta(t_2)} = \begin{cases}0 & (t_1 \geqslant t_2)\\ -\delta_{\alpha\beta}\exp\left[-\frac{\mathrm{i}}{\hbar}\varepsilon_\alpha(t_1 - t_2)\right] & (t_1 < t_2)\end{cases} \tag{4.4.22}$$

当两个算符的时间变量相同时,它们的收缩称为**等时收缩**,不为零的等时收缩为

$$\overbrace{\xi_\alpha(t)\xi_\beta^+(t)} = \delta_{\alpha\beta} \tag{4.4.23}$$

$$\overbrace{\eta_\alpha(t)\eta_\beta^+(t)} = \delta_{\alpha\beta} \tag{4.4.24}$$

显然,可能不为零的**零时刻的收缩**为

$$\overbrace{\xi_\alpha\xi_\beta^+} = \delta_{\alpha\beta} \tag{4.4.25}$$

$$\overbrace{\eta_\alpha\eta_\beta^+} = \delta_{\alpha\beta} \tag{4.4.26}$$

4.4.3 威克定理

若能求出 U 算符,则不难得到任意时刻的波函数,而计算 U 算符的关键是会计算多个微扰算符之积的编时积,威克(Wick)定理给出了计算编时积的方法。

威克定理的数学形式为

$$\hat{T}\{UVW\cdots XYZ\} = \hat{N}\{UVW\cdots XYZ\} + \hat{N}\{\text{所有可能算符对的收缩}\}$$

上式表明,对任意一组产生、湮没算符的编时积,都可以惟一地写成一系列正规乘积之和,其中包括无收缩及全部可能的算符对的收缩。

为了证明威克定理,首先证明一个引理。

引理 若 $\hat{N}\{UVW\cdots XY\}$ 是一个正规乘积,而 Z 是一个比正规乘积中所有算符 $U,V,W,\cdots,X,Y$ 的时间都要早的算符。则

$$\hat{N}\{UVW\cdots XY\}Z = \hat{N}\{UVW\cdots XYZ\} + \hat{N}\{UVW\cdots X\overbrace{YZ}\} + \hat{N}\{UVW\cdots \overbrace{XY}\} + \cdots + \hat{N}\{\overbrace{UVW\cdots XYZ}\} \tag{4.4.27}$$

证明 针对 Z 是湮没算符或者是产生算符分别讨论之。

当 Z 是湮没算符时,为了清楚起见,用 Z_- 来标记它。

由正规乘积的定义可知

$$\hat{N}\{UVW\cdots XY\}Z_- = \hat{N}\{UVW\cdots XYZ_-\} \tag{4.4.28}$$

此即引理公式右端的第一项。若 A 为 $U,V,W,\cdots,X,Y$ 中的任何一个,由于

$$\overbrace{AZ_-} = \hat{T}\{AZ_-\} - \hat{N}\{AZ_-\} = AZ_- - AZ_- = 0 \tag{4.4.29}$$

所以,引理公式右端的其他项皆为零。进而可知引理成立。

当 Z 是产生算符 Z_+,且 $U,V,W,\cdots,X,Y$ 皆为产生算符时,用 $U_+,V_+,W_+,\cdots,X_+,Y_+$ 来标记它们,则

$$\hat{N}\{U_+V_+W_+\cdots X_+Y_+\}Z_+ = \hat{N}\{U_+V_+W_+\cdots X_+Y_+Z_+\} \tag{4.4.30}$$

因为

$$\overbrace{A_+Z_+} = 0 \tag{4.4.31}$$

故引理成立。

当 Z 是产生算符 Z_+,且 $U,V,W,\cdots,X,Y$ 皆为湮没算符时,用 $U_-,V_-,W_-,\cdots,X_-,Y_-$ 来标记它们,则需要用数学归纳法来证明。

当正规乘积中只有一个算符($n=1$)时

$$\hat{N}\{Y_-\}Z_+ = Y_-Z_+ = \hat{T}\{Y_-Z_+\} = \hat{N}\{Y_-Z_+\} + \overbrace{Y_-Z_+} =$$

$$\hat{N}\{Y_- Z_+\} + \hat{N}\{\overbrace{Y_- Z_+}\} \tag{4.4.32}$$

说明引理在 $n = 1$ 时成立。

假设引理在有 n 个湮没算符时成立,即

$$\begin{aligned}&\hat{N}\{U_- V_- W_- \cdots X_- Y_-\} Z_+ = \hat{N}\{U_- V_- W_- \cdots X_- Y_- Z_+\} + \\ &\hat{N}\{U_- V_- W_- \cdots X_- \overbrace{Y_- Z_+}\} + \hat{N}\{U_- V_- W_- \cdots \overbrace{X_- Y_- Z_+}\} + \\ &\cdots + \hat{N}\{\overbrace{U_- V_- W_- \cdots X_- Y_- Z_+}\}\end{aligned} \tag{4.4.33}$$

下面证明在 $n + 1$ 个湮没算符时,引理也是成立的。

用一个时间变量比产生算符 Z_+ 晚的湮没算符 D_- 左乘上式两端,得到

$$\begin{aligned}&D_- \hat{N}\{U_- V_- W_- \cdots X_- Y_-\} Z_+ = D_- \hat{N}\{U_- V_- W_- \cdots X_- Y_- Z_+\} + \\ &D_- \hat{N}\{U_- V_- W_- \cdots X_- \overbrace{Y_- Z_+}\} + D_- \hat{N}\{U_- V_- W_- \cdots \overbrace{X_- Y_- Z_+}\} + \cdots + \\ &D_- \hat{N}\{\overbrace{U_- V_- W_- \cdots X_- Y_- Z_+}\}\end{aligned} \tag{4.4.34}$$

其中

$$\begin{aligned}&D_- \hat{N}\{U_- V_- W_- \cdots X_- Y_-\} Z_+ = \hat{N}\{D_- U_- V_- W_- \cdots X_- Y_-\} Z_+ \\ &D_- \hat{N}\{U_- V_- W_- \cdots X_- \overbrace{Y_- Z_+}\} = \hat{N}\{D_- U_- V_- W_- \cdots X_- \overbrace{Y_- Z_+}\} \\ &\qquad\cdots \qquad \cdots \qquad \cdots \\ &D_- \hat{N}\{\overbrace{U_- V_- W_- \cdots X_- Y_- Z_+}\} = \hat{N}\{D_- \overbrace{U_- V_- W_- \cdots X_- Y_- Z_+}\}\end{aligned} \tag{4.4.35}$$

而(4.4.34)式中右端第一项

$$\begin{aligned}&D_- \hat{N}\{U_- V_- W_- \cdots X_- Y_- Z_+\} = (-1)^n D_- Z_+ U_- V_- W_- \cdots X_- Y_- = \\ &(-1)^n \hat{T}\{D_- Z_+\} U_- V_- W_- \cdots X_- Y_- = \\ &(-1)^n \hat{N}\{D_- Z_+\} U_- V_- W_- \cdots X_- Y_- + (-1)^n \hat{N}\{\overbrace{D_- Z_+}\} U_- V_- W_- \cdots X_- Y_- = \\ &(-1)^{n+1} \hat{N}\{Z_+ D_-\} U_- V_- W_- \cdots X_- Y_- + (-1)^{2n} \hat{N}\{\overbrace{D_- U_- V_- W_- \cdots X_- Y_- Z_+}\} = \\ &(-1)^{2(n+1)} \hat{N}\{D_- U_- V_- W_- \cdots X_- Y_- Z_+\} + \hat{N}\{\overbrace{D_- U_- V_- W_- \cdots X_- Y_- Z_+}\} = \\ &\hat{N}\{D_- U_- V_- W_- \cdots X_- Y_- Z_+\} + \hat{N}\{\overbrace{D_- U_- V_- W_- \cdots X_- Y_- Z_+}\}\end{aligned} \tag{4.4.36}$$

将上述各项代入 $n + 1$ 个算符的表达式,刚好是引理在 $n + 1$ 个算符时的形式。

当 Z_+ 是产生算符,且 $U, V, W, \cdots, X, Y$ 为产生算符与湮没算符的任意组合时,因为已经证明

$$\begin{aligned}&\hat{N}\{U_- V_- W_- \cdots X_- Y_-\} Z_+ = \hat{N}\{U_- V_- W_- \cdots X_- Y_- Z_+\} + \\ &\hat{N}\{U_- V_- W_- \cdots X_- \overbrace{Y_- Z_+}\} + \hat{N}\{U_- V_- W_- \cdots \overbrace{X_- Y_- Z_+}\} + \cdots +\end{aligned}$$

$$\hat{N}\{\overbrace{U_- V_- W_- \cdots X_- Y_- Z_+}\} \tag{4.4.37}$$

用一个时间比 Z_+ 晚的产生算符 C_+ 左乘上式两端，得到

$$\begin{aligned} C_+ \hat{N}\{U_- V_- W_- \cdots X_- Y_-\} Z_+ = {} & C_+ \hat{N}\{U_- V_- W_- \cdots X_- Y_- Z_+\} + \\ & C_+ \hat{N}\{U_- V_- W_- \cdots X_- \overbrace{Y_- Z_+}\} + C_+ \hat{N}\{U_- V_- W_- \cdots \overbrace{X_- Y_- Z_+}\} + \cdots + \\ & C_+ \hat{N}\{\overbrace{U_- V_- W_- \cdots X_- Y_- Z_+}\} \end{aligned} \tag{4.4.38}$$

类似前面的做法，计算式中的每一项，然后整理之，最后得到

$$\begin{aligned} \hat{N}\{C_+ U_- V_- W_- \cdots X_- Y_-\} Z_+ = {} & \hat{N}\{C_+ U_- V_- W_- \cdots X_- Y_- Z_+\} + \\ & \hat{N}\{C_+ U_- V_- W_- \cdots X_- \overbrace{Y_- Z_+}\} + \hat{N}\{C_+ U_- V_- W_- \cdots \overbrace{X_- Y_- Z_+}\} + \cdots + \\ & \hat{N}\{\overbrace{C_+ U_- V_- W_- \cdots X_- Y_- Z_+}\} \end{aligned} \tag{4.4.39}$$

同理可以证明正规乘积中有两个以至任意多个产生算符时，引理也是成立的。至此，引理已经证毕。

引理的推广　当正规乘积中含有算符对的收缩时，引理仍然成立。

证明　由引理可知

$$\begin{aligned} \hat{N}\{UVW\cdots XY\}Z = {} & \hat{N}\{UVW\cdots XYZ\} + \hat{N}\{UVW\cdots X\overbrace{YZ}\} + \\ & \hat{N}\{UVW\cdots \overbrace{XYZ}\} + \cdots + \hat{N}\{\overbrace{UVW\cdots XYZ}\} \end{aligned} \tag{4.4.40}$$

用收缩 $\overbrace{PQ}$ 乘上式两端，得到

$$\begin{aligned} \overbrace{PQ}\hat{N}\{UVW\cdots XY\}Z = {} & \overbrace{PQ}\hat{N}\{UVW\cdots XYZ\} + \overbrace{PQ}\hat{N}\{UVW\cdots X\overbrace{YZ}\} + \\ & \overbrace{PQ}\hat{N}\{UVW\cdots \overbrace{XYZ}\} + \cdots + \overbrace{PQ}\hat{N}\{\overbrace{UVW\cdots XYZ}\} \end{aligned} \tag{4.4.41}$$

因为收缩 $\overbrace{PQ}$ 是一个数，故可以放进正规乘积中，加之它是一对算符，放在任何位置都不改变符号，所以引理的推广成立。

下面用数学归纳法证明威克定理。

当编时积中只有两个算符时，利用收缩的定义可知

$$\hat{T}\{YZ\} = \hat{N}\{YZ\} + \overbrace{YZ} = \hat{N}\{YZ\} + \hat{N}\{\overbrace{YZ}\} \tag{4.4.42}$$

威克定理成立。

假设当 $n = m$ 时，威克定理成立，即有

$$\hat{T}\{UVW\cdots XYZ\} = \hat{N}\{UVW\cdots XYZ\} + \hat{N}\{\text{所有可能算符对的收缩}\}$$

用一个时间最早的算符 Q 右乘上式两端

$$\hat{T}\{UVW\cdots XYZ\}Q = \hat{N}\{UVW\cdots XYZ\}Q + \hat{N}\{UVW\cdots X\overbrace{YZ}\}Q +$$

$$\hat{N}\{UVW\cdots \overbrace{XYZ}\}Q + \cdots + \hat{N}\{\overbrace{UVW\cdots XYZ}\}Q \tag{4.4.43}$$

其中

$$\hat{T}\{UVW\cdots XYZ\}Q = \hat{T}\{UVW\cdots XYZQ\} \tag{4.4.44}$$

由引理知

$$\begin{aligned}\hat{N}\{UVW\cdots XYZ\}Q = {} & \hat{N}\{UVW\cdots XYZQ\} + \hat{N}\{UVW\cdots XY\overbrace{ZQ}\} + \\ & \hat{N}\{UVW\cdots X\overbrace{YZQ}\} + \cdots + \hat{N}\{\overbrace{UVW\cdots XYZQ}\}\end{aligned} \tag{4.4.45}$$

由引理的推广知

$$\begin{aligned}\hat{N}\{\overbrace{UV}W\cdots XYZ\}Q = {} & \hat{N}\{\overbrace{UV}W\cdots XYZQ\} + \hat{N}\{\overbrace{UV}W\cdots XY\overbrace{ZQ}\} + \\ & \hat{N}\{\overbrace{UV}W\cdots X\overbrace{YZQ}\} + \cdots + \hat{N}\{\overbrace{UV}\,\overbrace{W\cdots XYZQ}\}\end{aligned} \tag{4.4.46}$$

$$\vdots$$

将上述各项相加,得到

$$\hat{T}\{UVW\cdots XYZQ\} = \hat{N}\{UVW\cdots XYZQ\} + \hat{N}\{\text{所有可能的算符对的收缩}\} \tag{4.4.47}$$

在上述的证明过程中,要求算符 Q 是时间最早的算符,实际上,这个限制可以去掉。例如,若算符 Z 比 Q 更早,于是有下式成立

$$\hat{T}\{UVW\cdots XYQZ\} = \hat{N}\{UVW\cdots XYQZ\} + \hat{N}\{\text{所有可能的算符对的收缩}\} \tag{4.4.48}$$

交换算符 Q 与 Z,得到

$$-\hat{T}\{UVW\cdots XYZQ\} = -\hat{N}\{UVW\cdots XYZQ\} - \hat{N}\{\text{所有可能的算符对的收缩}\} \tag{4.4.49}$$

说明威克定理仍然成立。至此,威克定理证毕。

最后来看一下威克定理的用途。

在相互作用绘景中,通过 U 算符的作用可以由初始时刻的波函数得到任意时刻的波函数,而 U 算符是用编时积来定义的,由威克定理可知一个编时积能够写成若干个正规乘积之和,正规乘积的结果是湮没算符排列在右端。通常情况下,初始时刻的波函数是真空态或者物理真空态,由于粒子湮没算符作用在真空态上结果为零,空穴湮没算符作用在物理真空态上结果亦为零,故可以简化计算过程。

例 2　计算

$$\hat{T}\{\eta_i\eta_j\eta_k^{\dagger}\eta_l^{\dagger}\}\,\|0\rangle$$

解

$$
\begin{aligned}
\hat{T}\{\eta_i\eta_j\eta_k^+\eta_l^+\}\,\|0\rangle = {} & \hat{N}\{\eta_i\eta_j\eta_k^+\eta_l^+\}\,\|0\rangle + \hat{N}\{\overbrace{\eta_i\eta_j}\eta_k^+\eta_l^+\}\,\|0\rangle + \\
& \hat{N}\{\overbrace{\eta_i\eta_j\eta_k^+}\eta_l^+\}\,\|0\rangle + \hat{N}\{\overbrace{\eta_i\eta_j\eta_k^+\eta_l^+}\}\,\|0\rangle + \hat{N}\{\eta_i\,\overbrace{\eta_j\eta_k^+}\eta_l^+\}\,\|0\rangle + \\
& \hat{N}\{\eta_i\,\overbrace{\eta_j\eta_k^+\eta_l^+}\}\,\|0\rangle + \hat{N}\{\eta_i\eta_j\,\overbrace{\eta_k^+\eta_l^+}\}\,\|0\rangle + \hat{N}\{\overbrace{\eta_i\eta_j}\,\overbrace{\eta_k^+\eta_l^+}\}\,\|0\rangle + \\
& \hat{N}\{\overbrace{\eta_i\eta_l^+}\,\overbrace{\eta_j\eta_k^+}\}\,\|0\rangle - \hat{N}\{\overbrace{\eta_i\eta_k^+}\,\overbrace{\eta_j\eta_l^+}\}\,\|0\rangle
\end{aligned}
\tag{4.4.50}
$$

上式中,右端共有十项,前八项的结果都为零,而最后两项都是两个收缩之积,故计算结果为

$$
\hat{T}\{\eta_i\eta_j\eta_k^+\eta_l^+\}\,\|0\rangle = (\delta_{jk}\delta_{il} - \delta_{ik}\delta_{jl})\,\|0\rangle \tag{4.4.51}
$$

通常把上式右端第一项称为**直接项**,第二项称为**交换项**。

4.5　格林函数方法

在量子力学中,体系的状态是用波函数来描述的,如果知道了体系的波函数,就相当于知道了体系的全部物理性质,波函数可以由其所满足的薛定谔方程求出,这是量子力学处理微观物理问题最常用的方法。下面介绍的格林函数方法,不需要直接求解薛定谔方程,由格林函数也能了解多粒子体系的全部物理性质,从而开辟了另外一条解决微观多体问题的途径。

4.5.1　格林函数的定义

格林函数的定义与时间相关,最一般的格林函数是与 $m+n$ 个时间相关的,当 $m=n$ 时,退化为含 $2n$ 个时间的格林函数,更简单的情况是,当 $n=1$ 时,格林函数只与两个时间有关,称之为 **2 时格林函数**。

2 时格林函数的定义为

$$
\begin{aligned}
& G(\alpha_1 t_1, \alpha_2 t_1, \cdots, \alpha_n t_1; \beta_1 t_2, \beta_2 t_2, \cdots, \beta_n t_2) = \\
& \langle \Psi_0 \mid \hat{T}\{\hat{\xi}_{\alpha_n}(t_1)\hat{\xi}_{\alpha_{n-1}}(t_1)\cdots\hat{\xi}_{\alpha_1}(t_1)\hat{\xi}^+_{\beta_1}(t_2)\hat{\xi}^+_{\beta_2}(t_2)\cdots\hat{\xi}^+_{\beta_n}(t_2)\} \mid \Psi_0\rangle
\end{aligned}
\tag{4.5.1}
$$

其中,$|\Psi_0\rangle = |\Psi_0(A)\rangle$ 是 A 个**粒子的满壳基态**,相应的能量为 $E_0 = E_0(A)$,即

$$
\hat{H} \mid \Psi_0(A)\rangle = E_0(A) \mid \Psi_0(A)\rangle \tag{4.5.2}
$$

而 $\hat{\xi}_\alpha(t)$ 和 $\hat{\xi}^+_\beta(t)$ 分别为海森伯绘景下的 α 单粒子态的湮没算符与 β 单粒子态的产生算符,它们与薛定谔绘景下的产生与湮没算符的关系为

$$
\hat{\xi}_\alpha(t) = \exp(\mathrm{i}\hat{H}t)\,\xi_\alpha \exp(-\mathrm{i}\hat{H}t)
$$

$$\hat{\xi}^{+}_{\beta}(t) = \exp(\mathrm{i}\hat{H}t)\xi^{+}_{\beta}\exp(-\mathrm{i}\hat{H}t) \tag{4.5.3}$$

为简捷计,上式中已取 $\hbar=1$。$\hat{T}$ 是编时积算符,它的作用是将大括号中的算符按时间从大到小的顺序重新排列,只不过在重排时每交换一对算符出现一个 (-1) 的因子。显然,格林函数的定义与所选定的单粒子态有关。

2 时格林函数还可以写成更一般的形式

$$G(\alpha_1 t_1,\alpha_2 t_1,\cdots,\alpha_n t_1;\beta_1 t_2,\beta_2 t_2,\cdots,\beta_n t_2) = \langle\Psi_0 \mid \hat{T}\{\hat{\xi}^{+}_{\alpha_n}(t_1)\cdots\hat{\xi}^{+}_{\alpha_{\mu+1}}(t_1)\hat{\xi}_{\alpha_\mu}(t_1)\cdots\hat{\xi}_{\alpha_1}(t_1)\hat{\xi}^{+}_{\beta_1}(t_2)\cdots\hat{\xi}^{+}_{\beta_\mu}(t_2)\hat{\xi}_{\beta_{\mu+1}}(t_2)\cdots\hat{\xi}_{\beta_n}(t_2)\}\mid\Psi_0\rangle \tag{4.5.4}$$

它的全称为 2 时 μ 粒子(空穴) - $(n-\mu)$ 空穴(粒子)格林函数。

常用的 2 时格林函数有如下三种。

单粒子(空穴)格林函数

$$G_p(\alpha,\beta;t_1-t_2) = G_{\alpha\beta}(t_1-t_2) = \langle\Psi_0\mid\hat{T}\{\hat{\xi}_\alpha(t_1)\hat{\xi}^{+}_\beta(t_2)\}\mid\Psi_0\rangle \tag{4.5.5}$$

双粒子(空穴)格林函数

$$G_{pp}(\alpha\beta,\gamma\delta;t_1-t_2) = \langle\Psi_0\mid\hat{T}\{\hat{\xi}_\beta(t_1)\hat{\xi}_\alpha(t_1)\hat{\xi}^{+}_\gamma(t_2)\hat{\xi}^{+}_\delta(t_2)\}\mid\Psi_0\rangle \tag{4.5.6}$$

粒子(空穴) - 空穴(粒子)格林函数

$$G_{ph}(\alpha\beta,\gamma\delta;t_1-t_2) = \langle\Psi_0\mid\hat{T}\{\hat{\xi}^{+}_\beta(t_1)\hat{\xi}_\alpha(t_1)\hat{\xi}^{+}_\gamma(t_2)\hat{\xi}_\delta(t_2)\}\mid\Psi_0\rangle \tag{4.5.7}$$

下面的讨论都是针对上述的三种 2 时格林函数进行的,为简捷起见,将不再提及 2 时的字样。

4.5.2 物理量在满壳基态上的平均值

可观测物理量的平均值是我们感兴趣的信息之一,而力学量算符通常是由多体单粒子算符与多体双粒子算符的线性组合构成的,下面将分别导出利用格林函数计算多体单粒子算符和多体双粒子算符平均值的公式。

1. 多体单粒子算符的平均值

在坐标表象中,多体单粒子算符为

$$\hat{Q} = \sum_{i=1}^{N}\hat{q}(x_i) \tag{4.5.8}$$

在二次量子化表示中,它可以写成

$$\hat{Q} = \sum_{\alpha\beta}\langle\alpha\mid\hat{q}\mid\beta\rangle\xi^{+}_\alpha\xi_\beta = \sum_{\alpha\beta}q_{\alpha\beta}\xi^{+}_\alpha\xi_\beta \tag{4.5.9}$$

它在满壳基态上的平均值为

$$\overline{Q} = \langle \Psi_0 | \hat{Q} | \Psi_0 \rangle = \sum_{\alpha\beta} q_{\alpha\beta} \langle \Psi_0 | \xi_\alpha^+ \xi_\beta | \Psi_0 \rangle \tag{4.5.10}$$

当 $t_1 < t_2$ 时,由单粒子格林函数的定义可知

$$\begin{aligned}G_{\beta\alpha}(t_1 < t_2) &= \langle \Psi_0 | \hat{T}\{\hat{\xi}_\beta(t_1)\hat{\xi}_\alpha^+(t_2)\} | \Psi_0 \rangle = -\langle \Psi_0 | \hat{\xi}_\alpha^+(t_2)\hat{\xi}_\beta(t_1) | \Psi_0 \rangle = \\ &-\langle \Psi_0 | \exp(\mathrm{i}\hat{H}t_2)\xi_\alpha^+ \exp(-\mathrm{i}\hat{H}t_2)\exp(\mathrm{i}\hat{H}t_1)\xi_\beta \exp(-\mathrm{i}\hat{H}t_1) | \Psi_0 \rangle = \\ &-\exp[\mathrm{i}E_0(t_2 - t_1)]\langle \Psi_0 | \xi_\alpha^+ \exp[-\mathrm{i}\hat{H}(t_2 - t_1)]\xi_\beta | \Psi_0 \rangle\end{aligned} \tag{4.5.11}$$

由上式可知,单粒子格林函数只与时间差 $t_2 - t_1$ 有关,它反映了格林函数相对时间平移不变性,其他的2时格林函数也是如此。令 $t_1 - t_2 \to 0^-$,则

$$G_{\beta\alpha}(0^-) = -\langle \Psi_0 | \xi_\alpha^+ \xi_\beta | \Psi_0 \rangle \tag{4.5.12}$$

与(4.5.10)式比较,得到

$$\overline{Q} = -\sum_{\alpha\beta} q_{\alpha\beta} G_{\beta\alpha}(0^-) \tag{4.5.13}$$

由上式可知,若单粒子格林函数 $G_{\beta\alpha}(0^-)$ 已知,则可以容易地求出 Q 在满壳基态上的平均值。

2. 多体双粒子算符的平均值

在坐标表象中,多体双粒子算符为

$$\hat{V} = \sum_{i<j=1}^{N} \hat{v}(x_i, x_j) \tag{4.5.14}$$

在二次量子化表示中,可以写为

$$\hat{V} = \frac{1}{4} \sum_{\alpha\beta\gamma\delta} v_{\alpha\beta\gamma\delta} \xi_\alpha^+ \xi_\beta^+ \xi_\delta \xi_\gamma \tag{4.5.15}$$

同上可得

$$\overline{V} = \frac{1}{4} \sum_{\alpha\beta\gamma\delta} v_{\alpha\beta\gamma\delta} G_{pp}(\gamma\delta, \alpha\beta; 0^-) \tag{4.5.16}$$

上式表明,若双粒子格林函数已知,则可以求出多体双粒子算符在满壳基态上的平均值。

4.5.3 跃迁概率振幅和转移反应矩阵元

分别讨论 G_p、G_{pp} 和 G_{ph} 的跃迁概率振幅和转移反应矩阵元。

1. 单粒子格林函数

由单粒子格林函数的定义可知

$$G_{\alpha\beta}(t = t_1 - t_2) = \langle \Psi_0 | \hat{T}\{\hat{\xi}_\alpha(t_1)\hat{\xi}_\beta^+(t_2)\} | \Psi_0 \rangle \tag{4.5.17}$$

当 $t > 0$ 时

$$\begin{aligned}G_{\alpha\beta}(t > 0) &= \langle \Psi_0 | \hat{\xi}_\alpha(t_1)\hat{\xi}_\beta^+(t_2) | \Psi_0 \rangle = \\ &\exp(\mathrm{i}E_0 t)\langle \Psi_0 | \xi_\alpha \exp(-\mathrm{i}\hat{H}t)\xi_\beta^+ | \Psi_0 \rangle\end{aligned} \tag{4.5.18}$$

对上式两端取其模方

$$|G_{\alpha\beta}(t>0)|^2 = |\langle\Psi_0|\xi_\alpha\exp(-\mathrm{i}\hat{H}t)\xi_\beta^+|\Psi_0\rangle|^2 \tag{4.5.19}$$

上式的右端可以理解为,在 t_2 时刻满壳外产生了一个 β 态的粒子,成为 $A+1$ 个粒子体系,并在哈密顿算符 $\hat{H}$ 的作用之下经过 t_1-t_2 的时间,在 t_1 时刻该粒子从 β 态跃迁到 α 态的概率。于是,$G_{\alpha\beta}(t>0)$ 表示上述两个 $A+1$ 个粒子体系之间的**跃迁概率振幅**。

当 $t<0$ 时,类似地有

$$G_{\alpha\beta}(t<0) = -\langle\Psi_0|\hat{\xi}_\beta^+(t_2)\hat{\xi}_\alpha(t_1)|\Psi_0\rangle =$$

$$-\exp(-\mathrm{i}E_0t)\langle\Psi_0|\xi_\beta^+\exp(\mathrm{i}\hat{H}t)\xi_\alpha|\Psi_0\rangle \tag{4.5.20}$$

这时,$G_{\alpha\beta}(t<0)$ 表示 $A-1$ 个粒子体系中一个 α 态的空穴跃迁到 β 态的空穴的跃迁概率振幅。

总之,$G_{\alpha\beta}(t)$ 为 $A\pm1$ 个粒子体系中 α 与 β 态之间的跃迁概率振幅。

(4.5.18)式可以改写为

$$G_{\alpha\beta}(t>0) = \exp(\mathrm{i}E_0t)\langle\Psi_0|\xi_\alpha\exp(-\mathrm{i}\hat{H}t)\xi_\beta^+|\Psi_0\rangle =$$

$$\sum_n\langle\Psi_0|\xi_\alpha\exp[-\mathrm{i}(\hat{H}-E_0)t]|\Psi_n(A+1)\rangle\langle\Psi_n(A+1)|\xi_\beta^+|\Psi_0\rangle =$$

$$\sum_n\exp\{-\mathrm{i}[E_n(A+1)-E_0]t\}\langle\Psi_0|\xi_\alpha|\Psi_n(A+1)\rangle\langle\Psi_n(A+1|\xi_\beta^+|\Psi_0\rangle \tag{4.5.21}$$

在上式推导过程中,用到

$$\hat{H}|\Psi_n(A+1)\rangle = E_n(A+1)|\Psi_n(A+1)\rangle \tag{4.5.22}$$

于是,有

$$G_{\alpha\beta}(t>0) = \sum_n g^{(+)}(\alpha\beta;n)\exp[-\mathrm{i}\mathrm{E}_n(A+1)t] \tag{4.5.23}$$

式中

$$g^{(+)}(\alpha\beta;n) = \langle\Psi_0|\xi_\alpha|\Psi_n(A+1)\rangle\langle\Psi_n(A+1)|\xi_\beta^+|\Psi_0\rangle \tag{4.5.24}$$

$$\mathrm{E}_n(A+1) = E_n(A+1) - E_0 \tag{4.5.25}$$

把 $\langle\Psi_0|\xi_\alpha|\Psi_n(A+1)\rangle$ 和 $\langle\Psi_n(A+1)|\xi_\beta^+|\Psi_0\rangle$ 分别称之为 **A 个粒子与 $A+1$ 个粒子的转移反应矩阵元**。

同理可得

$$G_{\alpha\beta}(t<0) = -\sum_n g^{(-)}(\alpha\beta;n)\exp[-\mathrm{i}\mathrm{E}_n(A-1)t] \tag{4.5.26}$$

式中

$$g^{(-)}(\alpha\beta;n) = \langle\Psi_0|\xi_\beta^+|\Psi_n(A-1)\rangle\langle\Psi_n(A-1)|\xi_\alpha|\Psi_0\rangle \tag{4.5.27}$$

$$\mathrm{E}_n(A-1)=E_0-E_n(A-1) \tag{4.5.28}$$

把$\langle \Psi_0 \mid \xi_\beta^+ \mid \Psi_n(A-1)\rangle$和$\langle \Psi_n(A-1) \mid \xi_\alpha \mid \Psi_0\rangle$分别称之为$A$个粒子与$A-1$个粒子的转移反应矩阵元。

总之,单粒子格林函数给出$A\pm1$个粒子体系的物理信息。

2.双粒子格林函数

由双粒子格林函数的定义可知

$$G_{pp}(\alpha\beta,\gamma\delta;t=t_1-t_2)=\langle \Psi_0 \mid \hat{T}\{\hat{\xi}_\beta(t_1)\hat{\xi}_\alpha(t_1)\hat{\xi}_\gamma^+(t_2)\hat{\xi}_\delta^+(t_2)\} \mid \Psi_0\rangle \tag{4.5.29}$$

跃迁概率振幅为

$$G_{pp}(\alpha\beta,\gamma\delta;t>0)=\exp(\mathrm{i}E_0t)\langle \Psi_0 \mid \xi_\beta\xi_\alpha\exp(-\mathrm{i}\hat{H}t)\xi_\gamma^+\xi_\delta^+ \mid \Psi_0\rangle \tag{4.5.30}$$

$$G_{pp}(\alpha\beta,\gamma\delta;t<0)=\exp(-\mathrm{i}E_0t)\langle \Psi_0 \mid \xi_\gamma^+\xi_\delta^+\exp(\mathrm{i}\hat{H}t)\xi_\beta\xi_\alpha \mid \Psi_0\rangle \tag{4.5.31}$$

同理可知,$G_{pp}(\alpha\beta,\gamma\delta;t)$给出$A\pm2$个粒子体系中$\alpha\beta$态与$\gamma\delta$态之间的跃迁概率振幅。

转移反应矩阵元

$$G_{pp}(\alpha\beta,\gamma\delta;t=\pm)=\sum_n g_{pp}^{(\pm)}(\alpha\beta,\gamma\delta;n)\exp[-\mathrm{i}\mathrm{E}_n(A\pm2)t] \tag{4.5.32}$$

式中

$$g_{pp}^{(+)}(\alpha\beta,\gamma\delta;n)=\langle \Psi_0 \mid \xi_\beta\xi_\alpha \mid \Psi_n(A+2)\rangle\langle \Psi_n(A+2) \mid \xi_\gamma^+\xi_\delta^+ \mid \Psi_0\rangle \tag{4.5.33}$$

$$g_{pp}^{(-)}(\alpha\beta,\gamma\delta;n)=\langle \Psi_0 \mid \xi_\gamma^+\xi_\delta^+ \mid \Psi_n(A-2)\rangle\langle \Psi_n(A-2) \mid \xi_\beta\xi_\alpha \mid \Psi_0\rangle \tag{4.5.34}$$

$$\mathrm{E}_n(A\pm2)=\pm[E_n(A\pm2)-E_0] \tag{4.5.35}$$

总之,双粒子格林函数给出$A\pm2$个粒子体系的物理信息。

3.粒子空穴格林函数

由粒子空穴格林函数的定义可知

$$G_{ph}(\alpha\beta,\gamma\delta;t=t_1-t_2)=\langle \Psi_0 \mid \hat{T}\{\hat{\xi}_\beta^+(t_1)\hat{\xi}_\alpha(t_1)\hat{\xi}_\gamma^+(t_2)\hat{\xi}_\delta(t_2)\} \mid \Psi_0\rangle \tag{4.5.36}$$

跃迁概率振幅

$$G_{ph}(\alpha\beta,\gamma\delta;t>0)=\exp(\mathrm{i}E_0t)\langle \Psi_0 \mid \xi_\beta^+\xi_\alpha\exp(-\mathrm{i}\hat{H}t)\xi_\gamma^+\xi_\delta \mid \Psi_0\rangle \tag{4.5.37}$$

$$G_{ph}(\alpha\beta,\gamma\delta;t<0)=\exp(-\mathrm{i}E_0t)\langle\Psi_0\mid\xi_\gamma^+\xi_\delta\exp(\mathrm{i}\hat{H}t)\xi_\beta^+\xi_\alpha\mid\Psi_0\rangle \tag{4.5.38}$$

$G_{ph}(\alpha\beta,\gamma\delta;t)$ 给出 A 个粒子体系中粒子空穴态 $\alpha\beta$ 与 $\gamma\delta$ 之间的跃迁概率振幅。

转移反应矩阵元

$$G_{ph}(\alpha\beta,\gamma\delta;t=\pm)=\sum_n g_{ph}^{(\pm)}(\alpha\beta,\gamma\delta;n)\exp[-\mathrm{i}\mathrm{E}_nt] \tag{4.5.39}$$

式中

$$g_{ph}^{(+)}(\alpha\beta,\gamma\delta;n)=\langle\Psi_0\mid\xi_\beta^+\xi_\alpha\mid\Psi_n\rangle\langle\Psi_n\mid\xi_\gamma^+\xi_\delta\mid\Psi_0\rangle \tag{4.5.40}$$

$$g_{ph}^{(-)}(\alpha\beta,\gamma\delta;n)=\langle\Psi_0\mid\xi_\gamma^+\xi_\delta\mid\Psi_n\rangle\langle\Psi_n\mid\xi_\beta^+\xi_\alpha\mid\Psi_0\rangle \tag{4.5.41}$$

$$\mathrm{E}_n=E_n-E_0 \tag{4.5.42}$$

显然,粒子空穴格林函数给出满壳激发态的物理信息。

4.5.4　格林函数的莱曼表示

格林函数是以时间 t 作为自变量的,为了方便,通常需要利用傅里叶变换将其自变量换成能量。

1.单粒子格林函数

$G_{\alpha\beta}(t)$ 的傅里叶变换为

$$G_{\alpha\beta}(\omega)=\mathrm{i}\int_{-\infty}^{\infty}\exp(\mathrm{i}\omega t)G_{\alpha\beta}(t)\mathrm{d}t \tag{4.5.43}$$

将 $G_{\alpha\beta}(t)$ 的表达式代入上式

$$\begin{aligned}G_{\alpha\beta}(\omega)&=\mathrm{i}\int_{-\infty}^{\infty}\exp(\mathrm{i}\omega t)G_{\alpha\beta}(t)\mathrm{d}t=\\&\mathrm{i}\int_{-\infty}^{0}\exp(\mathrm{i}\omega t)G_{\alpha\beta}(t<0)\mathrm{d}t+\mathrm{i}\int_{0}^{\infty}\exp(\mathrm{i}\omega t)G_{\alpha\beta}(t>0)\mathrm{d}t=\\&-\mathrm{i}\sum_n g^{(-)}(\alpha\beta;n)\int_{-\infty}^{0}\exp[\mathrm{i}(\omega-\mathrm{E}_n(A-1))t]\mathrm{d}t+\\&\mathrm{i}\sum_n g^{(+)}(\alpha\beta;n)\int_{0}^{\infty}\exp[\mathrm{i}(\omega-\mathrm{E}_n(A+1))t]\mathrm{d}t\end{aligned} \tag{4.5.44}$$

为了解决上述积分发散的问题,引入**绝热近似**,即在被积函数中乘上一个 $\exp(-\eta\mid t\mid)$ 因子,以保证积分收敛,其中,η 为一个小的正数。这样就得到

$$G_{\alpha\beta}(\omega)=-\sum_n\left\{\frac{g^{(+)}(\alpha\beta;n)}{\omega-\mathrm{E}_n(A+1)+\mathrm{i}\eta}+\frac{g^{(-)}(\alpha\beta;n)}{\omega-\mathrm{E}_n(A-1)-\mathrm{i}\eta}\right\}_{\eta\to0^+} \tag{4.5.45}$$

式中,下标 $\eta\to0^+$ 表示,计算完成之后,再令 $\eta\to0^+$。上式即为单粒子格林函数的**莱曼**(Lehmann)表示。

显然,$\mathrm{E}_n(A\pm1)$ 是单粒子格林函数的极点,$g^{(\pm)}(\alpha\beta,n)$ 为相应的留数。若能将单粒子格林函数的全部极点和留数求出,则可以知道 $A\pm1$ 个粒子体系的物理信息,其中包括能谱和转移反应矩阵元。

2. 双粒子格林函数

类似于单粒子格林函数的做法,可以得到双粒子格林函数的莱曼表示

$$G_{pp}(\alpha\beta,\gamma\delta;\omega)=\sum_n\left\{-\frac{g_{pp}^{(+)}(\alpha\beta,\gamma\delta;n)}{\omega-\mathrm{E}_n(A+2)+\mathrm{i}\eta}+\frac{g_{pp}^{(-)}(\alpha\beta,\gamma\delta;n)}{\omega-\mathrm{E}_n(A-2)-\mathrm{i}\eta}\right\}_{\eta\to0^+}\tag{4.5.46}$$

其中,$\mathrm{E}_n(A\pm2)$ 是双粒子格林函数的极点,$g_{pp}^{(\pm)}(\alpha\beta,\gamma\delta;n)$ 为相应的留数。若能将双粒子格林函数的全部极点和留数求出,则可以知道 $A\pm2$ 个粒子体系的物理信息,其中包括能谱和转移反应矩阵元。

3. 粒子空穴格林函数

粒子空穴格林函数的莱曼表示为

$$G_{ph}(\alpha\beta,\gamma\delta;\omega)=\sum_n\left\{-\frac{g_{ph}^{(+)}(\alpha\beta,\gamma\delta;n)}{\omega-\mathrm{E}_n(A)+\mathrm{i}\eta}+\frac{g_{ph}^{(-)}(\alpha\beta,\gamma\delta;n)}{\omega-\mathrm{E}_n(A)-\mathrm{i}\eta}\right\}_{\eta\to0^+}\tag{4.5.47}$$

其中,$\mathrm{E}_n(A)$ 是粒子空穴格林函数的极点,$g_{ph}^{(\pm)}(\alpha\beta,\gamma\delta;n)$ 为相应的留数。

综上所述,单粒子格林函数给出 $A\pm1$ 个粒子体系的物理信息,双粒子格林函数给出 $A\pm2$ 个粒子体系的物理信息,粒子空穴格林函数给出 A 个粒子体系激发态的物理信息。

4.5.5　单粒子格林函数的微分方程和积分方程

通常情况下,很难求出格林函数的严格解,一般采用近似方法来处理。常用的方法有两种,即微扰方法与积分方程方法,后者也称为**部分求和法**。

这里只介绍单粒子格林函数的微分方程和积分方程,对于双粒子及粒子空穴格林函数可以用类似的方法处理。

1. 微分方程

从单粒子格林函数的定义出发,利用阶梯函数的性质可知

$$\begin{aligned}&\mathrm{i}\frac{\partial}{\partial t_1}G_{\alpha\beta}(t_1-t_2)=\mathrm{i}\frac{\partial}{\partial t_1}\langle\Psi_0\mid\hat{T}\{\hat{\xi}_\alpha(t_1)\hat{\xi}_\beta^+(t_2)\}\mid\Psi_0\rangle=\\&\mathrm{i}\frac{\partial}{\partial t_1}\langle\Psi_0\mid\theta(t_1-t_2)[\hat{\xi}_\alpha(t_1),\hat{\xi}_\beta^+(t_2)]_+-\hat{\xi}_\beta^+(t_2)\hat{\xi}_\alpha(t_1)\mid\Psi_0\rangle\end{aligned}\tag{4.5.48}$$

式中 $\theta(t_1-t_2)$ 为阶梯函数。将上式右端对时间 t_1 求导后,得到

$$
\begin{aligned}
&\mathrm{i}\frac{\partial}{\partial t_1}G_{\alpha\beta}(t_1-t_2)=\langle\Psi_0\mid \mathrm{i}\delta(t_1-t_2)[\hat{\xi}_\alpha(t_1),\hat{\xi}_\beta^+(t_2)]_+\mid\Psi_0\rangle+\\
&\langle\Psi_0\mid \mathrm{i}\theta(t_1-t_2)\Big[\frac{\partial}{\partial t_1}\hat{\xi}_\alpha(t_1),\hat{\xi}_\beta^+(t_2)\Big]_+\mid\Psi_0\rangle-\\
&\langle\Psi_0\mid\hat{\xi}_\beta^+(t_2)\mathrm{i}\frac{\partial}{\partial t_1}\hat{\xi}_\alpha(t_1)\mid\Psi_0\rangle=\\
&\langle\Psi_0\mid \mathrm{i}\delta(t_1-t_2)\exp(\mathrm{i}\hat{H}t_1)[\xi_\alpha,\xi_\beta^+]_+\exp(-\mathrm{i}\hat{H}t_1)\mid\Psi_0\rangle+\\
&\langle\Psi_0\mid\hat{T}\Big\{\mathrm{i}\frac{\partial}{\partial t_1}\hat{\xi}_\alpha(t_1)\hat{\xi}_\beta^+(t_2)\Big\}\mid\Psi_0\rangle=\\
&\mathrm{i}\delta(t_1-t_2)\delta_{\alpha\beta}+\langle\Psi_0\mid\hat{T}\Big\{\mathrm{i}\frac{\partial}{\partial t_1}\hat{\xi}_\alpha(t_1)\hat{\xi}_\beta^+(t_2)\Big\}\mid\Psi_0\rangle
\end{aligned}\tag{4.5.49}
$$

利用湮没算符的泊松括号容易得到

$$
\mathrm{i}\frac{\partial}{\partial t_1}\hat{\xi}_\alpha(t_1)=[\hat{\xi}_\alpha(t_1),\hat{H}]=\exp(\mathrm{i}\hat{H}t_1)[\xi_\alpha,\hat{H}]\exp(-\mathrm{i}\hat{H}t_1)\tag{4.5.50}
$$

在 H_0 表象中

$$
\hat{H}=\sum_\gamma\varepsilon_\gamma\xi_\gamma^+\xi_\gamma+\hat{V}-\sum_{\gamma\delta}u_{\delta\gamma}\xi_\delta^+\xi_\gamma\tag{4.5.51}
$$

而

$$
[\xi_\alpha,\sum_\gamma\varepsilon_\gamma\xi_\gamma^+\xi_\gamma]=\varepsilon_\alpha\xi_\alpha\tag{4.5.52}
$$

$$
[\xi_\alpha,\sum_{\gamma\delta}u_{\delta\gamma}\xi_\delta^+\xi_\gamma]=\sum_\gamma u_{\alpha\gamma}\xi_\gamma\tag{4.5.53}
$$

令

$$
\hat{V}_\alpha=\exp(\mathrm{i}\hat{H}t_1)[\xi_\alpha,\hat{V}]\exp(-\mathrm{i}\hat{H}t_1)\tag{4.5.54}
$$

则

$$
\mathrm{i}\frac{\partial}{\partial t_1}\hat{\xi}_\alpha(t_1)=\varepsilon_\alpha\hat{\xi}_\alpha(t_1)-\sum_\gamma u_{\alpha\gamma}\hat{\xi}_\gamma(t_1)+\hat{V}_\alpha(t_1)\tag{4.5.55}
$$

将上式代入(4.5.49)式中,有

$$
\begin{aligned}
&\mathrm{i}\frac{\partial}{\partial t_1}G_{\alpha\beta}(t_1-t_2)=\mathrm{i}\delta(t_1-t_2)\delta_{\alpha\beta}+\langle\Psi_0\mid\hat{T}\Big\{\mathrm{i}\frac{\partial}{\partial t_1}\hat{\xi}_\alpha(t_1)\hat{\xi}_\beta^+(t_2)\Big\}\mid\Psi_0\rangle\\
&\mathrm{i}\delta(t_1-t_2)\delta_{\alpha\beta}+\langle\Psi_0\mid\hat{T}\Big\{\Big[\varepsilon_\alpha\hat{\xi}_\alpha(t_1)-\sum_\gamma u_{\alpha\gamma}\hat{\xi}_\gamma(t_1)+\hat{V}_\alpha(t_1)\Big]\hat{\xi}_\beta^+(t_2)\Big\}\mid\Psi_0\rangle=\\
&\mathrm{i}\delta(t_1-t_2)\delta_{\alpha\beta}+\varepsilon_\alpha G_{\alpha\beta}(t_1-t_2)-\sum_\gamma u_{\alpha\gamma}G_{\gamma\beta}(t_1-t_2)+\\
&\langle\Psi_0\mid\hat{T}\{\hat{V}_\alpha(t_1)\hat{\xi}_\beta^+(t_2)\}\mid\Psi_0\rangle
\end{aligned}\tag{4.5.56}
$$

若引入**质量算符** $M(t_1-\sigma)$,其矩阵元 $M_{\alpha\gamma}(t_1-\sigma)$ 满足

$$\langle \Psi_0 \mid \hat{T}\{\hat{V}_\alpha(t_1)\hat{\xi}^+_\beta(t_2)\} \mid \Psi_0 \rangle = \mathrm{i}\sum_\gamma \int_{-\infty}^{\infty} \mathrm{d}\sigma M_{\alpha\gamma}(t_1 - \sigma) G_{\gamma\beta}(\sigma - t_2) \tag{4.5.57}$$

则(4.5.56)式可改写成

$$\left(\mathrm{i}\frac{\partial}{\partial t_1} - \varepsilon_\alpha\right) G_{\alpha\beta}(t_1 - t_2) =$$
$$\mathrm{i}\delta(t_1 - t_2)\delta_{\alpha\beta} + \mathrm{i}\sum_\gamma \int_{-\infty}^{\infty} \mathrm{d}\sigma [M_{\alpha\gamma}(t_1 - \sigma) + \mathrm{i}u_{\alpha\gamma}\delta(t_1 - \sigma)] G_{\gamma\beta}(\sigma - t_2) \tag{4.5.58}$$

此即单粒子格林函数满足的微分方程。

2.积分方程

为了由微分方程导出积分方程,定义**零级格林函数**(即 $V = 0$ 时的格林函数)

$$G^{(0)}_{\alpha\beta}(t_1 - t_2) = G^0_\alpha(t_1 - t_2)\delta_{\alpha\beta} \tag{4.5.59}$$

式中

$$G^0_\alpha(t_1 - t_2) = [\theta(t_1 - t_2) - n_\alpha]\exp[-\mathrm{i}\varepsilon_\alpha(t_1 - t_2)] \tag{4.5.60}$$

$$n_\alpha = \begin{cases} 1 & (\alpha \text{ 为空穴态}) \\ 0 & (\alpha \text{ 为粒子态}) \end{cases} \tag{4.5.61}$$

对于零级格林函数而言,其微分方程简化为

$$\left(\mathrm{i}\frac{\partial}{\partial t_1} - \varepsilon_\alpha\right) G^0_\alpha(t_1 - t_2) =$$
$$\mathrm{i}\frac{\partial}{\partial t_1}\left\{ [\theta(t_1 - t_2) - n_\alpha]\exp[-\mathrm{i}\varepsilon_\alpha(t_1 - t_2)] \right\} - \varepsilon_\alpha G^0_\alpha(t_1 - t_2) =$$
$$\mathrm{i}\delta(t_1 - t_2)\exp[-\mathrm{i}\varepsilon_\alpha(t_1 - t_2)] - \mathrm{i}^2\varepsilon_\alpha[\theta(t_1 - t_2) - n_\alpha]\exp[-\mathrm{i}\varepsilon_\alpha(t_1 - t_2)] -$$
$$\varepsilon_\alpha G^0_\alpha(t_1 - t_2) = \mathrm{i}\delta(t_1 - t_2) \tag{4.5.62}$$

由微分方程出发,并利用上式得到

$$\left(\mathrm{i}\frac{\partial}{\partial t_1} - \varepsilon_\alpha\right) G_{\alpha\beta}(t_1 - t_2) =$$
$$\mathrm{i}\delta(t_1 - t_2)\delta_{\alpha\beta} + \mathrm{i}\sum_\gamma \int_{-\infty}^{\infty} \mathrm{d}\sigma [M_{\alpha\gamma}(t_1 - \sigma) + \mathrm{i}u_{\alpha\gamma}\delta(t_1 - \sigma)] G_{\gamma\beta}(\sigma - t_2) =$$
$$\left(\mathrm{i}\frac{\partial}{\partial t_1} - \varepsilon_\alpha\right) G^0_\alpha(t_1 - t_2)\delta_{\alpha\beta} +$$

$$\mathrm{i}\sum_{\gamma}\int_{-\infty}^{\infty}\int_{-\infty}^{\infty}\mathrm{d}\sigma_1\mathrm{d}\sigma_2\delta(t_1-\sigma_1)[M_{\alpha\gamma}(\sigma_1-\sigma_2)+\mathrm{i}u_{\alpha\gamma}\delta(t_1-\sigma_2)]G_{\gamma\beta}(\sigma_2-t_2)=$$

$$\left(\mathrm{i}\frac{\partial}{\partial t_1}-\varepsilon_\alpha\right)G_\alpha^0(t_1-t_2)\delta_{\alpha\beta}+\left(\mathrm{i}\frac{\partial}{\partial t_1}-\varepsilon_\alpha\right)\times$$

$$\sum_{\gamma}\int_{-\infty}^{\infty}\int_{-\infty}^{\infty}\mathrm{d}\sigma_1\mathrm{d}\sigma_2G_\alpha^0(t_1-\sigma_1)[M_{\alpha\gamma}(\sigma_1-\sigma_2)+\mathrm{i}u_{\alpha\gamma}\delta(t_1-\sigma_2)]G_{\gamma\beta}(\sigma_2-t_2)$$

(4.5.63)

去掉上式中两端共同的$\left(\mathrm{i}\frac{\partial}{\partial t_1}-\varepsilon_\alpha\right)$,则得

$$G_{\alpha\beta}(t_1-t_2)=G_\alpha^0(t_1-t_2)\delta_{\alpha\beta}+$$

$$\mathrm{i}\sum_{\gamma}\int_{-\infty}^{\infty}\int_{-\infty}^{\infty}\mathrm{d}\sigma_1\mathrm{d}\sigma_2G_\alpha^0(t_1-\sigma_1)[M_{\alpha\gamma}(\sigma_1-\sigma_2)+\mathrm{i}u_{\alpha\gamma}\delta(t_1-\sigma_2)]G_{\gamma\beta}(\sigma_2-t_2)$$

(4.5.64)

此即**单粒子格林函数的积分方程**,也称为**戴森(Dyson)方程**。实际上,微分方程与积分方程是等价的,两者可以互相导出。

实际应用时,常常用到戴森方程的傅里叶变换后的形式,即用$\mathrm{i}\int_{-\infty}^{\infty}\mathrm{d}t\exp(\mathrm{i}\omega t)$作用戴森方程的两端,得到

$$G_{\alpha\beta}(\omega)=G_\alpha^0(\omega)\delta_{\alpha\beta}+G_\alpha^0(\omega)\sum_{\gamma}[u_{\alpha\gamma}-M_{\alpha\gamma}(\omega)]G_{\gamma\beta}(\omega)\qquad(4.5.65)$$

式中

$$G_\alpha^0(\omega)=\left[\frac{1-n_\alpha}{\omega-\varepsilon_\alpha+\mathrm{i}\eta}+\frac{n_\alpha}{\omega-\varepsilon_\alpha-\mathrm{i}\eta}\right]_{\eta\to0^+}\qquad(4.5.66)$$

当α为空穴态时,$n_\alpha=1$,当α为粒子态时,$n_\alpha=0$。

4.5.6 单粒子本征方程

将单粒子格林函数的莱曼表示代入戴森方程(4.5.65)中的$G_{\alpha\beta}(\omega)$,再用$\lim\limits_{\omega\to\mathrm{E}_n^+-\mathrm{i}\eta}(\omega-\mathrm{E}_n^++\mathrm{i}\eta)$作用其两端,得到

$$-g^{(+)}(\alpha\beta;n)=\sum_{\gamma}G_\alpha^0(\mathrm{E}_n^+)[u_{\alpha\gamma}-M_{\alpha\gamma}(\mathrm{E}_n^+)][-g^{(+)}(\gamma\beta;n)]$$

(4.5.67)

因为

$$G_\alpha^0(\mathrm{E}_n^+)=-\frac{1}{\mathrm{E}_n^+-\varepsilon_\alpha}\qquad(4.5.68)$$

所以

$$(\varepsilon_\alpha - \mathrm{E}_n^+) g^{(+)}(\alpha\beta; n) = \sum_\gamma [u_{\alpha\gamma} - M_{\alpha\gamma}(\mathrm{E}_n^+)] g^{(+)}(\gamma\beta; n) \tag{4.5.69}$$

再将 $g^{(+)}(\alpha\beta;n)$ 的表达式(4.5.24)代入上式,有

$$(\varepsilon_\alpha - \mathrm{E}_n^+)\langle \Psi_0 | \xi_\alpha | \Psi_n(A+1)\rangle\langle \Psi_n(A+1) | \xi_\beta^+ | \Psi_0\rangle = \sum_\gamma [u_{\alpha\gamma} - M_{\alpha\gamma}(\mathrm{E}_n^+)]\langle \Psi_0 | \xi_\gamma | \Psi_n(A+1)\rangle\langle \Psi_n(A+1) | \xi_\beta^+ | \Psi_0\rangle \tag{4.5.70}$$

若 $\langle \Psi_n(A+1) | \xi_\beta^+ | \Psi_0\rangle = 0$,则需要顾及更高级的格林函数,否则

$$(\varepsilon_\alpha - \mathrm{E}_n^+)\langle \Psi_0 | \xi_\alpha | \Psi_n(A+1)\rangle = \sum_\gamma [u_{\alpha\gamma} - M_{\alpha\gamma}(\mathrm{E}_n^+)]\langle \Psi_0 | \xi_\gamma | \Psi_n(A+1)\rangle \tag{4.5.71}$$

令

$$C_\gamma^+(n) = \langle \Psi_0 | \xi_\gamma | \Psi_n(A+1)\rangle \tag{4.5.72}$$

则(4.5.71)式可以简化为

$$\sum_\gamma [M_{\alpha\gamma}(\mathrm{E}_n^+) - u_{\alpha\gamma} + \varepsilon_\alpha \delta_{\alpha\gamma}] C_\gamma^+(n) = \mathrm{E}_n^+ C_\alpha^+(n) \tag{4.5.73}$$

同理可得

$$\sum_\gamma [M_{\alpha\gamma}(\mathrm{E}_n^-) - u_{\alpha\gamma} + \varepsilon_\alpha \delta_{\alpha\gamma}] C_\gamma^-(n) = \mathrm{E}_n^- C_\alpha^-(n) \tag{4.5.74}$$

式中

$$C_\gamma^-(n) = \langle \Psi_n(A-1) | \xi_\gamma | \Psi_0\rangle \tag{4.5.75}$$

(4.5.73)和(4.5.74)式可以统一写成

$$\sum_\gamma [M_{\alpha\gamma}(\mathrm{E}_n) - u_{\alpha\gamma} + \varepsilon_\alpha \delta_{\alpha\gamma} - \mathrm{E}_n \delta_{\alpha\gamma}] C_\gamma(n) = 0 \tag{4.5.76}$$

此即**单粒子格林函数满足的本征方程**,E_n 为待求的本征值,$C_\gamma(n)$ 为其相应的本征矢。

应该特别强调的是,首先,本征方程中的矩阵元 $M_{\alpha\gamma}(\mathrm{E}_n)$ 与通常的矩阵元不同,它与待求的能量本征值 E_n 有关,因此,必须用自洽的方法求解。其次,上述方程是在 H_0 表象下导出的,所用到的单粒子态与选定的单粒子位势 u 有关。类似于 HF 单粒子位的选法,如果将其选为

$$u_{\alpha\beta} = M_{\alpha\beta}(\mathrm{E}_n) \tag{4.5.77}$$

则称之为**质量算符单粒位**。显然,质量算符单粒位比 HF 单粒位具有更好的对二体相互作用的抵消性。换句话说,HF 单粒位只是质量算符位的最低级近似。

由于质量算符单粒位与能量本征值 E_n 有关,故它不是厄米算符,但是可以证明其本征值为实数,所以质量算符是可以使用的最佳单粒位。

习　题　4

习题 4.1　证明费米子淹没算符 ξ_γ 与产生算符 ξ_γ^+ 互为共轭算符，并且满足反对易关系

$$\{\xi_\gamma, \xi_\delta^+\} = [\xi_\gamma, \xi_\delta^+]_+ = \xi_\gamma \xi_\delta^+ + \xi_\delta^+ \xi_\gamma = \delta_{\gamma\delta}$$

习题 4.2　利用玻色子淹没算符 ξ_α 与产生算符 ξ_β^+ 的定义

$$\xi_\alpha \mid n_1, n_2, \cdots, n_\alpha, \cdots, n_\infty\rangle = \sqrt{n_\alpha} \mid n_1, n_2, \cdots, n_\alpha - 1, \cdots, n_\infty\rangle$$

$$\xi_\beta^+ \mid n_1, n_2, \cdots, n_\beta, \cdots, n_\infty\rangle = \sqrt{n_\beta + 1} \mid n_1, n_2, \cdots, n_\beta + 1, \cdots, n_\infty\rangle$$

证明其满足对易关系

$$[\xi_\alpha^+, \xi_\beta^+] = [\xi_\alpha, \xi_\beta] = 0$$

$$[\xi_\alpha, \xi_\beta^+] = \delta_{\alpha\beta}$$

习题 4.3　利用玻色子淹没算符 ξ_α 与产生算符 ξ_β^+ 满足的对易关系

$$[\xi_\alpha^+, \xi_\beta^+] = [\xi_\alpha, \xi_\beta] = 0$$

$$[\xi_\alpha, \xi_\beta^+] = \delta_{\alpha\beta}$$

证明

$$\xi_\alpha \mid n_1, n_2, \cdots, n_\alpha, \cdots, n_\infty\rangle = \sqrt{n_\alpha} \mid n_1, n_2, \cdots, n_\alpha - 1, \cdots, n_\infty\rangle$$

$$\xi_\beta^+ \mid n_1, n_2, \cdots, n_\beta, \cdots, n_\infty\rangle = \sqrt{n_\beta + 1} \mid n_1, n_2, \cdots, n_\beta + 1, \cdots, n_\infty\rangle$$

习题 4.4　对于全同粒子体系而言，证明粒子数表象的波函数满足

$$\mid n_1, n_2, n_3, \cdots, n_\infty\rangle = \frac{1}{\sqrt{n_1!\, n_2!\, n_3! \cdots n_\infty!}} (\xi_1^+)^{n_1} (\xi_2^+)^{n_2} (\xi_3^+)^{n_3} \cdots (\xi_\infty^+)^{n_\infty} \mid 0\rangle$$

习题 4.5　对于全同粒子体系而言，证明粒子数表象的波函数是正交归一化的。

习题 4.6　证明费米子淹没算符与产生算符满足如下的关系式

$$\xi_\alpha \xi_\alpha = \xi_\alpha^+ \xi_\alpha^+ = 0$$

$$(\xi_\alpha^+ \xi_\alpha)^2 = \xi_\alpha^+ \xi_\alpha$$

$$\xi_\alpha^+ \xi_\alpha \xi_\beta^+ \xi_\beta = \xi_\beta^+ \xi_\beta \xi_\alpha^+ \xi_\alpha$$

习题 4.7　证明费米子淹没算符、产生算符与总粒子数算符 $\hat{N}$ 之间满足下列关系式

$$[\xi_\alpha^+, \hat{N}] = -\xi_\alpha^+$$

$$\mid \xi_\alpha^+, \hat{N} \mid = \xi_\alpha$$

$$[\xi_\alpha^+ \xi_\beta, \hat{N}] = 0$$

$$[\xi_{\alpha_1}^+ \xi_{\alpha_2}^+ \cdots \xi_{\alpha_m}^+ \xi_{\beta_1} \xi_{\beta_2} \cdots \xi_{\beta_m}, \hat{N}] = 0$$

习题 4.8　证明

$$\xi_\alpha^+\xi_\beta^+\xi_\delta\xi_\gamma \mid \gamma_1\gamma_2\cdots\gamma_N\rangle = \sum_{i=1}^{N}\delta_{\gamma\gamma_i}\sum_{j\neq i=1}^{N}\delta_{\delta\gamma_j} \mid \gamma_1\gamma_2\cdots\alpha\cdots\beta\cdots\gamma_N\rangle$$

习题 4.9　设$\{\mid\alpha\rangle\}$为任意一组正交归一完备的单粒子基底,若全同玻色子的多体双粒子算符满足

$$\hat{G} = \sum_{i<j=1}^{N}\hat{g}(x_i,x_j) = \frac{1}{2}\sum_{i\neq j=1}^{N}\hat{g}(x_i,x_j)$$

则其二次量子化表示为

$$\hat{G} = \frac{1}{4}\sum_{\alpha\gamma\delta\beta}\langle\alpha\beta \mid \hat{g} \mid \gamma\delta\rangle\xi_\alpha^+\xi_\beta^+\xi_\gamma\xi_\delta$$

习题 4.10　验证

$$\hat{U}(t,t_0) = \sum_{n=0}^{\infty}\frac{1}{n!}\left(-\frac{\mathrm{i}}{\hbar}\right)^n\int_{t_0}^{t}\mathrm{d}t_1\int_{t_0}^{t}\mathrm{d}t_2\cdots\int_{t_0}^{t}\mathrm{d}t_n\hat{T}\{\hat{W}(t_1)\hat{W}(t_2)\cdots\hat{W}(t_n)\}$$

与

$$\hat{U}(t,t_0) = \sum_{n=0}^{\infty}\left(-\frac{\mathrm{i}}{\hbar}\right)^n\int_{t_0}^{t}\mathrm{d}t_1\hat{W}(t_1)\int_{t_0}^{t_1}\mathrm{d}t_2\hat{W}(t_2)\cdots\int_{t_0}^{t_{n-1}}\mathrm{d}t_n\hat{W}(t_n)$$

是等价的。

习题 4.11　证明

$$\left[\sum_{m=N+1}^{\infty}c_{mi}\,\xi_m^+\xi_i\right]^2 \mid \Phi_0\rangle = 0$$

$$\left[\sum_{m=N+1}^{\infty}\sum_{i=1}^{N}c_{mi}\,\xi_m^+\xi_i\right]^2 \mid \Phi_0\rangle \neq 0$$

式中$\mid\Phi_0\rangle$为费米子N体基态波函数。

习题 4.12　在相互作用绘景下H_0表象中计算$\{\xi_\alpha(t_1),\xi_\beta^+(t_2)\}$与$\{\xi_\alpha^+(t_1),\xi_\beta(t_2)\}$。

习题 4.13　在相互作用绘景中H_0表象下,证明

$$\overbrace{\xi_\alpha(t_1)\xi_\beta^+(t_2)} = \begin{cases}\delta_{\alpha\beta}\exp\left[-\dfrac{\mathrm{i}}{\hbar}\varepsilon_\alpha(t_1-t_2)\right] & (t_1\geqslant t_2)\\ 0 & (t_1<t_2)\end{cases}$$

习题 4.14　利用威克定理计算

$$\hat{T}\{\xi_\alpha\xi_\beta^+\xi_\gamma\xi_\delta^+\} \mid 0\rangle$$

$$\hat{T}\{\xi_m\xi_n\xi_p^+\xi_q^+\eta_i\eta_l^+\eta_k^+\}\| 0\rangle$$

习题 4.15　证明线谐振子升降算符$\hat{A}_+$与$\hat{A}_-$的正规乘积满足

$$\hat{N}(\mathrm{e}^{-\hat{A}_+\hat{A}_-}) = \mid 0\rangle\langle 0\mid$$

这里的正规乘积是针对玻色子的,与费米子的正规乘积的差别仅在于交换算符

时不改变符号。

习题 4.16 当 $t_1 \geqslant t_2$ 时,计算

$$\sum_{ijmn}\sum_{pqkl} v_{ijnm} v_{pqlk} \hat{T}\{\eta_i(t_1)\eta_j(t_1)\xi_m(t_1)\xi_n(t_1)\xi_p^+(t_2)\xi_q^+(t_2)\eta_k^+(t_2)\eta_l^+(t_2)\} \| 0\rangle$$

习题 4.17 证明

$$\bar{V} = \frac{1}{4}\sum_{\alpha\beta\gamma\delta} v_{\alpha\beta\gamma\delta} G_{pp}(\gamma\delta, \alpha\beta; 0^-)$$

习题 4.18 证明

$$|\Phi(t)\rangle = \exp\left[-\frac{\mathrm{i}}{\hbar}\hat{H}(t - t_2)\right]\xi_\beta^+ |\Psi_0(A)\rangle$$

是满足薛定谔方程的一个 $A + 1$ 体态矢。

习题 4.19 证明

$$G_{\alpha\beta}(t < 0) = -\sum_n g^{(-)}(\alpha\beta; n)\exp[-\mathrm{i}\mathrm{E}_n(A - 1)t]$$

式中

$$g^{(-)}(\alpha\beta; n) = \langle\Psi_0 | \xi_\beta^+ | \Psi_n(A - 1)\rangle\langle\Psi_n(A - 1) | \xi_\alpha | \Psi_0\rangle$$

$$\mathrm{E}_n(A - 1) = E_0 - E_n(A - 1)$$

习题 4.20 证明单粒子格林函数满足的微分方程的傅里叶变换为

$$\sum_\gamma [M_{\alpha\gamma}(\omega) - u_{\alpha\gamma} - (\omega - \varepsilon_\alpha)\delta_{\alpha\gamma}] G_{\gamma\beta}(\omega) = \delta_{\alpha\beta}$$

习题 4.21 导出单粒子格林函数的莱曼表示。

习题 4.22 证明由非厄米的质量算符定义的单粒子位

$$u_{\alpha\beta} = M_{\alpha\beta}(\varepsilon_\beta)$$

的本征值为实数。

习题 4.23 讨论二能级里坡根模型的解。

习题 4.24 在里坡根模型中,选简并度 $\Omega = 4$,相互作用强度的参数 $W = U = 0$,且令

$$a = \sqrt{1 + \frac{V^2}{\varepsilon^2}};\quad b = \sqrt{1 + \frac{3V^2}{\varepsilon^2}};\quad c = \sqrt{1 + \frac{9V^2}{\varepsilon^2}}$$

分别导出 $N = 2,3,4$ 的解析解的表达式。

习题 4.25 在里坡根模型中,在模型单粒子基下导出二体相互作用矩阵元的表达式。

习题 4.26 在里坡根模型中,选简并度 $\Omega = 4$,用产生与湮没算符表示模型多体基。

第5章　对称性和守恒定律

5.1　空间均匀性与时间均匀性

5.1.1　对称性与守恒量

在量子力学中,若一个力学量不显含时间,并且与哈密顿算符对易,则称之为**守恒量**。守恒量与哈密顿算符对易,意味着哈密顿算符具有与该守恒量相关的**对称性**。反之,哈密顿算符的某种对称性必定与某个守恒量相对应。

若体系具有某个守恒量,则该体系具有如下的性质,守恒量的取值概率和平均值皆不随时间改变;守恒量既然与哈密顿算符对易,两者必有共同完备本征函数系,从而引起能量本征值的简并。

体系满足薛定谔方程

$$\mathrm{i}\hbar\frac{\partial}{\partial t}|\psi\rangle=\hat{H}|\psi\rangle \tag{5.1.1}$$

若体系在 Q 变换

$$|\psi\rangle\rightarrow|\psi'\rangle=\hat{Q}|\psi\rangle \tag{5.1.2}$$

之下具有对称性,则意味着该变换满足两个要求,一是变换前后取值概率不变,二是变换前后体系的运动规律不变。

1. 变换算符是幺正算符

所谓变换前后的取值概率不变,即

$$\langle\psi'|\psi'\rangle=\langle\psi|\hat{Q}^{+}\hat{Q}|\psi\rangle=\langle\psi|\psi\rangle \tag{5.1.3}$$

于是,一定要求该变换算符满足

$$\hat{Q}^{+}=\hat{Q}^{-1} \tag{5.1.4}$$

说明变换算符 $\hat{Q}$ 一定是幺正算符。

2. 变换算符与哈密顿算符对易

所谓变换前后体系的运动规律不变,即 $|\psi'\rangle$ 仍然满足薛定谔方程

$$\mathrm{i}\hbar\frac{\partial}{\partial t}|\psi'\rangle=\hat{H}|\psi'\rangle \tag{5.1.5}$$

用 $\hat{Q}$ 从左作用(5.1.1)式两端,得

$$\mathrm{i}\hbar\ \frac{\partial}{\partial t}\hat{Q}\mid\psi\rangle = \hat{Q}\hat{H}\mid\psi\rangle \tag{5.1.6}$$

而将(5.1.2)代入(5.1.5)式,有

$$\mathrm{i}\hbar\ \frac{\partial}{\partial t}\hat{Q}\mid\psi\rangle = \hat{H}\hat{Q}\mid\psi\rangle \tag{5.1.7}$$

当 $\hat{Q}$ 不显含时间变量时,由于 $\mid\psi\rangle$ 是希尔伯特空间中的任意状态,故比较上述两式可知

$$[\hat{H},\hat{Q}] = 0 \tag{5.1.8}$$

此即体系具有 Q 变换对称性的条件。

将满足(5.1.4)式和(5.1.8)式的变换 $\hat{Q}$ 称为体系的**对称变换**。对称变换 $\hat{Q}$ 总是构成一个群,称为体系的**对称群**。

3. 必有一个可观测量为守恒量

如果 Q 变换是一个无穷小变换,即

$$\hat{Q} = 1 + \mathrm{i}\varepsilon\hat{F} \tag{5.1.9}$$

其中,ε 是无穷小参变量,由 $\hat{Q}$ 的幺正性可知

$$(1-\mathrm{i}\varepsilon\hat{F}^{+})(1+\mathrm{i}\varepsilon\hat{F}) = 1 + \mathrm{i}\varepsilon(\hat{F}-\hat{F}^{+}) + O(\varepsilon^2) = 1 \tag{5.1.10}$$

略去二级小量,得到

$$\hat{F}^{+} = \hat{F} \tag{5.1.11}$$

说明算符 $\hat{F}$ 是厄米算符,力学量 F 是可观测量。

将(5.1.9)式代入(5.1.8)式,得到

$$[\hat{H},\hat{F}] = 0 \tag{5.1.12}$$

上式表明,体系在 Q 变换下的对称性是与一个可观测力学量为守恒量相联系的。

对于某些分立变换,通常满足 $\hat{Q}^2 = 1$ 的条件。由(5.1.4)式可以看出,这时 $\hat{Q}$ 既是幺正的,又是厄米的。所以在分立变换下 $\hat{Q}$ 本身就代表一个可观测力学量,并且是体系的守恒量。

5.1.2 空间均匀性与动量守恒

以一维体系为例,考虑沿 x 方向的一个无穷小平移 Δx,即

$$x \to x' = x + \Delta x \tag{5.1.13}$$

描述体系状态的波函数 $\psi(x)$ 相应的变化为

$$\psi(x) \to \psi'(x) = \hat{D}(\Delta x)\psi(x) \tag{5.1.14}$$

式中,$\hat{D}(\Delta x)$ 称为**坐标无穷小平移算符**。由空间平移不变知

$$\psi'(x') = \psi(x) \tag{5.1.15}$$

即

$$\hat{D}(\Delta x)\psi(x+\Delta x)=\psi(x) \tag{5.1.16}$$

将上式中的 x 用 $x-\Delta x$ 代替后,有

$$\hat{D}(\Delta x)\psi(x)=\psi(x-\Delta x) \tag{5.1.17}$$

由于 Δx 是一个无穷小量,所以上式的右端可以展开为

$$\psi(x-\Delta x)=\psi(x)-\Delta x\frac{\partial\psi(x)}{\partial x}+\cdots=\exp\left[-\Delta x\frac{\partial}{\partial x}\right]\psi(x) \tag{5.1.18}$$

于是,坐标无穷小平移算符可表示为

$$\hat{D}(\Delta x)=\exp\left[-\Delta x\frac{\partial}{\partial x}\right]=\exp\left[-\frac{\mathrm{i}}{\hbar}\Delta x\hat{p}_x\right] \tag{5.1.19}$$

其中,坐标无穷小平移算符的**生成元**

$$\hat{p}_x=-\mathrm{i}\hbar\frac{\partial}{\partial x} \tag{5.1.20}$$

就是相应的动量算符。

在三维空间中,动量算符为 $\hat{\boldsymbol{p}}=-\mathrm{i}\hbar\boldsymbol{\nabla}$,而相应的坐标无穷小平移算符为

$$\hat{D}(\Delta\boldsymbol{r})=\exp\left[-\frac{\mathrm{i}}{\hbar}\Delta\boldsymbol{r}\cdot\hat{\boldsymbol{p}}\right] \tag{5.1.21}$$

显然,坐标无穷小平移算符是一个幺正算符。

任意一个算符 $\hat{F}$ 在空间平移之下,将变成

$$\hat{F}'=\hat{D}(\Delta\boldsymbol{r})\hat{F}\hat{D}^{+}(\Delta\boldsymbol{r}) \tag{5.1.22}$$

当体系的哈密顿量算符在空间平移之下不变时,有

$$[\hat{D}(\Delta\boldsymbol{r}),\hat{H}]=0 \tag{5.1.23}$$

进而得到

$$[\hat{\boldsymbol{p}},\hat{H}]=0 \tag{5.1.24}$$

它表示在空间平移不变之下,动量 $\boldsymbol{p}$ 是一个守恒量,同时也意味着空间绝对位置是不可观测的。

5.1.3 时间均匀性与能量守恒

引入**时间无穷小平移算符** $\hat{D}(\Delta t)$,类似于坐标的情况,它的作用是

$$|\psi'(t)\rangle=\hat{D}(\Delta t)|\psi(t)\rangle=\left(1-\Delta t\frac{\partial}{\partial t}+\cdots\right)|\psi(t)\rangle=\exp\left[\frac{\mathrm{i}}{\hbar}\Delta t\left(\mathrm{i}\hbar\frac{\partial}{\partial t}\right)\right]|\psi(t)\rangle \tag{5.1.25}$$

时间平移算符的无穷小生成元就是能量算符

$$\hat{E}=\mathrm{i}\hbar\frac{\partial}{\partial t} \tag{5.1.26}$$

利用前面的结论可知

$$[\hat{H},\hat{D}(\Delta t)] = 0 \tag{5.1.27}$$

进而得到

$$[\hat{E},\hat{H}] = 0 \tag{5.1.28}$$

于是可知哈密顿算符不显含时间,即

$$\frac{\partial \hat{H}}{\partial t} = 0 \tag{5.1.29}$$

总之,若哈密顿量不显含时间变量,则能量为守恒量,同时也意味着时间原点是不可观测的。

5.2 空间反演与时间反演

5.2.1 宇 称

空间反演就是将波函数中的所有的空间坐标做如下变换

$$\boldsymbol{r} \rightarrow -\boldsymbol{r} \tag{5.2.1}$$

对一个波函数的空间反演,实际上,就是对波函数的一种操作,通常用一个算符 $\hat{\pi}$ 来表示这种操作,即

$$\hat{\pi}\psi(\boldsymbol{r},t) = \psi(-\boldsymbol{r},t) \tag{5.2.2}$$

称算符 $\hat{\pi}$ 为**宇称算符**。下面将证明它是一个幺正的线性厄米算符。

1. 宇称算符的性质

若 $\psi_1(\boldsymbol{r})$ 和 $\psi_2(\boldsymbol{r})$ 为两个任意的波函数,则有

$$\int \mathrm{d}\tau \psi_1^*(\boldsymbol{r})\hat{\pi}\psi_2(\boldsymbol{r}) = \int \mathrm{d}\tau \psi_1^*(\boldsymbol{r})\psi_2(-\boldsymbol{r}) =$$

$$\int \mathrm{d}\tau \psi_1^*(-\boldsymbol{r})\psi_2(\boldsymbol{r}) = \int \mathrm{d}\tau \psi_2(\boldsymbol{r})\hat{\pi}^* \psi_1^*(\boldsymbol{r}) \tag{5.2.3}$$

所以,宇称算符是厄米算符。虽然宇称算符是一个厄米算符,但是,找不到与其对应的经典力学量,因此它是一个纯量子力学算符。

由宇称算符的定义知

$$\hat{\pi}^2 = \hat{I} \tag{5.2.4}$$

式中,$\hat{I}$ 为单位算符。再顾及到宇称算符的厄米性质,于是有

$$\hat{\pi}^+ = \hat{\pi}^{-1} \tag{5.2.5}$$

所以宇称算符也是幺正算符。

2. 波函数的宇称

宇称算符满足的本征方程为

$$\hat{\pi}\varphi(\boldsymbol{r}) = \pi\varphi(\boldsymbol{r}) \tag{5.2.6}$$

利用(5.2.4)式,知

$$\varphi(\boldsymbol{r}) = \pi^2\varphi(\boldsymbol{r}) \tag{5.2.7}$$

于是得到 $\pi^2 = 1$,宇称算符的本征值为

$$\pi = \pm 1 \tag{5.2.8}$$

对应 $\pi = 1$ 的本征态称为**正(偶)宇称态**,对应 $\pi = -1$ 的本征态称为**负(奇)宇称态**。

例如,对于处于中心力场中的粒子,其本征矢为

$$\psi(\boldsymbol{r}) = R_{nl}(r)\mathrm{Y}_{lm}(\theta,\varphi) \tag{5.2.9}$$

当做变换 $\boldsymbol{r}\to -\boldsymbol{r}$ 时,相当于 $r\to r,\theta\to\pi-\theta,\varphi\to\pi+\varphi$,所以,该本征矢的宇称为

$$\pi = (-1)^l \tag{5.2.10}$$

说明在中心力场中粒子本征矢的宇称由轨道角动量量子数 l 决定,当 l 为偶数时,宇称为正,当 l 为奇数时,宇称为负。

3. 算符的宇称

类似于波函数,力学量算符也具有宇称。

(1) 坐标算符 $\hat{\boldsymbol{r}}$ 具有负宇称

$$\hat{\pi}^+\hat{\boldsymbol{r}}\hat{\pi} = -\hat{\boldsymbol{r}} \tag{5.2.11}$$

(2) 动量算符 $\hat{\boldsymbol{p}}$ 具有负宇称

$$\hat{\pi}^+\hat{\boldsymbol{p}}\hat{\pi} = -\hat{\boldsymbol{p}} \tag{5.2.12}$$

(3) 角动量算符 $\hat{\boldsymbol{L}} = \hat{\boldsymbol{r}}\times\hat{\boldsymbol{p}}$ 具有正宇称。将这种空间反演之下不变号的矢量称为**赝矢量**。

(4) 两个矢量的标积(例如,$\hat{\boldsymbol{p}}\cdot\hat{\boldsymbol{r}}$)是一个标量,它在空间反演下不变号,具有正宇称。

(5) 一个矢量与一个赝矢量的标积(例如,$\hat{\boldsymbol{p}}\cdot\hat{\boldsymbol{s}}$)却不是真的标量,而是**赝标量**。它在空间反演之下变号,具有负宇称,即

$$\hat{\pi}^+\hat{\boldsymbol{p}}\cdot\hat{\boldsymbol{s}}\hat{\pi} = -\hat{\boldsymbol{p}}\cdot\hat{\boldsymbol{s}} \tag{5.2.13}$$

5.2.2　宇称守恒

若体系的哈密顿量算符具有**空间反演不变性**,即

$$\hat{H}(\boldsymbol{r}) = \hat{H}(-\boldsymbol{r}) \tag{5.2.14}$$

则对于任意的波函数 $\psi(\boldsymbol{r})$,有

$$[\hat{\pi},\hat{H}(\boldsymbol{r})]\psi(\boldsymbol{r}) = \hat{\pi}\hat{H}(\boldsymbol{r})\psi(\boldsymbol{r}) - \hat{H}(\boldsymbol{r})\hat{\pi}\psi(\boldsymbol{r}) = 0 \tag{5.2.15}$$

于是

$$[\hat{\pi},\hat{H}(\boldsymbol{r})]=0 \tag{5.2.16}$$

总之,当体系的哈密顿量具有空间反演不变性时,宇称是一个守恒量,同时也意味着空间的绝对左与右是不可观测的。实际上,具有空间反演对称性的体系所能实现的状态,是否具有确定的宇称或者取什么宇称,还要取决于初始状态宇称的状况。

对于多粒子体系,问题将变得复杂。若体系处于中心力场中,则第 j 个粒子除了轨道角动量提供的宇称 $(-1)^{l_j}$ 之外,它还具有一个**内禀宇称** p_j。内禀宇称的标定是相对的,通常令电子、质子的 $p=1$。于是,第 j 个粒子的宇称是轨道宇称与内禀宇称之积。对于粒子数不守恒的反应来说,反应前 N_i 个粒子的总宇称等于反应后 N_f 个粒子的总宇称

$$\prod_j^{N_i}(-1)^{l_j}p_j=\prod_j^{N_f}(-1)^{l_j}p_j \tag{5.2.17}$$

上式即为**宇称守恒定律**的数学表示。

应该注意,宇称算符的本征值是相乘的,这是因为空间反演变换是分立变换的缘故。与此相对,连续变换所对应的力学量本征值是相加的。

5.2.3 弱相互作用与宇称不守恒

20世纪中期,美籍华人物理学家李政道和杨振宁为了解决荷电K介子衰变问题,怀疑宇称守恒的普适性。

他们认真地分析了所掌握的所有实验资料,发现强相互作用与电磁相互作用的实验结果均以极高的精度支持了宇称守恒定律。衰变属于弱相互作用的范畴,遗憾的是,弱相互作用领域内的实验资料相当的匮乏,而且精度也不高。

他们决定从实验资料相对多的β衰变入手。

质子p是稳定的,它的平均寿命 $\tau_p>10^{32}$ 年,而中子n是不稳定的,它的平均寿命 $\tau_n\approx(885.7\pm0.8)$ s,因此中子有可能发生如下的衰变

$$\mathrm{n}\rightarrow\mathrm{p}+\mathrm{e}^-+\bar{\nu}_\mathrm{e} \tag{5.2.18}$$

也就是说,中子可以衰变为一个质子p、一个电子 e^- 和一个反中微子 $\bar{\nu}_\mathrm{e}$。为简捷起见,假设体系的哈密顿算符可以写成两项之和,即

$$\hat{H}=c_1\hat{H}_S+c_2\hat{H}_P \tag{5.2.19}$$

式中,$\hat{H}_S$ 和 $\hat{H}_P$ 分别是标量和赝标量,c_1 和 c_2 为耦合系数。他们的研究发现,β衰变概率公式只是以 $|c_1|^2+|c_2|^2$ 代替过去的 $|c_1|^2$,而在实验上,这是无法区分的。于是,他们得出一个重要的结论,已往所有的β衰变实验,完全没有涉及宇称是否守恒的问题。

为了确定 c_2 项的存在,只要观测到正比于 c_1c_2 的干涉项即可,而其为在空

间反演下变号的赝标量。他们发现 $\hat{\boldsymbol{p}} \cdot \hat{\boldsymbol{s}}$ 正是一个赝标量,于是让原子核自旋 $\boldsymbol{s}$ 在低温下沿固定方向排列起来,测量这种**极化核** β 衰变时放出来的电子(动量为 $\boldsymbol{p}$)对 $\boldsymbol{s}$ 方向的角分布

$$I(\theta)\mathrm{d}\theta = A(1+\alpha\cos\theta)\sin\theta\mathrm{d}\theta \tag{5.2.20}$$

式中 A 为常数。计算表明,α 正比于干涉项 c_1c_2,而 $\cos\theta \sim \hat{\boldsymbol{p}} \cdot \hat{\boldsymbol{s}}$ 确实是一个赝标量。若 $\alpha \neq 0$,则说明宇称不守恒。在实验中,可以测量 $\theta < 90°$ 和 $\theta > 90°$ 两个半球内的出射电子的不对称性,进而定出 α 的值

$$\alpha = \frac{2\left(\int_0^{\frac{\pi}{2}} I(\theta)\mathrm{d}\theta - \int_{\frac{\pi}{2}}^{\pi} I(\theta)\mathrm{d}\theta\right)}{\int_0^{\pi} I(\theta)\mathrm{d}\theta} \tag{5.2.21}$$

在他们的建议之下,吴键雄等利用 ^{60}Co 核成功地完成了实验,测出 $\alpha < 0$。从而证明了 β 衰变中宇称不守恒。后来,其他的实验也都证明在弱相互作用过程中宇称守恒定律不再成立。为此,李、杨二人共同获得了1957年诺贝尔物理学奖。

5.2.4 时间反演算符

空间反演对称性导致宇称守恒,人们自然联想到时间反演的问题。1932年维格纳率先在量子力学中引入了时间反演的概念。所谓**时间反演对称**的意思是指运动的可逆性,把一个运动过程拍摄下来,然后进行倒放,若这时的运动规律与正放时完全一样,称之为**时间反演守恒**。

一个无自旋粒子的薛定谔方程为

$$\mathrm{i}\hbar\frac{\partial}{\partial t}\psi(\boldsymbol{x},t) = \hat{H}\psi(\boldsymbol{x},t) \tag{5.2.22}$$

当做变换 $t \to -t$ 时,变换后的方程一定与原来的方程不同,但是,若对上述方程取复共轭后再做变换,则

$$\mathrm{i}\hbar\frac{\partial}{\partial t}\psi^*(\boldsymbol{x},-t) = \hat{H}\psi^*(\boldsymbol{x},-t) \tag{5.2.23}$$

其中已假定哈密顿算符是不显含时间变量的实型算符,于是原来的波函数 $\psi(\boldsymbol{x},t)$ 变成了它的时间反演态 $\psi^*(\boldsymbol{x},-t)$,所谓时间反演对称指的是,上述两个状态之间可能存在的对称性或等价关系。

对于一个定态波函数,有

$$\psi_n(\boldsymbol{x},t) = u_n(\boldsymbol{x})\exp\left(-\frac{\mathrm{i}}{\hbar}E_nt\right) \tag{5.2.24}$$

$$\psi_n^*(\boldsymbol{x},-t) = u_n^*(\boldsymbol{x})\exp\left(-\frac{\mathrm{i}}{\hbar}E_nt\right) \tag{5.2.25}$$

由此可知,若 $\psi(\boldsymbol{x},t)$ 是方程(5.2.22)的解,则其时间反演态 $\psi^*(\boldsymbol{x},-t)$ 也是该方程对应同样能量的解,或者说,该能量的解是二度简并的。

由时间反演算符 $\hat{T}$ 的定义可知,它的作用是由两个操作构成的,即

$$\hat{T}=\hat{K}\hat{\Gamma} \tag{5.2.26}$$

其中,算符 $\hat{K}$ 与 $\hat{\Gamma}$ 的作用分别是

$$\begin{aligned}\hat{K}\psi(\boldsymbol{x},t)&=\psi^*(\boldsymbol{x},t)\\ \hat{\Gamma}\psi(\boldsymbol{x},t)&=\psi(\boldsymbol{x},-t)\end{aligned} \tag{5.2.27}$$

下面来研究时间反演算符的一些性质。

(1) 时间反演算符不是线性算符

时间反演算符虽然满足

$$\hat{T}[\psi_1(\boldsymbol{x},t)+\psi_2(\boldsymbol{x},t)]=\hat{T}\psi_1(\boldsymbol{x},t)+\hat{T}\psi_2(\boldsymbol{x},t) \tag{5.2.28}$$

但是,由于

$$\begin{aligned}\hat{T}[c_1\psi_1(\boldsymbol{x},t)+c_2\psi_2(\boldsymbol{x},t)]&=c_1^*\hat{T}\psi_1(\boldsymbol{x},t)+c_2^*\hat{T}\psi_2(\boldsymbol{x},t)\neq\\ &c_1\hat{T}\psi_1(\boldsymbol{x},t)+c_2\hat{T}\psi_2(\boldsymbol{x},t)\end{aligned} \tag{5.2.29}$$

故时间反演算符不满足线性算符的定义,而是所谓的**反线性算符**。

(2) 算符 $\hat{K}$ 是反幺正算符

设 $\hat{K}$ 算符满足

$$\begin{aligned}\hat{K}\psi_\alpha(\boldsymbol{r},t)&=\varphi_\alpha(\boldsymbol{r},t)\\ \hat{K}\psi_\beta(\boldsymbol{r},t)&=\varphi_\beta(\boldsymbol{r},t)\end{aligned} \tag{5.2.30}$$

则有

$$\int\psi_\alpha^*(\boldsymbol{r},t)\psi_\beta(\boldsymbol{r},t)\mathrm{d}\tau=\int\varphi_\beta^*(\boldsymbol{r},t)\varphi_\alpha(\boldsymbol{r},t) \tag{5.2.31}$$

满足(5.2.29)式与(5.2.31)式的 $\hat{K}$ 算符称为**反幺正算符**。由于反线性反幺正算符不存在任何本征方程和本征态,所以 $\hat{T}$ 算符并不对应于一个可观察力学量。

(3) 算符 $\hat{K}$ 不存在相应的厄米共轭算符

设算符 $\hat{G}$ 为算符 $\hat{K}$ 的厄米共轭算符,则

$$\int[\hat{G}\varphi(\boldsymbol{x})]^*\psi(\boldsymbol{x})\mathrm{d}\tau=\int\varphi^*(\boldsymbol{x})\hat{K}\psi(\boldsymbol{x})\mathrm{d}\tau=\int\varphi^*(\boldsymbol{x})\psi^*(\boldsymbol{x})\mathrm{d}\tau \tag{5.2.32}$$

满足上式的 $\hat{G}$ 是不存在的,故 $\hat{K}$ 不是厄米算符,进而可知 $\hat{T}$ 也不是厄米算符。

下面直接给出力学量算符在时间反演之下的结果

$$\begin{aligned}\hat{H}'&=\hat{T}\hat{H}\hat{T}^{-1}=\hat{H}\\ \hat{\boldsymbol{r}}'&=\hat{T}\hat{\boldsymbol{r}}\hat{T}^{-1}=\hat{\boldsymbol{r}}\\ \hat{\boldsymbol{p}}'&=\hat{T}\hat{\boldsymbol{p}}\hat{T}^{-1}=-\hat{\boldsymbol{p}}\\ \hat{\boldsymbol{L}}'&=\hat{T}\hat{\boldsymbol{L}}\hat{T}^{-1}=-\hat{\boldsymbol{L}}\\ \hat{\boldsymbol{J}}'&=\hat{T}\hat{\boldsymbol{J}}\hat{T}^{-1}=-\hat{\boldsymbol{J}}\end{aligned} \tag{5.2.33}$$

角动量本征态 $|jm\rangle$ 的时间反演态为

$$\hat{T}|jm\rangle = (-1)^{j+m}|j,-m\rangle \tag{5.2.34}$$

5.3　态矢耦合系数

在研究空间转动对称性之前,先介绍几个角动量的耦合波函数与非耦合波函数之间的关系。为了使用方便,本节分别给出两个、三个和四个角动量态矢耦合系数的定义、性质和计算公式,略去了繁杂的推导和证明。

5.3.1　CG 系数和 3j 符号

1. CG 系数的定义

对于两个角动量 j_1、j_2 来说,若态矢 $|j_1m_1\rangle|j_2m_2\rangle = |j_1m_1j_2m_2\rangle$ 是非耦合表象的基矢,$|j_1j_2jm\rangle$ 是耦合表象的基矢,则由表象变换理论可知,基矢之间满足关系

$$|j_1j_2jm\rangle = \sum_{m_1m_2}|j_1m_1j_2m_2\rangle\langle j_1m_1j_2m_2|j_1j_2jm\rangle = \sum_{m_1m_2}C_{j_1m_1j_2m_2}^{jm}|j_1m_1j_2m_2\rangle \tag{5.3.1}$$

其中,展开系数 $C_{j_1m_1j_2m_2}^{jm}$ 为 CG 系数。由于推导的过程比较繁杂,就不在这里进行了,直接给出它的一些常用的性质和计算公式,以备查用。

2. CG 系数的性质

(1) 不为零的条件

凡是不满足三角形关系

$$\begin{cases} m = m_1 + m_2 \\ j = |j_1 - j_2|, |j_1 - j_2| + 1, \cdots, j_1 + j_2 \end{cases} \tag{5.3.2}$$

的 CG 系数皆为零。

(2) 循环公式

$$\begin{aligned} C_{j_1m_1j_2m_2}^{j_3m_3} &= (-1)^{j_1+j_2-j_3}C_{j_2m_2j_1m_1}^{j_3m_3} = (-1)^{j_1+j_2-j_3}C_{j_1-m_1j_2-m_2}^{j_3-m_3} = \\ &(-1)^{j_1-m_1}\frac{\hat{j}_3}{\hat{j}_2}C_{j_3m_3j_1-m_1}^{j_2m_2} = (-1)^{j_2+m_2}\frac{\hat{j}_3}{\hat{j}_1}C_{j_2-m_2j_3m_3}^{j_1m_1} = \\ &(-1)^{j_1-m_1}\frac{\hat{j}_3}{\hat{j}_2}C_{j_1m_1j_3-m_3}^{j_2-m_2} = (-1)^{j_2+m_2}\frac{\hat{j}_3}{\hat{j}_1}C_{j_3-m_3j_2m_2}^{j_1-m_1} \end{aligned} \tag{5.3.3}$$

式中,$\hat{j} = \sqrt{2j+1}$,应该注意这里的 $\hat{j}$ 不是算符,只是一个符号。

(3) 正交归一关系

$$\sum_{m_1 m_2} C^{jm}_{j_1 m_1 j_2 m_2} C^{j'm'}_{j_1 m_1 j_2 m_2} = \delta_{jj'}\delta_{mm'}$$

$$\sum_{jm} C^{jm}_{j_1 m_1 j_2 m_2} C^{jm}_{j_1' m_1' j_2' m_2'} = \delta_{j_1 j_1'}\delta_{m_1 m_1'}\delta_{j_2 j_2'}\delta_{m_2 m_2'} \tag{5.3.4}$$

3.3j 符号的定义和性质

展开系数还可以用 3j 符号来表示，3j 符号的定义和性质如下。

(1)3j 符号的定义

$$\begin{pmatrix} j_1 & j_2 & j_3 \\ m_1 & m_2 & m_3 \end{pmatrix} = \frac{(-1)^{j_1-j_2-m_3}}{\hat{j}_3} C^{j_3-m_3}_{j_1 m_1 j_2 m_2} \tag{5.3.5}$$

(2) 交换的性质

列之间偶数次对换，其值不变。

列之间奇数次对换或将磁量子数全部变号，差$(-1)^{j_1+j_2+j_3}$。

(3) 正交归一关系

$$\sum_{m_1 m_2} \hat{j}_3 \begin{pmatrix} j_1 & j_2 & j_3 \\ m_1 & m_2 & m_3 \end{pmatrix}\begin{pmatrix} j_1 & j_2 & j_3' \\ m_1 & m_2 & m_3' \end{pmatrix} = \delta_{j_3 j_3'}\delta_{m_3 m_3'}$$

$$\sum_{j_3 m_3} \hat{j}_3 \begin{pmatrix} j_1 & j_2 & j_3 \\ m_1 & m_2 & m_3 \end{pmatrix}\begin{pmatrix} j_1' & j_2' & j_3 \\ m_1' & m_2' & m_3 \end{pmatrix} = \delta_{j_1 j_1'}\delta_{m_1 m_1'}\delta_{j_2 j_2'}\delta_{m_2 m_2'} \tag{5.3.6}$$

4.其他表示

由于历史的原因，在早期的文献中，耦合系数还有过另外一些表示方式，现将 3j 符号与各种耦合系数之间的关系列在下面。

(1) 康登(Condon) - 肖特利(Shortley) 系数

$$\langle j_1 m_1 j_2 m_2 \mid j_1 j_2 j_3 m_3 \rangle = \hat{j}_3 (-1)^{-j_1+j_2-m_3} \begin{pmatrix} j_1 & j_2 & j_3 \\ m_1 & m_2 & -m_3 \end{pmatrix} \tag{5.3.7}$$

(2) 许温格(Schwinger) 系数

$$X(j_1 j_2 j_3; m_1 m_2 m_3) = \begin{pmatrix} j_1 & j_2 & j_3 \\ m_1 & m_2 & m_3 \end{pmatrix} \tag{5.3.8}$$

(3) 费诺(Fano) 和朗道 - 利福希茨(Landau - Lifchitz) 系数

$$\langle j_1 m_1, j_2 m_2, j_3 m_3 \mid 0 \rangle = (-1)^{j_1-j_2+j_3} \begin{pmatrix} j_1 & j_2 & j_3 \\ m_1 & m_2 & m_3 \end{pmatrix} \tag{5.3.9}$$

(4) 拉卡(Racah) 系数

$$V(j_1 j_2 j_3; m_1 m_2 m_3) = (-1)^{j_1-j_2-j_3} \begin{pmatrix} j_1 & j_2 & j_3 \\ m_1 & m_2 & m_3 \end{pmatrix} \tag{5.3.10}$$

5.3j 符号的计算公式

$$\begin{pmatrix} j_1 & j_2 & j_3 \\ m_1 & m_2 & m_3 \end{pmatrix} = (-1)^{j_1-j_2-m_3} \times$$

$$[(j_1+m_1)!(j_1-m_1)!(j_2+m_2)!(j_2-m_2)!(j_3+m_3)!(j_3-m_3)!]^{\frac{1}{2}} \times$$

$$\left[\frac{(j_1+j_2-j_3)!(j_1-j_2+j_3)!(-j_1+j_2+j_3)!}{(j_1+j_2+j_3+1)!}\right]^{\frac{1}{2}} \times$$

$$\sum_k \frac{(-1)^k}{k!(j_1+j_2-j_3-k)!(j_1-m_1-k)!(j_2+m_2-k)!(j_3-j_2+m_1+k)!(j_3-j_1-m_2+k)!} \tag{5.3.11}$$

5.3.2　拉卡系数和 6j 符号

1. U 系数的定义

三个角动量 $\boldsymbol{j}_1$、$\boldsymbol{j}_2$、$\boldsymbol{j}_3$ 之矢量和 $\boldsymbol{j}=\boldsymbol{j}_1+\boldsymbol{j}_2+\boldsymbol{j}_3$ 有两种耦合方式,即

$$\begin{aligned} \boldsymbol{j} &= (\boldsymbol{j}_1+\boldsymbol{j}_2)+\boldsymbol{j}_3 = \boldsymbol{j}_{12}+\boldsymbol{j}_3, \quad \boldsymbol{j}_{12}=\boldsymbol{j}_1+\boldsymbol{j}_2 \\ \boldsymbol{j} &= \boldsymbol{j}_1+(\boldsymbol{j}_2+\boldsymbol{j}_3) = \boldsymbol{j}_1+\boldsymbol{j}_{23}, \quad \boldsymbol{j}_{23}=\boldsymbol{j}_2+\boldsymbol{j}_3 \end{aligned} \tag{5.3.12}$$

对应的耦合本征函数分别为 $|j_1j_2(j_{12}),j_3;JM\rangle$ 与 $|j_1,j_2j_3(j_{23});JM\rangle$。

将其分别向非耦合表象的本征函数展开

$$|j_1j_2(j_{12}),j_3;JM\rangle = \sum_{\substack{m_1m_2\\m_3m_{12}}} C^{j_{12}m_{12}}_{j_1m_1j_2m_2}\, C^{JM}_{j_{12}m_{12}j_3m_3}\, |j_1m_1\rangle\, |j_2m_2\rangle\, |j_3m_3\rangle$$

$$|j_1,j_2j_3(j_{23});JM\rangle = \sum_{\substack{m_1m_2\\m_3m_{23}}} C^{JM}_{j_1m_1j_{23}m_{23}}\, C^{j_{23}m_{23}}_{j_2m_2j_3m_3}\, |j_1m_1\rangle\, |j_2m_2\rangle\, |j_3m_3\rangle \tag{5.3.13}$$

再将 $|j_1,j_2j_3(j_{23});JM\rangle$ 向 $|j_1j_2(j_{12}),j_3;JM\rangle$ 展开,即

$$|j_1,j_2j_3(j_{23});JM\rangle = \sum_{j_{12}} U(j_1j_2Jj_3;j_{12}j_{23})\, |j_1j_2(j_{12}),j_3;JM\rangle \tag{5.3.14}$$

称展开系数 $U(j_1j_2Jj_3;j_{12}j_{23})$ 为**约翰(Jahn)的 U 系数**。

$$\begin{aligned} U(j_1j_2Jj_3;j_{12}j_{23}) &= \langle j_1j_2(j_{12}),j_3;JM \mid j_1,j_2j_3(j_{23});JM\rangle = \\ &\sum_{\substack{m_1m_2m_3\\m_{12}m_{23}}} C^{j_{12}m_{12}}_{j_1m_1j_2m_2}\, C^{JM}_{j_{12}m_{12}j_3m_3}\, C^{JM}_{j_1m_1j_{23}m_{23}}\, C^{j_{23}m_{23}}_{j_2m_2j_3m_3} \end{aligned} \tag{5.3.15}$$

2. 其他表示

几种系数之间的关系为

(1)6j 符号

$$\begin{Bmatrix} j_1 & j_2 & j_3 \\ l_1 & l_2 & l_3 \end{Bmatrix} = (-1)^{j_1+j_2+l_1+l_2} \frac{1}{\hat{j}_3 \hat{l}_3} U(j_1 j_2 l_2 l_1; j_3 l_3) \tag{5.3.16}$$

(2) 拉卡系数

$$W(j_1 j_2 l_2 l_1; j_3 l_3) = (-1)^{j_1+j_2+l_1+l_2} \begin{Bmatrix} j_1 & j_2 & j_3 \\ l_1 & l_2 & l_3 \end{Bmatrix} \tag{5.3.17}$$

(3) 约翰系数的另一种写法

$$U\begin{Bmatrix} j_1 & j_2 & j_3 \\ l_1 & l_2 & l_3 \end{Bmatrix} = U(j_1 j_2 l_2 l_1; j_3 l_3) \tag{5.3.18}$$

3.6j 符号的性质

(1) 三角形关系

$\begin{Bmatrix} j_1 & j_2 & j_3 \\ l_1 & l_2 & l_3 \end{Bmatrix}$要求满足如下四个三角形关系

$$(j_1 j_2 j_3), (l_1 l_2 j_3), (j_1 l_2 l_3), (l_1 j_2 l_3) \tag{5.3.19}$$

(2) 循环公式

$$\begin{Bmatrix} j_1 j_2 j_3 \\ l_1 l_2 l_3 \end{Bmatrix} = \begin{Bmatrix} j_2 j_1 j_3 \\ l_2 l_1 l_3 \end{Bmatrix} = \begin{Bmatrix} j_2 j_3 j_1 \\ l_2 l_3 l_1 \end{Bmatrix} = \begin{Bmatrix} l_1 l_2 j_3 \\ j_1 j_2 l_3 \end{Bmatrix} = \begin{Bmatrix} j_1 l_2 l_3 \\ l_1 j_2 j_3 \end{Bmatrix} \tag{5.3.20}$$

(3) 正交关系

$$\sum_{j_{23}} \hat{j}_{12}^2 \hat{j}_{23}^2 \begin{Bmatrix} j_1 j_2 j_{12} \\ j_3 \; J \; j_{23} \end{Bmatrix} \begin{Bmatrix} j_1 j_2 j_{12}' \\ j_3 \; J \; j_{23} \end{Bmatrix} = \delta_{j_{12} j_{12}'} \tag{5.3.21}$$

4.6j 符号的计算公式

$$\begin{Bmatrix} j_1 j_2 j_3 \\ l_1 l_2 l_3 \end{Bmatrix} = (-1)^{j_1+j_2+l_1+l_2} \Delta(j_1 j_2 j_3) \Delta(l_1 l_2 j_3) \Delta(l_1 j_2 l_3) \Delta(j_1 l_2 l_3) \times$$
$$\sum_k \frac{(-1)^k (j_1 + j_2 + l_1 + l_2 + 1 - k)!}{k!(j_1 + j_2 - j_3 - k)!(l_1 + l_2 - j_3 - k)!(j_1 + l_2 - l_3 - k)!(l_1 + j_2 - l_3 - k)!} \times$$
$$\frac{1}{(-j_1 - l_1 + l_3 + j_3 + k)!(-j_2 - l_2 + j_3 + l_3 + k)!} \tag{5.3.22}$$

其中

$$\Delta(abc) = \left[\frac{(a + b - c)!(a - b + c)!(-a + b + c)!}{(a + b + c + 1)!} \right]^{\frac{1}{2}} \tag{5.3.23}$$

5.3.3 广义拉卡系数和 9j 符号

1.广义拉卡系数与 9j 符号

四个角动量 $\boldsymbol{j}_1$、$\boldsymbol{j}_2$、$\boldsymbol{j}_3$、$\boldsymbol{j}_4$ 之矢量和 $\boldsymbol{j} = \boldsymbol{j}_1 + \boldsymbol{j}_2 + \boldsymbol{j}_3 + \boldsymbol{j}_4$ 可按如下两种方式

耦合

$$\boldsymbol{j} = (\boldsymbol{j}_1 + \boldsymbol{j}_2) + (\boldsymbol{j}_3 + \boldsymbol{j}_4) = \boldsymbol{j}_{12} + \boldsymbol{j}_{34}$$
$$\boldsymbol{j} = (\boldsymbol{j}_1 + \boldsymbol{j}_3) + (\boldsymbol{j}_2 + \boldsymbol{j}_4) = \boldsymbol{j}_{13} + \boldsymbol{j}_{24} \tag{5.3.24}$$

它们对应的本征函数分别为

$$|j_1 j_2 (j_{12}) j_3 j_4 (j_{34}); JM\rangle = \sum_{\substack{m_1 m_2 m_{12} \\ m_3 m_4 m_{34}}} C_{j_1 m_1 j_2 m_2}^{j_{12} m_{12}} C_{j_3 m_3 j_4 m_4}^{j_{34} m_{34}} C_{j_{12} m_{12} j_{34} m_{34}}^{JM} |j_1 m_1\rangle |j_2 m_2\rangle |j_3 m_3\rangle |j_4 m_4\rangle$$

$$|j_1 j_3 (j_{13}) j_2 j_4 (j_{24}); JM\rangle = \sum_{\substack{m_1 m_3 m_{13} \\ m_2 m_4 m_{24}}} C_{j_1 m_1 j_3 m_3}^{j_{13} m_{13}} C_{j_2 m_2 j_4 m_4}^{j_{24} m_{24}} C_{j_{13} m_{13} j_{24} m_{24}}^{JM} |j_1 m_1\rangle |j_2 m_2\rangle |j_3 m_3\rangle |j_4 m_4\rangle \tag{5.3.25}$$

将 $|j_1 j_3 (j_{13}) j_2 j_4 (j_{24}); JM\rangle$ 向 $|j_1 j_2 (j_{12}) j_3 j_4 (j_{34}); JM\rangle$ 展开

$$|j_1 j_3 (j_{13}) j_2 j_4 (j_{24}); JM\rangle = \sum_{j_{12} j_{24}} |j_1 j_2 (j_{12}) j_3 j_4 (j_{34}); JM\rangle \times \langle j_1 j_2 (j_{12}) j_3 j_4 (j_{34}); JM | j_1 j_3 (j_{13}) j_2 j_4 (j_{24}); JM\rangle \tag{5.3.26}$$

称

$$\begin{pmatrix} j_1 & j_2 & j_{12} \\ j_3 & j_4 & j_{34} \\ j_{13} & j_{24} & J \end{pmatrix} = \langle j_1 j_2 (j_{12}) j_3 j_4 (j_{34}); JM | j_1 j_3 (j_{13}) j_2 j_4 (j_{24}); JM\rangle \tag{5.3.27}$$

为广义拉卡系数。

广义拉卡系数的具体表达式为

$$\begin{pmatrix} j_1 & j_2 & j_{12} \\ j_3 & j_4 & j_{34} \\ j_{13} & j_{24} & J \end{pmatrix} = \sum_{\substack{m_1 m_2 m_3 m_4 \\ m_{12} m_{34} m_{13} m_{24}}} C_{j_1 m_1 j_2 m_2}^{j_{12} m_{12}} C_{j_3 m_3 j_4 m_4}^{j_{34} m_{34}} C_{j_{12} m_{12} j_{34} m_{34}}^{JM} C_{j_1 m_1 j_3 m_3}^{j_{13} m_{13}} C_{j_2 m_2 j_4 m_4}^{j_{24} m_{24}} C_{j_{13} m_{13} j_{24} m_{24}}^{JM} \tag{5.3.28}$$

广义拉卡系数与 9j 符号的关系

$$\begin{pmatrix} j_1 & j_2 & j_{12} \\ j_3 & j_4 & j_{34} \\ j_{13} & j_{24} & J \end{pmatrix} = \hat{j}_{12} \hat{j}_{34} \hat{j}_{13} \hat{j}_{24} \begin{Bmatrix} j_1 & j_2 & j_{12} \\ j_3 & j_4 & j_{34} \\ j_{13} & j_{24} & J \end{Bmatrix} \tag{5.3.29}$$

等式右端的大括号为 9j 符号。

2.9j 符号的性质

(1)9j 符号要满足如下六个三角关系,否则为零

$$(j_1j_2j_{12}),(j_3j_4j_{34}),(j_1j_3j_{13}),(j_2j_4j_{24}),(j_{12}j_{34}J),(j_{13}j_{24}J) \tag{5.3.30}$$

(2) 对称性

行变列,或列变行,9j 符号值不变;

任意行或列做偶数次调换,9j 符号值不变;

任意行或列做奇数次调换,9j 符号的值相差一个因子

$$(-1)^{j_1+j_2+j_3+j_4+j_{12}+j_{34}+j_{13}+j_{24}+J} \tag{5.3.31}$$

(3) 正交关系

$$\sum_{j_{13}j_{24}} \hat{j}_{12}^2\hat{j}_{34}^2\hat{j}_{13}^2\hat{j}_{24}^2 \begin{Bmatrix} j_1 & j_2 & j_{12} \\ j_3 & j_4 & j_{34} \\ j_{13} & j_{24} & J \end{Bmatrix} \begin{Bmatrix} j_1 & j_2 & j'_{12} \\ j_3 & j_4 & j'_{34} \\ j_{13} & j_{24} & J \end{Bmatrix} = \delta_{j_{12}j_{12}'}\delta_{j_{34}j_{34}'} \tag{5.3.32}$$

3. 9j 符号的计算公式

$$\begin{Bmatrix} j_1 & j_2 & j_{12} \\ j_3 & j_4 & j_{34} \\ j_{13} & j_{24} & J \end{Bmatrix} = \sum_j (-1)^{2j}\hat{j}^2 \begin{Bmatrix} j_1 & j_3 & j_{13} \\ j_{24} & J & j \end{Bmatrix} \begin{Bmatrix} j_2 & j_4 & j_{24} \\ j_3 & j & j_{34} \end{Bmatrix} \begin{Bmatrix} j_{12} & j_{34} & J \\ j & j_1 & j_2 \end{Bmatrix} \tag{5.3.33}$$

5.4 空间转动不变性与角动量守恒

5.4.1 空间转动不变性与角动量守恒

1. 体系绕 z 轴旋转

这是一种简单的特殊情况。当体系绕 z 轴旋转无穷小角度 $\Delta\varphi$ 时,有

$$\varphi \to \varphi' = \varphi + \Delta\varphi \tag{5.4.1}$$

用完全类似处理空间平移问题的方法,可以得到绕 z 轴旋转 $\Delta\varphi$ 的空间无穷小转动算符

$$\hat{R}(\Delta\varphi) = \exp\left[-\frac{\mathrm{i}}{\hbar}\Delta\varphi\hat{L}_z\right] \tag{5.4.2}$$

其中,无穷小生成元

$$\hat{L}_z = -\mathrm{i}\hbar\frac{\partial}{\partial\varphi} \tag{5.4.3}$$

为角动量 z 分量算符。若体系具有绕 z 轴转动不变性,则角动量 z 分量为守恒量,空间中的绝对角度 φ 是一个不可测量的力学量。

2. 体系绕空间某方向 $\boldsymbol{n}$ 转动

进一步讨论绕空间某方向 $\boldsymbol{n}$(单位矢量) 的无穷小转动 $\Delta\theta$,即

$$\boldsymbol{r} \to \boldsymbol{r}' = \boldsymbol{r} + \Delta\boldsymbol{r}$$

$$\Delta\boldsymbol{r} = \Delta\boldsymbol{\theta} \times \boldsymbol{r} = \Delta\theta\boldsymbol{n} \times \boldsymbol{r} \tag{5.4.4}$$

在此变换之下,波函数相应的变换为

$$\psi(\boldsymbol{r}) \to \psi'(\boldsymbol{r}) = \hat{R}(\boldsymbol{n},\Delta\theta)\psi(\boldsymbol{r}) \tag{5.4.5}$$

其中,$\hat{R}(\boldsymbol{n},\Delta\theta)$ 为绕空间 $\boldsymbol{n}$ 方向做无穷小转动 $\Delta\theta$ 的**无穷小转动算符**。由空间转动不变性知

$$\psi'(\boldsymbol{r}') = \psi(\boldsymbol{r}) \tag{5.4.6}$$

此即

$$\hat{R}(\boldsymbol{n},\Delta\theta)\psi(\boldsymbol{r} + \Delta\boldsymbol{r}) = \psi(\boldsymbol{r}) \tag{5.4.7}$$

若用 $\boldsymbol{r} - \Delta\boldsymbol{r}$ 代替 $\boldsymbol{r}$,则上式可以改写为

$$\begin{aligned}
&\hat{R}(\boldsymbol{n},\Delta\theta)\psi(\boldsymbol{r}) = \psi(\boldsymbol{r} - \Delta\boldsymbol{r}) = \psi(\boldsymbol{r} - \Delta\theta\boldsymbol{n} \times \boldsymbol{r}) = \\
&\psi(\boldsymbol{r}) - \Delta\theta(\boldsymbol{n} \times \boldsymbol{r}) \cdot \boldsymbol{\nabla}\psi(\boldsymbol{r}) + \cdots = \exp[-\Delta\theta(\boldsymbol{n} \times \boldsymbol{r}) \cdot \boldsymbol{\nabla}]\psi(\boldsymbol{r}) = \\
&\exp\left[-\frac{\mathrm{i}}{\hbar}\Delta\theta(\boldsymbol{n} \times \boldsymbol{r}) \cdot \hat{\boldsymbol{p}}\right]\psi(\boldsymbol{r}) = \exp\left[-\frac{\mathrm{i}}{\hbar}\Delta\theta\boldsymbol{n} \cdot \hat{\boldsymbol{L}}\right]\psi(\boldsymbol{r})
\end{aligned} \tag{5.4.8}$$

于是有

$$\hat{R}(\boldsymbol{n},\Delta\theta) = \exp\left[-\frac{\mathrm{i}}{\hbar}\Delta\theta\boldsymbol{n} \cdot \hat{\boldsymbol{L}}\right] \tag{5.4.9}$$

式中**无穷小生成元**

$$\hat{\boldsymbol{L}} = \boldsymbol{r} \times \hat{\boldsymbol{p}}$$

为轨道角动量算符。

如果体系具有空间转动不变性,则

$$[\hat{R}(\boldsymbol{n},\Delta\theta),\hat{H}] = 0 \tag{5.4.11}$$

进而得到

$$[\hat{\boldsymbol{L}},\hat{H}] = 0 \tag{5.4.12}$$

此即**角动量守恒**的条件,说明轨道角动量是守恒量,同时也意味着空间的绝对方向是不可观测的,即空间是各向同性的。

综上所述,体系具有的对称性将导致守恒量的存在(时间反演除外),不同的对称性对应不同的守恒量,同时也意味着存在某个不可观测量。体系的对称性也将导致能量本征值的简并,若要消除简并,则必须引入适当的新的力学量。

5.4.2 算符的转动

1. 无穷小转动算符的一般形式

前面已经定义 $\hat{R}(\boldsymbol{n},\Delta\theta)$ 为绕空间 $\boldsymbol{n}$ 方向做无穷小转动 $\Delta\theta$ 的无穷小转动

算符,即

$$\hat{R}(\boldsymbol{n},\Delta\theta) = \exp\left[-\frac{\mathrm{i}}{\hbar}\Delta\theta\boldsymbol{n}\cdot\hat{\boldsymbol{L}}\right] \tag{5.4.13}$$

其中,$\hat{\boldsymbol{L}}$ 为轨道角动量算符,它是在粒子自旋为零的标量场中写出的。实际上,它也可以在自旋为$\frac{\hbar}{2}$ 的旋量场和自旋为 $\hbar$ 的矢量场中写出来,只不过将轨道角动量算符 $\hat{\boldsymbol{L}}$ 换成总角动量算符$\hat{\boldsymbol{J}}$ 而已。因此,绕空间 $\boldsymbol{n}$ 方向做无穷小转动 $\Delta\theta$ 的无穷小转动算符的一般形式应写为

$$\hat{R}(\boldsymbol{n},\Delta\theta) = \exp\left[-\frac{\mathrm{i}}{\hbar}\Delta\theta\boldsymbol{n}\cdot\hat{\boldsymbol{J}}\right] \tag{5.4.14}$$

2. 有限角度转动算符

若考虑绕空间 $\boldsymbol{n}$ 方向做有限角度θ 的转动算符,则可以将其视为连续地绕 $\boldsymbol{n}$ 轴做无穷小角度 $\Delta\theta = \frac{\theta}{m}(m\to\infty)$ 转动的结果。由于这些无穷小转动都是绕同一个轴进行的,它们之间可以对易,于是有

$$\hat{R}(\boldsymbol{n},\theta) = \left\{\exp\left(-\frac{\mathrm{i}}{\hbar}\,\frac{\theta}{m}\boldsymbol{n}\cdot\hat{\boldsymbol{J}}\right)\right\}^m = \exp\left(-\frac{\mathrm{i}}{\hbar}\theta\boldsymbol{n}\cdot\hat{\boldsymbol{J}}\right) \tag{5.4.15}$$

称 $\hat{R}(\boldsymbol{n},\theta)$ 为**转动算符**,并把 $\psi'(\boldsymbol{r}) = \hat{R}(\boldsymbol{n},\theta)\psi(\boldsymbol{r})$ 称为 $\psi(\boldsymbol{r})$ 的**转动态**。转动态在 $\boldsymbol{r}$ 点的值等于原来态在 $\hat{R}^{-1}\boldsymbol{r}$ 处的值,即

$$\hat{R}(\boldsymbol{n},\theta)\psi(\boldsymbol{r}) = \psi'(\boldsymbol{r}) = \psi(\hat{R}^{-1}\boldsymbol{r}) \tag{5.4.16}$$

假定转动前后体系的概率守恒,若原来态矢 $\psi(\boldsymbol{r})$ 是归一化的,则转动态也是归一化的,即

$$\langle\psi(\boldsymbol{r})\mid\psi(\boldsymbol{r})\rangle = \langle\psi'(\boldsymbol{r})\mid\psi'(\boldsymbol{r})\rangle = \langle\psi(\boldsymbol{r})\mid\hat{R}^+(\boldsymbol{n},\theta)\hat{R}(\boldsymbol{n},\theta)\mid\psi(\boldsymbol{r})\rangle = 1 \tag{5.4.17}$$

所以有

$$\hat{R}^+(\boldsymbol{n},\theta)\hat{R}(\boldsymbol{n},\theta) = 1 \tag{5.4.18}$$

显然,转动算符是一个幺正算符,转动变换是一个幺正变换。

3. 算符的转动

一个算符 $\hat{F}$ 在转动之后变为一个新的算符 $\hat{F}'$,它们之间满足

$$\hat{F}' = \hat{R}(\boldsymbol{n},\theta)\hat{F}\hat{R}^+(\boldsymbol{n},\theta) \tag{5.4.19}$$

此即所谓**算符的转动**。

$\hat{F}'$ 在转动态 $\psi'(\boldsymbol{r})$ 上的平均值

$$\langle\psi'(\boldsymbol{r})\mid\hat{F}'\mid\psi'(\boldsymbol{r})\rangle = \langle\psi(\boldsymbol{r})\mid\hat{R}^+\hat{R}\hat{F}\hat{R}^+\hat{R}\mid\psi(\boldsymbol{r})\rangle = \langle\psi(\boldsymbol{r})\mid\hat{F}\mid\psi(\boldsymbol{r})\rangle \tag{5.4.20}$$

它刚好与算符 $\hat{F}$ 在原来态上的平均值相等。

上述的转动算符是绕固定的 $\boldsymbol{n}$ 轴转动θ 角度,这种三维空间中的有限转动

也可以用三个欧拉(Euler)角(α,β,γ)来表示，它是由如下三个转动实现的，第一步绕z轴转动α角，第二步绕转动后的y'轴转动β角，最后绕新的z''轴转动γ角。经过坐标的变换，得到用欧拉角表示的转动算符

$$\hat{R}(\alpha,\beta,\gamma)=\exp\left(-\frac{\mathrm{i}}{\hbar}\alpha\hat{J}_z\right)\exp\left(-\frac{\mathrm{i}}{\hbar}\beta\hat{J}_y\right)\exp\left(-\frac{\mathrm{i}}{\hbar}\gamma\hat{J}_z\right)\tag{5.4.21}$$

5.4.3　转动算符的矩阵表示——D函数

1. D函数

设$\{|jm\rangle\}$为角动量平方算符$\hat{J}^2$与z分量算符$\hat{J}_z$的共同完备本征函数系，在J^2与J_z表象中，转动算符

$$\hat{R}(\boldsymbol{n},\theta)=\exp\left[-\frac{\mathrm{i}}{\hbar}\theta\boldsymbol{n}\cdot\hat{\boldsymbol{J}}\right]\tag{5.4.22}$$

的矩阵元为

$$\langle jm|\hat{R}(\boldsymbol{n},\theta)|j'm'\rangle=\langle jm|\exp\left[-\frac{\mathrm{i}}{\hbar}\theta\boldsymbol{n}\cdot\hat{\boldsymbol{J}}\right]|j'm'\rangle\tag{5.4.23}$$

由于

$$[\hat{J}^2,\hat{R}(\boldsymbol{n},\theta)]=0\tag{5.4.24}$$

故转动算符$\hat{R}$的矩阵元中$j=j'$，只在磁量子数不同的子空间计算转动算符的矩阵元，此即转动算符矩阵元的**不可约表示**。通常将其记为

$$D^{(j)}_{mm'}(\hat{R})=\langle jm|\exp\left[-\frac{\mathrm{i}}{\hbar}\theta\boldsymbol{n}\cdot\hat{\boldsymbol{J}}\right]|jm'\rangle\tag{5.4.25}$$

称之为**D函数**，或者**维格纳函数**。实际上，D函数是转动算符在角动量表象下的矩阵元。

2. D函数的性质

D函数具有如下性质：

(1) 当$\theta=0$时，D函数为单位算符。

(2) 因为转动算符是幺正算符，故有

$$D^{(j)}_{m'm}(\hat{R}^{-1})=D^{(j)\,*}_{mm'}(\hat{R})\tag{5.4.26}$$

(3) 两个连续的转动仍是一个转动，此时D函数满足相应的乘法运算规则

$$\sum_{m'}D^{(j)}_{m''m'}(\hat{R}_1)D^{(j)}_{m'm}(\hat{R}_2)=D^{(j)}_{m''m}(\hat{R}_1\hat{R}_2)\tag{5.4.27}$$

$$\sum_{m'}D^{(j)\,*}_{m'm''}(\hat{R})D^{(j)}_{m'm}(\hat{R})=\delta_{m''m}\tag{5.4.28}$$

(4) $D^{(j)}_{mm'}(\hat{R})$是$\hat{R}|jm\rangle$在$|jm'\rangle$态上的投影，即

$$\hat{R}|jm\rangle=\sum_{m'}|jm'\rangle D^{(j)}_{m'm}(\hat{R})\tag{5.4.29}$$

(5) D 函数的耦合规则

$$D^{(j_1)}_{m'_1 m_1}(\hat{R}) D^{(j_2)}_{m'_2 m_2}(\hat{R}) = \sum_j C^{jm}_{j_1 m_1 j_2 m_2} C^{jm'}_{j_1 m'_1 j_2 m'_2} D^{(j)}_{m'm}(\hat{R}) \tag{5.4.30}$$

3. D 函数的欧拉角表示

利用算符函数的定义

$$F(x) = \sum_{n=0}^{\infty} \frac{F^{(n)}(0)}{n!} x^n \tag{5.4.31}$$

可知

$$\exp\left(-\frac{\mathrm{i}}{\hbar}\gamma \hat{J}_z\right) | jm\rangle = \sum_{n=0}^{\infty} \frac{\left(-\frac{\mathrm{i}}{\hbar}\gamma\right)^n}{n!} \hat{J}_z^n | jm\rangle = \sum_{n=0}^{\infty} \frac{\left(-\frac{\mathrm{i}}{\hbar}\gamma\right)^n}{n!} (m\hbar)^n | jm\rangle = \exp(-\mathrm{i}m\gamma) | jm\rangle \tag{5.4.32}$$

于是,用欧拉角表示的 D 函数可以写为

$$D^{(j)}_{m'm}(\alpha,\beta,\gamma) = \langle jm' | \exp\left(-\frac{\mathrm{i}}{\hbar}\alpha \hat{J}_z\right) \exp\left(-\frac{\mathrm{i}}{\hbar}\beta \hat{J}_y\right) \exp\left(-\frac{\mathrm{i}}{\hbar}\gamma \hat{J}_z\right) | jm\rangle = \exp[-\mathrm{i}(m'\alpha + m\gamma)] \langle jm' | \exp\left(-\frac{\mathrm{i}}{\hbar}\beta \hat{J}_y\right) | jm\rangle \tag{5.4.33}$$

上式表明,D 函数与角度的关系可以分为两部分,与 α 及 γ 的关系只出现在一个 e 指数中,若令与 β 相关的项为

$$d^{(j)}_{m'm}(\beta) = \langle jm' | \exp\left(-\frac{\mathrm{i}}{\hbar}\beta \hat{J}_y\right) | jm\rangle \tag{5.4.34}$$

则

$$D^{(j)}_{m'm}(\alpha,\beta,\delta) = \exp[-\mathrm{i}(m'\alpha + m\gamma)] d^{(j)}_{m'm}(\beta) \tag{5.4.35}$$

5.5 维格纳 – 埃克特定理

5.5.1 标量算符

一个算符 $\hat{F}$ 在转动 $\hat{R}$ 之后会变成一个新的算符 $\hat{F}'$,即

$$\hat{F}' = \hat{R}\hat{F}\hat{R}^+ \tag{5.5.1}$$

考虑一种特殊情况,若一个算符经过转动后不变,即

$$\hat{F} = \hat{R}\hat{F}\hat{R}^+ \tag{5.5.2}$$

则称该算符 $\hat{F}$ 为**标量算符**。

由于任何一个有限转动都可以视为连续地进行无穷小转动的结果,所以,若要判断一个算符是否为标量算符,只要知道它在无穷小转动下是否不变就行

了。由上节可知,绕 $\boldsymbol{n}$ 方向转动 $\Delta\theta$ 角度的无穷小转动算符为

$$\hat{R} = \exp\left(-\frac{\mathrm{i}}{\hbar}\Delta\theta\boldsymbol{n}\cdot\hat{\boldsymbol{J}}\right) \tag{5.5.3}$$

于是有

$$\hat{R}\hat{F}\hat{R}^{+} = \exp\left(-\frac{\mathrm{i}}{\hbar}\Delta\theta\boldsymbol{n}\cdot\hat{\boldsymbol{J}}\right)\hat{F}\exp\left(\frac{\mathrm{i}}{\hbar}\Delta\theta\boldsymbol{n}\cdot\hat{\boldsymbol{J}}\right) \tag{5.5.4}$$

因为 $\Delta\theta$ 为一个小量,故可将上式中的 e 指数展开

$$\hat{R}\hat{F}\hat{R}^{+} \approx \left(1-\frac{\mathrm{i}}{\hbar}\Delta\theta\boldsymbol{n}\cdot\hat{\boldsymbol{J}}\right)\hat{F}\left(1+\frac{\mathrm{i}}{\hbar}\Delta\theta\boldsymbol{n}\cdot\hat{\boldsymbol{J}}\right) \approx \hat{F} - \frac{\mathrm{i}}{\hbar}\Delta\theta\boldsymbol{n}\cdot[\hat{\boldsymbol{J}},\hat{F}] \tag{5.5.5}$$

显然,若要算符 $\hat{F}$ 为标量算符,其必须与角动量算符 $\hat{\boldsymbol{J}}$ 对易,即满足

$$[\hat{F},\hat{\boldsymbol{J}}] = 0 \tag{5.5.6}$$

反之亦然。

5.5.2　不可约张量算符

若 $2\lambda+1$ 个算符 $\hat{T}_{\lambda\mu}(|\mu|\leqslant\lambda)$ 满足关系

$$\hat{R}\hat{T}_{\lambda\mu}\hat{R}^{+} = \sum_{\mu'} D^{(\lambda)}_{\mu'\mu}\hat{T}_{\lambda\mu'} \tag{5.5.7}$$

则称 $\hat{T}_{\lambda\mu}$ 为 λ **阶的不可约张量算符**。零阶不可约张量是一个标量,一阶不可约张量是一个矢量,二阶不可约张量是一个并矢。

类似标量算符的做法,(5.5.7) 式左端为

$$\hat{R}\hat{T}_{\lambda\mu}\hat{R}^{+} \approx \hat{T}_{\lambda\mu} - \frac{\mathrm{i}}{\hbar}\Delta\theta\boldsymbol{n}\cdot[\hat{\boldsymbol{J}},\hat{T}_{\lambda\mu}] \tag{5.5.8}$$

利用 D 函数矩阵元的公式可知,不可约张量算符定义式的右端为

$$\sum_{\mu'} D^{(\lambda)}_{\mu'\mu}\hat{T}_{\lambda\mu'} \approx \sum_{\mu'}\langle\lambda\mu'|\left(1-\frac{\mathrm{i}}{\hbar}\Delta\theta\boldsymbol{n}\cdot\hat{\boldsymbol{J}}\right)|\lambda\mu\rangle\hat{T}_{\lambda\mu'} = \hat{T}_{\lambda\mu} - \frac{\mathrm{i}}{\hbar}\Delta\theta\sum_{\mu'}\boldsymbol{n}\cdot\langle\lambda\mu'|\hat{\boldsymbol{J}}|\lambda\mu\rangle\hat{T}_{\lambda\mu'} \tag{5.5.9}$$

比较(5.5.8) 与(5.5.9) 式得到

$$\boldsymbol{n}\cdot[\hat{\boldsymbol{J}},\hat{T}_{\lambda\mu}] = \boldsymbol{n}\cdot\sum_{\mu'}\langle\lambda\mu'|\hat{\boldsymbol{J}}|\lambda\mu\rangle\hat{T}_{\lambda\mu'} \tag{5.5.10}$$

若 $\boldsymbol{n}=\boldsymbol{k}$,则有

$$[\hat{J}_z,\hat{T}_{\lambda\mu}] = \mu\hbar\hat{T}_{\lambda\mu} \tag{5.5.11}$$

当 $\boldsymbol{n}$ 取 $\boldsymbol{i}$ 或者 $\boldsymbol{j}$ 方向时,得到

$$[\hat{J}_{\pm},\hat{T}_{\lambda\mu}] = \sqrt{\lambda(\lambda+1)-\mu(\mu\pm1)}\,\hbar\hat{T}_{\lambda,\mu\pm1} \tag{5.5.12}$$

可以证明 $l=1$ 的三个球谐函数 $\mathrm{Y}_{1m}(\theta,\varphi)(m=0,\pm1)$ 是一阶不可约张量算符,即

$$
\begin{aligned}
Y_{11} &= \sqrt{\frac{3}{4\pi}}\frac{1}{r}\left[-\frac{1}{\sqrt{2}}(x+\mathrm{i}y)\right] \\
Y_{10} &= \sqrt{\frac{3}{4\pi}}\frac{z}{r} \\
Y_{1-1} &= \sqrt{\frac{3}{4\pi}}\frac{1}{r}\left[\frac{1}{\sqrt{2}}(x-\mathrm{i}y)\right]
\end{aligned}
\tag{5.5.13}
$$

下面讨论一个角动量取确定值的状态 $|\Psi_{JM}\rangle$ 在转动之下的变换性质。设

$$
|\Psi_{JM}\rangle = \sum_{\mu} C_{\lambda\mu jm}^{JM}\hat{T}_{\lambda\mu}|\psi_{jm}\rangle \tag{5.5.14}
$$

用转动算符作用上式两端

$$
\begin{aligned}
&\hat{R}|\Psi_{JM}\rangle = \sum_{\mu} C_{\lambda\mu jm}^{JM}\hat{R}\hat{T}_{\lambda\mu}\hat{R}^{-1}\hat{R}|\psi_{jm}\rangle = \\
&\sum_{\mu} C_{\lambda\mu jm}^{JM}\sum_{\mu'} D_{\mu'\mu}^{(\lambda)}\hat{T}_{\lambda\mu'}\sum_{m'} D_{m'm}^{(j)}|\psi_{jm'}\rangle = \\
&\sum_{\mu} C_{\lambda\mu jm}^{JM}\sum_{\mu',m',J'} C_{\lambda\mu' jm'}^{J'M'}C_{\lambda\mu,jm}^{J'M}D_{M'M}^{(J')}\hat{T}_{\lambda\mu'}|\psi_{jm'}\rangle
\end{aligned}
\tag{5.5.15}
$$

其中最后一步用到上一节的(5.4.30)式，再利用

$$
\delta_{JJ'} = \sum_{\mu m} C_{\lambda\mu jm}^{JM}C_{\lambda\mu jm}^{J'M} = \sum_{\mu,m=M-\mu} C_{\lambda\mu jm}^{JM}C_{\lambda\mu jm}^{J'M} + \sum_{\mu,m\neq M-\mu} C_{\lambda\mu jm}^{JM}C_{\lambda\mu jm}^{J'M} = \sum_{\mu} C_{\lambda\mu jm}^{JM}C_{\lambda\mu jm}^{J'M} \tag{5.5.16}
$$

得到

$$
\begin{aligned}
&\hat{R}|\Psi_{JM}\rangle = \sum_{\mu'm'} C_{\lambda\mu' jm'}^{JM'}D_{M'M}^{(J)}\hat{T}_{\lambda\mu'}|\psi_{jm'}\rangle = \\
&\sum_{M'} D_{M'M}^{(J)}\Big[\sum_{\mu'} C_{\lambda\mu' jm'}^{JM'}\hat{T}_{\lambda\mu'}|\psi_{jm'}\rangle\Big] = \sum_{M'} D_{M'M}^{(J)}|\Psi_{JM'}\rangle
\end{aligned}
\tag{5.5.17}
$$

上式表明，状态 $|\Psi_{JM}\rangle$ 在转动之后可以表示为自身的线性组合，展开系数为 D 函数。或者说，不可约张量算符 $\hat{T}_{\lambda\mu}$ 作用到状态 $|\psi_{jm}\rangle$ 上得到具有量子数 J、M 的状态 $|\Psi_{JM}\rangle$ 的线性组合，它们之间的关系相当于角动量相加 $\hat{\boldsymbol{J}} = \hat{\boldsymbol{\lambda}} + \hat{\boldsymbol{j}}$，$M = m + \mu$。

5.5.3　维格纳 – 埃克特定理

维格纳 – 埃克特(Eckart)定理　不可约张量算符在角动量本征态下的矩阵元可以写成两项之积，即

$$
\langle\psi_{j'm'}|\hat{T}_{\lambda\mu}|\psi_{jm}\rangle = C_{\lambda\mu jm}^{j'm'}\langle\psi_{j'}\|\hat{T}_{\lambda}\|\psi_{j}\rangle \tag{5.5.18}
$$

式中，第一部分为CG系数，它与磁量子数有关，称为**几何因子**，第二部分与磁量子数无关，称为**约化矩阵元**。

证明　用 $C_{\lambda\mu' jm}^{JM}$ 乘(5.5.14)式两端

$$C_{\lambda\mu' jm}^{JM} \mid \Psi_{JM}\rangle = \sum_{\mu} C_{\lambda\mu' jm}^{JM} C_{\lambda\mu jm}^{JM} \hat{T}_{\lambda\mu} \mid \psi_{jm}\rangle \tag{5.5.19}$$

再对上式两端的 J 和 M 求和，得到(5.5.14) 式的逆变换

$$\sum_{JM} C_{\lambda\mu' jm}^{JM} \mid \Psi_{JM}\rangle = \sum_{JM}\sum_{\mu} C_{\lambda\mu' jm}^{JM} C_{\lambda\mu jm}^{JM} \hat{T}_{\lambda\mu} \mid \psi_{jm}\rangle = \sum_{\mu}\delta_{\mu\mu'}\hat{T}_{\lambda\mu} \mid \psi_{jm}\rangle = \hat{T}_{\lambda\mu'} \mid \psi_{jm}\rangle \tag{5.5.20}$$

即

$$\hat{T}_{\lambda\mu} \mid \psi_{jm}\rangle = \sum_{JM} C_{\lambda\mu jm}^{JM} \mid \Psi_{JM}\rangle \tag{5.5.21}$$

用$\langle \psi_{j'm'} \mid$左乘上式两端

$$\langle \psi_{j'm'} \mid \hat{T}_{\lambda\mu} \mid \psi_{jm}\rangle = \sum_{JM} \langle \psi_{j'm'} \mid \Psi_{JM}\rangle C_{\lambda\mu jm}^{JM} \tag{5.5.22}$$

其中

$$\langle \psi_{j'm'} \mid \Psi_{JM}\rangle = \langle \psi_{j'm'} \mid \hat{R}^{+}(\alpha,\beta,\gamma)\hat{R}(\alpha,\beta,\gamma) \mid \Psi_{JM}\rangle = \sum_{m''}\sum_{M'} D_{m''m'}^{(j')^*}(\alpha,\beta,\gamma) D_{M'M}^{(J)}(\alpha,\beta,\gamma)\langle \psi_{j'm''} \mid \Psi_{JM'}\rangle \tag{5.5.23}$$

上式对任意欧拉角(α,β,γ)均成立，对等式两端做积分$\int \sin\beta \mathrm{d}\alpha \mathrm{d}\beta \mathrm{d}\gamma$ 得到

$$8\pi^2\langle \psi_{j'm'} \mid \Psi_{JM}\rangle = \sum_{m''}\sum_{M'}\langle \psi_{j'm''} \mid \Psi_{JM'}\rangle \int D_{m''m'}^{(j')^*}(\alpha,\beta,\gamma) \times D_{M'M}^{(J)}(\alpha,\beta,\gamma)\sin\beta \mathrm{d}\alpha \mathrm{d}\beta \mathrm{d}\gamma \tag{5.5.24}$$

利用 D 函数的正交归一化公式

$$\int D_{m_1'm_1}^{(j_1)^*}(\alpha,\beta,\gamma) D_{m_2'm_2}^{(j_2)}(\alpha,\beta,\gamma)\mathrm{d}\Omega = \frac{8\pi^2}{2j_1+1}\delta_{j_1j_2}\delta_{m_1m_2}\delta_{m_1'm_2'} \tag{5.5.25}$$

可知

$$\langle \psi_{j'm'} \mid \Psi_{JM}\rangle = \frac{1}{2j'+1}\sum_{m'',M'}\delta_{Jj'}\delta_{Mm'}\delta_{M'm''}\langle \psi_{j'm''} \mid \Psi_{JM'}\rangle = \delta_{Jj'}\delta_{Mm'}\left[\frac{1}{2j'+1}\sum_{m''}\langle \psi_{j'm''} \mid \Psi_{Jm''}\rangle\right] \tag{5.5.26}$$

由于方括号中的量与磁量子数无关，将其记为$\langle \psi_{j'} \parallel \hat{T}_{\lambda} \parallel \psi_j\rangle$。将上式代入(5.5.22) 式，最后得到

$$\langle \psi_{j'm'} \mid \hat{T}_{\lambda\mu} \mid \psi_{jm}\rangle = \sum_{JM} C_{\lambda\mu jm}^{JM}\delta_{Jj'}\delta_{Mm'}\langle \psi_{j'} \parallel \hat{T}_{\lambda} \parallel \psi_j\rangle = C_{\lambda\mu jm}^{j'm'}\langle \psi_{j'} \parallel \hat{T}_{\lambda} \parallel \psi_j\rangle \tag{5.5.27}$$

此即维格纳 – 埃克特定理。

利用 CG 系数与 3j 符号的关系

$$\begin{pmatrix} j_1 & j_2 & j_3 \\ m_1 & m_2 & m_3 \end{pmatrix} = \frac{(-1)^{j_1-j_2-m_3}}{\sqrt{2j_3+1}} C_{j_1m_1j_2m_2}^{j_3-m_3} \tag{5.5.28}$$

维格纳－埃克特定理也可以用3j符号来表示

$$\langle \psi_{j'm'} \mid \hat{T}_{\lambda\mu} \mid \psi_{jm} \rangle = (-1)^{\lambda-j+m'} \sqrt{2j'+1} \begin{pmatrix} \lambda & j & j' \\ \mu & m & -m' \end{pmatrix} \langle \psi_{j'} \| \hat{T}_{\lambda} \| \psi_j \rangle =$$

$$(-1)^{\lambda-j+m'} \sqrt{2j'+1} \begin{pmatrix} j' & \lambda & j \\ -m' & \mu & m \end{pmatrix} \langle \psi_{j'} \| \hat{T}_{\lambda} \| \psi_j \rangle \tag{5.5.29}$$

维格纳－埃克特定理的一个重要应用是使张量矩阵元的计算得以简化。可以先对一组 m、m'、μ 值利用(5.5.27)式计算 $\langle \psi_{j'm'} \mid \hat{T}_{\lambda\mu} \mid \psi_{jm} \rangle$，进而再用其算出约化矩阵元 $\langle \psi_{j'} \| \hat{T}_{\lambda} \| \psi_j \rangle$，最后可计算任意 m、m'、μ 值的 $\langle \psi_{j'm'} \mid \hat{T}_{\lambda\mu} \mid \psi_{jm} \rangle$。

例1　计算 $\langle j' \| \hat{\boldsymbol{J}} \| j \rangle$。

解　由维格纳－埃克特定理可知

$$\langle j'm' \mid \hat{T}_{\lambda\mu} \mid jm \rangle = (-1)^{\lambda-j+m'} \sqrt{2j'+1} \begin{pmatrix} j' & \lambda & j \\ -m' & \mu & m \end{pmatrix} \langle j' \| \hat{T}_{\lambda} \| j \rangle \tag{5.5.30}$$

已知 $\hat{\boldsymbol{J}}$ 为矢量算符，故 $\lambda = 1, \mu = -1, 0, 1$。为了计算约化矩阵元，取 $m = m'$，$\mu = 0$，即 $\hat{T}_{10} = \hat{J}_z$，则有

$$\langle j'm \mid \hat{J}_z \mid jm \rangle = m\hbar\delta_{jj'} = (-1)^{1-j+m} \sqrt{2j+1} \begin{pmatrix} j & 1 & j \\ -m & 0 & m \end{pmatrix} \langle j' \| \hat{T}_1 \| j \rangle \tag{5.5.31}$$

而

$$\begin{pmatrix} j & 1 & j \\ -m & 0 & m \end{pmatrix} = (-1)^{j-1-m} \frac{m}{\sqrt{(2j+1)(j+1)j}} \tag{5.5.32}$$

将上式代入(5.5.31)式，得到

$$\langle j' \| \hat{T}_1 \| j \rangle = \hbar \sqrt{(j+1)j}\, \delta_{jj'} \tag{5.5.33}$$

例2　当 $\hat{T}_{\lambda\mu} = \mathrm{Y}_{\lambda\mu}(\theta, \varphi)$ 时，计算 $\langle j' \| \mathrm{Y}_{\lambda} \| j \rangle$。

解　首先，利用公式

$$\langle j'm' \mid \mathrm{Y}_{\lambda\mu}(\theta,\varphi) \mid jm \rangle = (-1)^{m'} \sqrt{\frac{(2j'+1)(2\lambda+1)(2j+1)}{4\pi}} \times$$

$$\begin{pmatrix} j' & \lambda & j \\ -m' & \mu & m \end{pmatrix} \begin{pmatrix} j' & \lambda & j \\ 0 & 0 & 0 \end{pmatrix} \tag{5.5.34}$$

计算 $m = m' = \mu = 0$ 时的矩阵元，得到

$$\langle j'0 \mid \mathrm{Y}_{\lambda 0}(\theta,\varphi) \mid j0 \rangle = \sqrt{\frac{(2j'+1)(2\lambda+1)(2j+1)}{4\pi}} \begin{pmatrix} j' & \lambda & j \\ 0 & 0 & 0 \end{pmatrix}^2 \tag{5.5.35}$$

由(5.5.27)式知

$$\langle j' \| Y_\lambda \| j \rangle = (-1)^{\lambda-j}\sqrt{\frac{(2\lambda+1)(2j+1)}{4\pi}}\begin{pmatrix} j' & \lambda & j \\ 0 & 0 & 0 \end{pmatrix} \tag{5.5.36}$$

5.5.4　选择定则

某些物理量(例如电偶极矩)在两个状态之间的跃迁概率与其相应的矩阵元有关,矩阵元不为零的条件就是**选择定则**。根据维格纳 - 埃克特定理,不可约张量算符在角动量本征态之间的矩阵元与相应的CG系数有关,故CG系数满足的三角形关系就是选择定则。

对于前几个不可约张量算符,列出其选择定则如下。

当 $j' = j, m' = m$ 时

$$\langle j'm' \mid \hat{T}_{00} \mid jm \rangle \neq 0 \tag{5.5.37}$$

当 $\Delta j = 0, \pm 1, \Delta m = 0, \pm 1, \mu = m' - m, j + j' \geqslant 1$ 时

$$\langle j'm' \mid \hat{T}_{1\mu} \mid jm \rangle \neq 0 \tag{5.5.38}$$

当 $\Delta j = 0, \pm 1, \pm 2, \Delta m = 0, \pm 1, \pm 2, \mu = m' - m, j + j' \geqslant 2$ 时

$$\langle j'm' \mid \hat{T}_{2\mu} \mid jm \rangle \neq 0 \tag{5.5.39}$$

习　题　5

习题 5.1　对于经典力学体系,若 A, B 为守恒量,证明 $\{A, B\}$ 也是守恒量;对于量子力学体系,若算符 $\hat{A}, \hat{B}$ 对应的力学量为守恒量,证明 $[\hat{A}, \hat{B}]$ 对应的力学量也是守恒量。

习题 5.2　当体系具有时间均匀性时,证明其能量守恒。

习题 5.3　若体系具有空间平移不变性,对于有限的坐标平移变换 $\boldsymbol{r}' \to \boldsymbol{r} - \boldsymbol{a}$,证明坐标算符的变换为

$$\hat{\boldsymbol{r}}' = \hat{D}(\boldsymbol{a})\hat{\boldsymbol{r}}\hat{D}^{-1}(\boldsymbol{a}) = \hat{\boldsymbol{r}} + \boldsymbol{a}$$

习题 5.4　在中心力场中的粒子,其本征矢为

$$\psi_{nlm}(\boldsymbol{r}) = R_{nl}(r)Y_{lm}(\theta, \varphi)$$

证明

$$\psi_{nlm}(-\boldsymbol{r}) = (-1)^l R_{nl}(r)Y_{lm}(\theta, \varphi)$$

习题 5.5　证明

$$\hat{\pi}^+ \boldsymbol{r} \hat{\pi} = -\boldsymbol{r}; \quad \hat{\pi}^+ \hat{\boldsymbol{p}} \hat{\pi} = -\hat{\boldsymbol{p}}$$

$$\hat{\pi}^+ \hat{\boldsymbol{L}} \hat{\pi} = \hat{\boldsymbol{L}}; \quad \hat{\pi}^+ \hat{\boldsymbol{p}} \cdot \boldsymbol{r} \hat{\pi} = -\hat{\boldsymbol{p}} \cdot \boldsymbol{r}$$

$$\hat{\pi}^+ \hat{\boldsymbol{p}} \cdot \hat{\boldsymbol{s}} \hat{\pi} = -\hat{\boldsymbol{p}} \cdot \hat{\boldsymbol{s}}$$

习题 5.6　若有一个使体系在物理上保持不变的变换 $\hat{U}$ 将任意态矢 $|\psi\rangle$ 变为 $|\psi'\rangle$,即 $|\psi'\rangle = \hat{U}|\psi\rangle$,则总可以通过调节相位得到如下结论,即 $\hat{U}$ 不是

幺正算符就是反幺正算符。上述内容称为维格纳定理,试证明之。

习题 5.7　证明在时间反演下,算符的变换关系为

$$\hat{H}' = \hat{T}\hat{H}\hat{T}^{-1} = \hat{H}$$

$$\boldsymbol{r}' = \hat{T}\boldsymbol{r}\hat{T}^{-1} = \boldsymbol{r}$$

$$\hat{\boldsymbol{p}}' = \hat{T}\hat{\boldsymbol{p}}\hat{T}^{-1} = -\hat{\boldsymbol{p}}$$

$$\hat{\boldsymbol{L}}' = \hat{T}\hat{\boldsymbol{L}}\hat{T}^{-1} = -\hat{\boldsymbol{L}}$$

$$\hat{L}'_{\pm} = \hat{T}\hat{L}_{\pm}\hat{T}^{-1} = -\hat{L}_{\mp}$$

$$\hat{\boldsymbol{J}}' = \hat{T}\hat{\boldsymbol{J}}\hat{T}^{-1} = -\hat{\boldsymbol{J}}$$

习题 5.8　证明满足条件

$$\hat{K}\psi(\boldsymbol{r},t) = \psi^*(\boldsymbol{r},t)$$

的算符 $\hat{K}$ 具有如下性质

$$\hat{K}^{-1} = \hat{K}$$

习题 5.9　证明任意量子态都是时间反演的平方算符 $\hat{T}^2$ 的本征态,其本征值为 $+1$ 或 -1。

习题 5.10　证明任意两个矢量算符的标积是空间转动不变的。

习题 5.11　证明

$$\hat{T}\,|\,j,m\rangle = (-1)^{j+m}\,|\,j,-m\rangle$$

其中,$|\,j,m\rangle$ 为 $\hat{J}^2$ 与 $\hat{J}_z$ 的共同本征矢。

习题 5.12　求出转动算符的逆算符,进而证明

$$D^{(j)}_{mm'}(\hat{R}^{-1}) = D^{(j)*}_{m'm}(\hat{R})$$

习题 5.13　证明

$$\sum_{m'} D^{(j)}_{m''m'}(\hat{R}_1)D^{(j)}_{m'm'}(\hat{R}_2) = D^{(j)}_{m''m}(\hat{R}_1\hat{R}_2)$$

$$\sum_{m'} D^{(j)*}_{m'm''}(\hat{R})D^{(j)}_{m'm} = \delta_{m''m}$$

习题 5.14　证明

$$D^{(j_1)}_{m'_1m_1}(\hat{R})D^{(j_2)}_{m'_2m_2}(\hat{R}) = \sum_j C^{\,jm}_{j_1m_1j_2m_2}\,C^{\,jm'}_{j_1m'_1j_2m'_2}D^{(j)}_{m'm}(\hat{R})$$

习题 5.15　证明

$$[\hat{J}_z,\hat{T}_{\lambda\mu}] = \mu\hbar\hat{T}_{\lambda\mu}$$

$$[\hat{J}_{\pm},\hat{T}_{\lambda\mu}] = \sqrt{\lambda(\lambda+1)-\mu(\mu\pm1)}\,\hbar\hat{T}_{\lambda,\mu\pm1}$$

习题 5.16　证明 $Y_{1m}(\theta,\varphi)$ 是一阶不可约张量算符。

第 6 章　量子散射理论

在第 3 章中，已经研究了一维势垒的反射系数和透射系数问题，实际上它就是一类简单的势散射问题。本章所要讨论的问题是，当具有确定动量的**入射粒子** B 射向另一个处于固定位置的粒子(**靶**)A 时，在 A 附近 B 与 A 将发生相互作用，交换能量和动量之后，粒子 B 沿某方向朝无穷远处飞去，称这样一个过程为**散射**或者**碰撞**。若两个粒子相互作用后变成另外的粒子，则称之为发生了**反应**。

卢瑟福(Rutherford)的 α 粒子被原子散射的实验确立了原子的有核模型，赫兹(Hertz)的电子被原子的散射实验得出原子内态不连续的结论。由此可见，量子散射是了解原子、分子、原子核及基本粒子结构的最重要的实验手段之一。

6.1　散射现象的描述

6.1.1　散射截面

在散射过程中，若入射粒子只是改变运动方向，而其能量并无变化，称为**弹性散射**，否则，称之为**非弹性散射**。这里只讨论弹性散射问题。对于弹性散射问题而言，最关心的问题是入射粒子在各方向出现概率的大小。

在散射实验中，将一束入射粒子 B 沿 z 轴正向射向靶 A，在 A 的作用下，入射粒子偏离原来的方向，向无穷远处飞去。为了使问题得到简化，做如下假设，靶粒子 A 的质量远大于入射粒子 B 的质量；入射粒子束足够稀薄，以至于可以忽略入射粒子间的相互作用；靶的粒子密度足够小，可以不顾及其他粒子的影响。

为了描述弹性散射过程，引入几个基本概念。

入射粒子流强度 N　单位时间内通过垂直于 z 轴单位面积的粒子数。

入射粒子数 $\mathrm{d}N$　单位时间内进入以 A 为中心的(θ,φ)附近 $\mathrm{d}\Omega$ 立体角的粒子数，它与 $N\mathrm{d}\Omega$ 成正比

$$\mathrm{d}N = \sigma(\theta,\varphi)N\mathrm{d}\Omega \tag{6.1.1}$$

微分散射截面 $\sigma(\theta,\varphi)$　一个入射粒子被散射到(θ,φ)附近单位立体角

中的概率,它具有面积的量纲,且满足关系式

$$\sigma(\theta,\varphi)=\frac{\mathrm{d}N}{N\mathrm{d}\Omega} \tag{6.1.2}$$

积分散射截面 σ_t 表示一个入射粒子被散射(不管方向)的概率,它与微分散射截面的关系为

$$\sigma_t=\int\mathrm{d}\Omega\sigma(\theta,\varphi)=\int_0^{2\pi}\mathrm{d}\varphi\int_0^{\pi}\mathrm{d}\theta\sin\theta\sigma(\theta,\varphi) \tag{6.1.3}$$

6.1.2 处理弹性散射问题的基本途径

1. 弹性散射满足的方程

若将坐标原点选在 A 与 B 的质心处,则在该坐标系中,质心是相对静止的。在质心坐标系中,相对运动的定态薛定谔方程为

$$-\frac{\hbar^2}{2\mu}\nabla^2\psi(\boldsymbol{r})+V(\boldsymbol{r})\psi(\boldsymbol{r})=E\psi(\boldsymbol{r}) \tag{6.1.4}$$

其中,E 为入射粒子的能量,它是一个确定的数值,μ 为约化质量

$$\mu=\frac{m_{\mathrm{A}}m_{\mathrm{B}}}{m_{\mathrm{A}}+m_{\mathrm{B}}} \tag{6.1.5}$$

式中,m_{A} 与 m_{B} 分别为靶与入射粒子的质量。

若势场是中心力场,即

$$V(\boldsymbol{r})=V(r) \tag{6.1.6}$$

且令

$$k^2=\frac{2\mu E}{\hbar^2} \tag{6.1.7}$$

则(6.1.4) 式可写成

$$(\nabla^2+k^2)\psi(r)=U(r)\psi(r) \tag{6.1.8}$$

其中

$$U(r)=\frac{2\mu}{\hbar^2}V(r) \tag{6.1.9}$$

2. 入射波与散射波

由于 A 与 B 发生相互作用只是局限在一个小范围内,而测量散射粒子的位置远大于相互作用的尺度,所以只需要考虑 $r\to\infty$ 的情况,而这时 $V(r)\to 0$。方程(6.1.8) 的解是球面波

$$\psi_2(r)=f(\theta,\varphi)\frac{1}{r}\exp(\mathrm{i}kr) \tag{6.1.10}$$

其中,$f(\theta,\varphi)$ 称为**散射振幅**。这里,φ 为出射粒子的方位角,θ 为相对于入射粒

子飞行方向的偏转角,称为**散射角**。由于粒子沿 z 轴入射,对应的入射平面波为

$$\psi_1(r) = \exp(\mathrm{i}kz) \tag{6.1.11}$$

在 $r \to \infty$ 处,入射粒子被散射后的状态为

$$\psi(r) = \exp(\mathrm{i}kz) + f(\theta,\varphi)\frac{1}{r}\exp(\mathrm{i}kr) \tag{6.1.12}$$

3. 散射截面与散射振幅的关系

下面利用上式导出微分散射截面与散射振幅之间的关系。

入射粒子的概率流密度为

$$J_{1z} = \frac{\mathrm{i}\hbar}{2\mu}\left(\psi_1\frac{\partial\psi_1^*}{\partial z} - \psi_1^*\frac{\partial\psi_1}{\partial z}\right) = \frac{k\hbar}{\mu} = v \tag{6.1.13}$$

式中,v 是入射粒子的速率。上式表示单位时间内穿过垂直于粒子前进方向(即 z 轴)上单位面积的粒子数,即入射粒子流强度 $N = v$。

散射波的概率流密度为

$$\begin{aligned} J_{2r} &= \frac{\mathrm{i}\hbar}{2\mu}\left(\psi_2\frac{\partial\psi_2^*}{\partial r} - \psi_2^*\frac{\partial\psi_2}{\partial r}\right) = \\ &\frac{\mathrm{i}\hbar}{2\mu}\,|f(\theta,\varphi)|^2\left[\frac{\mathrm{e}^{ikr}}{r}\frac{\partial}{\partial r}\left(\frac{\mathrm{e}^{-ikr}}{r}\right) - \frac{\mathrm{e}^{-ikr}}{r}\frac{\partial}{\partial r}\left(\frac{\mathrm{e}^{ikr}}{r}\right)\right] = \\ &\frac{\mathrm{i}\hbar}{2\mu}\left[-2\mathrm{i}k\frac{1}{r^2}\,|f(\theta,\varphi)|^2\right] = \\ &\frac{k\hbar}{\mu r^2}\,|f(\theta,\varphi)|^2 = \frac{v}{r^2}\,|f(\theta,\varphi)|^2 = \frac{N}{r^2}\,|f(\theta,\varphi)|^2 \end{aligned} \tag{6.1.14}$$

上式中的 J_{2r} 表示单位时间穿过球面上 (θ,φ) 附近单位面积的粒子数。于是,散射粒子通过 (θ,φ) 附近 $\mathrm{d}S$ 面积的粒子数为

$$\mathrm{d}N = J_{2r}\mathrm{d}S = \frac{N}{r^2}\,|f(\theta,\varphi)|^2\mathrm{d}S = N\,|f(\theta,\varphi)|^2\mathrm{d}\Omega \tag{6.1.15}$$

利用微分散射截面的定义可知

$$\sigma(\theta,\varphi) = \frac{\mathrm{d}N}{N\mathrm{d}\Omega} = |f(\theta,\varphi)|^2 \tag{6.1.16}$$

由此可见,只要知道了散射振幅就可以得到微分散射截面,而散射振幅要通过求解(6.1.8)式得到。但是,严格求解方程(6.1.8)是十分困难的,通常要采用近似方法来处理。

6.2 李普曼 - 许温格方程

6.2.1 李普曼 - 许温格方程

在势散射的形式理论中,李普曼(Lippmann)与许温格(Schwinger)给出了

一个积分方程,简称为 LS 方程。

1.LS 方程的建立

在中心势场 $V(r)$ 中,粒子的哈密顿算符为

$$\hat{H} = \hat{H}_0 + V(r) \tag{6.2.1}$$

其中,$\hat{H} = \dfrac{\hat{p}^2}{2\mu}$,$\mu$ 为约化质量,且位势满足条件

$$\lim_{r\to\infty} rV(r) = 0 \tag{6.2.2}$$

定态薛定谔方程为

$$(\hat{H}_0 + V)\,|\,\psi\rangle = E\,|\,\psi\rangle \tag{6.2.3a}$$

其中,$E > 0$,而且 $\hat{H}$ 与 $\hat{H}_0$ 具有相同的连续谱。态矢量 $|\,\psi\rangle$ 满足无穷远处的边界条件

$$|\,\psi\rangle \xrightarrow[r\to\infty]{} |\,\boldsymbol{k}\rangle + |\,\psi_{sc}\rangle \tag{6.2.4}$$

式中,第一项是波矢为 $\boldsymbol{k}$ 的入射平面波,它是 $\hat{H}_0$ 的本征态,相应的能量为 $E = \dfrac{k^2\hbar^2}{2\mu}$,第二项为势场引起的散射波。

为了得到满足边界条件(6.2.4)的解,将薛定谔方程(6.2.3a)改写成如下形式

$$(E - \hat{H}_0)\,|\,\psi\rangle = V\,|\,\psi\rangle \tag{6.2.3b}$$

若将上式中的 E 用 $E \pm \mathrm{i}\varepsilon$ 代替,即将能量 E 延拓到复数域,其中 $\varepsilon \to 0^+$,则算符 $E - \hat{H}_0 \pm \mathrm{i}\varepsilon$ 恒不为零,故其存在逆算符

$$\hat{g}_0^{(\pm)}(E) = \frac{1}{E - \hat{H}_0 \pm \mathrm{i}\varepsilon} \tag{6.2.5}$$

称之为**零级格林算符**。于是有

$$|\,\psi^{(\pm)}\rangle = \hat{g}_0^{(\pm)}(E)V\,|\,\psi^{(\pm)}\rangle \tag{6.2.6}$$

上式就是薛定谔方程(6.2.3a)的一个特解,再顾及到入射平面波,一般解的形式为

$$|\,\psi_k^{(\pm)}\rangle = |\,\boldsymbol{k}\rangle + \hat{g}_0^{(\pm)}(E_k)V\,|\,\psi_k^{(\pm)}\rangle \tag{6.2.7}$$

上式是一个积分方程,称为 **LS 方程**,它是散射理论的一个基本方程。

2.关于 LS 方程的讨论

下面证明 $|\,\psi_k^{(\pm)}\rangle$ 是规格化的态矢量。

用 $E_k - \hat{H}_0 \pm \mathrm{i}\varepsilon$ 左乘(6.2.7)式两端,得到

$$(E_k - \hat{H}_0 \pm \mathrm{i}\varepsilon)\,|\,\psi_k^{(\pm)}\rangle = (E_k - \hat{H}_0 \pm \mathrm{i}\varepsilon)\,|\,\boldsymbol{k}\rangle + V\,|\,\psi_k^{(\pm)}\rangle \tag{6.2.8}$$

再利用 $\hat{H}_0 = \hat{H} - V$ 将上式改写为

$$(E_k - \hat{H} \pm \mathrm{i}\varepsilon)\,|\,\psi_k^{(\pm)}\rangle = (E_k - \hat{H} \pm \mathrm{i}\varepsilon)\,|\,\boldsymbol{k}\rangle + V\,|\,\boldsymbol{k}\rangle \tag{6.2.9}$$

用算符$\frac{1}{(E_k - \hat{H} \pm \mathrm{i}\varepsilon)}$左乘上式两端

$$| \psi_k^{(\pm)} \rangle = | \boldsymbol{k} \rangle + \frac{1}{(E_k - \hat{H} \pm \mathrm{i}\varepsilon)} V | \boldsymbol{k} \rangle = | \boldsymbol{k} \rangle + \hat{g}^{(\pm)}(E_k) V | \boldsymbol{k} \rangle \tag{6.2.10}$$

式中,$\hat{g}^{(\pm)}(E_k)$称之为**格林算符**。于是有

$$\langle \psi_{k'}^{(\pm)} | \psi_k^{(\pm)} \rangle = \left[\langle \boldsymbol{k}' | + \langle \boldsymbol{k}' | V \frac{1}{(E_{k'} - \hat{H} \mp \mathrm{i}\varepsilon)} \right] | \psi_k^{(\pm)} \rangle \tag{6.2.11}$$

注意到

$$\hat{H} | \psi_k^{(\pm)} \rangle = E_k | \psi_k^{(\pm)} \rangle \tag{6.2.12}$$

(6.2.11)式可做如下变化

$$\begin{aligned} \langle \psi_{k'}^{(\pm)} | \psi_k^{(\pm)} \rangle &= \langle \boldsymbol{k}' | \psi_k^{(\pm)} \rangle + \langle \boldsymbol{k}' | V \frac{1}{(E_{k'} - E_k \mp \mathrm{i}\varepsilon)} | \psi_k^{(\pm)} \rangle = \\ &\langle \boldsymbol{k}' | \psi_k^{(\pm)} \rangle - \frac{1}{(E_k - E_{k'} \pm \mathrm{i}\varepsilon)} \langle \boldsymbol{k}' | V | \psi_k^{(\pm)} \rangle = \\ &\langle \boldsymbol{k}' | \left[1 - \frac{1}{(E_k - \hat{H}_0 \pm \mathrm{i}\varepsilon)} V \right] | \psi_k^{(\pm)} \rangle = \langle \boldsymbol{k}' | 1 - \hat{g}_0^{(\pm)}(E_k) V | \psi_k^{(\pm)} \rangle \end{aligned} \tag{6.2.13}$$

将(6.2.7)式代入上式,得到

$$\langle \psi_{k'}^{(\pm)} | \psi_k^{(\pm)} \rangle = \langle \boldsymbol{k}' | \boldsymbol{k} \rangle \tag{6.2.14}$$

由此可见,$| \psi_k^{(\pm)} \rangle$与$| \boldsymbol{k} \rangle$满足同样的规格化条件。

在散射问题中,通常使$| \boldsymbol{k} \rangle$规格化为$(2\pi)^3 \delta^3(\boldsymbol{k} - \boldsymbol{k}')$,故

$$\langle \psi_{k'}^{(\pm)} | \psi_k^{(\pm)} \rangle = \langle \boldsymbol{k}' | \boldsymbol{k} \rangle = (2\pi)^3 \delta^3(\boldsymbol{k} - \boldsymbol{k}') \tag{6.2.15}$$

而其封闭关系为

$$\frac{1}{(2\pi)^3} \int \mathrm{d}k^3 | \psi_k^{(\pm)} \rangle \langle \psi_k^{(\pm)} | = \frac{1}{(2\pi)^3} \int \mathrm{d}k^3 | \boldsymbol{k} \rangle \langle \boldsymbol{k} | = 1 \tag{6.2.16}$$

6.2.2　格林函数

1. 格林函数的定义

为了引入格林函数,考察零级格林算符在坐标表象中的矩阵元

$$\begin{aligned} \langle \boldsymbol{r} | \hat{g}_0^{(\pm)}(E_k) | \boldsymbol{r}' \rangle &= \langle \boldsymbol{r} | \frac{1}{E_k - \hat{H}_0 \pm \mathrm{i}\varepsilon} | \boldsymbol{r}' \rangle = \\ &\frac{1}{(2\pi)^3} \int \mathrm{d}^3 k' \langle \boldsymbol{r} | \frac{1}{E_k - \hat{H}_0 \pm \mathrm{i}\varepsilon} | \boldsymbol{k}' \rangle \langle \boldsymbol{k}' | \boldsymbol{r}' \rangle = \\ &\frac{2\mu}{\hbar^2} \frac{1}{(2\pi)^3} \int \mathrm{d}^3 k' \frac{\exp[\mathrm{i}\boldsymbol{k}' \cdot (\boldsymbol{r} - \boldsymbol{r}')]}{k^2 - k'^2 \pm \mathrm{i}\varepsilon} \end{aligned} \tag{6.2.17}$$

若令

$$G_k^{(\pm)}(\boldsymbol{r}-\boldsymbol{r}') = \frac{1}{(2\pi)^3}\int \mathrm{d}^3 k' \frac{\exp[\mathrm{i}\boldsymbol{k}'\cdot(\boldsymbol{r}-\boldsymbol{r}')]}{k^2-k'^2\pm\mathrm{i}\varepsilon} \tag{6.2.18}$$

则

$$\langle \boldsymbol{r} \mid \hat{g}_0^{(\pm)}(E_k) \mid \boldsymbol{r}' \rangle = \frac{2\mu}{\hbar^2} G_k^{(\pm)}(\boldsymbol{r}-\boldsymbol{r}') \tag{6.2.19}$$

其中,函数 $G_k^{(\pm)}(\boldsymbol{r}-\boldsymbol{r}')$ 被称为**格林函数**,它是在坐标表象下定义的,因此,它是一个与波数 k 及坐标差 $\boldsymbol{r}-\boldsymbol{r}'$ 相关的两点函数。

2. 格林函数的物理内涵

为了看出格林函数 $G_k^{(\pm)}(\boldsymbol{r}-\boldsymbol{r}')$ 的物理含义,完成(6.2.18)式中对立体角的积分,并令

$$R = \mid \boldsymbol{r}-\boldsymbol{r}' \mid \tag{6.2.20}$$

则有

$$G_k^{(\pm)}(\boldsymbol{r}-\boldsymbol{r}') = \frac{1}{\mathrm{i}R(2\pi)^2}\int_{-\infty}^{\infty} \mathrm{d}k' \frac{k'\exp[\mathrm{i}Rk']}{k^2-k'^2\pm\mathrm{i}\varepsilon} \tag{6.2.21}$$

这是一个复变函数的积分,对于 $G_k^{(+)}(\boldsymbol{r}-\boldsymbol{r}')$,将积分线路改为一条由实轴和上半平面的大半圆所组成的闭合回路,在这半圆周上的积分为零,应用柯西(Cauchy)积分公式可知

$$G_k^{(+)}(\boldsymbol{r}-\boldsymbol{r}') = -\frac{1}{4\pi R}\exp(\mathrm{i}kR) \tag{6.2.22}$$

显然,$G_k^{(+)}(\boldsymbol{r}-\boldsymbol{r}')$ 是一个从位于 $\boldsymbol{r}'$ 的点源向外发出的球面波,后面将会看到它是散射态。类似地,可以得到

$$G_k^{(-)}(\boldsymbol{r}-\boldsymbol{r}') = -\frac{1}{4\pi R}\exp(-\mathrm{i}kR) \tag{6.2.23}$$

$G_k^{(-)}(\boldsymbol{r}-\boldsymbol{r}')$ 是一个向位于 $\boldsymbol{r}'$ 的点源会聚的球面波,它不是散射态。

由(6.2.21)式可以证明 $G_k^{(\pm)}(\boldsymbol{r}-\boldsymbol{r}')$ 满足有点源的波动方程

$$(\nabla^2+k^2)G_k^{(\pm)}(\boldsymbol{r}-\boldsymbol{r}') = \delta^3(\boldsymbol{r}-\boldsymbol{r}') \tag{6.2.24}$$

因此,类似通常的波函数,格林函数 $G_k^{(\pm)}(\boldsymbol{r}-\boldsymbol{r}')$ 是一个满足薛定谔方程的函数。

利用(6.2.22)和(6.2.23)式可以得到零级格林算符在坐标表象中的矩阵元

$$\langle \boldsymbol{r} \mid \hat{g}_0^{(\pm)}(E_k) \mid \boldsymbol{r}' \rangle = -\frac{1}{4\pi}\frac{2\mu}{\hbar^2}\frac{1}{R}\exp(\pm\mathrm{i}kR) \tag{6.2.25}$$

将 LS 方程(6.2.7)式换成坐标表象,即

$$\psi_k^{(+)}(\boldsymbol{r}) = \exp(\mathrm{i}\boldsymbol{k}\cdot\boldsymbol{r}) + \int \mathrm{d}\tau' \langle \boldsymbol{r} \mid \hat{g}_0^{(+)}(E_k) \mid \boldsymbol{r}' \rangle V(\boldsymbol{r}')\psi_k^{(+)}(\boldsymbol{r}') =$$

$$\exp(\mathrm{i}\boldsymbol{k}\cdot\boldsymbol{r})-\frac{1}{4\pi}\int\mathrm{d}\tau'\ \frac{\exp(\mathrm{i}kR)}{R}U(r')\psi_k^{(+)}(\boldsymbol{r}') \tag{6.2.26}$$

式中

$$U(r')=\frac{2\mu}{\hbar^2}V(r') \tag{6.2.27}$$

由于 $V(r')$ 满足条件(6.2.2)式,故(6.2.26)式中的积分收敛。

当 $r=|\boldsymbol{r}|\to\infty$ 时,$r'=|\boldsymbol{r}'|\ll r$,故

$$R=|\boldsymbol{r}-\boldsymbol{r}'|\approx r-\frac{\boldsymbol{r}\cdot\boldsymbol{r}'}{r}=r-\boldsymbol{r}'\cdot\boldsymbol{n}_r \tag{6.2.28}$$

于是有

$$\frac{\exp(\mathrm{i}kR)}{R}\approx\frac{\exp(\mathrm{i}kr)}{r}\exp\left[-\frac{\mathrm{i}k\boldsymbol{r}\cdot\boldsymbol{r}'}{r}\right] \tag{6.2.29}$$

考虑到

$$\frac{k\boldsymbol{r}}{r}=\boldsymbol{k} \tag{6.2.30}$$

得到

$$\frac{\exp(\mathrm{i}kR)}{R}\approx\frac{\exp(\mathrm{i}kr)}{r}\exp(-\mathrm{i}\boldsymbol{k}\cdot\boldsymbol{r}') \tag{6.2.31}$$

将其代入(6.2.26)式,得到 $\psi_k^{(+)}(\boldsymbol{r})$ 的渐近形式

$$\psi_k^{(+)}(\boldsymbol{r})\xrightarrow[r\to\infty]{}\exp(\mathrm{i}\boldsymbol{k}\cdot\boldsymbol{r})+f(\theta)\frac{\exp(\mathrm{i}kr)}{r} \tag{6.2.32}$$

式中

$$f(\theta)=-\frac{1}{4\pi}\int\mathrm{d}\tau'\exp(-\mathrm{i}\boldsymbol{k}\cdot\boldsymbol{r}')U(r')\psi_k^{(+)}(\boldsymbol{r}') \tag{6.2.33}$$

(6.2.32)式中,第一项为入射平面波,第二项为出射球面波,由于势场是轴对称的,故散射振幅 $f(\theta)$ 与角度 φ 无关。

类似地,可以得到

$$\psi_k^{(-)}(\boldsymbol{r})\xrightarrow[r\to\infty]{}\exp(\mathrm{i}\boldsymbol{k}\cdot\boldsymbol{r})+f'(\theta)\frac{\exp(-\mathrm{i}kr)}{r} \tag{6.2.34}$$

其中第二项是一个指向力心的会聚波,因此它不是散射态。

6.2.3　T 算符与 S 算符

利用(6.2.27)式,(6.2.33)式表示的散射振幅可以改写为

$$f(\theta)=-\frac{1}{4\pi}\int\mathrm{d}\tau'\exp(-\mathrm{i}\boldsymbol{k}\cdot\boldsymbol{r}')U(r')\psi_k^{(+)}(\boldsymbol{r}')=$$
$$-\frac{8\pi^3\mu}{2\pi\hbar^2}\langle k\mid V\mid\psi_k^{(+)}\rangle=-\frac{4\pi^2\mu}{\hbar^2}\langle k\mid V\mid\psi_k^{(+)}\rangle \tag{6.2.35}$$

为了将散射振幅表示成$\{|\,k\rangle\}$ 基底下的矩阵元,定义一个 T 算符,即

$$T^{(\pm)} | \boldsymbol{k} \rangle = V | \psi_{\boldsymbol{k}}^{(\pm)} \rangle \tag{6.2.36}$$

此算符也称之为**跃迁算符**。于是得到散射振幅的矩阵元形式

$$f(\theta) = -\frac{4\pi^2 \mu}{\hbar^2} \langle \boldsymbol{k} | T^{(+)} | \boldsymbol{k} \rangle \tag{6.2.37}$$

用 V 左乘 LS 方程(6.2.7) 和(6.2.10) 式的两端,分别得到

$$\begin{aligned} T^{(\pm)} &= V + V g_0^{(\pm)} T^{(\pm)} \\ T^{(\pm)} &= V + V g^{(\pm)} V \end{aligned} \tag{6.2.38}$$

上式为跃迁算符的 LS 方程。

下面再引入两个算符,其定义为

$$\Omega^{(\pm)} | \boldsymbol{k} \rangle = | \psi_{\boldsymbol{k}}^{(\pm)} \rangle \tag{6.2.39}$$

称之为**摩勒(Moller) 算符**。利用 $| k \rangle$ 的封闭关系可以得到

$$\Omega^{(\pm)} = \frac{1}{(2\pi)^3} \int | \psi_{\boldsymbol{k}}^{(\pm)} \rangle \langle \boldsymbol{k} | \mathrm{d}^3 k \tag{6.2.40}$$

进而可知

$$(\Omega^{(\pm)})^+ = \frac{1}{(2\pi)^3} \int | \boldsymbol{k} \rangle \langle \psi_{\boldsymbol{k}}^{(\pm)} | \mathrm{d}^3 k \tag{6.2.41}$$

下面讨论摩勒算符的性质。

$$\begin{aligned} (\Omega^{(\pm)})^+ \Omega^{(\pm)} &= \frac{1}{(2\pi)^6} \int \mathrm{d}^3 k \int \mathrm{d}^3 k' \, | \boldsymbol{k}' \rangle \langle \psi_{\boldsymbol{k}'}^{(\pm)} | \psi_{\boldsymbol{k}}^{(\pm)} \rangle \langle \boldsymbol{k} | = \\ &\frac{1}{(2\pi)^3} \int \mathrm{d}^3 k \int \mathrm{d}^3 k' \, | \boldsymbol{k}' \rangle \delta^3(\boldsymbol{k}' - \boldsymbol{k}) \langle \boldsymbol{k} | = 1 \end{aligned} \tag{6.2.42}$$

$\hat{H}_0$ 的本征态 $| \boldsymbol{k} \rangle$ 具有完备性,$\hat{H}$ 的本征态也具有完备性,但是,散射态 $| \psi_{\boldsymbol{k}}^{(\pm)} \rangle$ 并不一定具有完备性,因为 $\hat{H}$ 可能还同时具有束缚态 $| \varphi_i \rangle$,故其完备性表现为

$$\frac{1}{(2\pi)^3} \int | \psi_{\boldsymbol{k}}^{(\pm)} \rangle \langle \psi_{\boldsymbol{k}}^{(\pm)} | \mathrm{d}^3 k + \sum_i | \varphi_i \rangle \langle \varphi_i | = 1 \tag{6.2.43}$$

因此

$$\Omega^{(\pm)} (\Omega^{(\pm)})^+ = \frac{1}{(2\pi)^3} \int \mathrm{d}^3 k \, | \psi_{\boldsymbol{k}}^{(\pm)} \rangle \langle \psi_{\boldsymbol{k}}^{(\pm)} | = 1 - B \tag{6.2.44}$$

其中

$$B = \sum_i | \varphi_i \rangle \langle \varphi_i | \tag{6.2.45}$$

最后,由摩勒算符来定义一个 **S 算符(散射算符)**

$$S = (\Omega^{(-)})^+ \Omega^{(+)} \tag{6.2.46}$$

于是

$$S^+ S = (\Omega^{(+)})^+ \Omega^{(-)} (\Omega^{(-)})^+ \Omega^{(+)} = (\Omega^{(+)})^+ (1 - B) \Omega^{(+)} = 1 \tag{6.2.47}$$

其中利用了

$$(\Omega^{(+)})^{+}B=0 \tag{6.2.48}$$

用类似的方法可以得到

$$SS^{+}=1 \tag{6.2.49}$$

显然，S 算符是一个幺正算符。

下面导出散射算符与跃迁算符之间的关系。

$$\begin{aligned}
S_{\boldsymbol{k}'\boldsymbol{k}} &= \langle \boldsymbol{k}' \mid (\Omega^{(-)})^{+}\Omega^{(+)} \mid \boldsymbol{k}\rangle = \langle \psi_{\boldsymbol{k}'}^{(-)} \mid \psi_{\boldsymbol{k}}^{(+)}\rangle = \\
&\left[\langle \boldsymbol{k}' \mid + \langle \boldsymbol{k}' \mid V\frac{1}{E'-E+\mathrm{i}\varepsilon}\right] \mid \psi_{\boldsymbol{k}}^{(+)}\rangle = \\
&\langle \boldsymbol{k}' \mid \psi_{\boldsymbol{k}}^{(+)}\rangle + \frac{1}{E'-E+\mathrm{i}\varepsilon}\langle \boldsymbol{k}' \mid V \mid \psi_{\boldsymbol{k}}^{(+)}\rangle = \\
&\langle \boldsymbol{k}' \mid \boldsymbol{k}\rangle + \left[\frac{1}{E-E'+\mathrm{i}\varepsilon} + \frac{1}{E'-E+\mathrm{i}\varepsilon}\right]\langle \boldsymbol{k}' \mid V \mid \psi_{\boldsymbol{k}}^{(+)}\rangle = \\
&(2\pi)^{3}\delta^{3}(\boldsymbol{k}'-\boldsymbol{k}) - \frac{2\mathrm{i}\varepsilon}{(E-E')^{2}+\varepsilon^{2}}\langle \boldsymbol{k}' \mid V \mid \psi_{\boldsymbol{k}}^{(+)}\rangle
\end{aligned} \tag{6.2.50}$$

利用

$$\lim_{\varepsilon\to 0}\frac{\varepsilon}{x^{2}+\varepsilon^{2}}=\pi\delta(x) \tag{6.2.51}$$

得到散射矩阵元与跃迁矩阵元之间的关系

$$S_{\boldsymbol{k}'\boldsymbol{k}}=(2\pi)^{3}\delta^{3}(\boldsymbol{k}'-\boldsymbol{k})-2\pi\mathrm{i}\delta(E'-E)T_{\boldsymbol{k}'\boldsymbol{k}}^{(+)} \tag{6.2.52}$$

散射算符与跃迁算符之间的关系为

$$S=1-2\pi\mathrm{i}\delta(E'-E)T^{(+)} \tag{6.2.53}$$

$S_{\boldsymbol{k}'\boldsymbol{k}}$ 和 $T_{\boldsymbol{k}'\boldsymbol{k}}$ 所构成的矩阵分别称为 **S 矩阵**和 **T 矩阵**。求解散射问题的关键就是计算 S 矩阵或 T 矩阵的矩阵元。

6.2.4　光学定理

考虑两束单色波 $\psi_{\boldsymbol{k}}(\boldsymbol{r})$ 和 $\psi_{\boldsymbol{k}'}(\boldsymbol{r})$，对于给定的位势 $V(\boldsymbol{r})$，由薛定谔方程可以得到

$$\psi_{\boldsymbol{k}'}^{*}(\boldsymbol{r})\nabla^{2}\psi_{\boldsymbol{k}}(\boldsymbol{r})-\psi_{\boldsymbol{k}}(\boldsymbol{r})\nabla^{2}\psi_{\boldsymbol{k}'}^{*}(\boldsymbol{r})=0 \tag{6.2.54}$$

在一个半径足够大的球内，对上式进行积分

$$\int_{V}[\psi_{\boldsymbol{k}'}^{*}(\boldsymbol{r})\nabla^{2}\psi_{\boldsymbol{k}}(\boldsymbol{r})-\psi_{\boldsymbol{k}}(\boldsymbol{r})\nabla^{2}\psi_{\boldsymbol{k}'}^{*}(\boldsymbol{r})]\mathrm{d}\tau=0 \tag{6.2.55}$$

利用格林定理得到

$$\int_{S}[\psi_{\boldsymbol{k}'}^{*}(\boldsymbol{r})\nabla\psi_{\boldsymbol{k}}(\boldsymbol{r})-\psi_{\boldsymbol{k}}(\boldsymbol{r})\nabla\psi_{\boldsymbol{k}'}^{*}(\boldsymbol{r})]\cdot\mathrm{d}\boldsymbol{S}=0 \tag{6.2.56}$$

由于上式是在一个远离散射中心的球面上进行积分，所以能够利用散射波在无

穷远处的边界条件

$$\psi(\boldsymbol{r}) \sim \exp(\mathrm{i}\boldsymbol{k}\cdot\boldsymbol{r}) + f(\theta)\frac{1}{r}\exp(\mathrm{i}kr) \tag{6.2.57}$$

若令

$$\boldsymbol{k}_r = \frac{k\boldsymbol{r}}{r} \tag{6.2.58}$$

再考虑到(6.2.30)式，则(6.2.56)式可以具体写成

$$\begin{aligned} 0 = &\iint\left[\exp(-\mathrm{i}\boldsymbol{k}'\cdot\boldsymbol{r}) + f(\boldsymbol{k}_r,\boldsymbol{k}')\frac{1}{r}\exp(\mathrm{i}kr)\right]\times \\ &\nabla\left[\exp(\mathrm{i}\boldsymbol{k}\cdot\boldsymbol{r}) + f(\boldsymbol{k}_r,\boldsymbol{k})\frac{1}{r}\exp(\mathrm{i}kr)\right]\cdot\mathrm{d}\boldsymbol{S} - \\ &\iint\left[\exp(\mathrm{i}\boldsymbol{k}\cdot\boldsymbol{r}) + f(\boldsymbol{k}_r,\boldsymbol{k})\frac{1}{r}\exp(\mathrm{i}kr)\right]\times \\ &\nabla\left[\exp(-\mathrm{i}\boldsymbol{k}'\cdot\boldsymbol{r}) + f(\boldsymbol{k}_r,\boldsymbol{k}')\frac{1}{r}\exp(\mathrm{i}kr)\right]\cdot\mathrm{d}\boldsymbol{S} \end{aligned} \tag{6.2.59}$$

式中散射振幅为

$$f(\boldsymbol{k}',\boldsymbol{k}) = -\frac{2\mu}{4\pi\hbar^2}\int\exp(-\mathrm{i}\boldsymbol{k}'\cdot\boldsymbol{r})V(\boldsymbol{r})\psi_{\boldsymbol{k}'}(\boldsymbol{r})\mathrm{d}\tau \tag{6.2.60}$$

可以验证，含有两束单色平面波乘积的积分项没有贡献，同样，含有两束散射波乘积的项也在积分后消失了。剩下的两项都含有散射波振幅的一次项，由于 $kr \gg 1$，与$\frac{1}{r^2}$相关的项可以略去，于是，其中第一个线性项为

$$I_1 = \frac{1}{r}\int f(\boldsymbol{k}_r,\boldsymbol{k}')(\boldsymbol{k}\cdot\boldsymbol{r} - kr)\exp[\mathrm{i}(\boldsymbol{k}\cdot\boldsymbol{r} + kr)]\mathrm{d}\Omega \tag{6.2.61}$$

若令

$$\theta = \cos(\boldsymbol{k}\cdot\boldsymbol{r}) \tag{6.2.62}$$

则(6.2.61)式可以改写成

$$\begin{aligned} I_1 = &k\int_{-1}^{1} f(\boldsymbol{k}_r,\boldsymbol{k}')(\theta - 1)\exp[\mathrm{i}kr(\theta + 1)\mathrm{d}\theta\int_0^{2\pi}\mathrm{d}\varphi = \\ &2\pi k f(\boldsymbol{k}_r,\boldsymbol{k}')\exp(\mathrm{i}kr)\int_{-1}^{1}(\theta - 1)\exp(\mathrm{i}kr\theta)\mathrm{d}\theta \end{aligned} \tag{6.2.63}$$

通过分部积分，并利用条件 $kr \gg 1$，得到

$$I_1 = -\frac{4\pi}{\mathrm{i}r}f(\boldsymbol{k}_r,\boldsymbol{k}') \tag{6.2.64}$$

同样可以计算(6.2.59)式中另外一项非零积分，从而得到

$$\frac{1}{2\mathrm{i}}[f(\boldsymbol{k}',\boldsymbol{k}) - f^*(\boldsymbol{k},-\boldsymbol{k}')] = \frac{k}{4\pi}\int f^*(\boldsymbol{k}_r,\boldsymbol{k}')f(\boldsymbol{k}_r,\boldsymbol{k})\mathrm{d}\Omega \tag{6.2.65}$$

当 $\boldsymbol{k}' = \boldsymbol{k}$ 时,立即可以得到如下简单的关系

$$\mathrm{Im} f(\boldsymbol{k},\boldsymbol{k}) = \frac{k}{4\pi}\int |f(\boldsymbol{k}_r,\boldsymbol{k}')|^2 \mathrm{d}\Omega = \frac{k}{4\pi}\sigma_t \tag{6.2.66}$$

式中 σ_t 为积分散射截面。这一简单的关系称为**光学定理**。

与波函数 $\psi_{\boldsymbol{k}}(\boldsymbol{r})$ 相应的粒子流密度为

$$\boldsymbol{j} = \frac{\hbar}{\mathrm{i}2\mu}[\psi_{\boldsymbol{k}}^*(\boldsymbol{r})\nabla\psi_{\boldsymbol{k}}(\boldsymbol{r}) - \psi_{\boldsymbol{k}}(\boldsymbol{r})\nabla\psi_{\boldsymbol{k}}^*(\boldsymbol{r})] \tag{6.2.67}$$

所以,当 $\boldsymbol{k}' = \boldsymbol{k}$ 时,(6.2.54)式恰好给出粒子数守恒的表达式

$$\nabla\cdot\boldsymbol{j} = 0 \tag{6.2.68}$$

从这个意义上说,光学定理反映了粒子数守恒的要求。它也可以视为入射波与散射波互相干涉的结果,球面波形式的散射粒子流正比于积分散射截面。

6.3　玻恩近似

6.3.1　一级近似方程的建立

如前所述,中心力场下的散射问题归结为求方程

$$(\nabla^2 + k^2)\psi(\boldsymbol{r}) = U(r)\psi(\boldsymbol{r}) \tag{6.3.1}$$

满足条件

$$\psi(\boldsymbol{r}) \xrightarrow[r\to\infty]{} \exp(\mathrm{i}kz) + f(\theta,\varphi)\frac{1}{r}\exp(\mathrm{i}kr) \tag{6.3.2}$$

的解,其中

$$U(r) = \frac{2\mu}{\hbar^2}V(r) \tag{6.3.3}$$

若入射粒子具有较大的动能,使得势能可视为微扰,则可以利用一级微扰论来处理弹性散射问题,此即**玻恩近似**。

无微扰时,体系的哈密顿算符就是动能算符,其本征方程为

$$(\nabla^2 + k^2)\psi(\boldsymbol{r}) = 0 \tag{6.3.4}$$

它的解为

$$E^0 = \frac{k^2\hbar^2}{2\mu} \tag{6.3.5}$$

$$\psi^0(\boldsymbol{r}) = \exp(\mathrm{i}kz) \tag{6.3.6}$$

若令 $\psi(\boldsymbol{r}) = \psi^0(\boldsymbol{r}) + \varphi^{(1)}(\boldsymbol{r})$,则 $\varphi^{(1)}(\boldsymbol{r})$ 为一级小量。将其代入方程(6.3.1)得到

$$(\nabla^2 + k^2)[\psi^0(\boldsymbol{r}) + \varphi^{(1)}(\boldsymbol{r})] = U(r)[\psi^0(\boldsymbol{r}) + \varphi^{(1)}(\boldsymbol{r})] \tag{6.3.7}$$

比较等式两边同量级的量,得到一级修正满足的方程为

$$(\nabla^2+k^2)\varphi^{(1)}(\boldsymbol{r}) = U(r)\psi^0(\boldsymbol{r}) = U(r)\exp(\mathrm{i}kz) \tag{6.3.8}$$

6.3.2　近似方程的求解

利用电动力学的方法求出(6.3.8)式的解为

$$\varphi^{(1)}(\boldsymbol{r}) = -\frac{1}{4\pi}\int \mathrm{d}\tau' \frac{U(r')\exp(\mathrm{i}kz')\exp(\mathrm{i}k\,|\,\boldsymbol{r}-\boldsymbol{r}'\,|)}{|\,\boldsymbol{r}-\boldsymbol{r}'\,|} \tag{6.3.9}$$

设沿 z 轴的单位矢量为 $\boldsymbol{n}_0$,沿 $\boldsymbol{r}$ 方向的单位矢量为 $\boldsymbol{n}$,则

$$|\,\boldsymbol{r}-\boldsymbol{r}'\,| = (r^2+r'^2-2r\boldsymbol{n}\cdot\boldsymbol{r}')^{\frac{1}{2}} = r\left(1-\frac{2\boldsymbol{n}\cdot\boldsymbol{r}'}{r}+\frac{r'^2}{r^2}\right)^{\frac{1}{2}} \tag{6.3.10}$$

当 $r \gg r'$ 时,利用

$$(1-x)^{\frac{1}{2}} \approx 1-\frac{1}{2}x \tag{6.3.11}$$

得到

$$|\,\boldsymbol{r}-\boldsymbol{r}'\,| \approx r-\boldsymbol{n}\cdot\boldsymbol{r}' \tag{6.3.12}$$

于是有

$$\frac{1}{|\,\boldsymbol{r}-\boldsymbol{r}'\,|} \approx \frac{1}{r-\boldsymbol{n}\cdot\boldsymbol{r}'} \approx \frac{1}{r}\left(1+\frac{\boldsymbol{n}\cdot\boldsymbol{r}'}{r}\right) \tag{6.3.13}$$

其中用到

$$(1-x)^{-1} \approx 1+x \tag{6.3.14}$$

将(6.3.13)式代入(6.3.9)式,得到

$$\begin{aligned}\varphi^{(1)}(\boldsymbol{r}) = & -\frac{1}{4\pi}\int \mathrm{d}\tau' \frac{U(r')\exp(\mathrm{i}kz')\exp(\mathrm{i}k\,|\,\boldsymbol{r}-\boldsymbol{r}'\,|)}{|\,\boldsymbol{r}-\boldsymbol{r}'\,|} \approx \\ & -\frac{1}{4\pi r}\int \mathrm{d}\tau' U(r')\left(1+\frac{\boldsymbol{n}\cdot\boldsymbol{r}'}{r}\right)\exp(\mathrm{i}kz')\exp[\mathrm{i}k(r-\boldsymbol{n}\cdot\boldsymbol{r}')] \approx \\ & -\frac{\exp(\mathrm{i}kr)}{4\pi r}\int \mathrm{d}\tau' U(r')\exp[\mathrm{i}k(z'-\boldsymbol{n}\cdot\boldsymbol{r}')]\end{aligned} \tag{6.3.15}$$

6.3.3　散射振幅与散射截面

将(6.3.15)式与(6.3.2)式比较,得

$$\begin{aligned}f(\theta) = & -\frac{1}{4\pi}\int \mathrm{d}\tau' U(r')\exp[\mathrm{i}k(z'-\boldsymbol{n}\cdot\boldsymbol{r}')] = \\ & -\frac{1}{4\pi}\int \mathrm{d}\tau' U(r')\exp[(\mathrm{i}k(\boldsymbol{n}_0-\boldsymbol{n})\cdot\boldsymbol{r}']\end{aligned} \tag{6.3.16}$$

引入

$$\boldsymbol{K} = k(\boldsymbol{n}_0-\boldsymbol{n}) \tag{6.3.17}$$

散射振幅可以写为

$$f(\theta) = -\frac{1}{4\pi}\int \mathrm{d}\tau' U(r')\exp(\mathrm{i}\boldsymbol{K}\cdot\boldsymbol{r}') \tag{6.3.18}$$

上式可以改写为

$$f(\theta)=-\frac{1}{4\pi}\int_0^\infty \mathrm{d}rr^2U(r)\int_0^{2\pi}\mathrm{d}\varphi\int_0^\pi \mathrm{d}\theta\sin\theta\exp(\mathrm{i}Kr\cos\theta)=$$

$$-\frac{\mu}{\hbar^2}\int_0^\infty \mathrm{d}rr^2V(r)\int_{-1}^{1}\mathrm{d}y\exp(\mathrm{i}Kry)=$$

$$-\frac{\mu}{\hbar^2}\int_0^\infty \mathrm{d}rr^2V(r)\int_{-1}^{1}\mathrm{d}y[\cos(Kry)+\mathrm{i}\sin(Kry)]=$$

$$-\frac{\mu}{\hbar^2}\int_0^\infty \mathrm{d}rr^2V(r)\frac{1}{Kr}[\sin(Kry)-\mathrm{i}\cos(Kry)]_{-1}^{+1} \tag{6.3.19}$$

最后,得到散射振幅的公式为

$$f(\theta)=-\frac{2\mu}{K\hbar^2}\int_0^\infty \mathrm{d}rrV(r)\sin(Kr) \tag{6.3.20}$$

其中

$$k=\sqrt{\frac{2\mu E}{\hbar^2}} \tag{6.3.21}$$

$$K=2k\sin\frac{\theta}{2} \tag{6.3.22}$$

式中,θ 是入射粒子与散射粒子之间的夹角。微分散射截面为

$$\sigma(\theta)=|f(\theta)|^2=\frac{4\mu^2}{K^2\hbar^4}\left|\int_0^\infty \mathrm{d}rrV(r)\sin(Kr)\right|^2 \tag{6.3.23}$$

玻恩近似适用的条件是

$$|\varphi^{(1)}(\boldsymbol{r})| \ll |\exp(\mathrm{i}kz)|=1 \tag{6.3.24}$$

6.3.4 有限深球方势阱与汤川势

为了加深对玻恩近似的理解,让我们来做两个具体的问题。

1.有限深球方势阱散射

一个低能粒子受到如下有限深球方势阱的散射

$$V(r)=\begin{cases}0 & (r\geqslant a)\\ -V_0 & (r<a)\end{cases} \tag{6.3.25}$$

其中,$V_0>0$,且势阱强度 V_0a^2 足够小。用玻恩近似计算积分散射截面。

通常情况下,玻恩近似只适用于高能入射粒子散射,这个要求的实质是入射粒子的动能远大于势能,因此,在低能情况下,只要方位势足够的窄和浅,也可以使用玻恩近似。

计算积分

$$\int_0^\infty \mathrm{d}r rV(r)\sin(Kr) = -V_0\int_0^a r\sin(Kr)\mathrm{d}r = -\frac{V_0}{K^2}[\sin(Ka) - Ka\cos(Ka)] \tag{6.3.26}$$

将其代入(6.3.23)式,求出微分散射截面

$$\sigma(\theta) = \frac{4\mu^2 V_0^2}{K^6 \hbar^4}[\sin(Ka) - Ka\cos(Ka)]^2 \tag{6.3.27}$$

在低能情况下,由于 $Ka \ll 1$,故可以将上式中的三角函数展开,即

$$\sin x = x - \frac{x^3}{3!} + \frac{x^5}{5!} + \cdots$$

$$\cos x = 1 - \frac{x^2}{2!} + \frac{x^4}{4!} + \cdots \tag{6.3.28}$$

进而得到

$$\sigma(\theta) = \frac{4\mu^2 V_0^2}{K^6 \hbar^4}\left[Ka - \frac{(Ka)^3}{3!} + \cdots - Ka\left(1 - \frac{(Ka)^2}{2!} + \cdots\right)\right]^2 \approx \frac{4\mu^2 V_0^2 a^6}{9\hbar^4} \tag{6.3.29}$$

正如预期的一样,微分散射截面与角度 θ 无关,即该截面表现出各向同性的性质。而积分散射截面为

$$\sigma_t = \frac{16\pi\mu^2 V_0^2 a^6}{9\hbar^4} \tag{6.3.30}$$

2. 汤川势散射

设一个带电荷 $Z_1 e$ 的高速运动的粒子,被一个原子序数为 Z_2 的中性原子散射。当入射粒子距离原子核较远时,带负电的核外电子会屏蔽原子核所产生的静电场;而当其非常靠近原子核时,则会感受到全部正电荷的库仑作用。通常用如下的位势来描述这种近强远弱的相互作用

$$V(r) = Z_1 Z_2 e^2 \frac{1}{r}\exp\left(-\frac{r}{a}\right) \tag{6.3.31}$$

其中,a 称为**屏蔽参数**,它的数量级与原子的半径相同。上述相互作用势被称为**汤川势**。

将(6.3.31)式代入(6.3.23)式得到微分散射截面

$$\sigma(\theta) = |f(\theta)|^2 = \frac{4\mu^2}{K^2\hbar^4}\left|\int_0^\infty \mathrm{d}r r Z_1 Z_2 e^2 \frac{1}{r}\exp\left(-\frac{r}{a}\right)\sin(Kr)\right|^2 = \frac{4\mu^2 Z_1^2 Z_2^2 e^4}{\hbar^4 K^4}\frac{1}{\left(1 + \frac{1}{K^2 a^2}\right)^2} \tag{6.3.32}$$

当 $a \to \infty$ 时,汤川势将退化为库仑(Coulomb)势,这时上式变为

$$\sigma(\theta) = \frac{4\mu^2 Z_1^2 Z_2^2 e^4}{\hbar^4 K^4} \tag{6.3.33}$$

再由(6.3.22)和(6.3.21)式可知

$$\sigma(\theta) = \frac{Z_1^2 Z_2^2 e^4}{4\mu^2 v^4 \sin^4\left(\dfrac{\theta}{2}\right)} \tag{6.3.34}$$

式中,v 是入射粒子的运动速率。上述公式与卢瑟福的散射公式完全一样。

6.4 分波法

6.4.1 自由运动的渐近解

自由运动粒子(不顾及自旋)的散射满足方程

$$(\nabla^2 + k^2)\psi(\boldsymbol{r}) = 0 \tag{6.4.1}$$

$\{H_0, L^2, L_z\}$ 构成力学量的完全集,其共同本征函数系为$\{|klm\rangle^0\}$,即

$$\hat{H}_0 \mid klm\rangle^0 = \frac{k^2\hbar^2}{2\mu} \mid klm\rangle^0 \tag{6.4.2}$$

$$\hat{L}^2 \mid klm\rangle^0 = l(l+1)\hbar^2 \mid klm\rangle^0 \tag{6.4.3}$$

$$\hat{L}_z \mid klm\rangle^0 = m\hbar \mid klm\rangle^0 \tag{6.4.4}$$

其中

$$\mid klm\rangle^0 = \sqrt{\frac{2k^2}{\pi}} \mathrm{j}_l(kr) \mathrm{Y}_{lm}(\theta, \varphi) \tag{6.4.5}$$

而球贝塞尔(Beseel)函数为

$$\mathrm{j}_l(\rho) = (-1)^{\rho} \rho^l \left(\frac{1}{\rho}\frac{\mathrm{d}}{\mathrm{d}\rho}\right)^l \frac{\sin\rho}{\rho} \tag{6.4.6}$$

当 $\rho \to \infty$ 时,其渐近形式为

$$\mathrm{j}_l(\rho) \xrightarrow[\rho\to\infty]{} \frac{1}{\rho}\sin\left(\rho - \frac{l\pi}{2}\right) \tag{6.4.7}$$

于是,当 $r \to \infty$ 时

$$\mid klm\rangle^0 \xrightarrow[r\to\infty]{} \sqrt{\frac{2k^2}{\pi}} \frac{1}{kr}\sin\left(kr - \frac{l\pi}{2}\right) \mathrm{Y}_{lm}(\theta, \varphi) \tag{6.4.8}$$

6.4.2 中心力场的渐近解

中心力场下的散射问题归结为求方程

$$(\nabla^2 + k^2)\psi(\boldsymbol{r}) = U(r)\psi(\boldsymbol{r}) \tag{6.4.9}$$

满足边界条件

$$\psi(\boldsymbol{r}) \xrightarrow[r\to\infty]{} \exp(\mathrm{i}kz) + f(\theta,\varphi)\frac{1}{r}\exp(\mathrm{i}kr) \tag{6.4.10}$$

的解。

在中心力场中,若不顾及自旋,则$\{H, L^2, L_z\}$构成力学量的完全集,其共同本征函数系为$\{|klm\rangle\}$,即

$$\hat{H}|klm\rangle = \frac{k^2\hbar^2}{2\mu}|klm\rangle \tag{6.4.11}$$

$$\hat{L}^2|klm\rangle = l(l+1)\hbar^2|klm\rangle \tag{6.4.12}$$

$$\hat{L}_z|klm\rangle = m\hbar|klm\rangle \tag{6.4.13}$$

称$|klm\rangle$为**分波**。它的具体形式是

$$|klm\rangle = \frac{u_{kl}(r)}{r}\mathrm{Y}_{lm}(\theta,\varphi) \tag{6.4.14}$$

其中$u_{kl}(r)$满足

$$\left[-\frac{\hbar^2}{2\mu}\frac{\mathrm{d}^2}{\mathrm{d}r^2} + \frac{l(l+1)\hbar^2}{2\mu r^2} + V(r)\right]u_{kl}(r) = \frac{k^2\hbar^2}{2\mu}u_{kl}(r) \tag{6.4.15}$$

$$u_{kl}(0) = 0 \tag{6.4.16}$$

当$r\to\infty$时,方程(6.4.15)简化为

$$-\frac{\hbar^2}{2\mu}\frac{\mathrm{d}^2}{\mathrm{d}r^2}u_{kl}(r) = \frac{k^2\hbar^2}{2\mu}u_{kl}(r) \tag{6.4.17}$$

其满足波函数自然条件的解为

$$u_{kl}(r) = a_{kl}\sin\left(kr - \frac{l\pi}{2} + \eta_l\right) \tag{6.4.18}$$

式中,a_{kl}为归一化常数,η_l为l**分波相移**。将其代入(6.2.14)式,得到$r\to\infty$时的渐近解

$$|klm\rangle \xrightarrow[r\to\infty]{} a'_{kl}\frac{1}{kr}\sin\left(kr - \frac{l\pi}{2} + \eta_l\right)\mathrm{Y}_{lm}(\theta,\varphi) \tag{6.4.19}$$

式中,$a'_{kl} = ka_{kl}$。

体系所处状态的一般形式应该是

$$\psi(\boldsymbol{r}) = \int\mathrm{d}k\sum_{l=0}^{\infty}\sum_{m=-l}^{l}c_{klm}|klm\rangle \tag{6.4.20}$$

由于能量是确定的,并且入射方向为z轴($m=0$),而$U(r)$相对z轴旋转不变,因此散射波亦有$m=0$,于是上式可简化为

$$\psi(\boldsymbol{r}) = \sum_{l=0}^{\infty}b_l|kl0\rangle \tag{6.4.21}$$

再利用球谐函数与勒让德(Legendre)多项式的关系

$$Y_{l0}(\theta,\varphi)=\sqrt{\frac{2l+1}{4\pi}}P_l(\cos\theta) \tag{6.4.22}$$

将 $r\to\infty$ 时的**渐近波函数**写成

$$\psi(\boldsymbol{r})\xrightarrow[r\to\infty]{}\sum_{l=0}^{\infty}c_lP_l(\cos\theta)\frac{1}{kr}\sin\left(kr-\frac{l\pi}{2}+\eta_l\right)=$$

$$\sum_{l=0}^{\infty}c_lP_l(\cos\theta)\frac{1}{2\mathrm{i}kr}\left\{\exp\left[\mathrm{i}\left(kr-\frac{l\pi}{2}+\eta_l\right)\right]-\exp\left[-\mathrm{i}\left(kr-\frac{l\pi}{2}+\eta_l\right)\right]\right\} \tag{6.4.23}$$

6.4.3　边界条件的处理

为了得到散射振幅,将边界条件(6.4.10)式与渐近波函数(6.4.23)式比较,结果发现,在边界条件(6.4.10)式中,沿 z 方向入射的平面波是能量与动量的本征函数,由于动量算符与角动量平方算符不对易,故其不是角动量算符的本征态。但是,可以将其向球面波展开,即

$$\exp(\mathrm{i}kz)=\exp(\mathrm{i}kr\cos\theta)=\sum_{l=0}^{\infty}\mathrm{i}^l\sqrt{4\pi(2l+1)}\,\mathrm{j}_l(kr)Y_{l0}(\theta,\varphi)=$$

$$\sum_{l=0}^{\infty}(2l+1)\exp\left(\frac{\mathrm{i}l\pi}{2}\right)\mathrm{j}_l(kr)P_l(\cos\theta) \tag{6.4.24}$$

其中用到(6.4.22)式及

$$\exp\left(\frac{\mathrm{i}l\pi}{2}\right)=\cos\left(\frac{l\pi}{2}\right)+\mathrm{i}\sin\left(\frac{l\pi}{2}\right)=\mathrm{i}^l \tag{6.4.25}$$

利用球贝塞尔函数的渐近形式(6.4.7)式,得到入射波的渐近形式为

$$\exp(\mathrm{i}kz)=\sum_{l=0}^{\infty}(2l+1)\exp\left(\frac{\mathrm{i}l\pi}{2}\right)\mathrm{j}_l(kr)P_l(\cos\theta)\xrightarrow[r\to\infty]{}$$

$$\sum_{l=0}^{\infty}(2l+1)\frac{1}{kr}\sin\left(kr-\frac{l\pi}{2}\right)\exp\left(\frac{\mathrm{i}l\pi}{2}\right)P_l(\cos\theta) \tag{6.4.26}$$

将散射振幅向勒让德函数展开,有

$$f(\theta)=\sum_{l=0}^{\infty}d_l'P_l(\cos\theta)=\sum_{l=0}^{\infty}d_l\frac{1}{2\mathrm{i}k}P_l(\cos\theta) \tag{6.4.27}$$

于是得到

$$f(\theta)\frac{\exp(\mathrm{i}kr)}{r}=\sum_{l=0}^{\infty}d_l\frac{1}{2\mathrm{i}kr}P_l(\cos\theta)\exp(\mathrm{i}kr) \tag{6.4.28}$$

利用(6.2.26)和(6.2.28)式,可将边界条件(6.2.10)式改写为

$$\psi(\boldsymbol{r})\xrightarrow[r\to\infty]{}\exp(\mathrm{i}kz)+f(\theta,\varphi)\frac{1}{r}\exp(\mathrm{i}kr)=\sum_{l=0}^{\infty}P_l(\cos\theta)\times$$

$$\left[\frac{2l+1+d_l}{2\mathrm{i}kr}\exp(\mathrm{i}kr)-\frac{(2l+1)\exp(\mathrm{i}l\pi)}{2\mathrm{i}kr}\exp(-\mathrm{i}kr)\right] \tag{6.4.29}$$

6.4.4 散射振幅与散射截面

将(6.4.29)式与(6.4.23)式比较可知

$$
\begin{aligned}
c_l\exp\left[\mathrm{i}\left(-\frac{l\pi}{2}+\eta_l\right)\right] &= 2l+1+d_l \\
c_l\exp\left[-\mathrm{i}\left(-\frac{l\pi}{2}+\eta_l\right)\right] &= (2l+1)\exp(\mathrm{i}l\pi)
\end{aligned} \tag{6.4.30}
$$

求解上述联立方程,得到

$$
\begin{aligned}
c_l &= (2l+1)\exp\left(\frac{\mathrm{i}}{2}l\pi\right)\exp(\mathrm{i}\eta_l) \\
d_l &= (2l+1)[\exp(2\mathrm{i}\eta_l)-1]
\end{aligned} \tag{6.4.31}
$$

将其代入散射振幅表达式(6.4.27)中,有

$$
\begin{aligned}
f(\theta) = \sum_{l=0}^{\infty}\frac{(2l+1)[\exp(2\mathrm{i}\eta_l)-1]}{2\mathrm{i}k}\mathrm{P}_l(\cos\theta) = \\
\frac{1}{k}\sum_{l=0}^{\infty}(2l+1)\sin\eta_l\exp(\mathrm{i}\eta_l)\mathrm{P}_l(\cos\theta)
\end{aligned} \tag{6.4.32}
$$

微分散射截面为

$$
\sigma(\theta) = |f(\theta)|^2 = \frac{1}{k^2}\left|\sum_{l=0}^{\infty}(2l+1)\sin\eta_l\exp(\mathrm{i}\eta_l)\mathrm{P}_l(\cos\theta)\right|^2 \tag{6.4.33}
$$

而积分散射截面为

$$
\sigma_t = \int\mathrm{d}\Omega\sigma(\theta) = \frac{1}{k^2}\int\mathrm{d}\Omega\left|\sum_{l=0}^{\infty}(2l+1)\sin\eta_l\exp(\mathrm{i}\eta_l)\mathrm{P}_l(\cos\theta)\right|^2 \tag{6.4.34}
$$

利用勒让德多项式的性质

$$
\int\mathrm{d}\Omega\mathrm{P}_l(\cos\theta)\mathrm{P}_{l'}(\cos\theta) = \frac{4\pi}{2l+1}\delta_{ll'} \tag{6.4.35}
$$

可以将积分做出,进而得到

$$
\sigma_t = \frac{4\pi}{k^2}\sum_{l=0}^{\infty}(2l+1)\sin^2\eta_l \tag{6.4.36}
$$

若定义

$$
\sigma_l = \frac{4\pi}{k^2}(2l+1)\sin^2\eta_l \tag{6.4.37}
$$

为 l 波的**分截面**,则积分散射截面可以写成分截面之和,即

$$
\sigma_t = \sum_{l=0}^{\infty}\sigma_l \tag{6.4.38}
$$

由此可知,计算散射截面的关键是求出 l 分波的相移 η_l,若能求出全部分

波的相移,则能得到精确的散射截面,把这种计算散射截面的方法称之为**分波法**。在理论上分波法是一种严格的方法,而实际上并不可能求出所有分波的相移,通常只计算较低级的几个分波的相移,例如,$s(l=0)$ 波的相移,$p(l=1)$ 的相移等。

6.5 球方位势散射

6.5.1 球方势阱散射

设入射粒子被球方势阱

$$V(r)=\begin{cases}-V_0 & (r<r_0)\\ 0 & (r\geqslant r_0)\end{cases} \tag{6.5.1}$$

散射,利用分波法计算其 s 波的散射截面,其中常数 $V_0>0$。

这时,$s(l=0)$ 波满足的径向方程为

$$u''(r)+[k^2-U(r)]u(r)=0 \tag{6.5.2}$$

其中

$$k^2=\frac{2\mu E}{\hbar^2}>0 \tag{6.5.3}$$

$$U(r)=\frac{2\mu}{\hbar^2}V(r) \tag{6.5.4}$$

为简捷计,略去了径向波函数的下标。以 r_0 为界,将位势分为两个区域,相应的方程分别为

$$\begin{aligned}u''_1(r)+\alpha^2u_1(r)=0 \quad (r<r_0)\\ u''_2(r)+k^2u_2(r)=0 \quad (r\geqslant r_0)\end{aligned} \tag{6.5.5}$$

其中

$$\alpha^2=\frac{2\mu(E+V_0)}{\hbar^2}>0 \tag{6.5.6}$$

容易得到(6.5.5) 式的解

$$\begin{aligned}u_1(r)=A\sin(\alpha r+\gamma)\\ u_2(r)=B\sin(kr+\delta)\end{aligned} \tag{6.5.7}$$

由 $u_1(0)=0$ 知,$\gamma=0$。δ 就是散射波的 s 波相移 η_0。利用波函数在 $r=r_0$ 处的连接条件,有

$$A\sin(\alpha r_0)=B\sin(kr_0+\delta) \tag{6.5.8}$$

$$A\alpha\cos(\alpha r_0)=Bk\cos(kr_0+\delta) \tag{6.5.9}$$

上述两式相除,得到

$$\tan(\alpha r_0) = \frac{\alpha}{k}\tan(kr_0 + \delta) \tag{6.5.10}$$

于是 s 波的相移为

$$\delta = \eta_0 = n\pi + \arctan\left[\frac{k}{\alpha}\tan(\alpha r_0)\right] - kr_0 \tag{6.5.11}$$

由于微分散射截面中出现 $\sin^2\delta$,故上式中的 $n\pi$ 对结果无贡献,可以将其去掉。进而可求出其微分散射截面和积分散射截面分别为

$$\sigma_0 = \frac{1}{k^2}\sin^2\delta \tag{6.5.12}$$

$$\sigma_t = \frac{4\pi}{k^2}\sin^2\delta \tag{6.5.13}$$

对于低能散射而言,特别是当 $k \to 0$ 时,相移可以近似写为

$$\delta = \eta_0 \approx \frac{k}{\alpha}\tan(\alpha r_0) - kr_0 \tag{6.5.14}$$

并且积分散射截面近似为

$$\sigma_t \approx \frac{4\pi}{k^2}\delta^2 = 4\pi r_0^2\left[\frac{\tan(\alpha r_0)}{\alpha r_0} - 1\right]^2 \tag{6.5.15}$$

6.5.2 球方势垒散射

设入射粒子被球方势垒

$$V(r) = \begin{cases} V_0 & (r < r_0) \\ 0 & (r \geqslant r_0) \end{cases} \tag{6.5.16}$$

散射,考虑低能散射($E < V_0$),计算其 s 波的散射截面,其中常数 $V_0 > 0$。

以 r_0 为界,将位势分为两个区域,相应的方程分别为

$$\begin{aligned} u''_1(r) + \beta^2 u_1(r) &= 0 \quad (r < r_0) \\ u''_2(r) + k^2 u_2(r) &= 0 \quad (r \geqslant r_0) \end{aligned} \tag{6.5.17}$$

其中 k 的定义仍然为(6.5.3)式,而 β 的定义为

$$\beta^2 = \frac{2\mu(V_0 - E)}{\hbar^2} > 0 \tag{6.5.18}$$

方程(6.5.17)的解为

$$\begin{aligned} u_1(r) &= A\mathrm{e}^{\beta r} + B\mathrm{e}^{-\beta r} \\ u_2(r) &= C\sin(kr + \delta) \end{aligned} \tag{6.5.19}$$

由 $u_1(0) = 0$ 知,$A = -B$,于是

$$u_1(r) = A(\mathrm{e}^{\beta r} - \mathrm{e}^{-\beta r}) = D\mathrm{sh}(\beta r) \tag{6.5.20}$$

再利用波函数在 $r = r_0$ 处的连接条件可知

$$\text{th}(\beta r_0) = \frac{\beta}{k}\tan(kr_0 + \delta) \tag{6.5.21}$$

当 $k \to 0$ 时,相移可以近似写为

$$\delta = \eta_0 \approx \frac{k}{\beta}\text{th}(\beta r_0) - kr_0 \tag{6.5.22}$$

于是积分散射截面近似为

$$\sigma_t \approx \frac{4\pi}{k^2}\delta^2 = 4\pi r_0^2\left[\frac{\text{th}(\beta r_0)}{\beta r_0} - 1\right]^2 \tag{6.5.23}$$

下面讨论两种极端的情况。

(1) 势垒非常高

当 $V \to \infty$ 时,有 $\beta \to \infty$,且 $\beta r_0 \xrightarrow[\beta\to\infty]{} \infty$,于是

$$\text{th}(\beta r_0) = \frac{\exp(\beta r_0) - \exp(-\beta r_0)}{\exp(\beta r_0) + \exp(-\beta r_0)} \xrightarrow[\beta\to\infty]{} 1 \tag{6.5.24}$$

积分散射截面近似为

$$\sigma_t \approx 4\pi r_0^2 \tag{6.5.25}$$

(2) 势垒非常低

即 $\beta r_0 \ll 1$,利用公式

$$\text{th}x = x - \frac{1}{3}x^3 + \frac{2}{15}x^5 - \cdots \quad \left(|x| < \frac{\pi}{2}\right) \tag{6.5.26}$$

得到

$$\frac{\text{th}(\beta r_0)}{\beta r_0} \approx 1 - \frac{1}{3}(\beta r_0)^2 \tag{6.5.27}$$

进而得到积分散射截面近似为

$$\sigma_t \approx \frac{4\pi}{9}r_0^6\beta^4 = \frac{16\pi\mu^2 r_0^6}{9\hbar^4}(V_0 - E)^2 \tag{6.5.28}$$

习 题 6

习题 6.1 证明零级格林算符 $\hat{g}_0^{(\pm)}(E_k)$ 在坐标表象中的矩阵元为

$$\langle \boldsymbol{r} | \hat{g}_0^{(\pm)}(E_k) | \boldsymbol{r}' \rangle = \frac{2\mu}{\hbar^2}G_k^{(\pm)}(\boldsymbol{r} - \boldsymbol{r}')$$

其中

$$G_k^{(\pm)}(\boldsymbol{r} - \boldsymbol{r}') = \frac{1}{(2\pi)^3}\int \mathrm{d}^3k' \frac{\exp[\mathrm{i}\boldsymbol{k}' \cdot (\boldsymbol{r} - \boldsymbol{r}')]}{k^2 - (k')^2 \pm \mathrm{i}\varepsilon}$$

$$\hat{g}_0^{(\pm)}(E_k) = \frac{1}{E_k - \hat{H}_0 \pm \mathrm{i}\varepsilon}$$

习题 6.2 证明

$$G_k^{(\pm)}(\boldsymbol{r}-\boldsymbol{r}') = \frac{1}{\mathrm{i}R(2\pi)^2}\int_{-\infty}^{\infty}\mathrm{d}k'\,\frac{k'\exp(\mathrm{i}Rk')}{k^2-(k')^2\pm\mathrm{i}\varepsilon}$$

其中

$$R = |\boldsymbol{r}-\boldsymbol{r}'|$$

习题 6.3 证明 $G_k^{(\pm)}(\boldsymbol{r}-\boldsymbol{r}')$ 满足有点源的波动方程

$$(\nabla^2+k^2)G_k^{(\pm)}(\boldsymbol{r}-\boldsymbol{r}') = \delta^3(\boldsymbol{r}-\boldsymbol{r}')$$

习题 6.4 利用格林函数方法导出势散射的积分方程,即

$$\psi_k^{(\pm)}(\boldsymbol{r}) = \exp(\mathrm{i}\boldsymbol{k}\cdot\boldsymbol{r}) - \frac{1}{4\pi}\int\mathrm{d}\boldsymbol{r}'\,\frac{\exp[\pm\mathrm{i}\boldsymbol{k}\cdot(\boldsymbol{r}-\boldsymbol{r}')]}{|\boldsymbol{r}-\boldsymbol{r}'|}U(\boldsymbol{r}')\psi_k^{(\pm)}(\boldsymbol{r}')$$

习题 6.5 证明跃迁算符 $T^{(\pm)}$ 与零级格林算符 $\hat{g}_0^{(\pm)}$ 及格林算符 $\hat{g}^{(\pm)}$ 满足下列关系

$$g_0^{(\pm)}T^{(\pm)} = g^{(\pm)}V$$

$$T^{(\pm)}g_0^{(\pm)} = Vg^{(\pm)}$$

$$g^{(\pm)} = g_0^{(\pm)} + g_0^{(\pm)}T^{(\pm)}g_0^{(\pm)}$$

习题 6.6 证明摩勒算符 $\Omega^{(\pm)}$ 与哈密顿算符 $\hat{H} = \hat{H}_0 + V$ 满足下列关系

$$\hat{H}\Omega^{(\pm)} = \Omega^{(\pm)}\hat{H}_0$$

$$(\Omega^{(\pm)})^+\hat{H} = \hat{H}_0(\Omega^{(\pm)})^+$$

习题 6.7 导出 $r\to\infty$ 时平面波的展开公式

$$\exp(\mathrm{i}kz)\underset{r\to\infty}{\to}\frac{1}{kr}\sum_{l=0}^{\infty}\sqrt{4\pi(2l+1)}\,\mathrm{i}^l\mathrm{j}_l(kr)\mathrm{Y}_{l,0}(\theta)$$

习题 6.8 利用 $r\to\infty$ 时的公式

$$\exp(\mathrm{i}kz)\underset{r\to\infty}{\to}\sum_{l=0}^{\infty}(2l+1)\frac{1}{kr}\sin\left(kr-\frac{l\pi}{2}\right)\exp\left(\frac{\mathrm{i}l\pi}{2}\right)\mathrm{P}_l(\cos\theta)$$

$$f(\theta)\frac{\exp(\mathrm{i}kr)}{r} = \sum_{l=0}^{\infty}d_l\frac{1}{2\mathrm{i}kr}\mathrm{P}_l(\cos\theta)\exp(\mathrm{i}kr)$$

导出

$$\psi(\boldsymbol{r})\underset{r\to\infty}{\to}\exp(\mathrm{i}kz)+f(\theta,\varphi)\frac{1}{r}\exp(\mathrm{i}kr) =$$

$$\sum_{l=0}^{\infty}\mathrm{P}_l(\cos\theta)\left[\frac{2l+1+d_l}{2\mathrm{i}kr}\exp(\mathrm{i}kr)-\frac{(2l+1)\exp(\mathrm{i}l\pi)}{2\mathrm{i}kr}\exp(-\mathrm{i}kr)\right]$$

习题 6.9 利用

$$\psi(\boldsymbol{r})\underset{r\to\infty}{\to}\sum_{l=0}^{\infty}c_l\mathrm{P}_l(\cos\theta)\frac{1}{2\mathrm{i}kr}\left\{\exp\left[\mathrm{i}\left(kr-\frac{l\pi}{2}+\eta_l\right)\right]-\exp\left[-\mathrm{i}\left(kr-\frac{l\pi}{2}+\eta_l\right)\right]\right\}$$

$$\psi(\boldsymbol{r})\underset{r\to\infty}{\to}\sum_{l=0}^{\infty}\mathrm{P}_l(\cos\theta)\frac{1}{2\mathrm{i}kr}[(2l+1+d_l)\exp(\mathrm{i}kr)-(2l+1)\exp(\mathrm{i}l\pi)\exp(-\mathrm{i}kr)]$$

导出 c_l 与 d_l 满足的方程,进而求出它们的表达式。

习题 6.10 利用

$$\sigma_t = \frac{1}{k^2}\int \mathrm{d}\Omega \mid \sum_{l=0}^{\infty}(2l+1)\sin\eta_l \exp(\mathrm{i}\eta_l)P_l(\cos\theta)\mid^2$$

证明

$$\sigma_t = \frac{4\pi}{k^2}\sum_{l=0}^{\infty}(2l+1)\sin^2\eta_l$$

习题 6.11 在玻恩近似下,证明波函数满足的积分方程为

$$\varphi(\boldsymbol{r}) = \mathrm{e}^{\mathrm{i}kz} - \frac{1}{4\pi}\int \frac{\mathrm{e}^{\mathrm{i}k|\boldsymbol{r}-\boldsymbol{r}'|}}{|\boldsymbol{r}-\boldsymbol{r}'|}U(r')\varphi(\boldsymbol{r}')\mathrm{d}\tau'$$

进而导出玻恩近似的波函数一级修正为

$$\varphi^{(1)}(\boldsymbol{r}) = -\frac{1}{4\pi}\int \frac{\mathrm{e}^{\mathrm{i}k|\boldsymbol{r}-\boldsymbol{r}'|}}{|\boldsymbol{r}-\boldsymbol{r}'|}U(r')\mathrm{e}^{\mathrm{i}kz'}\mathrm{d}\tau'$$

习题 6.12 当位势为

$$V(r) = \begin{cases} \dfrac{b}{r} & (r < r_0) \\ 0 & (r \geqslant r_0) \end{cases}$$

时,利用玻恩近似计算其微分散射截面,并给出 $Kr_0 \ll 1$ 情况下的近似结果,进而求出积分散射截面。

习题 6.13 当位势为

$$V(r) = \begin{cases} V_0 & (r < a) \\ \dfrac{V_0 a}{r} & (a < r < b) \\ 0 & (r \geqslant b) \end{cases}$$

时,利用玻恩近似计算其微分散射截面,并给出 $Ka \ll 1, Kb \ll 1$ 情况下的近似结果,进而求出积分散射截面。

习题 6.14 证明汤川势散射的微分散射截面为

$$\sigma(\theta) = \frac{4\mu^2 Z_1^2 Z_2^2 e^4}{\hbar^4 K^4}\frac{1}{\left(1 + \dfrac{1}{K^2 a^2}\right)^2}$$

习题 6.15 利用汤川势散射公式导出库仑势散射公式,进而证明库仑散射公式与卢瑟福散射公式是等价的。

习题 6.16 质量为 μ 的粒子被位势

$$V(r) = V_0\delta(r-a)$$

所散射,当 $Ka \ll 1$ 时,利用玻恩近似计算散射振幅与微分散射截面。

习题 6.17 利用质心坐标系中的散射角度 θ 与实验室坐标系中的散射角

度 θ' 之间的关系

$$\tan\theta' = \frac{m_2\sin\theta}{m_1 + m_2\cos\theta}$$

将微分散射截面公式由质心坐标系变换到实验室坐标系。式中 m_1 与 m_2 分别为两个粒子的质量。

习题 18　利用分波法证明光学定理，即

$$\mathrm{Im}f(\theta = 0) = \frac{k}{4\pi}\sigma_t$$

第7章　相对论量子力学

在非相对论量子力学中,薛定谔方程

$$\mathrm{i}\hbar\frac{\partial}{\partial t}\psi(\boldsymbol{r},t)=\hat{H}\psi(\boldsymbol{r},t) \tag{7.1.1}$$

是作为一个基本假设引入的,由于它只适用于粒子数守恒的低能量子体系,故其为非相对论性的。如前所述,非相对论性的量子力学已经成功地解释了许多微观领域内的问题,诸如原子与分子的绝大多数实验现象,以至低能核物理的一些实验现象,这是因为上述实验中粒子的运动速度远小于光速,相对论效应很小,所以薛定谔方程是一个相当好的近似。

在高能领域,通常会涉及到粒子的产生与湮没,粒子数守恒被破坏,将会遇到真正不同粒子数的状态,这已经超出了薛定谔方程的使用范围。因此,必须建立相对论的量子力学方程。1926 年提出的克莱因(Klein) - 戈尔登(Gordon)方程,解决了自旋为零粒子的问题,1934 年给出的狄拉克方程,解决了自旋为$\frac{\hbar}{2}$粒子的问题。

7.1　克莱因 - 戈尔登方程

7.1.1　克莱因 - 戈尔登方程

1. 薛定谔方程的建立过程

为了得到相对论的 KG(克莱因 - 戈尔登)方程,让我们回忆薛定谔方程的建立过程。

从经典自由粒子的能量动量关系

$$E=\frac{p^2}{2m} \tag{7.1.2}$$

出发,将能量与动量算符化,即

$$E\rightarrow \mathrm{i}\hbar\frac{\partial}{\partial t};\quad \boldsymbol{p}\rightarrow -\mathrm{i}\hbar\nabla \tag{7.1.3}$$

按德布罗意物质波假定,具有一定动量与能量的粒子相应的物质波是单色平面波

$$\psi(\boldsymbol{r},t) \sim \exp[\mathrm{i}(\boldsymbol{k}\cdot\boldsymbol{r}-\omega t)] \tag{7.1.4}$$

其中,波矢 $\boldsymbol{k}$ 和角频率 ω 与动量 $\boldsymbol{p}$ 和能量 E 的关系为

$$\boldsymbol{p} = \hbar\boldsymbol{k};\quad E = \hbar\omega \tag{7.1.5}$$

由(7.1.2)和(7.1.5)式可知,单色平面波(7.1.4)式满足薛定谔方程(7.1.1)式。不仅如此,单色平面波的叠加(波包)

$$\Psi(\boldsymbol{r},t) = \int\phi(\boldsymbol{k})\exp[\mathrm{i}(\boldsymbol{k}\cdot\boldsymbol{r}-\omega t)]\mathrm{d}^3k \tag{7.1.6}$$

也满足(7.1.1)式。

从(7.1.1)式出发,可以导出概率守恒关系

$$\frac{\partial\rho}{\partial t} + \boldsymbol{\nabla}\cdot\boldsymbol{j} = 0 \tag{7.1.7}$$

其中概率密度 ρ 和概率流密度 $\boldsymbol{j}$ 分别为

$$\rho = \psi^*\psi \geqslant 0 \tag{7.1.8}$$

$$\boldsymbol{j} = \frac{\mathrm{i}\hbar}{2m}[\psi\boldsymbol{\nabla}\psi^* - \psi^*\boldsymbol{\nabla}\psi] \tag{7.1.9}$$

2. KG 方程的建立

将以上做法推广到相对论的情况,按照狭义相对论,自由粒子的能量动量关系为

$$E^2 = p^2c^2 + m^2c^4 \tag{7.1.10}$$

式中的 m 为粒子的静质量。利用(7.1.3)式,将上式两端的力学量算符化,并作用到波函数 $\psi(\boldsymbol{r},t)$ 上,则有

$$-\hbar^2\frac{\partial^2}{\partial t^2}\psi(\boldsymbol{r},t) = [-\hbar^2c^2\nabla^2 + m^2c^4]\psi(\boldsymbol{r},t) \tag{7.1.11}$$

此即**自由粒子的 KG 方程**。它是一个关于时间的二阶偏微分方程。不难证明,单色平面波和波包都满足 KG 方程。

7.1.2 负能量和负概率问题

在 KG 方程中

$$\hbar^2\omega^2 = \hbar^2k^2c^2 + m^2c^4 \tag{7.1.12}$$

由(7.1.10)式可知,粒子的能量为

$$E = \hbar\omega = \pm\sqrt{\hbar^2k^2c^2 + m^2c^4} \tag{7.1.13}$$

这里出现了**负能量**的问题,此问题在经典力学中也是存在的,但由于能量是连

续变化的,而观测到的粒子初始能量总是正的($E \geqslant mc^2 > 0$),所以,以后任意时刻的能量保持为正的。但是,在量子力学中,粒子可以在两个状态之间跃迁,故负能量的问题需要认真研究。

与负能量问题紧密相连的是负概率问题。用类似于非相对论的方法,也可以导出概率守恒关系(7.1.7)式,具体的方法是,首先将(7.1.11)式改写为

$$\frac{1}{c^2}\frac{\partial^2}{\partial t^2}\psi(\boldsymbol{r},t) = \nabla^2\psi(\boldsymbol{r},t) - \frac{m^2c^2}{\hbar^2}\psi(\boldsymbol{r},t) \tag{7.1.14}$$

用 $\psi^*(\boldsymbol{r},t)$ 左乘上式两端,得到

$$\frac{1}{c^2}\psi^*(\boldsymbol{r},t)\frac{\partial^2}{\partial t^2}\psi(\boldsymbol{r},t) = \psi^*(\boldsymbol{r},t)\nabla^2\psi(\boldsymbol{r},t) - \frac{m^2c^2}{\hbar^2}\psi^*(\boldsymbol{r},t)\psi(\boldsymbol{r},t) \tag{7.1.15}$$

其次,将(7.1.14)式两端取复共轭,再用 $\psi(\boldsymbol{r},t)$ 左乘之,得到

$$\frac{1}{c^2}\psi(\boldsymbol{r},t)\frac{\partial^2}{\partial t^2}\psi^*(\boldsymbol{r},t) = \psi(\boldsymbol{r},t)\nabla^2\psi^*(\boldsymbol{r},t) - \frac{m^2c^2}{\hbar^2}\psi(\boldsymbol{r},t)\psi^*(\boldsymbol{r},t) \tag{7.1.16}$$

最后,将(7.1.15)式与(7.1.16)式相减,即可得到(7.1.7)式,但其中 ρ 的表达式与非相对论时不同

$$\rho = \frac{\mathrm{i}\hbar}{2mc^2}\left(\psi^*\frac{\partial}{\partial t}\psi - \psi\frac{\partial}{\partial t}\psi^*\right) \tag{7.1.17}$$

$$\boldsymbol{j} = \frac{\mathrm{i}\hbar}{2m}(\psi\nabla\psi^* - \psi^*\nabla\psi) \tag{7.1.18}$$

由于 ρ 不是正定的,如果将其视为概率密度,必将遇到**负概率**的困难。这个问题的出现是因为KG方程是时间的二阶微分方程。正因为如此,在长达7年的时间内KG方程无法使用,直到泡利将其解释为场方程才引起人们的重视。

为了解决上述的两个困难,泡利把KG方程视为一个场方程,对其进行二次量子化,即将 $\psi(\boldsymbol{r},t)$ 化为粒子数表象中的**场算符**

$$\hat{\psi}(\boldsymbol{r},t) = \sum_k \frac{1}{\sqrt{2\omega_k V}}[\hat{a}_k(t)\exp(\mathrm{i}\boldsymbol{k}\cdot\boldsymbol{r}) + \hat{b}_k^+(t)\exp(-\mathrm{i}\boldsymbol{k}\cdot\boldsymbol{r})] \tag{7.1.19}$$

其中,$\boldsymbol{k} = \dfrac{\boldsymbol{p}}{\hbar}$ 是粒子的波矢,$\hbar\omega_k = \sqrt{m^2c^4 + \hbar^2k^2c^2}$,$V$ 是体积,$\hat{a}_k$ 与 $\hat{b}_k^+$ 分别是正粒子的湮没算符和反粒子的产生算符。在无外场时

$$\begin{aligned}\hat{a}_k(t) &= \hat{a}_k(0)\exp(-\mathrm{i}\omega_k t)\\ \hat{b}_k^+(t) &= \hat{b}_k^+(0)\exp(\mathrm{i}\omega_k t)\end{aligned} \tag{7.1.20}$$

当存在相互作用时,严格求出 $\hat{a}_k(t)$ 和 $\hat{b}_k^+(t)$ 是很困难的,通常只能近似求解。

7.1.3 非相对论极限

在 $v \ll c$ 的情况下,粒子的正能量可以近似写成

$$E \approx mc^2 + \frac{p^2}{2m} \tag{7.1.21}$$

其中第一项是粒子静止质量所对应的能量,第二项为动能。为了消掉不变的静止质量项,设

$$\psi(\boldsymbol{r},t) = \Psi(\boldsymbol{r},t)\exp\left(-\frac{\mathrm{i}}{\hbar}mc^2 t\right) \tag{7.1.22}$$

并将其代入薛定谔方程,得到

$$\mathrm{i}\hbar\frac{\partial}{\partial t}\psi(\boldsymbol{r},t) = \left[\mathrm{i}\hbar\frac{\partial}{\partial t}\Psi(\boldsymbol{r},t) + mc^2\Psi(\boldsymbol{r},t)\right]\exp\left(-\frac{\mathrm{i}}{\hbar}mc^2 t\right) \tag{7.1.23}$$

由于,当 $v \ll c$ 时

$$\mathrm{i}\hbar\frac{\partial}{\partial t} \sim E_t \ll mc^2 \tag{7.1.24}$$

所以

$$\mathrm{i}\hbar\frac{\partial}{\partial t}\psi(\boldsymbol{r},t) \approx mc^2\Psi(\boldsymbol{r},t)\exp\left(-\frac{\mathrm{i}}{\hbar}mc^2 t\right) \tag{7.1.25}$$

将(7.1.23)式两端对 t 求导

$$\begin{aligned}
\mathrm{i}\hbar\frac{\partial^2}{\partial t^2}\psi(\boldsymbol{r},t) &= \left[\mathrm{i}\hbar\frac{\partial^2}{\partial t^2}\Psi(\boldsymbol{r},t) + mc^2\frac{\partial}{\partial t}\Psi(\boldsymbol{r},t)\right]\exp\left(-\frac{\mathrm{i}}{\hbar}mc^2 t\right) - \\
&\quad \frac{\mathrm{i}}{\hbar}mc^2\left[\mathrm{i}\hbar\frac{\partial}{\partial t}\Psi(\boldsymbol{r},t) + mc^2\Psi(\boldsymbol{r},t)\right]\exp\left(-\frac{\mathrm{i}}{\hbar}mc^2 t\right) = \\
&\quad \left[\mathrm{i}\hbar\frac{\partial^2}{\partial t^2}\Psi(\boldsymbol{r},t) + 2mc^2\frac{\partial}{\partial t}\Psi(\boldsymbol{r},t) - \frac{\mathrm{i}}{\hbar}m^2c^4\Psi(\boldsymbol{r},t)\right]\exp\left(-\frac{\mathrm{i}}{\hbar}mc^2 t\right) \approx \\
&\quad \left[2mc^2\frac{\partial}{\partial t}\Psi(\boldsymbol{r},t) - \frac{\mathrm{i}}{\hbar}m^2c^4\Psi(\boldsymbol{r},t)\right]\exp\left(-\frac{\mathrm{i}}{\hbar}mc^2 t\right)
\end{aligned} \tag{7.1.26}$$

由于上式中的 $\mathrm{i}\hbar\frac{\partial^2}{\partial t^2}\Psi(\boldsymbol{r},t) \ll 2mc^2\frac{\partial}{\partial t}\psi(\boldsymbol{r},t)$,故最后一步成立。(7.1.26)式可以改写成

$$-\hbar^2\frac{\partial^2}{\partial t^2}\psi(\boldsymbol{r},t)=\left[\mathrm{i}\hbar\,2mc^2\frac{\partial}{\partial t}\Psi(\boldsymbol{r},t)+m^2c^4\Psi(\boldsymbol{r},t)\right]\exp\left(-\frac{\mathrm{i}}{\hbar}mc^2t\right)\tag{7.1.27}$$

将上式与 KG 方程

$$-\hbar^2\frac{\partial^2}{\partial t^2}\psi(\boldsymbol{r},t)=\left[-\hbar^2c^2\nabla^2+m^2c^4\right]\psi(\boldsymbol{r},t)$$

比较,得到

$$\mathrm{i}\hbar\frac{\partial}{\partial t}\Psi(\boldsymbol{r},t)=-\frac{\hbar^2}{2m}\nabla^2\Psi(\boldsymbol{r},t)\tag{7.1.28}$$

此即非相对论的薛定谔方程。

将(7.1.22)式代入(7.1.17)式,得到非相对论的概率密度公式(7.1.8)式。

7.1.4　电磁场中的克莱因 - 戈尔登方程

设带电荷 q 的粒子在电磁场$(\boldsymbol{A},\Phi)$中运动,类似于非相对论的情况,算符做如下代换

$$\hat{\boldsymbol{p}}\rightarrow\hat{\boldsymbol{p}}-\frac{q}{c}\hat{\boldsymbol{A}};\quad \mathrm{i}\hbar\frac{\partial}{\partial t}\rightarrow\mathrm{i}\hbar\frac{\partial}{\partial t}-q\Phi\tag{7.1.29}$$

这时 KG 方程变为

$$\left(\mathrm{i}\hbar\frac{\partial}{\partial t}-q\Phi\right)^2\psi=\left[\left(\hat{\boldsymbol{p}}-\frac{q}{c}\boldsymbol{A}\right)^2c^2+m^2c^4\right]\psi\tag{7.1.30}$$

为了清楚地看到方程的相对论不变性,常常将其写成协变的形式。令

$$x_\mu=(\boldsymbol{x},\mathrm{i}ct);\quad A_\mu=\left(\boldsymbol{A},\frac{\mathrm{i}\Phi}{c}\right);\quad p_\mu=\left(\boldsymbol{p},\frac{\mathrm{i}E}{c}\right);\quad j_\mu=(\boldsymbol{j},\mathrm{i}c\rho)\tag{7.1.31}$$

则 KG 方程为

$$\frac{\partial}{\partial x_\mu}\frac{\partial}{\partial x_\mu}\psi=\frac{m^2c^2}{\hbar^2}\psi\tag{7.1.32}$$

连续性方程为

$$\frac{\partial}{\partial x_\mu}j_\mu=0\tag{7.1.33}$$

电磁场中的 KG 方程为

$$\left(\frac{\partial}{\partial x_\mu}-\frac{\mathrm{i}q}{\hbar c}A_\mu\right)^2\psi=\frac{m^2c^2}{\hbar^2}\psi\tag{7.1.34}$$

7.2 狄拉克方程

7.2.1 狄拉克方程的引进

1.狄拉克方程

KG 方程存在负概率的困难,人们认为它是由于时间的二阶微商引起的。为了解决这个问题,狄拉克从

$$E = \sqrt{p^2c^2 + m^2c^4} \tag{7.2.1}$$

出发,然后将其算符化。上式含有非线性的开方运算,不满足量子力学的基本要求,狄拉克凭借其深厚的数学造诣,从形式上先给出了这个开方的结果

$$\hat{E} = c\,\hat{\boldsymbol{\alpha}} \cdot \hat{\boldsymbol{p}} + \hat{\beta}\, mc^2 \tag{7.2.2}$$

显然,这是一个线性算符,其中的 $\hat{\boldsymbol{\alpha}}$ 和 $\hat{\beta}$ 不可能是普通的常数。

利用(7.2.2)式立刻得到**狄拉克方程**

$$\mathrm{i}\hbar \frac{\partial}{\partial t}\psi(\boldsymbol{r},t) = (-\mathrm{i}\hbar c\,\hat{\boldsymbol{\alpha}} \cdot \boldsymbol{\nabla} + \hat{\beta}\, mc^2)\psi(\boldsymbol{r},t) \tag{7.2.3}$$

狄拉克方程是一个坐标和时间的一阶微分方程。下面将会看到它是描述自旋为 $\frac{\hbar}{2}$ 粒子(例如,电子)的相对论量子力学方程。

2.$\hat{\boldsymbol{\alpha}}$ 与 $\hat{\beta}$ 的形式

为了确定 $\hat{\boldsymbol{\alpha}}$ 与 $\hat{\beta}$,对(7.2.2)式两端取平方

$$\begin{aligned}\hat{E}^2 &= (c\sum_i \hat{\alpha}_i\hat{p}_i + \hat{\beta}\, mc^2)(c\sum_j \hat{\alpha}_j\hat{p}_j + \hat{\beta}\, mc^2) = \\ &\frac{c^2}{2}\Big[\sum_{i,j}(\hat{\alpha}_i\hat{\alpha}_j + \hat{\alpha}_j\hat{\alpha}_i)\hat{p}_i\hat{p}_j\Big] + mc^3\sum_i(\hat{\alpha}_i\hat{\beta} + \hat{\beta}\hat{\alpha}_i)\hat{p}_i + \hat{\beta}^2 m^2c^4\end{aligned} \tag{7.2.4}$$

将其与相对论粒子的能量动量关系

$$\hat{E}^2 = \hat{p}^2c^2 + m^2c^4 \tag{7.2.5}$$

比较可知

$$\begin{aligned}&\hat{\alpha}_i\hat{\alpha}_j + \hat{\alpha}_j\hat{\alpha}_i = 2\delta_{ij} \\ &\hat{\alpha}_i\hat{\beta} + \hat{\beta}\hat{\alpha}_i = 0 \\ &\hat{\beta}^2 = 1\end{aligned} \tag{7.2.6}$$

式中,i 与 j 皆可取 x,y 和 z。由上式可知

$$\begin{aligned}&\hat{\alpha}_x^2 = \hat{\alpha}_y^2 = \hat{\alpha}_z^2 = \hat{\beta}^2 = 1 \\ &\hat{\alpha}_x、\hat{\alpha}_y、\hat{\alpha}_z、\hat{\beta}\ \text{中任意两个算符是反对易的}\end{aligned} \tag{7.2.7}$$

满足上述条件的算符 $\hat{\alpha}_i$ 和 $\hat{\beta}_i$ 只能是四阶的厄米矩阵,通常的形式为

$$\hat{\alpha}_i = \begin{pmatrix} 0 & \hat{\sigma}_i \\ \hat{\sigma}_i & 0 \end{pmatrix};\quad \hat{\beta} = \begin{pmatrix} \hat{I} & 0 \\ 0 & -\hat{I} \end{pmatrix} \tag{7.2.8}$$

式中,$\hat{\sigma}_i$ 为泡利矩阵,$\hat{I}$ 为 2×2 的单位矩阵。

3. $\hat{\boldsymbol{\alpha}}$ 的物理意义

利用坐标算符的运动方程

$$\frac{\mathrm{d}}{\mathrm{d}t}x = \frac{1}{\mathrm{i}\hbar}[x, \hat{H}] = \frac{1}{\mathrm{i}\hbar}[x, c\hat{\boldsymbol{\alpha}}\cdot\hat{\boldsymbol{p}} + \hat{\beta}mc^2] = \frac{1}{\mathrm{i}\hbar}[x, c\hat{\alpha}_x\hat{p}_x] = c\hat{\alpha}_x \tag{7.2.9}$$

可知

$$\boldsymbol{v} = \frac{\mathrm{d}}{\mathrm{d}t}\boldsymbol{r} = c\hat{\boldsymbol{\alpha}} \tag{7.2.10}$$

即 $c\hat{\boldsymbol{\alpha}}$ 表示粒子的速度。

7.2.2　连续性方程

对狄拉克方程(7.2.3)式两端取厄米共轭

$$-\mathrm{i}\hbar\frac{\partial}{\partial t}\psi^+ = \mathrm{i}\hbar c\sum_i\left(\frac{\partial\psi^+}{\partial x_i}\right)\hat{\alpha}_i^+ + mc^2\psi^+\hat{\beta}^+ \tag{7.2.11}$$

用 ψ^* 左乘(7.2.3)式

$$\mathrm{i}\hbar\psi^+\frac{\partial}{\partial t}\psi = -\mathrm{i}\hbar c\psi^+\sum_i\hat{\alpha}_i\frac{\partial}{\partial x_i}\psi + mc^2\psi^+\hat{\beta}\psi \tag{7.2.12}$$

再用 ψ 右乘(7.2.11)式

$$-\mathrm{i}\hbar\left(\frac{\partial}{\partial t}\psi^+\right)\psi = \mathrm{i}\hbar c\sum_i\left(\frac{\partial\psi^+}{\partial x_i}\right)\hat{\alpha}_i^+\psi + mc^2\psi^+\hat{\beta}^+\psi \tag{7.2.13}$$

利用

$$\hat{\alpha}_i^+ = \hat{\alpha}_i;\quad \hat{\beta}^+ = \hat{\beta} \tag{7.2.14}$$

(7.2.13)式变成

$$-\mathrm{i}\hbar\left(\frac{\partial}{\partial t}\psi^+\right)\psi = \mathrm{i}\hbar c\sum_i\left(\frac{\partial\psi^+}{\partial x_i}\right)\hat{\alpha}_i\psi + mc^2\psi^+\hat{\beta}\psi \tag{7.2.15}$$

(7.2.12)式减去(7.2.15)式,得到

$$\mathrm{i}\hbar\left(\psi^+\frac{\partial}{\partial t}\psi + \psi\frac{\partial}{\partial t}\psi^+\right) = -\mathrm{i}\hbar c(\psi^+\hat{\boldsymbol{\alpha}}\cdot\nabla\psi + \psi\nabla\psi^+\cdot\hat{\boldsymbol{\alpha}}) \tag{7.2.16}$$

利用 $\hat{\boldsymbol{\alpha}}$ 的厄米性,上式可以化为

$$\frac{\partial}{\partial t}(\psi^+\psi) + c\nabla\cdot(\psi^+\hat{\boldsymbol{\alpha}}\psi) = 0 \tag{7.2.17}$$

令

$$\rho = \psi^+\psi;\quad \boldsymbol{j} = c\psi^+\hat{\boldsymbol{\alpha}}\psi \tag{7.2.18}$$

则得到连续性方程

$$\frac{\partial\rho}{\partial t} + \nabla \cdot \boldsymbol{j} = 0 \tag{7.2.19}$$

由此可知,狄拉克方程不存在负概率的问题。

7.2.3 电子的自旋

电子轨道角动量 x 分量算符随时间的变化

$$\begin{aligned}\frac{\mathrm{d}}{\mathrm{d}t}\hat{l}_x &= \frac{1}{\mathrm{i}\hbar}[\hat{l}_x, \hat{H}] = \frac{c}{\mathrm{i}\hbar}[\hat{l}_x, \hat{\alpha}_x\hat{p}_x + \hat{\alpha}_y\hat{p}_y + \hat{\alpha}_z\hat{p}_z] = \\ &\frac{c}{\mathrm{i}\hbar}\{\hat{\alpha}_x[\hat{l}_x, \hat{p}_x] + \hat{\alpha}_y[\hat{l}_x, \hat{p}_y] + \hat{\alpha}_z[\hat{l}_x, \hat{p}_z]\} = \\ &c(\hat{\alpha}_y\hat{p}_z - \hat{\alpha}_z\hat{p}_y) = c(\hat{\boldsymbol{\alpha}} \times \hat{\boldsymbol{p}})_x\end{aligned} \tag{7.2.20}$$

于是有

$$\frac{\mathrm{d}}{\mathrm{d}t}\hat{\boldsymbol{l}} = c(\hat{\boldsymbol{\alpha}} \times \hat{\boldsymbol{p}}) \tag{7.2.21}$$

上式表明,电子的轨道角动量并非守恒量。但是,对于自由电子而言,空间是各向同性的,角动量应为守恒量,故电子除了轨道角动量之外,还应该具有固有的角动量(自旋)。

若令

$$\hat{\boldsymbol{\Sigma}} = \begin{pmatrix} \hat{\boldsymbol{\sigma}} & 0 \\ 0 & \hat{\boldsymbol{\sigma}} \end{pmatrix} \tag{7.2.22}$$

则其分量形式为

$$\hat{\Sigma}_j = \begin{pmatrix} \hat{\sigma}_j & 0 \\ 0 & \hat{\sigma}_j \end{pmatrix} \quad (j = x, y, z) \tag{7.2.23}$$

对于 x 分量,利用$[\hat{\sigma}_x, \hat{\sigma}_y] = 2\mathrm{i}\hat{\sigma}_z$,得到

$$\begin{aligned}[\hat{\Sigma}_x, \hat{H}] &= [\hat{\Sigma}_x, c\,\hat{\boldsymbol{\alpha}} \cdot \hat{\boldsymbol{p}}] = c[\hat{\Sigma}_x, \hat{\alpha}_y\hat{p}_y + \hat{\alpha}_z\hat{p}_z] = \\ &\mathrm{i}2c(\hat{\alpha}_z\hat{p}_y - \hat{\alpha}_y\hat{p}_z) = -\mathrm{i}2c(\hat{\boldsymbol{\alpha}} \times \hat{\boldsymbol{p}})_x\end{aligned} \tag{7.2.24}$$

进而得到

$$\frac{\mathrm{d}}{\mathrm{d}t}\left(\frac{\hbar}{2}\hat{\boldsymbol{\Sigma}}\right) = \frac{\hbar}{2}\frac{1}{\mathrm{i}\hbar}[\hat{\boldsymbol{\Sigma}}, \hat{H}] = -c(\hat{\boldsymbol{\alpha}} \times \hat{\boldsymbol{p}}) \tag{7.2.25}$$

(7.2.21) 式加上(7.2.25) 式得到

$$\frac{\mathrm{d}}{\mathrm{d}t}\left(\hat{\boldsymbol{l}} + \frac{\hbar}{2}\hat{\boldsymbol{\Sigma}}\right) = 0 \tag{7.2.26}$$

若定义

$$\hat{\boldsymbol{j}} = \hat{\boldsymbol{l}} + \frac{\hbar}{2}\hat{\boldsymbol{\Sigma}} \tag{7.2.27}$$

为总角动量,则其是守恒量。将

$$s = \frac{\hbar}{2}\hat{\boldsymbol{\Sigma}} \tag{7.2.28}$$

称之为**电子的自旋**。这是狄拉克理论的一大历史功绩,它由相对论的狄拉克方程自动给出了电子的自旋,从而打破了非相对论量子力学人为引入自旋的尴尬局面。

7.3　自由电子的平面波解

7.3.1　自由电子的平面波解

让我们从最简单的自由电子入手,求解狄拉克方程。

1. 自由电子的狄拉克方程

自由电子满足的狄拉克方程为

$$\mathrm{i}\hbar\frac{\partial}{\partial t}\psi = \hat{H}\psi \tag{7.3.1}$$

式中

$$\hat{H} = c\,\hat{\boldsymbol{\alpha}}\cdot\hat{\boldsymbol{p}} + mc^2\hat{\beta} \tag{7.3.2}$$

$$\hat{\boldsymbol{\alpha}} = \begin{pmatrix} 0 & \hat{\boldsymbol{\sigma}} \\ \hat{\boldsymbol{\sigma}} & 0 \end{pmatrix};\quad \hat{\beta} = \begin{pmatrix} \hat{I} & 0 \\ 0 & -\hat{I} \end{pmatrix} \tag{7.3.3}$$

$\hat{I}$ 为 2 阶单位矩阵,$\hat{\boldsymbol{\sigma}}$ 为泡利矩阵。

由于动量算符 $\hat{\boldsymbol{p}}$ 与哈密顿算符 $\hat{H}$ 对易,动量 $\boldsymbol{p}$ 是守恒量,故动量算符与哈密顿算符有共同本征波函数系。狄拉克方程的解具有多分量的平面波形式,即

$$\psi_{\boldsymbol{p},E} = u(\boldsymbol{p})\exp\left[\frac{\mathrm{i}}{\hbar}(\boldsymbol{p}\cdot\boldsymbol{r} - Et)\right] \tag{7.3.4}$$

将其代入(7.3.1) 式,得到

$$(c\,\hat{\boldsymbol{\alpha}}\cdot\hat{\boldsymbol{p}} + mc^2\hat{\beta})u = Eu \tag{7.3.5}$$

2. 自由电子的能量本征值

考虑到 $\hat{\boldsymbol{\alpha}}$ 和 $\hat{\beta}$ 为 4 阶矩阵,u 应该写成 4 行的列矩阵

$$u = \begin{pmatrix} u_1 \\ u_2 \\ u_3 \\ u_4 \end{pmatrix} \tag{7.3.6}$$

为简捷起见,取电子动量方向为 z 轴正方向,动量值为 p。这时

$$\hat{\boldsymbol{\alpha}} \cdot \hat{\boldsymbol{p}} = \begin{pmatrix} 0 & \hat{\boldsymbol{\alpha}} \cdot \hat{\boldsymbol{p}} \\ \hat{\boldsymbol{\alpha}} \cdot \hat{\boldsymbol{p}} & 0 \end{pmatrix} = \begin{pmatrix} 0 & p\hat{\sigma}_z \\ p\hat{\sigma}_z & 0 \end{pmatrix} = \begin{pmatrix} 0 & 0 & p & 0 \\ 0 & 0 & 0 & -p \\ p & 0 & 0 & 0 \\ 0 & -p & 0 & 0 \end{pmatrix} \tag{7.3.7}$$

于是,狄拉克方程的矩阵形式为

$$\begin{pmatrix} 0 & 0 & cp & 0 \\ 0 & 0 & 0 & -cp \\ cp & 0 & 0 & 0 \\ 0 & -cp & 0 & 0 \end{pmatrix}\begin{pmatrix} u_1 \\ u_2 \\ u_3 \\ u_4 \end{pmatrix} + mc^2\begin{pmatrix} 1 & 0 & 0 & 0 \\ 0 & 1 & 0 & 0 \\ 0 & 0 & -1 & 0 \\ 0 & 0 & 0 & -1 \end{pmatrix}\begin{pmatrix} u_1 \\ u_2 \\ u_3 \\ u_4 \end{pmatrix} = E\begin{pmatrix} u_1 \\ u_2 \\ u_3 \\ u_4 \end{pmatrix} \tag{7.3.8}$$

上式可以化为

$$(mc^2 - E)u_1 + cpu_3 = 0 \tag{7.3.9}$$

$$cpu_1 - (mc^2 + E)u_3 = 0 \tag{7.3.10}$$

$$(mc^2 - E)u_2 - cpu_4 = 0 \tag{7.3.11}$$

$$-cpu_2 - (mc^2 + E)u_4 = 0 \tag{7.3.12}$$

(7.3.9)和(7.3.10)式是关于 u_1 和 u_3 的联立方程组,(7.3.11)和(7.3.12)式是关于 u_2 和 u_4 的联立方程组,两者所满足的久期方程给出同样的结果,即

$$\begin{vmatrix} mc^2 - E & -cp \\ cp & mc^2 + E \end{vmatrix} = 0 \tag{7.3.13}$$

由上式解出两个根为

$$E = E_{\pm} = \pm\sqrt{m^2c^4 + p^2c^2} \tag{7.3.14}$$

由此可见,虽然狄拉克方程解决了负概率的问题,但是负能量的问题仍然存在。

3. 自由电子的能量本征矢

下面先求正能量解,将 $E = E_+$ 分别代入(7.3.10)和(7.3.12)式,得到

$$u_3 = \frac{cp}{mc^2 + E_+}u_1$$

$$u_4 = \frac{-cp}{mc^2 + E_+}u_2 \tag{7.3.15}$$

至此,还不能把解完全确定下来,原因在于还没有顾及电子的自旋自由度。为了确定本征波函数,需要寻找一个与动量和哈密顿量都对易的力学量,构成力学量的完全集,通常选其为总角动量。由于已经假定电子沿 z 轴运动,即

$$p_x = p_y = 0 \tag{7.3.16}$$

进而可知

$$l_z = 0 \tag{7.3.17}$$

$$j_z = s_z = \frac{\hbar}{2}\Sigma_z \tag{7.3.18}$$

所以,选$\{\boldsymbol{p}, H, j_z\}$作为力学量完全集。要求$\{u\}$是$\hat{\Sigma}_z$的本征态,而$\hat{\Sigma}_z$的矩阵形式为

$$\hat{\Sigma}_z = \begin{pmatrix} \hat{\sigma}_z & 0 \\ 0 & \hat{\sigma}_z \end{pmatrix} = \begin{pmatrix} 1 & 0 & 0 & 0 \\ 0 & -1 & 0 & 0 \\ 0 & 0 & 1 & 0 \\ 0 & 0 & 0 & -1 \end{pmatrix} \tag{7.3.19}$$

它满足的本征方程为

$$\begin{pmatrix} 1 & 0 & 0 & 0 \\ 0 & -1 & 0 & 0 \\ 0 & 0 & 1 & 0 \\ 0 & 0 & 0 & -1 \end{pmatrix}\begin{pmatrix} u_1 \\ u_2 \\ u_3 \\ u_4 \end{pmatrix} = \lambda \begin{pmatrix} u_1 \\ u_2 \\ u_3 \\ u_4 \end{pmatrix} \tag{7.3.20}$$

解之得

$$\lambda = \pm 1 \tag{7.3.21}$$

当$\lambda = 1$时,$s_z = \dfrac{\hbar}{2}$,且$u_2 = u_4 = 0$,而当$\lambda = -1$时,$s_z = -\dfrac{\hbar}{2}$,且$u_1 = u_3 = 0$。再利用(7.3.15)式,可求出正能量的两组解

$$u_1^{(+)} \sim \begin{pmatrix} 1 \\ 0 \\ \dfrac{cp}{mc^2 + E_+} \\ 0 \end{pmatrix}; \quad u_{-1}^{(+)} \sim \begin{pmatrix} 0 \\ 1 \\ 0 \\ \dfrac{-cp}{mc^2 + E_+} \end{pmatrix} \tag{7.3.22}$$

将其归一化,得到

$$u_1^{(+)} = N \begin{pmatrix} 1 \\ 0 \\ \dfrac{cp}{mc^2 + E_+} \\ 0 \end{pmatrix}; \quad u_{-1}^{(+)} = N \begin{pmatrix} 0 \\ 1 \\ 0 \\ \dfrac{-cp}{mc^2 + E_+} \end{pmatrix} \tag{7.3.23}$$

其中归一化常数为

$$N = \left[1 + \frac{p^2c^2}{(mc^2 + |E|)^2}\right]^{-\frac{1}{2}} = \sqrt{\frac{mc^2 + |E|}{2|E|}} \tag{7.3.24}$$

用类似的方法可以求出两个负能量的解

$$u_1^{(-)} = N\begin{pmatrix} \dfrac{-cp}{mc^2 - E_-} \\ 0 \\ 1 \\ 0 \end{pmatrix};u_{-1}^{(-)} = N\begin{pmatrix} 0 \\ \dfrac{cp}{mc^2 - E_-} \\ 0 \\ 1 \end{pmatrix} \tag{7.3.25}$$

7.3.2 空穴理论

虽然狄拉克方程克服了相对论方程中的负概率困难,但是,解决不了负能量的困难。负能量问题是相对论量子力学中普遍存在的,只有把波动方程解释为场方程并进行量子化(即采用量子场论的方法),问题才能真正得到解决。

在当时情况下,狄拉克为了克服跃迁到负能态的问题,曾提出过**空穴理论**,假定在真空状态之下,所有负能级都被电子填满,形成所谓的**费米海**。根据泡利不相容原理,在真空中运动的正能量电子,不可能跃迁到负能级上去。费米海只起一个背景的作用,费米海中的电子的能量和动量是不能观测的。只有当费米海中缺少一个或几个电子时,称之为出现一个或几个**空穴**,才能出现可观测的效应。例如,由于某种作用的结果,使得费米海中有一个电子被激发到正能态,于是,在费米海中出现一个空穴。这个空穴类似于某种具有正能量的粒子,因为若要湮没它,必须填充带有正能量的电子。一般来说,这种空穴具有正能量,带有与原来粒子相反的电荷,质量与原来粒子相同,狄拉克将其称之为原来粒子的**反粒子**,电子的反粒子为**正电子**。1932 年,安德森(Anderson)在宇宙射线中观测到了正电子,从而证实了狄拉克的预言。

相对论量子理论认为,每一种粒子都有相应的反粒子,并且,如果一个粒子与其相应的反粒子相同,则称其为**中性粒子**。

7.4 中心力场中的径向方程

7.4.1 中心力场中电子的守恒量

在相对论情况下,处于中心力场 $V(r)$ 中的粒子(例如,在库仑场 $V(r) = -\dfrac{e^2}{r}$ 中运动的电子),其能量本征方程为

$$[c\hat{\boldsymbol{\alpha}} \cdot \hat{\boldsymbol{p}} + mc^2\hat{\beta} + V(r)]\psi = E\psi \tag{7.4.1}$$

设总角动量为

$$\boldsymbol{j} = \boldsymbol{l} + \frac{\hbar}{2}\boldsymbol{\Sigma} \tag{7.4.2}$$

与自由电子的情况相似，哈密顿量 H 是守恒量，总角动量 $\boldsymbol{j}$ 也是守恒量，而轨道角动量 $\boldsymbol{l}$ 不是守恒量。

1. 寻找新的守恒量 $\hbar K$

总角动量平方算符为

$$\hat{j}^2 = \left(\hat{\boldsymbol{l}} + \frac{\hbar}{2}\hat{\boldsymbol{\Sigma}}\right)^2 = \hat{l}^2 + \hbar\hat{\boldsymbol{l}}\cdot\hat{\boldsymbol{\Sigma}} + \frac{3}{4}\hbar^2 \tag{7.4.3}$$

显然，$\hbar\boldsymbol{l}\cdot\boldsymbol{\Sigma}$ 也不是守恒量。

若令

$$\hbar\hat{K} = \hat{\beta}(\hat{\boldsymbol{l}}\cdot\hat{\boldsymbol{\Sigma}} + \hbar) \tag{7.4.4}$$

则下面将证明 $\hbar K$ 为新的守恒量。

因为$[\hat{\boldsymbol{\Sigma}},\hat{\beta}] = 0$，所以$[\hat{K},\hat{\beta}] = 0$，于是

$$[\hbar\hat{K},\hat{H}] = c[\hbar\hat{K},\hat{\boldsymbol{\alpha}}\cdot\hat{\boldsymbol{p}}] = c[\hat{\beta}\hat{\boldsymbol{\Sigma}}\cdot\hat{\boldsymbol{l}},\hat{\boldsymbol{\alpha}}\cdot\hat{\boldsymbol{p}}] + c\hbar[\hat{\beta},\boldsymbol{\alpha}\cdot\hat{\boldsymbol{p}}] \tag{7.4.5}$$

由 $\hat{\beta}\hat{\boldsymbol{\alpha}} = -\hat{\boldsymbol{\alpha}}\hat{\beta}$ 可知

$$[\hbar\hat{K},\hat{H}] = c\hat{\beta}[\hat{\boldsymbol{\Sigma}}\cdot\hat{\boldsymbol{l}},\hat{\boldsymbol{\alpha}}\cdot\hat{\boldsymbol{p}}]_+ + 2c\hbar\hat{\beta}\hat{\boldsymbol{\alpha}}\cdot\hat{\boldsymbol{p}} \tag{7.4.6}$$

利用

$$(\hat{\boldsymbol{\alpha}}\cdot\boldsymbol{A})(\hat{\boldsymbol{\Sigma}}\cdot\boldsymbol{B}) = -\hat{\gamma}_5(\boldsymbol{A}\cdot\boldsymbol{B}) + \mathrm{i}\hat{\boldsymbol{\alpha}}\cdot(\boldsymbol{A}\times\boldsymbol{B})$$

$$\hat{\gamma}_5 = \begin{pmatrix} 0 & -\hat{I} \\ -\hat{I} & 0 \end{pmatrix} \tag{7.4.7}$$

可知

$$(\hat{\boldsymbol{\Sigma}}\cdot\hat{\boldsymbol{l}})(\hat{\boldsymbol{\alpha}}\cdot\hat{\boldsymbol{p}}) = -\hat{\gamma}_5(\hat{\boldsymbol{l}}\cdot\hat{\boldsymbol{p}}) + \mathrm{i}\hat{\boldsymbol{\alpha}}\cdot(\hat{\boldsymbol{l}}\times\hat{\boldsymbol{p}}) \tag{7.4.8}$$

由于

$$\hat{\boldsymbol{l}}\cdot\hat{\boldsymbol{p}} = 0 \tag{7.4.9}$$

故

$$(\hat{\boldsymbol{\Sigma}}\cdot\hat{\boldsymbol{l}})(\hat{\boldsymbol{\alpha}}\cdot\hat{\boldsymbol{p}}) = \mathrm{i}\hat{\boldsymbol{\alpha}}\cdot(\hat{\boldsymbol{l}}\times\hat{\boldsymbol{p}}) \tag{7.4.10}$$

同理

$$(\hat{\boldsymbol{\alpha}}\cdot\hat{\boldsymbol{p}})(\hat{\boldsymbol{\Sigma}}\cdot\hat{\boldsymbol{l}}) = \mathrm{i}\hat{\boldsymbol{\alpha}}\cdot(\hat{\boldsymbol{p}}\times\hat{\boldsymbol{l}}) \tag{7.4.11}$$

于是有

$$[\hat{\boldsymbol{\Sigma}}\cdot\hat{\boldsymbol{l}},\hat{\boldsymbol{\alpha}}\cdot\hat{\boldsymbol{p}}]_+ = \mathrm{i}\hat{\boldsymbol{\alpha}}\cdot(\hat{\boldsymbol{l}}\times\hat{\boldsymbol{p}} + \hat{\boldsymbol{p}}\times\hat{\boldsymbol{l}}) \tag{7.4.12}$$

而

$$\hat{\boldsymbol{l}}\times\hat{\boldsymbol{p}} = (\boldsymbol{r}\cdot\hat{\boldsymbol{p}})\hat{\boldsymbol{p}} - \boldsymbol{r}\hat{p}^2 \tag{7.4.13}$$

$$\hat{\boldsymbol{p}}\times\hat{\boldsymbol{l}} = \boldsymbol{r}\hat{p}^2 - (\boldsymbol{r}\cdot\hat{\boldsymbol{p}})\hat{\boldsymbol{p}} + \mathrm{i}2\hbar\hat{\boldsymbol{p}} \tag{7.4.14}$$

所以

$$[\hat{\boldsymbol{\Sigma}} \cdot \hat{\boldsymbol{l}}, \hat{\boldsymbol{\alpha}} \cdot \hat{\boldsymbol{p}}]_+ = -2\hbar \hat{\boldsymbol{\alpha}} \cdot \hat{\boldsymbol{p}} \tag{7.4.15}$$

将其代入(7.4.6)式,得到

$$[\hbar \hat{K}, \hat{H}] = 0 \tag{7.4.16}$$

上式表明 $\hbar K$ 也是中心力场中电子的守恒量。总之,H 和 $\hbar K$ 构成力学量的完全集。

2. 求出 $\hbar \hat{K}$ 的本征值

为此,利用 $\hat{\beta}^2 = 1, [\hat{\beta}, \hat{\boldsymbol{\Sigma}}] = 0$,可求出

$$\hbar^2 \hat{K}^2 = (\hat{\boldsymbol{\Sigma}} \cdot \hat{\boldsymbol{l}} + \hbar)^2 = (\hat{\boldsymbol{\Sigma}} \cdot \hat{\boldsymbol{l}})^2 + 2\hbar \hat{\boldsymbol{\Sigma}} \cdot \hat{\boldsymbol{l}} + \hbar^2 \tag{7.4.17}$$

而

$$(\hat{\boldsymbol{\Sigma}} \cdot \hat{\boldsymbol{l}})(\hat{\boldsymbol{\Sigma}} \cdot \hat{\boldsymbol{l}}) = \hat{l}^2 + \mathrm{i}\hat{\boldsymbol{\Sigma}} \cdot (\hat{\boldsymbol{l}} \times \hat{\boldsymbol{l}}) = \hat{l}^2 - \hbar \hat{\boldsymbol{\Sigma}} \cdot \hat{\boldsymbol{l}} \tag{7.4.18}$$

将上式代入(7.4.17)式,利用(7.4.3)式得到

$$\hbar^2 \hat{K}^2 = \hat{l}^2 + \hbar \hat{\boldsymbol{\Sigma}} \cdot \hat{\boldsymbol{l}} + \hbar^2 = \hat{j}^2 + \frac{1}{4}\hbar^2 \tag{7.4.19}$$

因为 $\hat{j}^2$ 的本征值为 $j(j+1)\hbar^2$,其中 $j = \frac{1}{2}, \frac{3}{2}, \frac{5}{2}, \cdots$,所以 $\hbar^2 \hat{K}^2$ 的本征值由下式决定

$$\hbar^2 K^2 = \left[j(j+1) + \frac{1}{4}\right]\hbar^2 = \left(j + \frac{1}{2}\right)^2 \hbar^2 \tag{7.4.20}$$

于是有

$$K^2 = \left(j + \frac{1}{2}\right)^2 \tag{7.4.21}$$

即

$$K = \pm\left(j + \frac{1}{2}\right) = \pm 1, \pm 2, \pm 3, \cdots \tag{7.4.22}$$

量子数 K 的值是由总角动量量子数 j 决定的,并且,对于一个确定的 j 值,K 可以取正和负两个值,对应两种不同的宇称状态。由此可见,算符 $\hat{K}$ 同时起到了总角动量算符与宇称算符的作用。

7.4.2 中心力场中的径向方程

1. 中心力场中的径向方程

由于 $\hbar K$ 是守恒量,且与角度有关,故希望将 $\hat{H}$ 中与角度相关的 $\hat{\boldsymbol{\alpha}} \cdot \hat{\boldsymbol{p}}$ 用 $\hbar \hat{\boldsymbol{K}}$ 来表示。

由公式

$$(\hat{\boldsymbol{\alpha}} \cdot \boldsymbol{A})(\hat{\boldsymbol{\alpha}} \cdot \boldsymbol{B}) = \boldsymbol{A} \cdot \boldsymbol{B} + \mathrm{i}\hat{\boldsymbol{\Sigma}} \cdot (\boldsymbol{A} \times \boldsymbol{B}) \tag{7.4.23}$$

可知

$$(\hat{\boldsymbol{\alpha}} \cdot \boldsymbol{r})(\hat{\boldsymbol{\alpha}} \cdot \boldsymbol{r}) = r^2 \tag{7.4.24}$$

$$\frac{1}{r}(\hat{\boldsymbol{\alpha}}\cdot\boldsymbol{r})(\hat{\boldsymbol{\alpha}}\cdot\hat{\boldsymbol{p}}) = -\mathrm{i}\hbar\frac{\partial}{\partial r} + \frac{\mathrm{i}}{r}\hat{\boldsymbol{\Sigma}}\cdot\hat{\boldsymbol{l}} \tag{7.4.25}$$

所以

$$\hat{\boldsymbol{\alpha}}\cdot\hat{\boldsymbol{p}} = \frac{1}{r^2}(\hat{\boldsymbol{\alpha}}\cdot\boldsymbol{r})(\hat{\boldsymbol{\alpha}}\cdot\boldsymbol{r})(\hat{\boldsymbol{\alpha}}\cdot\hat{\boldsymbol{p}}) = \frac{1}{r}(\hat{\boldsymbol{\alpha}}\cdot\boldsymbol{r})\left[-\mathrm{i}\hbar\frac{\partial}{\partial r} + \frac{\mathrm{i}}{r}\hat{\boldsymbol{\Sigma}}\cdot\hat{\boldsymbol{l}}\right] \tag{7.4.26}$$

令

$$\hat{\alpha}_r = \frac{1}{r}(\hat{\boldsymbol{\alpha}}\cdot\boldsymbol{r}) \tag{7.4.27}$$

则(7.4.26)式变为

$$\hat{\boldsymbol{\alpha}}\cdot\hat{\boldsymbol{p}} = \hat{\alpha}_r\left[-\mathrm{i}\hbar\frac{\partial}{\partial r} + \frac{\mathrm{i}}{r}\hat{\boldsymbol{\Sigma}}\cdot\hat{\boldsymbol{l}}\right] \tag{7.4.28}$$

由(7.4.4)式知

$$\hat{\boldsymbol{\Sigma}}\cdot\hat{\boldsymbol{l}} = \hat{\beta}\hbar\hat{K} - \hbar \tag{7.4.29}$$

将上式代入(7.4.28)式，得到

$$\hat{\boldsymbol{\alpha}}\cdot\hat{\boldsymbol{p}} = \hat{\alpha}_r\left(-\mathrm{i}\hbar\frac{\partial}{\partial r} - \mathrm{i}\frac{\hbar}{r} + \mathrm{i}\frac{\hbar}{r}\hat{\beta}\hat{K}\right) = \hat{\alpha}_r\left(\hat{p}_r + \mathrm{i}\frac{\hbar}{r}\hat{\beta}\hat{K}\right) \tag{7.4.30}$$

其中

$$\hat{p}_r = -\mathrm{i}\hbar\left(\frac{\partial}{\partial r} + \frac{1}{r}\right) \tag{7.4.31}$$

$\hat{p}_r$ 只与径向坐标有关，称之为**径向动量算符**。可以证明

$$[r,\hat{p}_r] = \mathrm{i}\hbar;\quad \hat{p}_r^{+} = \hat{p}_r \tag{7.4.32}$$

将(7.4.30)式代入中心力场的狄拉克方程，得到

$$\left[c\,\hat{\alpha}_r\hat{p}_r + \mathrm{i}\frac{\hbar c}{r}\hat{\alpha}_r\hat{\beta}\hat{K} + mc^2\hat{\beta} + V(r)\right]\psi = E\psi \tag{7.4.33}$$

若波函数 ψ 是 $\hat{K}$ 的本征态，则径向部分 $R(r)$ 可以分离出来。为了求出能量本征值 E，只需求解

$$\left[c\,\hat{\alpha}_r\hat{p}_r + \mathrm{i}\frac{\hbar c}{r}K\hat{\alpha}_r\hat{\beta} + mc^2\hat{\beta} + V(r)\right]R(r) = ER(r) \tag{7.4.34}$$

上式即**中心力场中的径向方程**，式中 $K = \pm\left(j + \frac{1}{2}\right)$。由于能量与 m_j 无关，所以能级是 $2j+1$ 度简并的。

2. 径向方程的分量形式

在径向方程(7.4.34)中，只有 $\hat{\beta}$ 和 $\hat{\alpha}_r$ 两个矩阵，而且，它们满足关系式

$$\hat{\beta}^2 = 1;\quad \hat{\alpha}_r^2 = 1;\quad \hat{\alpha}_r\hat{\beta} = -\hat{\beta}\hat{\alpha}_r \tag{7.4.35}$$

类似泡利矩阵的做法，可以选其为2阶矩阵，例如

$$\hat{\beta} = \begin{pmatrix} 1 & 0 \\ 0 & -1 \end{pmatrix}; \quad \hat{\alpha}_r = \begin{pmatrix} 0 & -\mathrm{i} \\ \mathrm{i} & 0 \end{pmatrix}; \quad -\mathrm{i}\hat{\alpha}_r\hat{\beta} = \begin{pmatrix} 0 & 1 \\ 1 & 0 \end{pmatrix} \tag{7.4.36}$$

此时的径向方程变为

$$\left[c\hat{p}_r \begin{pmatrix} 0 & -\mathrm{i} \\ \mathrm{i} & 0 \end{pmatrix} - \frac{c\hbar K}{r} \begin{pmatrix} 0 & 1 \\ 1 & 0 \end{pmatrix} + mc^2 \begin{pmatrix} 1 & 0 \\ 0 & -1 \end{pmatrix} \right] R(r) = [E - V(r)] R(r) \tag{7.4.37}$$

式中，$R(r)$ 是二分量波函数，设其为

$$R(r) = \begin{pmatrix} \dfrac{F(r)}{r} \\ \dfrac{G(r)}{r} \end{pmatrix} \tag{7.4.38}$$

将其代入(7.4.37) 式，并利用

$$\hat{p}_r \frac{F(r)}{r} = -\mathrm{i}\hbar \left(\frac{\partial}{\partial r} + \frac{1}{r} \right) \frac{F(r)}{r} = -\mathrm{i}\hbar \ \frac{1}{r} \frac{\mathrm{d}F(r)}{\mathrm{d}r} \tag{7.4.39}$$

可以得到分量形式的径向方程

$$\begin{cases} -\hbar c \dfrac{\mathrm{d}}{\mathrm{d}r} G(r) - \dfrac{\hbar cK}{r} G(r) + mc^2 F(r) = [E - V(r)] F(r) \\ \hbar c \dfrac{\mathrm{d}}{\mathrm{d}r} F(r) - \dfrac{\hbar cK}{r} F(r) - mc^2 G(r) = [E - V(r)] G(r) \end{cases} \tag{7.4.40}$$

7.5 相对论氢原子的严格解

7.5.1 库仑场径向方程的解

1. 库仑场中径向方程的分量形式

氢原子中的电子处于库仑场中，即

$$V(r) = -\frac{e^2}{r} \tag{7.5.1}$$

相应的分量形式的径向方程为

$$\begin{cases} \left(E - mc^2 + \dfrac{e^2}{r} \right) F(r) + \dfrac{\hbar cK}{r} G(r) + \hbar c \dfrac{\mathrm{d}}{\mathrm{d}r} G(r) = 0 \\ \left(E + mc^2 + \dfrac{e^2}{r} \right) G(r) + \dfrac{\hbar cK}{r} F(r) - \hbar c \dfrac{\mathrm{d}}{\mathrm{d}r} F(r) = 0 \end{cases} \tag{7.5.2}$$

或者改写成

$$
\begin{cases}
\left(\dfrac{E-mc^2}{\hbar c}+\dfrac{\alpha}{r}\right)F(r)+\left(\dfrac{K}{r}+\dfrac{\mathrm{d}}{\mathrm{d}r}\right)G(r)=0 \\
\left(\dfrac{E+mc^2}{\hbar c}+\dfrac{\alpha}{r}\right)G(r)+\left(\dfrac{K}{r}-\dfrac{\mathrm{d}}{\mathrm{d}r}\right)F(r)=0
\end{cases}
\tag{7.5.3}
$$

式中

$$
\alpha=\frac{e^2}{\hbar c}\approx\frac{1}{137}
\tag{7.5.4}
$$

是精细结构常数。

2. 氢原子束缚态($E < mc^2$)的解

为了方便,令

$$
c_1=\frac{mc^2+E}{c\hbar};\quad c_2=\frac{mc^2-E}{c\hbar};\quad c_1-c_2=\frac{2E}{c\hbar}
\tag{7.5.5}
$$

$$
a=\sqrt{c_1c_2}=\frac{\sqrt{m^2c^4-E^2}}{c\hbar};\quad \rho=ar
\tag{7.5.6}
$$

(7.5.3) 式可以改写成

$$
\begin{cases}
\left(-\dfrac{c_2}{a}+\dfrac{\alpha}{\rho}\right)F(\rho)+\left(\dfrac{K}{\rho}+\dfrac{\mathrm{d}}{\mathrm{d}\rho}\right)G(\rho)=0 \\
\left(\dfrac{c_1}{a}+\dfrac{\alpha}{\rho}\right)G(\rho)+\left(\dfrac{K}{\rho}-\dfrac{\mathrm{d}}{\mathrm{d}\rho}\right)F(\rho)=0
\end{cases}
\tag{7.5.7}
$$

上述径向方程应该满足如下边界条件

$$
F(\rho)\xrightarrow[\rho\to\infty]{}0;\quad G(\rho)\xrightarrow[\rho\to\infty]{}0
\tag{7.5.8}
$$

$$
F(\rho)\xrightarrow[\rho\to 0]{}0;\quad G(\rho)\xrightarrow[\rho\to 0]{}0
\tag{7.5.9}
$$

首先,研究解在奇点附近的渐近行为。

当 $\rho\to\infty$ 时,方程(7.5.7) 变成

$$
\begin{cases}
\dfrac{\mathrm{d}}{\mathrm{d}\rho}G(\rho)\approx\dfrac{c_2}{a}F(\rho) \\
\dfrac{\mathrm{d}}{\mathrm{d}\rho}F(\rho)\approx\dfrac{c_1}{a}G(\rho)
\end{cases}
\tag{7.5.10}
$$

进而可知

$$
\frac{\mathrm{d}^2}{\mathrm{d}\rho^2}F(\rho)\approx\frac{c_1}{a}\frac{\mathrm{d}}{\mathrm{d}\rho}G(\rho)\approx\frac{c_1c_2}{a^2}F(\rho)=F(\rho)
\tag{7.5.11}
$$

解之得

$$
F(\rho)\approx \mathrm{e}^{\pm\rho}
\tag{7.5.12}
$$

由于其中取正号之项不满足边界条件(7.5.8) 式,故将其舍去。$G(\rho)$ 的解可用类似方法得到,因此渐近解为

$$
F(\rho)\approx \mathrm{e}^{-\rho};\quad G(\rho)\approx \mathrm{e}^{-\rho}
\tag{7.5.13}
$$

然后，研究解的一般形式。令

$$
\begin{aligned}
F(\rho) &\approx \mathrm{e}^{-\rho} f(\rho) \\
G(\rho) &\approx \mathrm{e}^{-\rho} g(\rho)
\end{aligned} \tag{7.5.14}
$$

将其代入径向方程(7.5.7)式

$$
\begin{cases}
\left(-\dfrac{c_2}{a}+\dfrac{\alpha}{\rho}\right)\mathrm{e}^{-\rho} f(\rho)+\left(\dfrac{K}{\rho}+\dfrac{\mathrm{d}}{\mathrm{d}\rho}\right)\mathrm{e}^{-\rho} g(\rho)=0 \\
\left(\dfrac{c_1}{a}+\dfrac{\alpha}{\rho}\right)\mathrm{e}^{-\rho} g(\rho)+\left(\dfrac{K}{\rho}-\dfrac{\mathrm{d}}{\mathrm{d}\rho}\right)\mathrm{e}^{-\rho} f(\rho)=0
\end{cases} \tag{7.5.15}
$$

并利用

$$
\frac{\mathrm{d}}{\mathrm{d}\rho}\left[\mathrm{e}^{-\rho} f(\rho)\right]=\mathrm{e}^{-\rho}\left(\frac{\mathrm{d}}{\mathrm{d}\rho}-1\right) f(\rho) \tag{7.5.16}
$$

去掉共同的部分后，得到

$$
\begin{cases}
\left(-\dfrac{c_2}{a}+\dfrac{\alpha}{\rho}\right) f(\rho)+\left(\dfrac{K}{\rho}+\dfrac{\mathrm{d}}{\mathrm{d}\rho}-1\right) g(\rho)=0 \\
\left(\dfrac{c_1}{a}+\dfrac{\alpha}{\rho}\right) g(\rho)+\left(\dfrac{K}{\rho}-\dfrac{\mathrm{d}}{\mathrm{d}\rho}+1\right) f(\rho)=0
\end{cases} \tag{7.5.17}
$$

最后，用级数解法求径向方程的一般解。

在 $\rho \sim 0$ 的邻域内，上式可以近似写为

$$
\begin{cases}
\dfrac{\alpha}{\rho} f(\rho)+\left(\dfrac{K}{\rho}+\dfrac{\mathrm{d}}{\mathrm{d}\rho}\right) g(\rho)=0 \\
\dfrac{\alpha}{\rho} g(\rho)+\left(\dfrac{K}{\rho}-\dfrac{\mathrm{d}}{\mathrm{d}\rho}\right) f(\rho)=0
\end{cases} \tag{7.5.18}
$$

再令

$$
f(\rho)=\sum_{i=0}^{\infty} b_i \rho^{s+i}; \quad g(\rho)=\sum_{i=0}^{\infty} d_i \rho^{s+i} \tag{7.5.19}
$$

首先，只取 $i=0$ 的项，将其代入(7.5.18)式，得到

$$
\begin{cases}
\alpha b_0+(K+s) d_0=0 \\
(K-s) b_0+\alpha d_0=0
\end{cases} \tag{7.5.20}
$$

上述线性齐次方程组有非零解的条件为

$$
\begin{vmatrix}
\alpha & K+s \\
K-s & \alpha
\end{vmatrix}=0 \tag{7.5.21}
$$

解之得

$$
s=\sqrt{K^2-\alpha^2} \tag{7.5.22}
$$

其中，$s<0$ 的解不满足边界条件(7.5.9)，已经弃之。将 s 代入(7.5.20)式可以

确定 b_0 与 d_0 之间的关系。

其次,将(7.5.19)式代入(7.5.17)式,有

$$\begin{cases}\left(-\dfrac{c_2}{a}+\dfrac{\alpha}{\rho}\right)\sum\limits_{i=0}^{\infty}b_i\rho^{s+i}+\left(\dfrac{K}{\rho}+\dfrac{\mathrm{d}}{\mathrm{d}\rho}-1\right)\sum\limits_{i=0}^{\infty}d_i\rho^{s+i}=0\\ \left(\dfrac{c_1}{a}+\dfrac{\alpha}{\rho}\right)\sum\limits_{i=0}^{\infty}d_i\rho^{s+i}+\left(\dfrac{K}{\rho}-\dfrac{\mathrm{d}}{\mathrm{d}\rho}+1\right)\sum\limits_{i=0}^{\infty}b_i\rho^{s+i}=0\end{cases} \tag{7.5.23}$$

完成式中的微分后,上式化为

$$\begin{cases}\left(-\dfrac{c_2}{a}+\dfrac{\alpha}{\rho}\right)\sum\limits_{i=0}^{\infty}b_i\rho^{s+i}+\left(\dfrac{K}{\rho}-1\right)\sum\limits_{i=0}^{\infty}d_i\rho^{s+i}+\sum\limits^{\infty}(s+i)d_i\rho^{s+i-1}=0\\ \left(\dfrac{c_1}{a}+\dfrac{\alpha}{\rho}\right)\sum\limits_{i=0}^{\infty}d_i\rho^{s+i}+\left(\dfrac{K}{\rho}+1\right)\sum\limits_{i=0}^{\infty}b_i\rho^{s+i}-\sum\limits_{i=0}^{\infty}(s+i)b_i\rho^{s+i-1}=0\end{cases} \tag{7.5.24}$$

比较等式两边 ρ 的同次幂系数,得到

$$\begin{cases}-\dfrac{1}{a}c_2b_{i-1}+\alpha b_i+Kd_i-d_{i-1}+(s+i)d_i=0\\ Kb_i+b_{i-1}-(s+i)b_i+\dfrac{1}{a}c_1d_{i-1}+\alpha d_i=0\end{cases} \tag{7.5.25}$$

将上式中第二式乘以$\dfrac{c_2}{a}$再加上第一式,并注意到 $c_1c_2=a^2$,消去 b_{i-1} 和 d_{i-1} 后,得到

$$\left[\frac{1}{a}c_2(K-s-i)+\alpha\right]b_i+\left[(K+s+i)+\frac{1}{a}c_2\alpha\right]d_i=0 \tag{7.5.26}$$

当 $i\gg1$ 时,有

$$\frac{b_i}{d_i}\approx\frac{a}{c_2} \tag{7.5.27}$$

将其代入(7.5.25)中第一式,得

$$-d_{i-1}+\frac{1}{c_2}\alpha a d_i+(K+s+i)d_i-d_{i-1}=0 \tag{7.5.28}$$

所以,当 $i\gg1$ 时

$$\frac{d_i}{d_{i-1}}\approx\frac{2}{i} \tag{7.5.29}$$

类似地,可以得到

$$\frac{b_i}{b_{i-1}}\approx\frac{2}{i} \tag{7.5.30}$$

e 指数 $e^{2\rho}$ 的展开式为

$$e^{2\rho} = \sum_{i=0} \frac{2^i}{i!}\rho^i \tag{7.5.31}$$

式中，ρ^i 与 ρ^{i-1} 的系数之比亦为$\frac{2}{i}$，故

$$f(\rho)\xrightarrow[\rho\to\infty]{} e^{2\rho}; \quad g(\rho)\xrightarrow[\rho\to\infty]{} e^{2\rho} \tag{7.5.32}$$

显然，如此的级数解不满足边界条件(7.5.8)。

为了使级数解满足边界条件，必须将无穷级数截断为有限项求和。假设在 $i = k(k = 0,1,2,\cdots)$ 处截断，即

$$b_{k+1} = d_{k+1} = b_{k+2} = d_{k+2} = \cdots = 0 \tag{7.5.33}$$

在(7.5.25)第一式中，若令 $i = k + 1$，则有

$$-\frac{1}{a}c_2 b_k = d_k \tag{7.5.34}$$

在(7.5.26)式中，若令 $i = k$，则有

$$\left[\frac{1}{a}c_2(K - s - k) + \alpha\right]b_k + \left[K + s + k + \frac{1}{a}c_2\alpha\right]d_k = 0 \tag{7.5.35}$$

将(7.5.34)式代入上式，得到

$$\frac{1}{a}c_2(K - s - k) + \alpha - \frac{1}{a}c_2\left[K + s + k + \frac{1}{a}c_2\alpha\right] = 0 \tag{7.5.36}$$

整理之后，得到

$$\frac{2}{a}c_2(s + k) = \alpha\left(1 - \frac{c_2}{c_1}\right) \tag{7.5.37}$$

用 c_1 乘以上式两端，并利用(7.5.5)式，可得

$$2a(s + k) = \frac{2\alpha E}{\hbar c} \tag{7.5.38}$$

或者写成

$$\alpha^2 E^2 = (m^2c^4 - E^2)(s + k)^2 \tag{7.5.39}$$

解之得

$$E^2 = \frac{m^2c^4(s + k)^2}{\alpha^2 + (s + k)^2} = \frac{m^2c^4}{1 + \frac{\alpha^2}{(s + k)^2}} \tag{7.5.40}$$

正能量解为

$$E = mc^2\left[1 + \frac{\alpha^2}{(s + k)^2}\right]^{-\frac{1}{2}} \tag{7.5.41}$$

再利用(7.5.22)式，最后得到相对论氢原子的能量本征值

$$E_{kK} = mc^2\left[1 + \frac{\alpha^2}{(\sqrt{K^2 - \alpha^2} + k)^2}\right]^{-\frac{1}{2}} \tag{7.5.42}$$

7.5.2 氢原子光谱的精细结构

在氢原子的能量本征值的表达式(7.5.42)中,精细结构常数 $\alpha \approx \frac{1}{137}$ 为一个小量,为了便于与非相对论结果比较,将其对 α 展开,即

$$\frac{1}{(\sqrt{K^2-\alpha^2}+k)^2} \approx \frac{1}{\left(|K|+k-\frac{\alpha^2}{2|K|}\right)^2} \approx$$

$$\frac{1}{(|K|+k)^2}\left[1+\frac{\alpha^2}{|K|(|K|+k)}\right] \tag{7.5.43}$$

将其代入(7.5.42)式,得到

$$E_{kK} = mc^2\left[1+\frac{\alpha^2}{(|K|+k)^2}+\frac{\alpha^4}{|K|(|K|+k)^3}+\cdots\right]^{-\frac{1}{2}} \approx$$

$$mc^2\left[1-\frac{\alpha^2}{2(|K|+k)^2}-\frac{\alpha^4}{2|K|(|K|+k)^3}+\frac{3}{8}\frac{\alpha^4}{(|K|+k)^4}+\cdots\right] =$$

$$mc^2\left[1-\frac{\alpha^2}{2(|K|+k)^2}-\frac{\alpha^4}{2(|K|+k)^4}\left(\frac{|K|+k}{|K|}-\frac{3}{4}\right)+\cdots\right] \tag{7.5.44}$$

引入主量子数

$$n = k+|K| \quad (n = 1,2,3,\cdots) \tag{7.5.45}$$

则有

$$E_{nK} = mc^2\left[1-\frac{\alpha^2}{2n^2}-\frac{\alpha^4}{2n^4}\times\left(\frac{n}{|K|}-\frac{3}{4}\right)+\cdots\right] \tag{7.5.46}$$

$$(n = 1,2,3,\cdots)$$
$$(K = \pm 1, \pm 2, \pm 3,\cdots, \pm n)$$
$$\left(j = \frac{1}{2},\frac{3}{2},\frac{5}{2},\cdots\right)$$

相应的能级符号为

$$\mathrm{s}_{\frac{1}{2}},\mathrm{p}_{\frac{1}{2}},\mathrm{p}_{\frac{3}{2}},\mathrm{d}_{\frac{3}{2}},\mathrm{d}_{\frac{5}{2}},\mathrm{f}_{\frac{5}{2}},\cdots$$

由于(7.5.46)式中第三项远小于第二项,略去第三项后,能量只与主量子数 n 有关,即

$$E_n = mc^2\left[1-\frac{\alpha^2}{2n^2}\right] \tag{7.5.47}$$

上式与非相对论的氢原子能量公式只相差一个常数 mc^2,故(7.5.46)式中的第三项为相对论修正的主项。由于 α 是一个小量,故相对论修正只能使相同主量子数的能级产生小的劈裂,此即氢原子光谱的**精细结构**,而这种能级的劈裂已

经被实验所证实。

习　题　7

习题 7.1　若顾及到相对论效应，一个在对数位势中运动的粒子的哈密顿量可以写成

$$H = \sqrt{p^2c^2 + m_0^2c^4} + k\ln\left(\frac{r}{r_0}\right) \quad (k > 0)$$

利用不确定关系估算该粒子的基态能量。式中，m_0 是粒子的静止质量，k 与 r_0 为常数。

习题 7.2　若顾及相对论的质能关系的影响，导出哈密顿算符的近似形式，并用微扰论计算线谐振子与类氢离子的能量修正。

习题 7.3　验证单色平面波满足 KG 方程。

习题 7.4　利用 KG 方程导出概率守恒公式。

习题 7.5　利用

$$\psi(\boldsymbol{r},t) = \Psi(\boldsymbol{r},t)\exp\left(-\frac{\mathrm{i}}{\hbar}mc^2t\right)$$

$$\rho = \frac{\mathrm{i}\hbar}{2mc^2}\left[\psi^*(\boldsymbol{r},t)\frac{\partial}{\partial t}\psi(\boldsymbol{r},t) - \psi(\boldsymbol{r},t)\frac{\partial}{\partial t}\psi^*(\boldsymbol{r},t)\right]$$

导出非相对论的概率密度表达式。

习题 7.6　验证

$$\hat{\alpha}_i = \begin{pmatrix} 0 & \hat{\sigma}_i \\ \hat{\sigma}_i & 0 \end{pmatrix};\quad \hat{\beta} = \begin{pmatrix} \hat{I} & 0 \\ 0 & -\hat{I} \end{pmatrix}$$

满足

$$\hat{\beta}^2 = \begin{pmatrix} \hat{I} & 0 \\ 0 & \hat{I} \end{pmatrix}$$

$$\hat{\alpha}_i\hat{\beta} + \hat{\beta}\hat{\alpha}_i = 0$$

$$\hat{\alpha}_i\hat{\alpha}_j + \hat{\alpha}_j\hat{\alpha}_i = 2\delta_{ij}\begin{pmatrix} \hat{I} & 0 \\ 0 & \hat{I} \end{pmatrix}$$

其中，$\hat{I}$ 为二阶单位矩阵，$\hat{\sigma}_i$ 为泡利算符的 $i = x, y, z$ 分量算符。

习题 7.7　证明

$$(\hat{\boldsymbol{\alpha}}\cdot\hat{\boldsymbol{A}})(\hat{\boldsymbol{\alpha}}\cdot\hat{\boldsymbol{B}}) = (\hat{\boldsymbol{\sigma}}\cdot\hat{\boldsymbol{A}})(\hat{\boldsymbol{\sigma}}\cdot\hat{\boldsymbol{B}})$$

$$(\hat{\boldsymbol{\alpha}}\cdot\hat{\boldsymbol{A}})(1+\hat{\beta})(\hat{\boldsymbol{\alpha}}\cdot\hat{\boldsymbol{B}}) = (\hat{\boldsymbol{\sigma}}\cdot\hat{\boldsymbol{A}})(\hat{\boldsymbol{\sigma}}\cdot\hat{\boldsymbol{B}})(1-\hat{\beta})$$

$$\mathrm{Tr}(\hat{\beta}) = 0;\quad \mathrm{Tr}(\hat{\alpha}_i\hat{\beta}) = 0;\quad \mathrm{Tr}(\hat{\alpha}_i\hat{\alpha}_j\hat{\beta}) = 0;\quad \mathrm{Tr}(\hat{\alpha}_i\hat{\alpha}_j\hat{\alpha}_k\hat{\beta}) = 0$$

其中，$\hat{\boldsymbol{A}}, \hat{\boldsymbol{B}}$ 是两个与泡利算符 $\hat{\boldsymbol{\sigma}}$ 对易的矢量算符。

习题 7.8　定义 $\hat{\gamma}_\mu(\mu = 1,2,3,4,5)$ 算符满足

$$\hat{\gamma}_i = -\mathrm{i}\hat{\beta}\hat{\alpha}_i \quad (i = 1,2,3)$$
$$\hat{\gamma}_4 = \hat{\beta}$$
$$\hat{\gamma}_5 = \hat{\gamma}_1\hat{\gamma}_2\hat{\gamma}_3\hat{\gamma}_4$$

证明当 $\mu,\nu = 1,2,3,4$ 时，下列各式成立

$$\hat{\gamma}_\mu^2 = 1$$
$$\hat{\gamma}_\mu\hat{\gamma}_\nu + \hat{\gamma}_\nu\hat{\gamma}_\mu = 2\delta_{\mu\nu}$$
$$\hat{\gamma}_\mu\hat{\gamma}_5 + \hat{\gamma}_5\hat{\gamma}_\mu = 0$$

习题 7.9 证明

$$[\hat{\Sigma}_x, \hat{\alpha}_y] = \mathrm{i}2\hat{\alpha}_z$$
$$[\hat{\Sigma}_x, \hat{\alpha}_z] = -\mathrm{i}2\hat{\alpha}_y$$
$$\hat{\Sigma}^2 = 3$$

其中

$$\hat{\Sigma}_x = \begin{pmatrix} \hat{\sigma}_x & 0 \\ 0 & \hat{\sigma}_x \end{pmatrix}; \quad \hat{\alpha}_y = \begin{pmatrix} 0 & \hat{\sigma}_y \\ \hat{\sigma}_y & 0 \end{pmatrix}; \quad \hat{\alpha}_z = \begin{pmatrix} 0 & \hat{\sigma}_z \\ \hat{\sigma}_z & 0 \end{pmatrix}$$

习题 7.10 求出自由电子狄拉克方程负能解的两个本征矢。

习题 7.11 证明在非相对论极限下，电磁场中的狄拉克方程的一级近似为泡利方程，即

$$\mathrm{i}\hbar\frac{\partial}{\partial t}\varphi = \left\{\frac{1}{2m}\left(\hat{\boldsymbol{p}} + \frac{e}{c}\boldsymbol{A}\right)^2 - e\phi - \hat{\boldsymbol{\mu}} \cdot \hat{\boldsymbol{B}}\right\}\varphi$$

其中，$\boldsymbol{A}$，ϕ 分别为电磁场的矢势与标势，$\boldsymbol{B} = \nabla \times \boldsymbol{A}$ 是磁场，$\hat{\boldsymbol{\mu}} = -\frac{e\hbar}{2mc}\hat{\boldsymbol{\sigma}}$ 是电子的固有磁矩。

习题 7.12 证明

$$(\hat{\boldsymbol{\Sigma}} \cdot \hat{\boldsymbol{l}})(\hat{\boldsymbol{\alpha}} \cdot \hat{\boldsymbol{p}}) = -\hat{\gamma}_5(\hat{\boldsymbol{l}} \cdot \hat{\boldsymbol{p}}) + \mathrm{i}\hat{\boldsymbol{\alpha}} \cdot (\hat{\boldsymbol{l}} \times \hat{\boldsymbol{p}})$$

其中

$$\hat{\gamma}_5 = \begin{pmatrix} 0 & -\hat{I} \\ -\hat{I} & 0 \end{pmatrix}$$

习题 7.13 若矢量算符 $\hat{\boldsymbol{A}} = \hat{\boldsymbol{r}}, \hat{\boldsymbol{p}}, \hat{\boldsymbol{l}}$，证明

$$\hat{\boldsymbol{A}} \cdot \hat{\boldsymbol{l}} = \hat{\boldsymbol{l}} \cdot \hat{\boldsymbol{A}} = \hat{l}^2\delta_{\hat{A},\hat{l}}$$

习题 7.14 证明

$$\hat{\boldsymbol{l}} \times \hat{\boldsymbol{p}} = (\boldsymbol{r} \cdot \hat{\boldsymbol{p}})\hat{\boldsymbol{p}} - \boldsymbol{r}\hat{p}^2$$
$$\hat{\boldsymbol{p}} \times \hat{\boldsymbol{l}} = \boldsymbol{r}\hat{p}^2 - (\boldsymbol{r} \cdot \hat{\boldsymbol{p}})\hat{\boldsymbol{p}} + \mathrm{i}2\hbar\hat{\boldsymbol{p}}$$

习题 7.15 证明

$$(\hat{\boldsymbol{\Sigma}} \cdot \hat{\boldsymbol{l}})(\hat{\boldsymbol{\Sigma}} \cdot \hat{\boldsymbol{l}}) = \hat{l}^2 - \hbar\hat{\boldsymbol{\Sigma}} \cdot \hat{\boldsymbol{l}}$$

习题 7.16　证明

$$(\hat{\boldsymbol{\alpha}} \cdot \boldsymbol{r})(\hat{\boldsymbol{\alpha}} \cdot \boldsymbol{r}) = r^2$$

$$\frac{1}{r}(\hat{\boldsymbol{\alpha}} \cdot \boldsymbol{r})(\hat{\boldsymbol{\alpha}} \cdot \hat{\boldsymbol{p}}) = -\mathrm{i}\hbar \frac{\partial}{\partial r} + \frac{\mathrm{i}}{r}\hat{\boldsymbol{\Sigma}} \cdot \hat{\boldsymbol{l}}$$

习题 7.17　定义径向动量算符

$$\hat{p}_r = \frac{1}{2}\left(\frac{\boldsymbol{r}}{r} \cdot \hat{\boldsymbol{p}} + \hat{\boldsymbol{p}} \cdot \frac{\boldsymbol{r}}{r}\right)$$

试导出其在球坐标系中的表达式，求出 $\hat{p}_r^2$ 及$[r,\hat{p}_r]$，并证明算符 $\hat{p}_r$ 是厄米算符。

习题 7.18　径向动量算符

$$\hat{p}_r = -\mathrm{i}\hbar\left(\frac{\partial}{\partial r} + \frac{1}{r}\right)$$

虽然是厄米算符，也满足对易关系$[r,\hat{p}_r] = \mathrm{i}\hbar$，证明其并不对应一个可观测量。

习题 7.19　定义径向波函数为

$$R(r) = \begin{pmatrix} \dfrac{F(r)}{r} \\ \dfrac{G(r)}{r} \end{pmatrix}$$

导出狄拉克径向方程的分量形式。

习题 7.20　定义

$$c_1 = \frac{mc^2 + E}{c\hbar}; \quad c_2 = \frac{mc^2 - E}{c\hbar}; \quad c_1 - c_2 = \frac{2E}{c\hbar}$$

$$a = \sqrt{c_1 c_2} = \frac{\sqrt{m^2c^4 - E^2}}{c\hbar}; \quad \rho = ar$$

简化库仑场中的狄拉克方程

$$\begin{cases} \left(\dfrac{E - mc^2}{\hbar c} + \dfrac{\alpha}{r}\right)F(r) + \left(\dfrac{K}{r} + \dfrac{\mathrm{d}}{\mathrm{d}r}\right)G(r) = 0 \\ \left(\dfrac{E + mc^2}{\hbar c} + \dfrac{\alpha}{r}\right)G(r) + \left(\dfrac{K}{r} - \dfrac{\mathrm{d}}{\mathrm{d}r}\right)F(r) = 0 \end{cases}$$

习题 7.21　由相对论氢原子的能量本征值

$$E_{kK} = m_0c^2\left[1 + \frac{\alpha^2}{(\sqrt{K^2 - \alpha^2} + k)^2}\right]^{-\frac{1}{2}}$$

求出氢原子的精细结构。

第 8 章　量子信息学基础

众所周知,生命、信息和材料科学是本世纪的三大热门领域,对它们的深入研究都离不开量子理论。将量子力学引入经典信息学便形成了一个新兴的学科,即量子信息学。量子信息学包含量子计算、量子通信、量子密码等诸多内容,它们都有巨大的潜在应用价值。由于量子信息学所涉及的学科门类非常广泛,且具有很强的专业性,所以本章只能做一般性的介绍,起到一个引路的作用。

8.1 信息学简介

8.1.1 经典信息学

1. 信　息

当今世界正处于信息的时代,“信息”已经成为使用频率很高的词汇,诸如“科技信息”、“经济信息”、“信息服务”,等等,每时每刻都会出现在媒体和日常的交流之中。可以毫不夸张地说,无论对个人、集体和国家,信息都具有重要的价值。

信息是什么? 按照现代汉语字典的解释,**信息**是用符号传送的报道,报道内容是接收符号者预先不知道的。换句话说,接收者有可能从信息中获取新的知识。

如果接收者得到的报道的内容是其已经知道的,则接收者并未从中获得新的知识,那么,对于该接收者而言,这个报道就不是信息,只能称之为**消息**。换一个角度来看,如果传送报道的符号是接收者所不能识别的,则接收者也无法了解该报道的真实内容,对于该接收者来说,此报道也不能成为信息。总之,一个报道能否成为信息,不仅与报道的内容有关,而且与接收者的能力及知识状况有关。

信息是需要用符号来传递的,这里的符号泛指声音、文字、图像、表格,等等。实际上,它们是以声、光、电与磁作为信息的载体,通常把信息的这种物质载体称之为**信号**。信号是信息的物化形式,信息是信号表示的具体内容。

初看起来,人们之所以需要信息,是为了获取新知识,从更深的层次来看,因为事物的发展是存在着多种可能性(不确定性)的，足够多的信息将有助于对结果的判断。换言之，信息可以消除事物发展结果的某些不确定性。例如，在股票交易中，必要的信息对其涨跌的判断是大有益处的。

2.信息量

(1)信息量

既然信息可以消除事物发展结果的某些不确定性，那么，**信息量**指的就是它消除不确定性的度量。

为了理解信息量的含义，让我们来看一个简单的例子。

信息 1　骰子落地后 2 点的面朝上；

信息 2　硬币落地后正面朝上。

在上面两条信息中，哪一条信息包含的信息量大呢？众所周知，骰子有 6 个面，每个面分别用其具有的点数来标识，硬币只有正、反两个面，信息 1 排除了 5 种可能性，而信息 2 只排除了 1 种可能性，显然，信息 1 包含的信息量比信息 2 更多。

用数学的语言来说，信息 1 给出的事件发生的概率为$\frac{1}{6}$，而信息 2 给出的事件发生的概率为$\frac{1}{2}$。上述例子表明，信息量与事件发生的概率有关，概率越小信息量越大，概率越大信息量越小。

(2)定义

前面引入的信息量的概念是比较抽象的，下面给出其定量化的定义，一条消息所含的信息量是该消息所表述事件发生概率的对数的负值，即

$$I(x_i) = -\log p(x_i) \tag{8.1.1}$$

式中，x_i 表示事件，$p(x_i)$ 是事件 x_i 发生的概率。对数可以取不同的底，得到不同单位的信息量，通常取以 2 为底的对数，这时，信息量的单位为**比特**(bit)。以下的信息量均以比特为单位。

(3) 讨论

由上述信息量的定义可知：

当 $p = 1$ 时，有 $I = 0$，也就是说，如果一条消息所描述的事件必然发生，则它的信息量为零。例如，如果有人对你说“明天的太阳会从东方升起”，则相当于他没有对你提供任何有意义的信息，也就是说这个消息的信息量等于零。

当 $p = 0$ 时，(8.1.1) 式变得无意义，在信息论中规定其信息量为零，这相当于消息所描述的事件完全不可能发生。例如，如果有人对你说“明天的太阳会从西方升起”，则相当于他也没有对你提供任何有意义的信息，也就是说这个消息的信息量等于零。

由于任何事件发生的概率总是满足 $0 \leqslant p \leqslant 1$，故信息量 $I \geqslant 0$，也就是说，信息量是非负的。

(4) 举例

例 1　一个二值体系(0,1)，如果取其中任一值的概率皆为 $\frac{1}{2}$，求此体系取值为 0 或 1 的信息量。

解

$$I = -\log_2\left(\frac{1}{2}\right) = 1 \tag{8.1.2}$$

例 2　计算指定一个 m 位二进制数的信息量。

解　由于 m 位二进制数共有 2^m 个，每一个出现的概率都是相同的，所以指定一个 m 位二进制数的信息量为

$$I = -\log_2\left(\frac{1}{2^m}\right) = m \tag{8.1.3}$$

例 3　设教室内的座位共有 9 排 6 列，已知下面 3 条信息。

(1) 张三坐在第 6 排；

(2) 张三坐在第 4 列；

(3) 张三坐在第 6 排第 4 列。

分别求出它们的信息量。

解　若分别用 I_1、I_2、I_3 来表示 3 条信息的信息量，则

$$I_1 = -\log_2\left(\frac{1}{9}\right) \tag{8.1.4}$$

$$I_2 = -\log_2\left(\frac{1}{6}\right) \tag{8.1.5}$$

显然，前两条信息是相互独立的，第 3 条信息是由它们构成的复合消息，3 条消息的概率之间满足

$$p_3 = p_1 \cdot p_2 \tag{8.1.6}$$

于是得到第 3 个信息的信息量为

$$I_3 = I_1 + I_2 = -\log_2\left(\frac{1}{9}\right) - \log_2\left(\frac{1}{6}\right) \tag{8.1.7}$$

上式表明，两个相互独立的信息构成的复合信息的信息量等于这两个独立信息的信息量之和，这一性质被称为信息量的**可加性**。

3. 信息熵

前面定义的信息量是一个事件的信息量，也称为**自信息量**。下面讨论多个事件的信息量。

设 $X = \{x_1, x_2, \cdots, x_i, \cdots, x_m\}$ 是一组相互独立事件的集合，事件 x_i 出现的

概率为 $p_i = p(x_i)$，并且满足

$$0 \leqslant p_i \leqslant 1$$
$$\sum_{i=1}^{m} p_i = 1 \tag{8.1.8}$$

信息熵定义为，集合 X 中各事件自信息量的统计平均值，即

$$H(X) = \sum_{i=1}^{m} p_i I(x_i) = -\sum_{i=1}^{m} p_i \log_2 p_i \tag{8.1.9}$$

称为集合 X 的信息熵。由上述定义可知，信息熵描述的是集合中一个事件信息量的平均值。显然，信息熵是所有事件的发生概率的函数，即

$$H(X) = H(p_1, p_2, \cdots, p_m) = H(\boldsymbol{p}) \tag{8.1.10}$$

式中，$\boldsymbol{p}$ 可以视为具有 m 个分量的一个矢量，称之为**概率矢量**，p_i 是概率矢量的第 i 个分量，$\{p_i\}$ 是概率矢量分量的集合。应该指出的是，两个概率矢量之和不再是概率矢量。

可以证明信息熵具有如下性质：

(1) 信息熵为非负值。

(2) 当所有事件的概率皆相等时，即 $p_i = \dfrac{1}{m}(i = 1,2,3,\cdots,m)$，信息熵达到最大值 $\log_2 m$。

8.1.2 量子信息学

量子信息学包含量子计算、量子通信、量子密码等内容。

在 1982 年，著名物理学家费恩曼指出："对于解决某些问题而言，按着量子力学原则建造的新型计算机可能比常规计算机更有效"。从而揭开了人们研究量子信息学的序幕。在此基础上，1985 年德茨(Deutsch) 提出，利用量子态的相干叠加性可以实现并行的量子计算；1994 年，肖尔(Shor) 给出大数因子分解的量子算法，掀起了世界范围内的研究量子算法的热潮。如今，在几乎所有的发达国家的一些大学与研究机构，甚至 IBM、富士通、东芝和 NEC 等公司也都纷纷加入了研究量子算法的行列。

量子信息是用量子态编码的信息，由于量子态具有经典物理态所不具备的特殊性质，所以量子信息具有不同于经典信息的新特点。

8.2 量子位与量子门

8.2.1 量子位

在经典计算机中，信息单元是用二进制的一个位来表示，它不是处于 0 的

状态，就是处于1的状态。而上述的两个状态可以由电流的"断"与"通"来实现的。利用位的概念可以方便地表示任何一个数，例如，用0表示数0，用1表示数1，用10表示数2，用11表示数3，用100表示数4，等等。上述表示数的方式称为**二进制**。

在二进制量子计算机中，信息单元称为**量子位**，它除了被称为**基本态**的 $|0\rangle$ 与 $|1\rangle$ 两个状态之外，还可以处于上述两个状态的**叠加态**

$$|\psi\rangle = a|0\rangle + b|1\rangle \tag{8.2.1}$$

式中，a 与 b 可以是任意的复常数，只要它们之间满足关系式

$$|a|^2 + |b|^2 = 1 \tag{8.2.2}$$

即可。实际上，满足上述关系式的 a 与 b 有无穷多对，因此叠加态有无穷多个。在叠加态上测得 $|0\rangle$ 态的概率为 $|a|^2$，由于测量对叠加态将产生干扰，所以测量之后叠加态坍缩为 $|0\rangle$ 态；在叠加态上测得 $|1\rangle$ 态的概率为 $|b|^2$，测量之后叠加态坍缩为 $|1\rangle$ 态。此即量子位与经典位的根本区别之所在。

任何一个两态的量子体系都可以用来实现量子位，例如，氢原子中电子的基态和第一激发态，质子自旋在任意方向的两个分量 $\pm\frac{1}{2}\hbar$，圆偏振光的左旋与右旋等。

在二维的希尔伯特空间中，若令两个基本态分别为

$$|0\rangle = \begin{pmatrix}1\\0\end{pmatrix};\quad |1\rangle = \begin{pmatrix}0\\1\end{pmatrix} \tag{8.2.3}$$

则它们的共轭为

$$\langle 0| = (1\quad 0);\quad \langle 1| = (0\quad 1) \tag{8.2.4}$$

它们的内积是一个数，即

$$\langle 0|0\rangle = \langle 1|1\rangle = 1;\quad \langle 1|0\rangle = \langle 0|1\rangle = 0 \tag{8.2.5}$$

它们的外积是一个算符，也称为投影算符，即

$$|0\rangle\langle 0| = \begin{pmatrix}1&0\\0&0\end{pmatrix};\ |0\rangle\langle 1| = \begin{pmatrix}0&1\\0&0\end{pmatrix};\ |1\rangle\langle 0| = \begin{pmatrix}0&0\\1&0\end{pmatrix};\ |1\rangle\langle 1| = \begin{pmatrix}0&0\\0&1\end{pmatrix} \tag{8.2.6}$$

外积对叠加态 $|\psi\rangle$ 作用的结果为

$$|0\rangle\langle 0|\psi\rangle = \begin{pmatrix}1&0\\0&0\end{pmatrix}|\psi\rangle = a\begin{pmatrix}1&0\\0&0\end{pmatrix}\begin{pmatrix}1\\0\end{pmatrix} + b\begin{pmatrix}1&0\\0&0\end{pmatrix}\begin{pmatrix}0\\1\end{pmatrix} = a|0\rangle$$

$$|0\rangle\langle 1|\psi\rangle = \begin{pmatrix}0&1\\0&0\end{pmatrix}|\psi\rangle = a\begin{pmatrix}0&1\\0&0\end{pmatrix}\begin{pmatrix}1\\0\end{pmatrix} + b\begin{pmatrix}0&1\\0&0\end{pmatrix}\begin{pmatrix}0\\1\end{pmatrix} = b|0\rangle$$

$$|1\rangle\langle 0|\psi\rangle = \begin{pmatrix}0&0\\1&0\end{pmatrix}|\psi\rangle = a\begin{pmatrix}0&0\\1&0\end{pmatrix}\begin{pmatrix}1\\0\end{pmatrix} + b\begin{pmatrix}0&0\\1&0\end{pmatrix}\begin{pmatrix}0\\1\end{pmatrix} = a|1\rangle$$

$$|1\rangle\langle 1|\psi\rangle = \begin{pmatrix}0 & 0\\0 & 1\end{pmatrix}|\psi\rangle = a\begin{pmatrix}0 & 0\\0 & 1\end{pmatrix}\begin{pmatrix}1\\0\end{pmatrix} + b\begin{pmatrix}0 & 0\\0 & 1\end{pmatrix}\begin{pmatrix}0\\1\end{pmatrix} = b|1\rangle \tag{8.2.7}$$

在经典计算机中,存放信息的地方称为**存储器**,量子计算机的存储器是**量子存储器**。与经典计算机不同的是,量子计算机需要两个量子存储器,即**输入存储器**和**输出存储器**,而且两个存储器中的量子态处于一种特殊的量子关联态,即下一节将要介绍的量子纠缠态。

8.2.2 信源编码

前面讨论了量子位的定义与性质,如何利用它来传送一条消息呢?这就需要将表示信息的符号与量子位联系起来。

设信源输出符号集 $S = \{s_1, s_2, \cdots, s_q\}$ 共有 q 个符号。若使用的编码符号集为 $X = \{x_1, x_2, \cdots, x_m\}$,则 X 就是信道符号,并将信道符号 $\{x_i\}$ 称之为**码元**。

欲将符号集编码,首先,由码元组成码元符号序列

$$\omega_i = (x_{i_1}, x_{i_2}, \cdots, x_{i_l}) \quad (x_{i_k} \in X) \tag{8.2.8}$$

式中,ω_i 称为**码字**,l 是码字 ω_i 中包含的码元的个数,称为**码字长**。所有码字的集合 $C = \{\omega_1, \omega_2, \cdots, \omega_q\}$ 称为**码**。所谓**编码**就是建立信源符号集与码中码字的一一对应关系。

假设信源输出符号集为 8 个字符 A、B、C、D、E、F、G、H,最简单的编码方法就是用三位二进制数对应一个字符,即

$$\begin{aligned}&A \to |000\rangle, B \to |001\rangle, C \to |010\rangle, D \to |011\rangle\\&E \to |100\rangle, F \to |101\rangle, G \to |110\rangle, H \to |111\rangle\end{aligned} \tag{8.2.9}$$

在实际应用中,为了减小平均码长度,经常采用一些另外的编码方法,例如,霍夫曼(Huffman)编码法、费诺(Fano)编码法与桑侬(Shannon)编码法等。

8.2.3 量子门

编码只是给出了对量子信息的一种表示方法,那么,如何处理量子信息呢?**量子门**则可以对量子态进行一系列幺正演化。对量子位的最基本的幺正操作称为**逻辑门**。按照被操作的量子位的数目不同,逻辑门可以分为一位门、二位门与三位门等。

如果一个幺正操作可以使基本态演化为

$$\begin{aligned}&|0\rangle \to |0\rangle\\&|1\rangle \to e^{i\omega t}|1\rangle = e^{i\theta}|1\rangle\end{aligned} \tag{8.2.10}$$

那么,这个幺正操作就是一个一位逻辑门,简称为**一位门**。

若用矩阵表示基本态,即

$$|0\rangle = \begin{pmatrix}1\\0\end{pmatrix};\ |1\rangle = \begin{pmatrix}0\\1\end{pmatrix} \tag{8.2.11}$$

则一位门为一个幺正矩阵

$$\hat{P}(\theta) = \begin{pmatrix}1 & 0\\0 & e^{i\theta}\end{pmatrix} \tag{8.2.12}$$

容易验证

$$\hat{P}(\theta)\,|0\rangle = |0\rangle$$
$$\hat{P}(\theta)\,|1\rangle = e^{i\theta}\,|1\rangle \tag{8.2.13}$$

由于这个门的操作改变两个基本态的位相,所以也将此门称之为**位相门**。

1. 一位门

(1) 单位门

$$\hat{I} = |0\rangle\langle 0| + |1\rangle\langle 1| = \begin{pmatrix}1 & 0\\0 & 1\end{pmatrix} \tag{8.2.14}$$

显然,上述操作对应一个单位矩阵,称之为**单位门**。

(2) 非门

$$\hat{X} = |0\rangle\langle 1| + |1\rangle\langle 0| = \begin{pmatrix}0 & 1\\1 & 0\end{pmatrix} \tag{8.2.15}$$

它的算符形式与泡利矩阵 $\hat{\sigma}_x$ 相同,它的作用为

$$\hat{X}\,|0\rangle = |1\rangle$$
$$\hat{X}\,|1\rangle = |0\rangle \tag{8.2.16}$$

称之为**非门**,与经典逻辑非门的操作相对应。

(3) Z 门

定义 Z 操作为

$$\hat{Z} = \hat{P}(\pi) \tag{8.2.17}$$

由(8.2.12)式可知

$$\hat{Z} = \begin{pmatrix}1 & 0\\0 & -1\end{pmatrix} \tag{8.2.18}$$

上式正是泡利矩阵 $\hat{\sigma}_z$,称之为 Z 门,它的作用是改变基本态的相对位相。

(4) Y 门

定义 Y 操作为

$$\hat{Y} = \hat{Z}\hat{X} \tag{8.2.19}$$

注意到

$$\hat{Z}\hat{X} = \begin{pmatrix}1 & 0\\0 & -1\end{pmatrix}\begin{pmatrix}0 & 1\\1 & 0\end{pmatrix} = \begin{pmatrix}0 & 1\\-1 & 0\end{pmatrix} = i\begin{pmatrix}0 & -i\\i & 0\end{pmatrix} = i\hat{\sigma}_y \tag{8.2.20}$$

Y门与泡利矩阵$\hat{\sigma}_y$有关。

(5) 哈达玛德门

哈达玛德(Hadamard)门的定义为

$$\hat{H} = \frac{1}{\sqrt{2}}\left[(|0\rangle + |1\rangle)\langle 0| + (|0\rangle - |1\rangle)\langle 1| \right] \tag{8.2.21}$$

它对基本态的作用是

$$\hat{H}|0\rangle = \frac{1}{\sqrt{2}}[|0\rangle + |1\rangle]$$

$$\hat{H}|1\rangle = \frac{1}{\sqrt{2}}[|0\rangle - |1\rangle] \tag{8.2.22}$$

此门的矩阵形式为

$$\hat{H} = \frac{1}{\sqrt{2}}\begin{pmatrix} 1 & 1 \\ 1 & -1 \end{pmatrix} \tag{8.2.23}$$

2. 二位门

在作用到两个量子位上的所有可能的幺正操作中，最有意义的子集是

$$|0\rangle\langle 0| \otimes I + |1\rangle\langle 1| \otimes U \tag{8.2.24}$$

式中，I是单位门，U是另外一个一位门。上述的二位门称为**控制 - U门**，第一个量子位称为**控制位**，第二个量子位称为**靶位**。控制 - U门的作用是，当且仅当第一量子位处于$|1\rangle$态时，才对第二量子位进行U操作。

两个量子位可以表示成

$$|00\rangle = \begin{pmatrix} 1 \\ 0 \\ 0 \\ 0 \end{pmatrix};\ |01\rangle = \begin{pmatrix} 0 \\ 1 \\ 0 \\ 0 \end{pmatrix};\ |10\rangle = \begin{pmatrix} 0 \\ 0 \\ 1 \\ 0 \end{pmatrix};\ |11\rangle = \begin{pmatrix} 0 \\ 0 \\ 0 \\ 1 \end{pmatrix} \tag{8.2.25}$$

控制 - 非门的作用是

$$\begin{aligned} |00\rangle &\to |00\rangle \\ |01\rangle &\to |01\rangle \\ |10\rangle &\to |11\rangle \\ |11\rangle &\to |10\rangle \end{aligned} \tag{8.2.26}$$

相应的矩阵形式为

$$\hat{C}_{\mathrm{NOT}} = \begin{pmatrix} 1 & 0 & 0 & 0 \\ 0 & 1 & 0 & 0 \\ 0 & 0 & 0 & 1 \\ 0 & 0 & 1 & 0 \end{pmatrix} \tag{8.2.27}$$

3. 三位门

类似于二位门,在三位门中,最重要的一个是三位**控制 - 控制 - U门**,即当第一、第二位都处于 $|1\rangle$ 态时,才对第三量子位执行 U 变换。

特别是,当 U 为逻辑非时,三位门的作用是

$$\begin{aligned}&|000\rangle \to |000\rangle, |001\rangle \to |001\rangle\\&|010\rangle \to |010\rangle, |011\rangle \to |011\rangle\\&|100\rangle \to |100\rangle, |101\rangle \to |101\rangle\\&|110\rangle \to |111\rangle, |111\rangle \to |110\rangle\end{aligned} \tag{8.2.28}$$

这个门的矩阵形式为

$$\hat{T}_{\text{NOT}} = \begin{pmatrix}1&0&0&0&0&0&0&0\\0&1&0&0&0&0&0&0\\0&0&1&0&0&0&0&0\\0&0&0&1&0&0&0&0\\0&0&0&0&1&0&0&0\\0&0&0&0&0&1&0&0\\0&0&0&0&0&0&0&1\\0&0&0&0&0&0&1&0\end{pmatrix} \tag{8.2.29}$$

8.2.4 量子并行运算

设 L 位的量子存储器初始状态处于 $|000\cdots0\rangle$ 态上,若对每一个位都进行哈达玛德门的操作,则状态变为

$$\begin{aligned}&|\psi\rangle = \hat{H}\otimes\hat{H}\otimes\cdots\otimes\hat{H}\,|000\cdots0\rangle =\\&\frac{1}{\sqrt{2}}[|0\rangle+|1\rangle]\otimes\frac{1}{\sqrt{2}}[|0\rangle+|1\rangle]\otimes\cdots\otimes\frac{1}{\sqrt{2}}[|0\rangle+|1\rangle]\,|000\cdots0\rangle =\\&\frac{1}{\sqrt{2^L}}[|000\cdots0\rangle+|000\cdots1\rangle+|000\cdots10\rangle+\cdots|111\cdots1\rangle]\end{aligned} \tag{8.2.30}$$

于是,在存储器中制备了 2^L 个等权重的叠加态。由此可见,对一个 L 位的量子存储器而言,它可以存储 2^L 个信息单元,而经典的存储器只能存储 L 个信息单元。在此基础上,接着进行线性运算,则计算的每一步将同时对叠加态中的数进行,此即所谓的**量子并行运算**,显然,量子并行运算可以大大提高运算速度。由于它是对一台计算机存储器中的各个量子位自动同时进行的,所以它与将若干台计算机联起来所做的并行运算有本质的区别。

8.3 量子纠缠态

量子纠缠态是量子力学的一个特有的现象，它是不同于经典物理的最奇特、最不可思议的现象之一。在量子信息学中，量子纠缠态扮演着极为重要的角色。

8.3.1 复合体系纯态的施密特分解

当两个或两个以上的部分构成一个复合体系时，这个复合体系总可以划分为两个子系。若复合体系由两个部分构成时，每一部分就可视为一个子系。对于多个部分构成的复合体系，子系的划分具有一定的任意性。

处于纯态的复合体系的分解满足如下的定理。

定理　当两个或多个部分构成的复合体系处于纯态 $|\psi\rangle$ 时，其密度算符 $\hat{\rho}=|\psi\rangle\langle\psi|$，若以任意方式划分此复合体系为两个子系，则描述两个子系的密度算符 $\hat{\rho}^{(1)}=\mathrm{Tr}^{(2)}\hat{\rho}$ 与 $\hat{\rho}^{(2)}=\mathrm{Tr}^{(1)}\hat{\rho}$ 具有相同的本征值谱 $\{\rho_m\}$，且 $|\psi\rangle$ 可以展开成

$$|\psi\rangle=\sum_m\sqrt{\rho_m}\,\mathrm{e}^{\mathrm{i}\alpha_m}|\phi_m^{(1)}\rangle|\phi_m^{(2)}\rangle \tag{8.3.1}$$

其中，$|\phi_m^{(1)}\rangle$ 与 $|\phi_m^{(2)}\rangle$ 分别为两个子系中 $\hat{\rho}^{(1)}$ 与 $\hat{\rho}^{(2)}$ 属于同一个本征值 ρ_m 的本征态，α_m 是个实数。

证明　设 $|\phi_m^{(1)}\rangle$ 是密度算符 $\hat{\rho}^{(1)}$ 的本征态，本征值为 ρ_m，即

$$\hat{\rho}^{(1)}|\phi_m^{(1)}\rangle=\rho_m|\phi_m^{(1)}\rangle \tag{8.3.2}$$

若 $|u_n^{(2)}\rangle$ 是第 2 个子系的正交归一化基矢，则复合体系的正交归一化基矢为

$$|\phi_{mn}\rangle=|\phi_m^{(1)}\rangle|u_n^{(2)}\rangle\quad(m、n=1,2,3,\cdots) \tag{8.3.3}$$

复合体系的一个纯态 $|\psi\rangle$ 可以向其展开

$$|\psi\rangle=\sum_{m,n}C_{mn}|\phi_m^{(1)}\rangle|u_n^{(2)}\rangle=\sum_m\Big[\sum_n C_{mn}|u_n^{(2)}\rangle\Big]|\phi_m^{(1)}\rangle \tag{8.3.4}$$

若令

$$B_m|\phi_m^{(2)}\rangle=\sum_n C_{mn}|u_n^{(2)}\rangle \tag{8.3.5}$$

则

$$|\psi\rangle=\sum_m B_m|\phi_m^{(1)}\rangle|\phi_m^{(2)}\rangle \tag{8.3.6}$$

利用归一化条件可知

$$|B_m|^2=\sum_n|C_{mn}|^2 \tag{8.3.7}$$

下面证明 $|\phi_m^{(2)}\rangle$ 是相互正交的。

由(8.3.5)式知

$$\langle\phi_m^{(2)} | \phi_{m'}^{(2)}\rangle = \frac{1}{B_m^* B_{m'}}\sum_n C_{mn}^* C_{m'n} \tag{8.3.8}$$

而由(8.3.4)式可知

$$C_{mn} = \langle\phi_{mn} | \psi\rangle = \langle\phi_m^{(1)} | \langle u_n^{(2)} | \psi\rangle \tag{8.3.9}$$

于是得到

$$\sum_n C_{mn} C_{m'n}^* = \langle\phi_m^{(1)} | \sum_n \langle u_n^{(2)} | \psi\rangle\langle\psi | u_n^{(2)}\rangle | \phi_{m'}^{(1)}\rangle = \langle\phi_m^{(1)} | \sum_n \langle u_n^{(2)} | \hat{\rho} | u_n^{(2)}\rangle | \phi_{m'}^{(1)}\rangle = \langle\phi_m^{(1)} | \hat{\rho}^{(1)} | \phi_{m'}^{(1)}\rangle \tag{8.3.10}$$

再利用(8.3.2)式,得到

$$\sum_n C_{mn} C_{m'n}^* = \rho_m \delta_{m'm} \tag{8.3.11}$$

将上式代入(8.3.7)式,得到

$$|B_m|^2 = \rho_m \tag{8.3.12}$$

进而可知

$$B_m = \sqrt{\rho_m}\,\mathrm{e}^{\mathrm{i}\alpha_m} \tag{8.3.13}$$

其中,α_m 是一个与 m 相关的实数。

总之,当 $|\phi_m^{(1)}\rangle$ 是 $\hat{\rho}^{(1)}$ 的正交归一化本征矢时,$|\phi_m^{(2)}\rangle$ 也是正交归一化的,即

$$\langle\phi_m^{(2)} | \phi_{m'}^{(2)}\rangle = \delta_{mm'} \tag{8.3.14}$$

将(8.3.13)式代入(8.3.6)式,得到

$$|\psi\rangle = \sum_m \sqrt{\rho_m}\,\mathrm{e}^{\mathrm{i}\alpha_m} |\phi_m^{(1)}\rangle |\phi_m^{(2)}\rangle \tag{8.3.15}$$

通常习惯将相因子 $\mathrm{e}^{\mathrm{i}\alpha_m}$ 放入子系的态中,上式变成标准形式

$$|\psi\rangle = \sum_m \sqrt{\rho_m} |\phi_m^{(1)}\rangle |\phi_m^{(2)}\rangle \tag{8.3.16}$$

最后,证明 $\{\rho_m\}$ 也是子系 2 密度算符 $\hat{\rho}^{(2)}$ 的本征值谱,相应的本征函数系为 $\{|\phi_m^{(2)}\rangle\}$。

密度算符的定义为

$$\hat{\rho}^{(2)} = \mathrm{Tr}^{(1)}\hat{\rho} = \sum_m \langle\phi_m^{(1)} | \hat{\rho} | \phi_m^{(1)}\rangle = \sum_m \langle\phi_m^{(1)} | \psi\rangle\langle\psi | \phi_m^{(1)}\rangle \tag{8.3.17}$$

将(8.3.16)式中的 $|\psi\rangle$ 代入上式,并注意到 $|\phi_m^{(1)}\rangle$ 的正交归一化性质,得到

$$\hat{\rho}^{(2)} = \sum_m \rho_m |\phi_m^{(2)}\rangle\langle\phi_m^{(2)}| \tag{8.3.18}$$

顾及到 $|\phi_m^{(2)}\rangle$ 是正交归一化的,上式表明,$|\phi_m^{(2)}\rangle$ 是子系2密度算符 $\hat{\rho}^{(2)}$ 的本征矢,相应的本征值为 ρ_m。

上述过程称为复合体系纯态的**施密特**(Schmidt) **分解**。

8.3.2 纠缠态

在施密特分解的(8.3.16)式中,$|\phi_m^{(1)}\rangle$ 与 $|\phi_m^{(2)}\rangle$ 分别是子系1和2密度算符属于同一本征值 ρ_m 的本征态,展开系数就是它们共同本征值的平方根。当展开式中包含两项或更多项时,由量子力学的测量理论可知,对处于纯态 $|\psi\rangle$ 的复合体系的一个子系的测量将使其坍缩到其中的一项上,从而,对一个子系测量的结果瞬间决定了另一个子系的状态。此即所谓**量子纠缠现象**。

量子纠缠态的定义为,当两个子系构成的复合体系处于纯态 $|\psi\rangle$ 时,如果其展开式中多于一项,或者说,描述子系的密度算符有多于一个的非零本征值,则称 $|\psi\rangle$ 为**纠缠态**。若展开式只有一项,即 $|\psi\rangle = |\phi^{(1)}\rangle|\phi^{(2)}\rangle$,则称其为**非纠缠态**。显然,非纠缠态是两个子系纯态的直积态,也称之为可分离态。反之,也可以将纠缠态定义为,如果复合体系的一个纯态不能写成两个子系纯态的直积态,则此纯态就是一个纠缠态。

上述定义是对纯态而言的,它也可以将其推广到混合态的情况。由两个子系构成的复合体系的混合态,当且仅当它所对应的密度算符不能表示成

$$\hat{\rho}(A,B) = \sum_i P_i |\psi_i(A,B)\rangle\langle\psi_i(A,B)| \tag{8.3.19}$$

其中

$$P_i \geqslant 0; \quad \sum_i P_i = 1 \tag{8.3.20}$$

并且,每一个参与态 $|\psi_i(A,B)\rangle$ 都是非纠缠态,称此混合态为纠缠态,否则,此混合态为非纠缠态。

例如,考虑两量子位复合体系的一个纯态

$$|\psi\rangle = a|0^{(1)}\rangle|0^{(2)}\rangle + b|1^{(1)}\rangle|1^{(2)}\rangle \tag{8.3.21}$$

式中

$$|a|^2 + |b|^2 = 1 \tag{8.3.22}$$

实际上,(8.3.21)式是纯态 $|\psi\rangle$ 的一个施密特分解,由于项数为2,故其为一个纠缠态。

复合体系纯态 $|\psi\rangle$ 相应的密度算符为

$$\hat{\rho} = |\psi\rangle\langle\psi| \tag{8.3.23}$$

当复合体系处于 $\hat{\rho}$ 描述的状态时,描述量子位1的密度算符为

$$\hat{\rho}^{(1)} = \mathrm{Tr}^{(2)}\hat{\rho} = \langle 0^{(2)}|\psi\rangle\langle\psi|0^{(2)}\rangle + \langle 1^{(2)}|\psi\rangle\langle\psi|1^{(2)}\rangle =$$

$$|a|^2|0^{(1)}\rangle\langle 0^{(1)}|+|b|^2|1^{(1)}\rangle\langle 1^{(1)}| \tag{8.3.24}$$

显然，$\hat{\rho}^{(1)}$ 有两个非零本征值

$$P_1 = |a|^2;\quad P_2 = |b|^2 \tag{8.3.25}$$

相应的本征矢分别为 $|0^{(1)}\rangle$ 与 $|1^{(1)}\rangle$。在此纠缠态中，子系 2 的密度算符与 $\hat{\rho}^{(1)}$ 完全相同，因此，两个子系有相同的本征值谱，并且

$$\mathrm{Tr}\hat{\rho}^{(1)} = \mathrm{Tr}\hat{\rho}^{(2)} = 1 \tag{8.3.26}$$

若取 $a = b = \pm\dfrac{1}{\sqrt{2}}$，则

$$\hat{\rho}^{(1)} = \frac{1}{2}|0^{(1)}\rangle\langle 0^{(1)}|+\frac{1}{2}|1^{(1)}\rangle\langle 1^{(1)}| = \frac{1}{2}\left\{\begin{pmatrix}1\\0\end{pmatrix}(1\quad 0)+\begin{pmatrix}0\\1\end{pmatrix}(0\quad 1)\right\} =$$

$$\frac{1}{2}\left\{\begin{pmatrix}1&0\\0&0\end{pmatrix}+\begin{pmatrix}0&0\\0&1\end{pmatrix}\right\} = \frac{1}{2}\hat{I}^{(1)} \tag{8.3.27}$$

其中，$\hat{I}$ 为单位算符。同理可知

$$\hat{\rho}^{(2)} = \frac{1}{2}\hat{I}^{(2)} \tag{8.3.28}$$

在复合体系处于纯态时，若各子系均处于密度矩阵为单位矩阵倍数的状态时，则称此纯态为所有子系的**最大纠缠态**。由上述讨论可知，纯态

$$|\psi\rangle = \pm\frac{1}{\sqrt{2}}|0^{(1)}\rangle|0^{(2)}\rangle \pm \frac{1}{\sqrt{2}}|1^{(1)}\rangle|1^{(2)}\rangle \tag{8.3.29}$$

是两个量子位复合体系的最大纠缠态。

8.3.3　薛定谔猫态与 EPR 佯谬

自量子力学建立之日起，关于它的争论就从来没有间断过，其主要表现为以爱因斯坦为代表的经典物理学派与以玻尔为代表的哥本哈根学派之间的冲突。自从 1927 年在第 5 届索尔维会议上爆发了两位科学巨人的第一次论战开始，到爱因斯坦逝世前的 30 年间，爱因斯坦学派不断地给量子力学挑毛病，其中最为引人注目的是，1935 年提出的薛定谔猫态与 EPR 佯谬，它们是对量子力学最为著名的质疑。

1. 薛定谔猫态

所谓**薛定谔猫态**是一个假想的实验，一只可怜的猫被关在一个地狱般的密闭的小屋中，屋内有一台盖革(Geiger) 计数器，一个放射性原子和一个装有剧毒氰化钾的小瓶。若该原子的半衰期为 T，即原子经过时间 T 之后，以 $\frac{1}{2}$ 的概率衰变掉。当原子衰变时，所发出的射线被盖革计数器记录并放大，然后，启动一个小锤击破装有氰化钾的小瓶，于是毒药溢出，猫被毒死。如果原子没有衰变，

则猫会安然无恙地活着。

当实验结束时,小屋中的猫处于死与活的状态的概率皆为$\frac{1}{2}$,而见到的结果却不是死猫就是活猫。

在密闭的小屋中,猫所处的状态既非死亦非活,它与原子衰变前后的状态纠缠在一起。若原子衰变前后的状态分别为$|0\rangle$与$|1\rangle$,则猫和原子的纠缠态为

$$|\psi\rangle=\frac{1}{\sqrt{2}}[|\text{活}\rangle|0\rangle+|\text{死}\rangle|1\rangle] \tag{8.3.30}$$

1996年,蒙诺尔(Monroe)等人在介观的尺度上实现了类似于上式的薛定谔猫态,当然,还不是宏观尺度的猫态。

那么,为什么至今尚不能观察到宏观尺度的猫态呢?2000年初做的一个非常精巧的实验表明:在通常情况下,量子力学只讨论所关心的闭封体系,并不顾及外界环境对它的影响。而环境通常是由大量的混乱运动的原子构成的,它们与体系之间的耦合将使体系内部的相干性受到破坏,此即所谓的**消相干**。如果顾及到两者的相互作用,则体系的消相干就会发生,以致使宏观上的猫态尚没有观测到。

2. EPR 佯谬

设有两个电子构成的体系,总自旋为零的纯态为

$$|\psi\rangle=\frac{1}{\sqrt{2}}[|+\rangle^{(1)}|-\rangle^{(2)}+|-\rangle^{(1)}|+\rangle^{(2)}] \tag{8.3.31}$$

式中,$|+\rangle^{(i)}$与$|-\rangle^{(i)}$分别表示第i个电子的自旋向上和向下的状态,$|\psi\rangle$就是两个电子的自旋最大纠缠态。在上述状态上,测量电子1的自旋,得到其自旋向上与自旋向下的概率皆为$\frac{1}{2}$。如果测得电子1的自旋向上,则纯态$|\psi\rangle$坍缩为$|\psi'\rangle=|+\rangle^{(1)}|-\rangle^{(2)}$,于是,电子2的自旋无可选择地处于自旋向下的状态。反之,若测得电子1的自旋向下,则电子2的自旋只能向上。

上述结果表明,在复合体系的一个纯态上,对一个子系进行测量将影响另一个子系所处的状态,这种情况称为**量子不可分离性**。从另一个角度来看,上述讨论中并没有限定两个电子所处的位置,也就是说,两个电子可以在空间中相距很远,因此,量子不可分离性也称为量子力学的**非定域性**。

量子纠缠的非定域性是量子力学特有的性质,在经典物理中没有可以与之类比的现象。据此,爱因斯坦、潘多尔斯基(Podolsky)和罗森(Rosen)发表了题为"能认为量子力学对物理实在的描述是完备的吗?"的论文,对量子力学提出质疑,此即著名的**EPR 佯谬**。

EPR认为,在对体系没有干扰的情况下,如果能确定地预言一个物理量的

值,那么此物理量就必定是客观实在,对应着一个物理实在元素;一个完备的物理理论应当包括所有的物理实在元素。对于两个分离开的并没有相互作用的体系,对其中一个的测量必定不能修改关于另一个的描述,也就是说,自然界不存在超距的相互作用,上述观点被称为**定域实在论**。

利用定域实在论,EPR 分析了由两个粒子组成的一维体系,指出虽然每个粒子的坐标与动量算符不对易,但是两个粒子坐标算符之差 $\hat{x}_1-\hat{x}_2$ 和动量算符之和 $\hat{p}_1+\hat{p}_2$ 却是对易的,因此,可以存在一个两粒子态 $|\psi\rangle$ 是算符 $\hat{x}_1-\hat{x}_2$ 与 $\hat{p}_1+\hat{p}_2$ 的共同本征态,即

$$\begin{aligned}(\hat{x}_1-\hat{x}_2)|\psi\rangle &= a|\psi\rangle \\ (\hat{p}_1+\hat{p}_2)|\psi\rangle &= 0\end{aligned} \tag{8.3.32}$$

在状态 $|\psi\rangle$ 上,若测得粒子 1 的坐标为 x,则粒子 2 的坐标就是 $x-a$;同样,若测得粒子 1 的动量为 p,则粒子 2 的动量就是 $-p$。特别是,当 a 的数值足够大时,对粒子 1 的测量必然不会干扰粒子 2 的状态。按照 EPR 的观点,这两个粒子的体系可以有 4 个独立的物理实在元素。而由量子力学可知,由于 $\hat{x}_1$ 与 $\hat{p}_1$ 及 $\hat{x}_2$ 与 $\hat{p}_2$ 都不对易,这个体系只能有两个独立的物理实在元素,所以 EPR 得出结论,在承认定域实在论的前提之下,量子力学的描述是不完备的,此即所谓的 EPR 佯谬的基本思想。

玻尔曾对 EPR 的观点进行了反击,两个学派之间的争论历经几十年而不衰。争论的内容已经不局限于物理学的范畴,甚至涉及到哲学的概念。

人们不禁要问,爱因斯坦为什么会对其参与创建的量子理论发难呢?最恰当的回答莫过于爱因斯坦本人的一句话:“我不能相信上帝是在掷骰子”。

8.3.4　贝尔不等式

1. 隐变量理论

为了给量子纠缠态以理论解释,博姆提出了一个**隐变量理论**,希望将量子力学中不能对某些观测量做出精确预言的事实归结为还不能确切知道的隐变量。而一旦确定了这些隐变量,就可以精确地给出任何可观测量。作为一个有价值的隐变量理论,其结果必须在一定条件之下回到量子力学给出的结果,同时又能预言某些与量子力学不同的结果。这样才能通过新的实验来检验其正确性。遗憾的是到目前为止,尽管人们提出了一个又一个的隐变量理论,但是,只有决定论的隐变量理论可以达到上述的要求。

2. 贝尔不等式

为了研究隐变量理论能否解释量子力学结果,1965 年,贝尔(Beel) 从隐变量理论和定域实在论出发,导出了两个分离部分相互关联程度必须满足的一个

不等式

$$|p(e^{(1)},e^{(2)})-p(e^{(1)},e'^{(2)})|\leqslant 2\pm[p(e'^{(1)},e'^{(2)})+p(e'^{(1)},e^{(2)})] \tag{8.3.33}$$

上式称之为**贝尔不等式**。式中，$e^{(1)}$、$e^{(2)}$、$e'^{(1)}$、$e'^{(2)}$ 分别为空间任意4个方向的单位矢量，$p(e^{(1)},e^{(2)})$ 是电子1在 $e^{(1)}$ 方向的自旋分量 $\sigma^{(1)}\cdot e^{(1)}$ 与电子2在 $e^{(2)}$ 方向的自旋分量 $\sigma^{(2)}\cdot e^{(2)}$ 的关联函数。

证明 设 $e^{(1)}$、$e^{(2)}$ 是沿空间任意两个方向的单位矢量，测量电子1沿 $e^{(1)}$ 方向的自旋分量 $\sigma^{(1)}\cdot e^{(1)}$，得到的值记为 $A(e^{(1)})$，测量电子2沿 $e^{(2)}$ 方向的自旋分量 $\sigma^{(2)}\cdot e^{(2)}$，得到的值记为 $B(e^{(2)})$。由于，泡利矩阵的本征值皆为 ±1，故由隐变量理论可知，$A(e^{(1)})$ 与 $B(e^{(2)})$ 应由隐变量 λ 来决定，即

$$\begin{aligned}A(e^{(1)},\lambda)=\pm 1\\ B(e^{(2)},\lambda)=\pm 1\end{aligned} \tag{8.3.34}$$

由定域实在论可知，不存在超距作用，这两个方程应当是相互独立的，即对电子1沿 $e^{(1)}$ 方向的测量结果 $A(e^{(1)},\lambda)$ 应与 $e^{(2)}$ 无关，同样，对电子2沿 $e^{(2)}$ 方向的测量结果 $B(e^{(2)},\lambda)$ 应与 $e^{(1)}$ 无关。

设 $\rho(\lambda)$ 是对隐变量 λ 的归一化概率分布函数，根据隐变量理论，电子1在 $e^{(1)}$ 方向的自旋分量 $\sigma^{(1)}\cdot e^{(1)}$ 与电子2在 $e^{(2)}$ 方向的自旋分量 $\sigma^{(2)}\cdot e^{(2)}$ 的关联函数为

$$p(e^{(1)},e^{(2)})=\int d\lambda\rho(\lambda)A(e^{(1)},\lambda)B(e^{(2)},\lambda) \tag{8.3.35}$$

设 $e'^{(1)}$ 与 $e'^{(2)}$ 分别是沿空间另外任意两个方向的单位矢量，则

$$\begin{aligned}&p(e^{(1)},e^{(2)})-p(e^{(1)},e'^{(2)})=\\&\int d\lambda\rho(\lambda)A(e^{(1)},\lambda)B(e^{(2)},\lambda)-\int d\lambda\rho(\lambda)A(e^{(1)},\lambda)B(e'^{(2)},\lambda)=\\&\int d\lambda\rho(\lambda)A(e^{(1)},\lambda)B(e^{(2)},\lambda)[1\pm A(e'^{(1)},\lambda)B(e'^{(2)},\lambda)]-\\&\int d\lambda\rho(\lambda)A(e^{(1)},\lambda)B(e'^{(2)},\lambda)[1\pm A(e'^{(1)},\lambda)B(e^{(2)},\lambda)]\end{aligned} \tag{8.3.36}$$

由(8.3.34)式可知

$$\begin{aligned}A(e^{(1)},\lambda)B(e^{(2)},\lambda)\leqslant 1\\ A(e^{(1)},\lambda)B(e'^{(2)},\lambda)\geqslant -1\end{aligned} \tag{8.3.37}$$

于是，(8.3.36)式可改写为

$$p(e^{(1)},e^{(2)})-p(e^{(1)},e'^{(2)})\leqslant\int d\lambda\rho(\lambda)[1\pm A(e'^{(1)},\lambda)B(e'^{(2)},\lambda)]+$$

$$\int \mathrm{d}\lambda \rho(\lambda)[1 \pm A(\boldsymbol{e}'^{(1)},\lambda)B(\boldsymbol{e}^{(2)},\lambda)] \tag{8.3.38}$$

注意到 $\rho(\lambda)$ 是对 λ 归一化的概率分布函数,利用关联函数的定义(8.3.35)式,将(8.3.38)式改写为

$$|p(\boldsymbol{e}^{(1)},\boldsymbol{e}^{(2)}) - p(\boldsymbol{e}^{(1)},\boldsymbol{e}'^{(2)})| \leqslant 2 \pm [p(\boldsymbol{e}'^{(1)},\boldsymbol{e}'^{(2)}) + p(\boldsymbol{e}'^{(1)},\boldsymbol{e}^{(2)})] \tag{8.3.39}$$

此即一般形式的贝尔不等式。

3. 贝尔不等式与量子力学

设电子 1 和电子 2 处于总自旋为零的纯态,即

$$|\psi\rangle = \frac{1}{\sqrt{2}}[|+\rangle^{(1)}|-\rangle^{(2)} + |-\rangle^{(1)}|+\rangle^{(2)}] \tag{8.3.40}$$

则两个电子沿同一方向的自旋总是相反的,即对任意方向 $\boldsymbol{e}^{(1)}$,恒有

$$A(\boldsymbol{e}^{(1)},\lambda) = -B(\boldsymbol{e}^{(1)},\lambda) \tag{8.3.41}$$

再利用(8.3.35)式,并注意到 $\rho(\lambda)$ 是归一化的,得到

$$p(\boldsymbol{e}^{(1)},\boldsymbol{e}^{(1)}) = -1 \tag{8.3.42}$$

上式表明,处于单态的两个电子是百分之百的负关联。

令 $\boldsymbol{e}'^{(1)} = \boldsymbol{e}'^{(2)}$,并利用(8.3.42)式可以将贝尔不等式进一步改写为

$$|p(\boldsymbol{e}^{(1)},\boldsymbol{e}^{(2)}) - p(\boldsymbol{e}^{(1)},\boldsymbol{e}'^{(2)})| \leqslant 1 + p(\boldsymbol{e}'^{(2)},\boldsymbol{e}^{(2)}) \tag{8.3.43}$$

上式是贝尔最初给出的不等式的形式。

在量子力学中,当两个电子处于(8.3.40)式表示的自旋单态 $|\psi\rangle$ 时,必有

$$(\boldsymbol{\sigma}^{(1)} + \boldsymbol{\sigma}^{(2)})|\psi\rangle = 0 \tag{8.3.44}$$

从而,两个电子的相关函数

$$p(\boldsymbol{e}^{(1)},\boldsymbol{e}^{(2)}) = \langle\psi|[\boldsymbol{\sigma}^{(1)}\cdot\boldsymbol{e}^{(1)}][\boldsymbol{\sigma}^{(2)}\cdot\boldsymbol{e}^{(2)}]|\psi\rangle \tag{8.3.45}$$

由(8.3.44)式可知,上式中的 $\boldsymbol{\sigma}^{(2)}$ 可以用 $-\boldsymbol{\sigma}^{(1)}$ 代替,于是得到

$$\begin{aligned} p(\boldsymbol{e}^{(1)},\boldsymbol{e}^{(2)}) &= -\langle\psi|[\boldsymbol{\sigma}^{(1)}\cdot\boldsymbol{e}^{(1)}][\boldsymbol{\sigma}^{(1)}\cdot\boldsymbol{e}^{(2)}]|\psi\rangle = \\ &-\sum_{i,j}\langle\psi|[\sigma_i^{(1)}e_i^{(1)}][\sigma_j^{(1)}e_j^{(2)}]|\psi\rangle = \\ &-\sum_{i,j}e_i^{(1)}e_j^{(2)}\langle\psi|\sigma_i^{(1)}\sigma_j^{(1)}|\psi\rangle = \\ &-\sum_{i,j}e_i^{(1)}e_j^{(2)}\delta_{ij} = -\sum_i e_i^{(1)}e_i^{(2)} = \\ &-\boldsymbol{e}^{(1)}\cdot\boldsymbol{e}^{(2)} = -\cos(\boldsymbol{e}^{(1)},\boldsymbol{e}^{(2)}) \end{aligned} \tag{8.3.46}$$

特别是,当 $\boldsymbol{e}^{(1)} = \boldsymbol{e}^{(2)}$ 时,上式变成

$$p(\boldsymbol{e}^{(1)},\boldsymbol{e}^{(1)}) = -1 \tag{8.3.47}$$

与(8.3.42)式完全一样。

下面说明上述结果是与隐变量理论不相容的。

将(8.3.46) 式代入贝尔不等式(8.3.43),得到

$$|\cos(\boldsymbol{e}^{(1)},\boldsymbol{e}^{(2)}) - \cos(\boldsymbol{e}^{(1)},\boldsymbol{e}'^{(2)})| \leqslant 1 - \cos(\boldsymbol{e}'^{(2)},\boldsymbol{e}^{(2)}) \tag{8.3.48}$$

实际上,上式并不是总能被满足。例如,取 $\boldsymbol{e}^{(1)} \perp \boldsymbol{e}^{(2)}$,此时,$(\boldsymbol{e}^{(1)} \cdot \boldsymbol{e}'^{(2)})$ 与 $(\boldsymbol{e}^{(2)} \cdot \boldsymbol{e}'^{(2)})$ 互为余角,(8.3.48) 式可以简化为

$$|\sin\theta| \leqslant 1 - \cos\theta \tag{8.3.49}$$

显然,上式并不是对所有的角度都成立的,这表明量子力学结果是与隐变量理论不相容的。

那么,到底哪一个理论是正确的呢?为了回答这个问题,人们曾经做过许多实验。最著名的是 1982 年阿斯普克特(Aspect) 的实验,对两光子偏振态实施的测量证实了它们的相关程度,确实超出了贝尔不等式容许的范围,表明量子非局域纠缠确实是存在的。

8.4 大数因子分解

8.4.1 量子计算

自从 20 世纪 40 年代计算机问世以来,由于它处理信息与传递信息方面的强大功能,受到科学与技术界的极大重视,在不到半个世纪的时间内,得到了飞速的发展,如今,计算机已经进入几乎所有的领域,成为许多人离不开的工具。

早在 1982 年,著名物理学家费曼就预言,按照量子力学原则建造的计算机对解决某些问题可能比常规计算机更有效。这里所指的计算机就是**量子计算机**,顾名思义,量子计算机就是实现量子计算的机器。虽然,有一些学者尚对量子计算机持谨慎的态度,但是,仍有许多科学家与工程技术人员热情洋溢地投身于量子计算机的研制工作。

与此同时,对适用于在量子计算机上运行的算法(**量子算法**) 的研究也在紧锣密鼓地进行着,并且不断地取得新的进展。首先,德茨指出利用量子态的相干叠加性可以实现并行的量子计算,后来,肖尔给出了大数因子分解的量子算法。1996 年格罗维尔(Grover) 针对数据库搜索问题提出了相应的量子算法。

众所周知,密码是当今人们保护其重要信息的主要手段之一。现在所用的计算机网络的加密系统,多数是建立在大数不易因子分解基础上的。例如,将两个 30 位素数的乘积进行因子分解,即使利用当今速度最快的巨型计算机,也需要接近宇宙寿命那么长的时间。而在同样运算速度的量子计算机上,上述问题可在 10^{-8}s 内解决。由此可见,在量子计算机面前,现行的加密系统已经无密可保。

8.4.2　因子分解的经典算法

在计算机上做乘法比较简单,例如,计算 $127 \times 129 = ?$,这是一件瞬间即可完成的事情。反之,若问 $x \times y = 29\ 083$ 中的两个素数 x 与 y 的值是多少?事情就不那么简单了。在一般的情况下,若已知两个素数之积为 N,如何求出这两个未知的素数,此即所谓的**因子分解**问题。显然,N 越大,解起来会越困难。

1977 年,雷维斯特(Rivest)、沙米尔(Shamir) 和阿德尔曼(Adelman) 利用两个大的素数之积难以分解这个事实,根据数论的研究成果发明了现在计算机上使用的 RSA 公共加密系统。

RSA 公共加密系统使用三个不对称的钥匙,其中两个为公钥,另一个是私钥。任何人都可以使用公钥加密,但是,解密时需要使用保密的私钥。

例如,张三与李四之间需要进行秘密通信,张三欲接收李四发来的加密信息,则张三随意选取两个大的素数 p 和 q,此外,还要选取两个大数 d 和 e,使得 $(de-1)$ 可被 $(p-1)(q-1)$ 除尽,张三将 p 和 q 的乘积 N 和 e 作为公钥公布,把 d 作为私钥秘而不宣。李四将要发送给张三的信息用数 m 表示,并利用张三的公钥 N 和 e 将 m 编为密码 $c = m^e(\text{mod}N)$,上式的意思是 c 为 m^e 被 N 除所得的余数,李四把 c 发给张三。张三收到 c 后,利用私钥 d 解密,得到李四的信息 $m = c^d(\text{mod}N)$。对于其他人来说,若要获取李四的信息,必须知道张三的私钥 d,由 $(de-1)$ 可被 $(p-1)(q-1)$ 除尽这一条件可知,只要得到 p 或 q 的具体数值即可,这样一来,问题就归结为如何由一个大数 N 求出构成它的两个素数。

为了对上述过程有一个更具体的了解,让我们用较小的数来演示这个过程。张三选取公钥 $N = 15$, (即 $p = 3, q = 5$), $e = 3$, 私钥 $d = 3$。它们满足 $(de-1) = 8$, $(p-1)(q-1) = 8$, 显然 $(de-1)$ 可被 $(p-1)(q-1)$ 除尽。然后,张三公布公钥 $N = 15$ 和 $e = 3$。设李四欲将信息 $m = 7$ 发送给张三,先将 $m = 7$ 换算成密码 $c = 7^3(\text{mod}15) = 13$,然后,李四将 13 发给张三。张三接到 13 后,利用自己的私钥将其解密,得到 $m = 13^3(\text{mod}15) = 7$。上述过程就达到了李四向张三秘密传递信息的目的。

实质上,上述问题是一个大数因子化的问题,它可以简单地理解为,若要求出大数 N 的因子,等于寻找 N 的最小因子 r,使得 $a^r = 1(\text{mod}N)$,其中,a 是一个与 N 互质的数(即除了 1 以外,a 与 N 没有公约数),换句话说,我们需要确定函数 $a^r(\text{mod}N)$ 的周期。

在上面的例子中,首先,选择 $a = 2$,显然,a 与 $N = 15$ 互为质数。其次,再来找出函数 $a^r(\text{mod}N)$ 的周期,结果列表如下

$$
\begin{array}{lll}
r = 0 & a^r = 2^0 & a^r(\mathrm{mod}N) = 1 \\
r = 1 & a^r = 2^1 & a^r(\mathrm{mod}N) = 2 \\
r = 2 & a^r = 2^2 & a^r(\mathrm{mod}N) = 4 \\
r = 3 & a^r = 2^3 & a^r(\mathrm{mod}N) = 8 \\
r = 4 & a^r = 2^4 & a^r(\mathrm{mod}N) = 1 \\
r = 5 & a^r = 2^5 & a^r(\mathrm{mod}N) = 2 \\
r = 6 & a^r = 2^6 & a^r(\mathrm{mod}N) = 4 \\
r = 7 & a^r = 2^7 & a^r(\mathrm{mod}N) = 8 \\
\vdots & \vdots & \vdots \\
r = 12 & a^r = 2^{12} & a^r(\mathrm{mod}N) = 1 \\
r = 13 & a^r = 2^{13} & a^r(\mathrm{mod}N) = 2 \\
r = 14 & a^r = 2^{14} & a^r(\mathrm{mod}N) = 4 \\
r = 15 & a^r = 2^{15} & a^r(\mathrm{mod}N) = 8
\end{array}
\tag{8.4.1}
$$

由上述表格可以看出，函数 $a^r(\mathrm{mod}N)$ 的周期 $r = 4$，它满足 $2^4 = 1(\mathrm{mod}15)$ 的条件。最后，通过计算 $a^{\frac{r}{2}} \pm 1$ 可知构成 15 的两个素数分别为 3 与 5。

由上述的讨论可知，N 越是难于分解，则私钥就越安全，通常实际使用的 N 是一个非常大的数。1997 年，伦敦股票交易所使用的 RSA 公共加密系统的 N 是一个 155 位数，即使用当今运算速度最快的计算机也无法求出构成它的两个素数。

8.4.3 因子分解的量子算法

大数因子分解的量子算法是美国 AT&T 公司的研究者肖尔提出的，它的出现为量子计算机的研制注入了活力，引发了量子计算机与量子算法研究的新的热潮。

肖尔的量子算法的基本步骤可以简述如下。

第一步，若要分解大数，制备两个具有 $k \approx \log_2 N$ 个量子位的量子存储器，并使第一个存储器处于从 0 到 $2^k - 1$ 连续自然数的等权叠加态中，而第二个存储器处于 0 态，即

$$
|\psi\rangle = \frac{1}{\sqrt{2^k}} \sum_{n=0}^{2^k-1} |n\rangle |0\rangle \tag{8.4.2}
$$

第二步，在第二个存储器中计算函数 $a^n(\mathrm{mod}N)$，结果为

$$
|\psi_1\rangle = \frac{1}{\sqrt{2^k}} \sum_{n=0}^{2^k-1} |n\rangle |a^n(\mathrm{mod}N)\rangle \tag{8.4.3}
$$

第三步,对第二个存储器做投影测量,即

$$|u\rangle\langle u| = |a^n(\mathrm{mod}N)\rangle\langle a^n(\mathrm{mod}N)| \tag{8.4.4}$$

得到

$$|\psi_2\rangle = \sum_{j=0}^{\frac{2^k}{r}-1} |jr+l\rangle|u\rangle \tag{8.4.5}$$

上式中略去了归一化因子。

对于前面提到的 $N=15, a=2$ 的例子而言,对第二个存储器进行一次测量,可以得到1、2、4、8这4个数中的一个。若测得的值为4,根据量子测量理论可知,测量之后第二个存储器处于状态 $|4\rangle$,即

$$|\psi_2\rangle = \sum_{j=0}^{3} |4j+2\rangle = |2\rangle + |6\rangle + |10\rangle + |14\rangle \tag{8.4.6}$$

在以下的步骤中第二个存储器不再使用,可以略去不写。

第四步,为了提取在第一个存储器中包含的周期 r,需要对其进行分立的傅里叶变换(DFT)

$$u_{\mathrm{DFT}}|jr+l\rangle = \frac{1}{\sqrt{2^k}}\sum_{y=0}^{2^k-1}\exp\left[\mathrm{i}2\pi\frac{jr+l}{2^k}y\right]|y\rangle \tag{8.4.7}$$

由正交条件可知,仅当 $y=mM(m=0,1,2,\cdots)$ 时,有

$$\sum_{j=0}^{M-1}\exp\left[\mathrm{i}2\pi\frac{jy}{M}\right] = M \tag{8.4.8}$$

否则为零。当 $M=\dfrac{2^k}{r}$ 为整数时,终态变成

$$|\psi_3\rangle = \frac{1}{\sqrt{r}}\sum_{m=0}^{r-1}\exp\left[\mathrm{i}2\pi\frac{lm}{r}\right]\left|2^k\frac{m}{r}\right\rangle \tag{8.4.9}$$

当$\dfrac{2^k}{r}$不是整数时,需要进行更仔细的分析,尽管如此,DFT仍然保留了上述特定情形中的特征。

第五步,在 $y=\dfrac{2^k m}{r}$ 基底上进行测量,其中 m 是一个整数。一旦获得了特定的 y,必须解方程$\dfrac{m}{r}=\dfrac{y}{2^k}$。假定 m 与 r 没有公约数,通过把$\dfrac{y}{2^k}$约化到一个不可约分数得到 r,于是,根据因子化方法推断出 N 的因子。如果 m 与 r 有公因子,那么算法失败,必须重新再来。

最后,需要指出,肖尔的量子算法是概率性的,这意味着并不是每次得到的计算结果都是正确的,但是,验算结果是否正确是一件很容易的事情,如果结果不正确,可以重新再做,直至得到正确的结果。

8.5 数据库搜索问题

在计算机科学中,从数据库众多的数据里找出所需要的数据,称为**数据库搜索**问题。本节将介绍格罗维尔搜索的量子算法,它可以将搜索的步骤从经典算法的 N 步缩小到$\sqrt{N}$ 步,从而大大提高了搜索的效率。

8.5.1 未加整理的数据库搜索问题

在一个数据库文件中,往往包含许多记录,每个**记录**由关键字的值来标识。一般情况下,关键字的不同取值对应着不同的记录。例如,电话簿、英汉词典等都可以看作是数据库文件。电话簿中的姓名为关键字的值,姓名后面电话号码为记录的内容;而英汉词典中的英文单词是关键字的值,相应的汉语注释是记录的内容。在电话簿文件中,一个姓名与相应的电话号码构成了一个记录;在英汉词典文件中,一个英文单词与相应的汉语注释构成了一个记录。

为了便于查找,在一般的数据库文件中,总是按着关键字的值进行分类和排序,例如,上述两个数据库文件通常都是按着字母的顺序排列的,因此,使用起来很方便。这种数据库称为**经过整理的数据库**。

在经过整理的数据库中,设其总共有 2^N 个记录,即使没有任何其他的索引,也可以在 n 次访问中找到某一个特定的记录。例如,在英汉词典文件中查找一个单词“word”,首先,找出处于中间位置 $2^{N-1}-1$ 的那个单词,并将其与“word”比较,如果它就是欲寻找的单词“word”,则问题就解决了,如果它不是欲寻找的单词,则需要根据单词的排列顺序判断“word”是在它的前面还是后面,如果“word”排在它的前面,则需要再找出处于前一半的位置的那个单词,并重复上面的步骤,直到找出单词“word”为止。由于每次查找都会将候选者的数目减少一半,所以,最多经过 $n=\log_2 N$ 次就可以把这个单词找出来。

如果一个数据库文件是未加整理的,也就是说,记录的关键字的值是随机排列的。作为例子,设有一个以电话号码作为关键字的值的电话簿,那么,如何才能在电话簿上找出拥有某个电话号码的人的姓名?显然,这是一个比较复杂的问题。若电话簿上总共有 N 个记录(电话号码),则在一次查找中,找到任意一个号码 j 的概率都是相等的,即

$$p_j=\frac{1}{N} \tag{8.5.1}$$

于是,查到一个电话号码所需的平均次数为

$$\bar{N}_c=\sum_{j=1}^{N} jp_j=\frac{1}{N}\sum_{j=1}^{N} j=\frac{N(N+1)}{2N}\approx\frac{N}{2} \tag{8.5.2}$$

相当于全部记录数目的一半左右。特别是当很大时,要从这样的数据库中找出一个特定的记录,如同大海捞针一般的困难。

8.5.2　格罗维尔量子搜索

格罗维尔提出的量子搜索方法,能使得上述电话号码的搜索次数缩减为$\sqrt{N}$次,就能以非常接近 1 的概率把某个用户的姓名找出来。

格罗维尔算法的具体步骤是:

首先,对 n 个量子位的初态 $|000\cdots0\rangle$ 实施逻辑门 $H^{(n)} = H \otimes H \otimes \cdots \otimes H$ 操作,得到所有基底的等权重的叠加态

$$|s\rangle = H^{(n)} |000\cdots0\rangle = \frac{1}{\sqrt{2^n}} \sum_{x=0}^{2^n-1} |x\rangle = \frac{1}{\sqrt{N}} \sum_{x=0}^{N-1} |x\rangle \tag{8.5.3}$$

虽然不知道状态 $|x\rangle$ 的值,但是,它是一个基底却是毫无疑问的。所以有

$$\langle x | s\rangle = \frac{1}{\sqrt{N}} \tag{8.5.4}$$

上式表明,在 $|s\rangle$ 态上进行测量,得到 $|x\rangle$ 态的概率皆为$\frac{1}{N}$。

如果要寻找的状态为 $|a\rangle$ 的话,则格罗维尔算法就通过反复迭代的方法,放大要寻找状态 $|a\rangle$ 的概率幅,同时,抑制其他态 $|x \neq a\rangle$ 的概率幅,以达到找出 $|a\rangle$ 态的目的。

由于状态 $|s\rangle$ 已知,故可以构造一个反转正交态的投影算符

$$\hat{U}_s = 2|s\rangle\langle s| - 1 \tag{8.5.5}$$

它的作用是,作用到 $|s\rangle$ 态上仍保持原来的 $|s\rangle$ 态不变,它作用到任何与 $|s\rangle$ 态正交的态上将其改变一个负号,或者说将其反转。在几何学中,它意味着保持任意矢量的 $|s\rangle$ 方向分量不变,而改变与 $|s\rangle$ 方向垂直的超平面上分量的符号,或者说使其方向相反。

此外,针对基底 $|x\rangle$,再定义另外一个投影算符

$$\hat{U}_a = 1 - 2|a\rangle\langle a| \tag{8.5.6}$$

它对 $|x\rangle$ 态的作用与 $\hat{U}_s$ 对任意态的作用恰好相反,即保持在超平面上与 $|a\rangle$ 垂直的分量不变,而将 $|a\rangle$ 方向的分量改变一个负号。

结合 $\hat{U}_s$ 与 $\hat{U}_a$ 的定义,可以构造一个幺正算符

$$\hat{U} = \hat{U}_s \hat{U}_a \tag{8.5.7}$$

下面研究这个算符对 $|a\rangle$、$|s\rangle$ 张开的平面上任意态矢量的作用。

由(8.5.3) 式可知

$$|\langle a | s\rangle| = \frac{1}{\sqrt{N}} \equiv \sin\theta \tag{8.5.8}$$

上式表明，$|s\rangle$ 可视为与 $|a\rangle$ 垂直的态矢量 $|a^{\perp}\rangle$ 再转过 θ 角度。算符 $\hat{U}$ 对任意态矢量 $|x\rangle$ 的作用过程为，首先，相对 $|a^{\perp}\rangle$ 将 $|x\rangle$ 变成 $|x'\rangle$，然后，相对 $|s\rangle$ 将 $|x'\rangle$ 变成 $|x''\rangle$。

设 $|x''\rangle$ 与 $|x\rangle$ 的夹角为 $\alpha+\beta$，通过分析各矢量之间的角度关系可知

$$\frac{1}{2}(\alpha-\beta)+\beta=\theta \tag{8.5.9}$$

于是得到

$$\alpha+\beta=2\theta \tag{8.5.10}$$

说明算符 $\hat{U}$ 的作用是，将 $|a\rangle$、$|s\rangle$ 张开的平面上的任意态矢量转过 2θ 角度。

8.5.3 格罗维尔量子搜索举例

为了说明格罗维尔量子搜索的使用过程，仅举如下两个例子。

1. 从 4 中寻 1

利用格罗维尔量子搜索方法，从仅有 4 个记录的数据库中，找出一个特定的记录 $|a\rangle$。

因为，已知 $N=4$，所以

$$\sin\theta=\frac{1}{\sqrt{4}}=\frac{1}{2} \tag{8.5.11}$$

进而可知

$$\theta=30^{\circ};\quad 2\theta=60^{\circ} \tag{8.5.12}$$

按着格罗维尔量子搜索的步骤，设 $|a\rangle$ 为横轴，则 $|a^{\perp}\rangle$ 为纵轴，于是 $|s\rangle$ 的位置为 120°，经过变换之后，$|s\rangle$ 再转过 60° 角，变成横轴的负方向，此时进行测量将肯定得到 $|a\rangle$ 状态。

2. 从 N 中寻 1

对于更一般的情况，从有 N 个记录的数据库中，找出一个特定的记录 $|a\rangle$，需要经过多少次迭代，才能以接近 1 的概率将其找出来。

由于，格罗维尔迭代算法是在 $|a\rangle$、$|s\rangle$ 张开的平面上的转动，输入态 $|a\rangle$ 经过 T 次转动之后，将被转到与 $|a^{\perp}\rangle$ 轴成 $\theta+2T\theta$ 角的位置上，为了在最后测量时以高的概率得到 $|a\rangle$ 态，这个角度应当接近 90°，即

$$(2T+1)\theta\approx\frac{\pi}{2} \tag{8.5.13}$$

进而迭代次数满足

$$T\approx\frac{1}{2}\left(\frac{\pi}{2\theta}-1\right) \tag{8.5.14}$$

当 N 足够大时，有

$$\sin\theta = \frac{1}{\sqrt{N}} \approx \theta \tag{8.5.15}$$

将上式代入(8.5.14)式，得到

$$T \approx \frac{1}{4}\sqrt{N}\pi \tag{8.5.16}$$

经过 T 次迭代之后，测得 $|a\rangle$ 态的概率为

$$W(a) \approx \sin^2[(2T+1)\theta] = 1 - O\left(\frac{1}{N}\right) \tag{8.5.17}$$

总之，格罗维尔迭代算法可以通过大约 $T \approx \frac{1}{4}\sqrt{N}\pi$ 次迭代找出某个特定的记录。它明显地优于经典算法。

8.6　量子对策论

8.6.1　对策论

在自然界和人类社会中，具有对抗或竞争的现象比比皆是。作为运筹学的一个分支，**对策论**(博弈论) 就是研究具有对抗性或竞争性问题的数学理论。

在两千多年前，我国就已经有了“田忌赛马” 这样关于对策研究的例子。但是，将对策研究形成一个理论，还是 20 世纪初的事情。对策论的奠基之作就是纽曼和毛根斯特恩(Morgenstern) 合著的《博弈论与经济行为》。由于对策论所研究的现象与人们的政治、经济、军事活动以及生物进化、生态竞争等有着密切的联系，所以越来越引起人们的关注。

从抽象的意义上讲，对策论研究的是对抗或竞争各方采取某些策略，去最小化或最大化某些特定的函数。

目前，被广泛应用的对策论是建立在经典概率论基础上的，此即**经典的对策论**。受到量子信息论中其他领域(如量子计算、量子密码等) 的启发，物理学家试图将经典的对策论进行量子化，以期建立**量子对策论**。它的建立可能有助于对类似于分子层次上的基因竞争、通信者与窃听者之间的对抗等研究的进展。

下面介绍几个常见的例子，通过它们来了解量子对策论的内容、方法及结果。

8.6.2　两人翻硬币游戏

1. 两人翻硬币游戏

张三与李四两人玩如下的一个游戏。

首先,张三将一枚硬币正面朝上放入一个盒子中,然后,按着李四、张三、李四、张三…的次序去操作(翻或者不翻)硬币,但是,在操作的过程中,不能去看这枚硬币所处的状态(正面朝上还是朝下)。当最后打开盒子时,如果硬币正面朝上,则李四赢,否则张三赢。

2. 经典对策

这是一个两人对抗的游戏,两个人的输赢与其所选择的策略有关,为了看起来方便,将他们所采用的策略与收益列表如下

	NN	NF	FN	FF
N	-1	1	1	-1
F	1	-1	-1	1

在上表中,两行表示张三所采用的两种策略,四列表示李四所采用的4种策略。其中,字母F表示翻,N表示不翻,数字表示张三的收益,1为赢,-1为输。

例如,表中的第1行、第2列,当只操作四次时,表示李四第一次不翻,而第二次翻,张三不翻,于是,硬币的状态依次为H、H、H、T,符号H表示硬币正面朝上,T表示其正面朝下。这一局张三赢。

由上例可知,无论哪一方使用一个确定的策略(称为**单纯策略**),另一方总可以采用相应的策略使其必输无疑。但是,若双方采用**混合策略**(如上例中的策略),则在进行多次游戏之后,一定存在平衡解,即双方收益的期望值皆为零。甚至只要一方采用混合策略,另一方也无法通过改变策略来提高其收益的期望值。从这个意义上讲,这个游戏是公平的。

3. 量子对策

假设李四不采用经典的混合对策,而使用如下的量子对策,那么,结果会如何呢?

在经典的情况之下,硬币的状态集为$\{H,T\}$,李四采用混合策略,执行如下操作

$$\frac{1}{2}\begin{pmatrix}1 & 1\\1 & 1\end{pmatrix}\begin{pmatrix}H\\T\end{pmatrix} \tag{8.6.1}$$

即无论硬币是处于H还是处于T的状态,都以$\frac{1}{2}$的概率翻或者不翻。

在量子的情况下,硬币的状态集为$\{|H\rangle, |T\rangle\}$,其中

$$|H\rangle=\begin{pmatrix}1\\0\end{pmatrix};\ |T\rangle=\begin{pmatrix}0\\1\end{pmatrix} \tag{8.6.2}$$

于是，李四就可以使用量子策略，将上述两种状态叠加起来，对初始状态 $|\mathrm{H}\rangle=\begin{pmatrix}1\\0\end{pmatrix}$ 执行如下操作

$$\frac{1}{\sqrt{2}}\begin{pmatrix}1 & 1\\1 & -1\end{pmatrix}\begin{pmatrix}1\\0\end{pmatrix}=\frac{1}{\sqrt{2}}\begin{pmatrix}1\\1\end{pmatrix} \tag{8.6.3}$$

结果把硬币的初始状态变成叠加态

$$\frac{1}{\sqrt{2}}[|\mathrm{H}\rangle+|\mathrm{T}\rangle] \tag{8.6.4}$$

在这种情况下，无论张三是翻还是不翻，硬币将仍然保持这一叠加态不变，然后，李四再对上述叠加态执行一次同样的操作，即

$$\frac{1}{\sqrt{2}}\begin{pmatrix}1 & 1\\1 & -1\end{pmatrix}\frac{1}{\sqrt{2}}\begin{pmatrix}1\\1\end{pmatrix}=\frac{1}{2}\begin{pmatrix}2\\0\end{pmatrix}=\begin{pmatrix}1\\0\end{pmatrix}=|\mathrm{H}\rangle \tag{8.6.5}$$

显然，结果回到初始的状态，所以无论张三采用何种策略，李四的量子对策都必赢无疑。

8.6.3　量子博弈

两人博弈实质上是一个对抗问题，它可以简化为这样一个游戏，设有两个盒子，张三随机地往其中的一个盒子中放一枚硬币，李四选中其中的一个盒子，如果该盒子中有硬币，则李四赢(一枚硬币)，否则，李四输(一枚硬币)。

在经典情况下，李四不易判断张三是否按等概率往盒子中放硬币，特别是在对奕次数较少的时候。

在量子的情况下，戈尔登博格(Goldenberg) 提出了一个量子对策，它的基本思路为，张三有两个盒子 A 与 B 用来放一个粒子。粒子在 A 盒或 B 盒的状态分别用 $|a\rangle$ 及 $|b\rangle$ 来表示。张三将粒子制备到某个状态上，然后，将 B 盒子发送给李四。

在下列两种情况下李四赢：

(1) 李四发现粒子在盒子 B 中，张三经检查后确信粒子不在 A 盒子中，便要付给李四一个硬币；

(2) 李四要求张三把 A 盒子发送过来，若检验后发现张三最初制备的状态不是 $|\varphi_0\rangle=\frac{1}{\sqrt{2}}[|a\rangle+|b\rangle]$，则张三就要付给李四 R 个硬币，其中，惩罚常数 R 是两人事先约定的一个数值。

在其他情况，张三赢李四一个硬币。

张三的策略是，将粒子制备到 $|\varphi_0\rangle$ 的状态上，即粒子以相等的概率处于两个盒子中的叠加态上。然后，测量粒子处于两个盒子中的概率，结果应该是相等

的,于是,可以保证其收益的期望值不小于零。当然,张三也可以将状态制备到偏离 $|\psi_0\rangle$ 的状态 $|\psi_1\rangle = \alpha|a\rangle + \beta|b\rangle$ 上,但是,这样做就有可能被李四发现,从而因受罚反而损失 R 个硬币。

李四的策略是,收到 B 盒子后,并不急于测量粒子是否在里面,而是先做一个变换

$$|b\rangle = \sqrt{1-r}\,|b\rangle + \sqrt{r}\,|b'\rangle \tag{8.6.6}$$

其中,$|b'\rangle$ 是与 $|b\rangle$ 正交的态矢。上述变换相当于将粒子处于 B 盒子中的状态无破坏地分成了两个状态,而分裂常数 r 与惩罚常数 R 有关。接下来,李四做 $|b\rangle$ 态的投影测量,即查看 B 盒子中有无张三放置的粒子,如果发现有粒子存在,则李四赢一个硬币,否则,李四再向张三索要 A 盒子。然后,用 A 盒子与前面测量留下来的 $|b'\rangle$ 做联合测量,即判断粒子是否处于 $|a\rangle + \sqrt{r}\,|b'\rangle$ 态(忽略归一化因子)上,就能以一定的概率判断张三是否作弊。

如果用一般的粒子,很难完成上述实验,国内已经有人利用光子来进行这方面的研究。他们的实验方案是,利用光子经过分束器的路径来代表 A 与 B 两个盒子,由光子的偏振来区别状态 $|b'\rangle$ 与 $|b\rangle$,而且,(8.6.6)式中的变换就是光子偏振的旋转。由于光子偏振或路径态的测量比较容易实现,故上述方案是可行的。

8.6.4 量子囚徒怪圈

囚徒怪圈是一个古老的竞争问题,它的基本内容是,张三与李四是两个罪犯,当他们被缉拿归案之后,这两个囚徒都面临着所判刑期长短的问题。根据法律条文的规定,如果两个囚徒相互合作,都不向司法部门提供对方的犯罪证据,则法院会由于证据较少而各判他们 3 年徒刑;如果两个囚徒相互对抗,各自向司法部门提供对方的犯罪证据,则法院会由于证据较充分而各判他们 5 年徒刑;若一方提供了对方的证据,而另一方没有提供对方的证据,则提供证据者会因有立功表现只判 1 年徒刑,那么另一方将被重判为 7 年徒刑。

如果以双方相互合作时所判刑期的年数为其收益起点的话,那么,双方各自在采用不同策略时的收益可以列表如下。

	李四:C(合作)	李四:D(对抗)
张三:C(合作)	(−3, −3)	(−7, −1)
张三:D(对抗)	(−1, −7)	(−5, −5)

在上表中,括号中的第一个数字是张三的收益,第二个数字是李四的收益,由于罪犯是一定要服刑的,所以他们的收益为刑期的负值,显然,刑期越短收益

越大。从上表可以看出,对任何一个囚徒来说,无论对方采用什么策略,自己使用对抗(D)策略总比合作(C)要好,即主动提供对方的犯罪证据对自己有利。这样一来,双方在各自追求自身最大收益的情况下,将会同时采取对抗的策略,都被判 5 年徒刑,此即所谓的**囚徒怪圈**。实际上,上述情况并不是二人的最好的结局,如果他们采取合作的策略,只需要各自服刑 3 年就行了。

下面将囚徒怪圈问题量子化。

首先,将策略 C 与 D 用量子位 $|C\rangle$ 与 $|D\rangle$ 来表示,设初态为

$$|\psi_0\rangle = \hat{J}|CC\rangle \tag{8.6.7}$$

式中,$\hat{J}$ 是一个特定的幺正变换算符。接着,张三和李四分别对自己的那部分态矢做局域幺正变换 $\hat{U}_A$ 与 $\hat{U}_B$,然后,再对体系的状态做一次反变换 $\hat{J}^+$,于是得到

$$|\psi_f\rangle = \hat{J}^+\hat{U}_A\hat{U}_B\hat{J}|CC\rangle \tag{8.6.8}$$

最后,对末态 $|\psi_f\rangle$ 做 $|C\rangle$ 与 $|D\rangle$ 的正交测量,收益取决于测量结果。例如,张三的收益期望值为

$$\overline{N}_A = a_{CC}p_{CC} + a_{DD}p_{DD} + a_{CD}p_{CD} + a_{DC}p_{DC} \tag{8.6.9}$$

式中,p_{CD} 为测量得到 $|CD\rangle$ 状态的概率,其他下标的含义可类推。已经有人证明了,当张三与李四的幺正变换矩阵选为

$$\hat{U}(\theta,\varphi) = \begin{pmatrix} e^{i\varphi}\cos\frac{\theta}{2} & \sin\frac{\theta}{2} \\ -\sin\frac{\theta}{2} & e^{-i\varphi} \end{pmatrix} \tag{8.6.10}$$

形式时,双方存在平衡策略,即 $\hat{U}(0,\frac{\pi}{2})$。若双方均采用平衡策略,则收益均为 -3。即使双方都用混合策略,他们的收益期望值也比经典对策平衡点处的收益 $(-5,-5)$ 高。

8.7　量子通信

消息需要由发布者传输给接收者,使接收者获得信息,从而实现信息的价值,通常将此过程称之为**通信**。通信是由通信系统来完成的。

量子信息是用量子态来编码的信息,将此编码由一处传递到另一处的过程就是**量子通信**。与经典通信相比,它具有保密性能强、容量大和速度快等优点。

8.7.1　经典通信模型

通信系统可以用下图来描述。

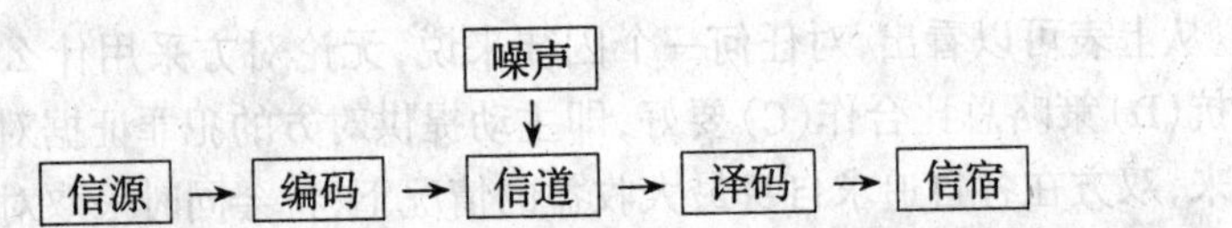

为了对通信的概念有一些初步的了解,下面对表中的名词给予解释。

信源　产生消息的源泉。信源是一个物理系统,其形态随空间坐标或时间变化。如果系统随时间改变其形态,它就可能产生在空间传输的信号(如各种波源),称之为**空间信源**。如果系统空间各部分有不随时间变化的不同分布,则它可能引起信号在时间中传输(如各种记录装置),称之为**时间信源**。空间信源与时间信源是可以相互转化的,例如,把发射机发出的电信号记录下来后就变成了时间信源,而当读出这些被记录下来的电信号时,它又变成了空间信源。

编码　一般情况下,信源产生的信号态可能不适合信道的有效传输,故需要对其进行处理。将这种为了提高信息传输的有效性与可靠性而对其进行的处理称为编码。实质上,编码是从信源物理态到信道物理态的一对一映射。

信道　传输消息的媒介称为信道。信道总是物质的,要么通过编码的物态传输来实现消息在空间的传播,例如,空间中的声波、水下的超声波、空间中的电磁波、光纤中的光波等;要么保持记录有消息的物态不变,实现消息在时间中的传输,例如,书籍、档案、磁盘等。

噪声　在传输的过程中,外界的干扰将使得编码的物理态发生畸变,通常将引起编码物理态畸变的各种因素称之为噪声。噪声的存在会影响信息传输的可靠性。

译码　把由物理态恢复为信源输出的消息的过程称为译码。译码是编码的逆过程。

信宿　消息传输的目的地或归宿称为信宿,即接收消息的人或仪器。

8.7.2　量子通信模型

量子通信是一个新兴的研究领域,包含有非常丰富的内容,这里不可能一一进行介绍,只能重点突出地说明它的优越性。

1. 纽曼熵

如前所述,量子位是量子信息的基本单位。量子信道就是由许多量子位构成的一个量子体系。若用 Q 标记一个量子体系,则信道就是由可能数目极大的 K 个 Q 的拷贝构成的,记为 Q^K,它张开一个 2^K 维的希尔波特空间。

与经典信道不同,量子信道不但可以传输经典信息,而且还可以传输量子信息。这两个问题都与纽曼熵有关,下面来介绍纽曼熵的概念。

能够制备并发送不同量子信号态的物理装置称为**量子信源**。假设信源 X

以概率 P_i 产生信号态 $|a_i\rangle$，这些信号态不必是相互正交的态，描述此信源的可能信号态系综的密度算符为

$$\hat{\rho} = \sum_i P_i |a_i\rangle\langle a_i| \tag{8.7.1}$$

这个信源的纽曼熵定义为

$$S(\hat{\rho}) = -\mathrm{Tr}(\rho\log_2\rho) \tag{8.7.2}$$

虽然，纽曼熵与经典熵的定义是类似的，但是，两者具有明显的差别。仅在信号态 $|a_i\rangle$ 是相互正交的情况下，信号态才是密度算符 $\hat{\rho}$ 的本征态，P_i 才是 $\hat{\rho}$ 的相应的本征值，纽曼熵与经典熵才相等。

在量子信息论中，纽曼熵是一个重要的物理量，可以证明，信源的纽曼熵定量地表示了量子信源的性质，即其为用理想的编码方式忠实传输信源态所需要的信道量子位的平均最小数目。

2. 量子无噪声编码定理

设有一个纽曼熵为(8.7.2) 式的量子信号源 X，如何将此信号源的信号通过量子信道 C 忠实地传输给接收者呢？

为了完成上述任务，首先，需要用信道量子态来表示源的量子态。设量子信道是由 K 个量子位构成的系统，编码的操作就是用量子信道 C 的 2^K 维希尔波特空间中不同的态矢量表示信源发出的不同消息，这可以通过信源和信道组成的联合系统的一个幺正变换 $\hat{U}$ 得到，即

$$\hat{U}|a_i, 0_c\rangle = |0_i, b_c\rangle \tag{8.7.3}$$

式中已假设编码态 $|b_c\rangle$ 与信源态 $|a_i\rangle$ 有相同的内积。接收者可以使用 $\hat{U}^{-1}$ 操作将信道解码，使其恢复到信源态

$$\hat{U}^{-1}|0_i, b_c\rangle = |a_i, 0_c\rangle \tag{8.7.4}$$

显然，只有当无信道噪声时，上式才可能成立。当有信道噪声存在时，编码与解码的过程可以表示为

$$X \xrightarrow{\hat{U}} C \xrightarrow{\hat{U}^{-1}} X' \tag{8.7.5}$$

也就是说，由于信道噪声以及编码解码的原因，接收者得到的信息有可能并不完全与信源态相同。为了能够定量地描述两者偏离的程度，下面引入忠实度的概念。

设信源信号态由(8.7.1) 式定义的密度算符 $\hat{\rho}$ 来描述，经过编码与解码的操作之后，所得到的量子态由密度算符 $\hat{\rho}'$ 来描述，在一般情况下，$\hat{\rho}'$ 对应的是混合态

$$\hat{\rho}' = \sum_j P'_j |b_j\rangle\langle b_j| \tag{8.7.6}$$

定义编码 - 解码操作的忠实度

$$F = \sum_i P_i \langle a_i \mid \hat{\rho}' \mid a_i \rangle = \sum_{i,j} P_i P'_j \mid \langle a_i \mid b_j \rangle \mid^2 \tag{8.7.7}$$

如果 $\mid a_i\rangle$ 与 $\mid b_j\rangle$ 皆为纯态,则上式简化为

$$F = \mid \langle b_j \mid a_i \rangle \mid^2 \tag{8.7.8}$$

如果信源的希尔波特空间是 2^n 维的,则用 n 个量子位就可以完全忠实地编码每个信源态。但是,如果使用分组编码的方法,并允许较小的出错率,则可以使用 $k < n$ 个量子位进行编码,并且随着每组中的信源符号数目的增大,出错的概率可以任意地小。

薛玛确(Schumacher)量子无噪声编码定理

假设量子信道无噪声,对于纽曼熵为 $S(\rho)$ 的量子信源,若给定任意小数 ε 和 δ,有

(1) 如果对每个信号态有 $S(\rho)+\delta$ 个量子位可以利用,则对足够大的 N 存在有编码方法,用这些量子位编码 N 长信号串,忠实度 $F > 1-\varepsilon$;

(2) 如果对每个信号态有 $S(\rho)-\delta$ 个量子位可以利用,则对于任何编码方法,编码 N 长信号串的忠实度 $F < \varepsilon$。

上述定理表明,把信源的每个字符压缩到 $S(\rho)$ 个量子位是可能做到的最佳压缩,也就是说,纽曼熵表征了量子编码每个信源符号所需要的最小量子位数目。

3. 量子信道的经典信息容量

为了利用量子信道传输经典信息,发送者必须把经典信息用量子信道中的不同量子态来表示,而接收者还必须通过“测量”信号态来解读出发送者传送过来的信息。首先,如果传输过来的信号态不是相互正交的,由量子力学测量原理可知,没有一种测量方法可以完全正确地将收到的信息解码。其次,由于量子信道是一个量子系统,环境必然要对其产生或多或少的影响,这种影响将使信号由纯态变为混合态,这样的信道称为**有噪声信道**。接收者需要使用最佳测量才能从信道信号中得到最大的经典信息量。

习　题　8

习题 8.1　证明当 $p_i = \dfrac{1}{m}$,$(i = 1,2,3,\cdots,m)$ 时,熵达到最大值 $\log_2 m$,即

$$H(\boldsymbol{p}) \leqslant \log_2 m$$

习题 8.2　证明二位控制－非门的作用是

$$\mid 00\rangle \to \mid 00\rangle$$
$$\mid 01\rangle \to \mid 01\rangle$$
$$\mid 10\rangle \to \mid 11\rangle$$
$$\mid 11\rangle \to \mid 10\rangle$$

习题 8.3　证明

$$\langle \phi_m^{(2)} \mid \phi_{m'}^{(2)} \rangle = \frac{1}{B_m^* B_{m'}} \sum_n C_{mn}^* C_{m'n}$$

其中

$$B_m \mid \phi_m^{(2)} \rangle = \sum_n C_{mn} \mid u_n^{(2)} \rangle$$

$\mid u_n^{(2)} \rangle$ 是第二个子系的正交归一化基矢。

习题 8.4　证明算符

$$\hat{\rho}^{(2)} = \sum_n \rho_m \mid \phi_m^{(2)} \rangle \langle \phi_m^{(2)} \mid$$

并求出它的本征值与相应的本征矢。

习题 8.5　若多粒子体系分别处于状态

$$\mid \psi_1 \rangle = \sin\frac{\theta}{2} \mid 0 \rangle + \cos\frac{\theta}{2} \mathrm{e}^{\mathrm{i}\varphi} \mid 1 \rangle$$

$$\mid \psi_2 \rangle = \sin\frac{\theta}{2} \mid 0 \rangle + \cos\frac{\theta}{2} \mid 1 \rangle$$

试用密度算符证明这两个态矢描述的并非同一个状态。式中，θ,φ 是两个常数分布的随机变数。

习题 8.6　设有任意的二维的纯态与混合态

$$\mid \psi \rangle = \sin\frac{\theta}{2} \mid 0 \rangle + \cos\frac{\theta}{2} \mathrm{e}^{\mathrm{i}\varphi} \mid 1 \rangle$$

$$\hat{\rho}_2 = \frac{1}{2}[\mid 0 \rangle\langle 0 \mid + \mid 1 \rangle\langle 1 \mid + (x + \mathrm{i}y) \mid 0 \rangle\langle 1 \mid + (x - \mathrm{i}y) \mid 1 \rangle\langle 0 \mid]$$

证明它们对应的密度算符分别可以写成

$$\hat{\rho}_1 = \frac{1}{2}(1 + \boldsymbol{n} \cdot \hat{\boldsymbol{\sigma}})$$

$$\hat{\rho}_2 = \frac{1}{2}(1 + \boldsymbol{p} \cdot \hat{\boldsymbol{\sigma}})$$

称之为布洛赫球表示。其中，$\hat{\boldsymbol{\sigma}}$ 是泡利矩阵，$\boldsymbol{n}$ 是单位球面上某一点的矢径，$\boldsymbol{p}$ 是 $x-y$ 平面上的一个矢量，即

$$\boldsymbol{n} = \sin\theta\cos\varphi\, \boldsymbol{i} - \sin\theta\cos\varphi\, \boldsymbol{j} + \cos\theta\, \boldsymbol{k}$$

$$\boldsymbol{p} = x\,\boldsymbol{i} + y\,\boldsymbol{j}$$

习题 8.7　设有两个二维纯态的布洛赫球表示分别为

$$\hat{\rho}_1 = \frac{1}{2}(1 + \boldsymbol{n}_1 \cdot \hat{\boldsymbol{\sigma}})$$

$$\hat{\rho}_2 = \frac{1}{2}(1 + \boldsymbol{n}_2 \cdot \hat{\boldsymbol{\sigma}})$$

证明

$$\mathrm{Tr}(\hat{\rho}_1\hat{\rho}_2) = \frac{1}{2}(1 + \boldsymbol{n}_1 \cdot \boldsymbol{n}_2)$$

习题 8.8　已知两个粒子构成的复合体系处于纯态

$$|\psi\rangle = \frac{1}{\sqrt{2}}|+\rangle^{(1)}\left[\frac{1}{2}|+\rangle^{(2)} + \frac{\sqrt{3}}{2}|-\rangle^{(2)}\right] + \frac{1}{\sqrt{2}}|-\rangle^{(1)}\left[\frac{\sqrt{3}}{2}|+\rangle^{(2)} + \frac{1}{2}|-\rangle^{(2)}\right]$$

计算 $\hat{\rho}^{(1)} = \mathrm{Tr}^{(2)}\hat{\rho} = \mathrm{Tr}^{(2)}|\psi\rangle\langle\psi|$ 与 $\hat{\rho}^{(2)} = \mathrm{Tr}^{(1)}\hat{\rho} = \mathrm{Tr}^{(1)}|\psi\rangle\langle\psi|$，进而求出 $|\psi\rangle$ 的施密特分解。

习题 8.9　证明两个粒子坐标算符之差 $\hat{x}_1 - \hat{x}_2$ 和动量算符之和 $\hat{p}_1 + \hat{p}_2$ 是对易的，并且，可以存在一个两粒子态 $|\psi\rangle$ 是算符 $\hat{x}_1 - \hat{x}_2$ 与 $\hat{p}_1 + \hat{p}_2$ 的共同本征态，即

$$(\hat{x}_1 - \hat{x}_2)|\psi\rangle = a|\psi\rangle$$
$$(\hat{p}_1 - \hat{p}_2)|\psi\rangle = 0$$

习题 8.10　证明

$$p(\boldsymbol{e}^{(1)}, \boldsymbol{e}^{(2)}) - p(\boldsymbol{e}^{(1)}, \boldsymbol{e}'^{(2)}) =$$
$$\int \mathrm{d}\lambda\rho(\lambda)A(\boldsymbol{e}^{(1)}, \lambda)B(\boldsymbol{e}^{(2)}, \lambda)[1 \pm A(\boldsymbol{e}'^{(1)}, \lambda)B(\boldsymbol{e}'^{(2)}, \lambda)] -$$
$$\int \mathrm{d}\lambda\rho(\lambda)A(\boldsymbol{e}^{(1)}, \lambda)B(\boldsymbol{e}'^{(2)}, \lambda)[1 \pm A(\boldsymbol{e}'^{(1)}, \lambda)B(\boldsymbol{e}^{(2)}, \lambda)]$$

习题 8.11　假设张三与李四之间需要进行秘密通信，张三随意选取两个大的素数 $p = 5$ 和 $q = 7$，此外，还要选取两个大数 $d = 5$ 和 $e = 5$，使得 $(de - 1) = 24$ 可被 $(p - 1)(q - 1) = 24$ 除尽，张三将 p 和 q 的乘积 $N = 35$ 和 $e = 5$ 作为公钥公布，把 d 作为私钥秘而不宣。若李四欲将 $m = 3$ 发送给张三，应该如何操作。

参考文献

[1] 喀兴林.高等量子力学[M].北京:高等教育出版社,1999.

[2] 倪光炯,陈苏卿.高等量子力学[M].上海:复旦大学出版社,2000.

[3] 余寿绵.高等量子力学[M].济南:山东科技出版社,1985.

[4] 杨泽森.高等量子力学[M].北京:北京大学出版社,1995.

[5] 徐在新.高等量子力学[M].上海:华东师范大学出版社,1994.

[6] 白铭复,陈键华,田成林.高等量子力学[M].长沙:国防科技大学出版社,1994.

[7] 熊钰庆,何宝鹏.群论与高等量子力学导论[M].广州:广东科技出版社,1991.

[8] 钱诚德.高等量子力学[M].上海:上海交通大学出版社,1998.

[9] 李承祖,黄明球,陈平形,梁林梅.量子通信和量子计算[M].长沙:国防科技大学出版社,2000.

[10] 赵国权,井孝功,姚玉洁,吴式枢.Wigner 公式的递推形式和数值计算[J].吉林大学自然科学学报,1992(特刊):28~32.

[11] 井孝功,赵国权,姚玉洁.无简并微扰公式的递推形式在 Lipkin 模型中的应用[J].大学物理,1993(12):30~31.

[12] 井孝功,赵国权.Lipkin 模型下最陡下降法的理论计算[J].原子与分子物理学报,1993(10):2921~2927.

[13] 刘曼芬,赵国权,井孝功.无退化微扰公式递推形式在非简谐振子近似计算中的应用[J].吉林大学自然科学学报,1994(1):67~71.

[14] 井孝功,赵国权,姚玉洁.无简并微扰论公式的研究[J].原子与分子物理学报,1994(11):211~216.

[15] 井孝功,赵国权,吴连坳,姚玉洁.简并微扰论的递推形式[J].吉林大学自然科学学报,1994(2):65~69.

[16] 井孝功,陈庶,赵国权.非简谐振子的最陡下降理论计算[J].吉林大学自然科学学报,1994(2):51~54.

[17] 赵国权,曾国模,刘曼芬,井孝功,姚玉洁.特殊函数的级数表达式在矩阵元计算中的应用[J].大学物理,1995(14):12~13.

[18] 赵国权,井孝功,吴连坳,刘刚,姚玉洁.简并微扰论递推公式的一个应用实例[J].大学物理,1996(15):1~3.

[19] 赵永芳,井孝功.利用透射系数研究周期势的能带结构[J].大学物理,2000(19):4~6.

[20] 井孝功,赵永芳.一维位势透射系数的计算与谐振隧穿现象的研究[J].计算物理,2000(16):649~654.

[21] 井孝功,赵永芳.递推与迭代在量子力学近似计算中的应用[J].大学物理,2001(20):11~14.

[22] 井孝功,张玉军,赵永芳.氢原子基下径向矩阵元的递推关系[J].原子与分子物理学报,2001(18):445~446.

[23] 井孝功,赵永芳,千正男.常用基底下径向矩阵元的递推关系[J].大学物理,2003(22):3~4.

[24] 井孝功,陈硕,赵永芳.方形势与δ势解的关系[J].大学物理,2004(23):18~20.

[25] 井孝功,张国华,赵永芳.一维多量子阱的能级[J].大学物理,2005(24):7~9.

[26] 井孝功,苏春艳,赵永芳.无穷级数求和的一种量子力学解法[J].大学物理,2005(24):5~8.